U0485578

统计岩体力学理论与应用

（第二版）

伍法权　伍　劼　包　含　著

科学出版社

北京

内 容 简 介

本书系统介绍了作者提出的统计岩体力学理论和应用。理论部分主要包括岩体结构的几何概率统计理论、裂隙岩体的弹性应力–应变关系、裂隙岩体的强度与破坏概率理论、岩体水力学理论、岩体工程性质与岩体质量分级原理、裂隙岩体的全过程变形分析、高地应力岩体与岩爆机理分析，以及统计岩体力学对边坡和地下工程中若干理论问题分析。结合各部分理论问题，应用部分介绍了岩石强度的现场测试，岩体结构数据的现场采集及分析技术，工程岩体的结构、变形、强度和渗透性参数计算，以及岩体质量分级方法应用技术。

本书可供从事岩体工程地质和岩体力学基础理论研究的研究生和科研人员，以及水利、水电、铁路、公路、矿山、深部工程领域从事岩体工程勘察和设计人员使用和参考。

图书在版编目（CIP）数据

统计岩体力学理论与应用／伍法权，伍劼，包含著．—2 版．-- 北京：科学出版社，2025.3．-- ISBN 978-7-03-081636-8

Ⅰ．TU45-05

中国国家版本馆 CIP 数据核字第 2025KK5205 号

责任编辑：韦　沁／责任校对：何艳萍
责任印制：肖　兴／封面设计：楠竹文化

科 学 出 版 社 出版
北京东黄城根北街 16 号
邮政编码：100717
http://www.sciencep.com

北京建宏印刷有限公司印刷
科学出版社发行　各地新华书店经销

*

2022 年 4 月第 一 版　开本：787×1092　1/16
2025 年 3 月第 一 版　印张：26 1/4
2025 年 3 月第一次印刷　字数：622 000

定价：268.00 元
（如有印装质量问题，我社负责调换）

第一版序一

十分欣喜地看到《统计岩体力学理论与应用》一书出版。

该书的作者是我 1989 年的博士研究生。作者在申请攻读博士研究生时曾跟我说，希望能到中国科学院地质研究所系统学习岩体工程地质力学，并为此做了必要的准备。据我了解，作者在入学之前就开始了统计岩体力学的研究，并陆续在《科学通报》等期刊发表了"节理岩体本构模型与强度理论"等中英文学术论文。在三年博士生期间，作者进行了更为系统的研究，提交了"统计岩体力学理论与应用研究"的学位论文，后由中国地质大学出版社出版了《统计岩体力学原理》。此后，作者持续进行了理论的完善和应用技术研究，《统计岩体力学理论与应用》一书也算是作者 30 多年来研究成果的一个集成。

我国的岩体工程地质力学思想体系和奥地利地质力学学派的学术思想对作者的研究工作产生了深刻的影响。建立起以地质结构为基础的岩体力学理论体系，成为作者的持续追求。这也是该书的一个重要特色。

岩体结构模型建立历来是岩体力学理论发展的一个瓶颈。恰逢 20 世纪 80 年代初，J. A. Hudson 等开始了岩体结构几何概率理论和结构面网络模拟技术研究，并经中国地质大学潘别桐老师引入我国。受这些研究进展的启发，作者建立了以 16 个定理为基础的岩体结构几何概率参数系统和统计岩体力学理论体系。记得在 1995 年日本东京第八届国际岩石力学大会期间，Hudson 拿着一本 *Rock Mechanics in China* 文集向我询问论文 "Principles of statistical mechanics of rock mass" 的作者，并在随后访问中国时约见了作者，热情肯定了他的研究工作。

在岩体结构几何概率参数模型的基础上，作者运用统计物理学思想、断裂力学能量原理、材料强度弱环假说与可靠性理论，以及连续介质力学原理，进行了严格的理论推演，建立了完整的统计岩体力学理论系统。该书按照严密的逻辑，系统介绍了岩体结构的统计理论、裂隙岩体的弹性应力-应变关系、裂隙岩体的强度理论、岩体水力学理论、岩体工程性质与质量分级、裂隙岩体的变形过程分析、高应力岩体与岩爆，以及岩体边坡工程、地下工程应用。该书既适合岩石力学研究人员参考，也为工程师实际应用提供了友好实用的技术方法。

值得指出的是，该书中许多内容对岩体力学特性提出了新的发现，如岩体模量与强度对结构面组数、尺度和密度的一次反比例规律和各向异性，岩体的大泊松比效应，岩体变形的过程解析，低围压、张性围压下的岩爆优先性，岩体的主动加固理念，等等。

这些发现不仅改变了人们习惯的理性思维定式，对岩体工程地质问题的判断也将产生重要影响。

文献浏览发现，该书中许多成果属于首次展示，并未见诸专业学术期刊。这些成果很好地解决了目前岩体力学基础理论和应用技术方法问题，对岩体工程地质力学的传承和发展起到了重要推进作用。由于统计岩体力学的理论和应用价值被收录到《中国岩石力学与工程世纪成就》，作者还应邀主讲了中国地质学会工程地质专业委员会第五届"谷德振讲座"，参与了中国岩石力学与工程学会第一届"钱七虎讲座"，并获得国际工程地质与环境协会（IAEG）学术终身学术成就奖——Hans Cloos Medal。

希望作者继续努力，不断完善统计岩体力学的理论体系，提升岩体工程地质力学解决工程问题的能力。

中国工程院院士
国际工程地质与环境协会前主席
IAEG 学术终身成就奖获得者 王思敬

2021 年 10 月 1 日于北京

第一版序二

应作者之邀为《统计岩体力学理论与应用》作序，十分高兴，欣然同意。

与该书作者认识是在 2008 年，当时我担任中国岩石力学与工程学会理事长，作者受挂靠单位中国科学院地质与地球物理所推荐担任学会副理事长和秘书长，我们合作共事了 4 年，也逐渐成了忘年之交。那些年我们接触较多的是学会事务，在学会工作提升和规范管理方面做出了许多努力，也得到了中国科协和广大会员的认可。几年共事中我感觉到作者作风朴实，是一个干实事的人。我们还就地质灾害防治话题一起接受媒体采访，参加中国科协的学会平台建设示范经验交流。

我对作者专业的了解是通过学会组织的一些重大工程问题咨询、中国科协学术沙龙等活动开始的。作者曾经组织长江三峡库区移民迁建城市高边坡防护工程规划和实施，也为锦屏一级水电站等十余座大型水电工程、兰渝铁路数十座深埋隧道关键地质问题的解决提供了科学技术支持，积累了较为丰富的岩石力学与工程地质工作经验。我们一起参与了锦屏一级和二级水电站岩爆问题的国际和国内咨询，并交流了一些看法，感到作者是一个勤于思考、勤奋钻研的人。

2020 年，中国岩石力学与工程学会和 *Journal of Rock Mechanics and Geotechnical Engineering* 期刊编辑部决定举办第一届"钱七虎讲座"，佘诗刚研究员推荐作者竞选讲座论文，以"Advances in statistical mechanics of rock masses and its engineering applications"为题，介绍了统计岩体力学理论和技术方法近 30 年的发展过程和研究进展。《统计岩体力学理论与应用》则更系统地介绍了统计岩体力学的思想方法、基本理论和工程应用技术。

该书借鉴统计物理学的思想方法，以岩体结构的统计理论为基础，引入断裂力学能量原理、弱环假说与可靠性理论、裂隙网络连通率等，将断续岩体等效为连续介质，建立了严密的岩体应力–应变模型、岩体强度理论和岩体渗流力学理论。作者还以此为基础，从理论上解析了一些岩体力学基础问题和工程中常见的困难课题，发展了一系列岩体工程参数计算和岩体质量评价方法，为工程应用提供了实用工具。该书从总体上提升了岩体力学的理论水平和解决实际工程问题的能力。

岩体力学基础理论研究是一个艰苦的过程。把岩体力学性质和力学行为的研究建立在岩体地质结构基础之上，历来是岩石力学理论研究的难点。该书忠实地体现了岩体结构控制论和岩体结构力学效应的基本思想，所建立的岩体力学理论合理体现了一系列地质因素对岩体力学性质和力学行为的控制和影响。

该书所体现的理性思维方式也是独特的。统计物理学的思想方法、依据应变能可加性原理实现断续介质的连续等效、岩体强度的弱环思想和强度–破坏概率联合判据、通过结构面尺度极大值体现岩体强度和渗透性的尺度效应、岩体的大/小泊松比效应，以及岩体主动加固理念等，这些思想方法对岩体力学研究和工程应用都是具有启发性的。

总而言之，统计岩体力学是对岩体力学科学体系的重要发展。希望这个体系能够不断完善，不断提升，逐渐成熟！

中国工程院院士
国家最高科学技术奖获得者
中国岩石力学与工程学会前理事长

2021 年 10 月 20 日于北京

第二版前言

自 2022 年 4 月本书第一版出版以来,著者和团队着手相关的理论和软、硬件技术的系统改进,并在 China Rock 2023 第 20 次中国岩石力学与工程学术年会进行了统计岩体力学系列成果发布。为此,团队录制了《统计岩体力学理论与应用》慕课,编制了中国岩石力学与工程学会团体标准《工程岩体参数计算与岩体质量分级技术规程》,改进了 SMRM Calculation 软件的中英文版,并进一步完善了"岩石力学背包实验室"系统。

在系列成果发布会筹备期间,著者曾忐忑地询问了本书的责任编辑:"这本书有没有卖出去几本?"回复说:"在一年半期间印刷了 14 次,国际著名出版商 Springer 也有意向出版本书的英文版。"这给了我们极大的鼓舞,于是与编辑约定,再花一年时间,系统梳理、充实本书内容,推出第二版!

在准备本书第二版的过程中,我们发现第一版仍然存在诸多不足之处。一是许多理论问题缺少适当的背景知识引入,读者难以轻松了解理论的推演过程;二是许多公式的物理意义解释缺少相应的图件或者应用案例配合,给读者直观理解带来困难;三是由于初稿与出版体例要求的差异,许多公式的编号与后部引用不对应,给读者带来困扰,如此等等。

在本书第二版初稿的编写中,我们重新梳理了总体思路,调整了章节结构,总计十四章。增加了"岩体与地质环境"一章,作为背景知识介绍岩体特性与地质环境的关系;单列一章"岩石与结构面力学性质便捷测试",介绍岩石与结构面力学参数的便捷测试技术和方法;重写了"岩体变形过程分析"一章;鉴于工程部门的需要,单列"岩体质量分级"、"工程岩体的主动加固"两章;新增"统计岩体力学计算平台与数值分析"一章,写入传统的数值计算和岩体参数计算方法。

本书第二版相对第一版增加了部分新发展的内容,包括基础理论与方法部分、应用技术部分。

基础理论与方法部分。在"岩石与结构面力学性质便捷测试"部分,深入解析了岩石点荷载试验原理,并将这一方法拓展到岩石弹性变形参数的测定和计算。在"岩体结构的几何概率理论"一章,增加了伍劼发展的手机扫描与岩体结构自动识别技术。在"岩体的应力-应变关系理论"部分,通过对理论模型的深入分析,统一了应力-应变关系对弹性变形和塑性变形的适用性。在"岩体的强度理论"一章中,拓展了岩体的准三轴与真三轴抗压强度,以及抗剪强度理论,并对 SMRM 强度理论与 Hoek-Brown 强度准则进行了比较。在"岩体变形过程分析"一章中,依据对 SMRM 应力-应变关系模型的深入理解，对岩体变形的各阶段机理进行了重新分析。

应用技术部分。在单列的"岩体质量分级"一章中，增加了"常用分级方法的各向异性修正"等内容。在"高地应力岩体与岩爆"一章中，增加了岩爆能量与岩爆潜势分析内容。在"工程岩体的主动加固"一章，系统阐述了岩体自稳潜力、加固需求度方法，提出了岩体自稳潜力的自组织调整机制，增加了"预锚-速锚法"等内容。新增"统计岩体力学计算平台与数值分析"一章，引入了"工程岩体数字化"与"数字化岩体"理念，"参数状态"与"参数场"概念，介绍了岩体参数计算系统和参数计算方法；介绍了基于常用岩土工程数值计算平台的 SMRM 模块及其拓展参数计算功能。在"岩体边坡工程应用"一章中，指出了"边坡稳定性误判与偏好"问题；针对近期工程项目需要，进一步梳理了高陡边坡大范围卸荷松动机理，详细分析了边坡岩体的倾倒变形机理与破坏特征；增加了边坡岩体的主动加固内容。在"岩体地下工程应用"一章中，重新推导了圆形硐室围岩非对称变形与围岩压力理论模型，统一了位移弹塑性变形和围岩压力计算方法，增加了"开挖卸荷与岩体各向异性弱化""高应力下软岩隧道的围岩压力趋始效应"机理分析，以及"地下空间围岩非对称大变形的主动控制"等内容。

在内容表述形式上，尽可能采用更简洁明了的语言描述和过程分析；为了便于直观理解一些理论公式，对于一些展示性和验证计算图示，一般附有计算的原始数据，便于读者验证计算；对于一些理论基本明确的结论，采用了"定理"的集中表述形式。

本书由伍法权基于第一版内容完成主要章节的编写；伍劼组织单机版和网络版计算软件编制，完成本书部分计算制图工作，编写部分内容，并牵头改进"岩体工程勘察智能工作平台"；包含负责第二章编写，补充了部分图件，并进行全书统稿。

本书著者感谢张芳、乔磊、白忠喜、李星星、陈坤、戴振中、郝鹏程、王立明等对"岩石力学背包实验室"软、硬件研发和推广应用做出的贡献；感谢祁生文、胡秀宏提供了重要的学术思想和资料支持！感谢绍兴文理学院、国家自然科学基金委员会、中国岩石力学与工程学会、中国电建集团成都勘测设计研究院有限公司、中国电建集团华东勘测设计研究院有限公司、中国电建集团昆明勘测设计研究院有限公司、中水北方勘测设计研究有限责任公司、中铁第一勘察设计院集团有限公司等单位的热情支持；感谢著者同事何林恺为本书第一版付出的辛勤劳动；感谢唐琼琼、田云、黄倩和"智慧树"平台为本书慕课制作做出的辛勤付出！

作者还要特别感谢张小玉女士的深情支持，为本书成稿出版提供了重要保障。

伍法权　伍　劼　包　含
2024 年 4 月于绍兴

第一版前言

《统计岩体力学原理》一书出版已经 27 年了。这一理论和方法一直受到同行的关注和欢迎，它的主要内容曾被纳入《中国岩石力学与工程世纪成就》，作者也因此而获得国际工程地质与环境协会（International Association for Engineering Geology，IAEG）学术终身成就奖——Hans Cloos Medal，以及 Journal of Rock Mechanics and Geotechnical Engineering 和中国岩石力学与工程学会第一届"钱七虎讲座"提名奖。这些一直激励着作者对这一理论体系的不断完善和工程应用拓展。

20 多年来，作者在一些大型水电工程的高边坡与地下厂房、深埋铁路隧道工程方面进行了广泛实践，积累了大量应用经验，其中统计岩体力学的许多理性成果和观念始终成为重要的支撑。作者也发现，许多同行一直致力于相关的研究工作，发表了不少出色的理论和应用成果，这些成果对丰富统计岩体力学的理论与方法系统具有重要的启发和价值。作者在本书中将尽可能吸收这些成果。

重新审视和推敲《统计岩体力学原理》，虽然许多内容仍然感觉不错，但也发现原有系统存在不少可以改进的地方。首先是过分追求理论表述的简洁性，许多本来可以详尽阐述的内容，简洁的表述形式反倒让读者感到不适应，特别是工程师们难以接受；其次是书中有些理论思考尚不太成熟，如第四章"裂隙岩体的强度理论"，过分强调了裂隙网络对岩体等效应力的影响，使得理论上的推演变得过于复杂；第三是这一理论系统的可操作性不够，影响了它的应用。当年曾经打算出版《统计岩体力学方法》，对一些理论应用和方法的实现进行操作性说明，也一直未能如愿。本书虽然继续保持简洁的表述方式，但将力求通俗，并试图对上述问题有所改进。

本书直奔主题，从岩体结构模型出发，阐述岩体的变形、强度、水力学理论。作为重要的应用，本书增加了岩体工程性质与质量分级、裂隙岩体全过程变形分析、高应力岩体与岩爆、岩体边坡工程应用、岩体地下工程应用等内容。

最后值得一提的是，常有同行问作者：你搞的什么统计岩体力学，不就是拿统计学的方法对岩体的试验测试数据做些统计吗？学过概率统计的人都会，为什么弄得那么复杂？其实将这门学问称作"统计岩体力学"是受了统计物理学的启示。这门学问从物质分子运动论发展成为统计力学，建立起微观层次分子运动与物质宏观行为之间的物理关系。这正是统计岩体力学要做的事情，即从解析岩石与结构面的个体行为来描述岩体的宏观行为。

在本书系统形成过程中，伍劼组织完成了统计岩体力学（statistical mechanics of rock

masses，SMRM）计算系统 PC 版与网络版编程、计算分析工作，组织研发了"岩体工程勘察智能工作平台"，并编写了本书部分内容。包含、郗鹏、李星星、王立明等完成了软件部分模块和手机应用程序（application，APP）；祁生文、胡秀宏提供了重要的学术思想和资料支持，在此表示感谢！本书研究工作得到国家自然科学基金重点项目（41030749、41831290）、浙江省重点研发项目（2020C03092）和绍兴市"名士之乡英才计划"项目的支持，特表感谢！

在统计岩体力学的研究与实践中，得到了中国岩石力学与工程学会、中国电建集团成都勘测设计研究院、华东勘测设计研究院、昆明勘测设计研究院、中水北方勘测设计研究院、中铁第一勘察设计院等单位的热情支持，作者深表谢意！

作者还要特别感谢张小玉女士的深情支持，为本书成稿出版提供了重要保障。

伍法权　伍　劼
2020 年 12 月于绍兴

目　录

第一版序一
第一版序二
第二版前言
第一版前言

第一章　绪论 ··· 1
　　第一节　统计岩体力学的研究现状 ··························· 2
　　第二节　统计岩体力学的思想方法 ························· 15
　　第三节　本书的基本内容 ······································· 17

第二章　岩体与地质环境 ······································· 23
　　第一节　岩石成因与力学特性 ································ 24
　　第二节　岩体结构与力学性能 ································ 29
　　第三节　岩体结构与渗透特性 ································ 35
　　第四节　岩体性质与气候环境 ································ 39
　　第五节　岩体性质与宏观地貌特征 ························· 41

第三章　岩石与结构面力学性质便捷测试 ············ 47
　　第一节　岩石强度的点荷载试验原理 ····················· 48
　　第二节　岩石弹性参数的点荷载测试计算 ·············· 54
　　第三节　点荷载岩石力学参数尺寸效应的讨论 ······· 57
　　第四节　岩石与结构面力学参数便捷测试的其他方法 ··· 60
　　第五节　"背包实验室"的测试结果与检验 ············ 62
　　第六节　岩石强度的 Weibull 理论 ·························· 66

第四章　岩体结构的几何概率理论 ························· 73
　　第一节　岩体结构数据的测量方法 ························· 74
　　第二节　结构面产状 ··· 80
　　第三节　结构面迹长与半径 ··································· 85
　　第四节　结构面间距与密度 ··································· 93

第五节　结构面粗糙度 ·· 96
　　第六节　结构面隙宽 ·· 98
　　第七节　岩体结构的几何概率表述 ·· 102
　　第八节　岩体结构面网络的随机模拟 ·· 122
　　第九节　结构面识别采集与三维网络模拟应用 ································ 126

第五章　岩体的应力-应变关系理论 ··· 131
　　第一节　裂隙岩体连续等效的概念 ·· 132
　　第二节　裂隙岩体应力-应变关系的平面问题模型 ··························· 133
　　第三节　埋藏结构面上的应力 ·· 139
　　第四节　岩体的三维应力-应变关系 ·· 141
　　第五节　关于系数 k 与 h 的讨论 ·· 149
　　第六节　岩体变形参数讨论 ·· 153
　　第七节　等效应力 ·· 161
　　第八节　岩体变形的结构面刚度模型 ·· 163
　　第九节　变形参数的计算与检验 ·· 166
　　第十节　岩体本构关系的损伤理论 ·· 171
　　第十一节　裂隙岩体本构关系的结构张量法 ···································· 175

第六章　岩体的强度理论 ·· 179
　　第一节　岩体的破坏判据与破坏概率 ·· 180
　　第二节　岩体库仑强度的主应力形式 ·· 187
　　第三节　岩体的库仑抗剪强度 ·· 195
　　第四节　强度理论的校验与应用 ·· 200
　　第五节　SMRM 强度与 Hoek-Brown 强度比较 ································ 204

第七章　岩体水力学理论 ·· 211
　　第一节　经典的单裂隙水力特征 ·· 212
　　第二节　岩体的渗透张量 ·· 215
　　第三节　岩体渗透系数的立方率与尺寸效应 ···································· 218
　　第四节　渗流场与应力场的耦合作用 ·· 220
　　第五节　Oda 渗透张量法 ·· 223

第八章　岩体变形过程分析 ·· 229
　　第一节　岩体变形过程分析的基本思想 ·· 230
　　第二节　岩体的轴向压缩本构模型 ·· 231
　　第三节　岩体的压密变形与轴向压缩变形 ·· 233

第四节　岩体的峰后变形行为 ·· 235
第九章　岩体质量分级 ··· 239
　　第一节　常用的岩体质量分级方法 ·· 240
　　第二节　工程岩体质量分级的 SMRM 方法 ································ 247
　　第三节　各类工程岩体质量分级方法的比较 ································ 251
第十章　高地应力岩体与岩爆 ·· 257
　　第一节　地应力估算 ··· 258
　　第二节　高应力岩体性态与应变能 ·· 261
　　第三节　岩爆机理 ··· 265
　　第四节　岩爆判据 ··· 269
第十一章　工程岩体的主动加固 ·· 279
　　第一节　岩体自稳潜力 ·· 280
　　第二节　岩体主动加固基本原理 ··· 284
　　第三节　岩体主动加固技术 ··· 287
第十二章　统计岩体力学计算平台与数值分析 ································· 291
　　第一节　工程岩体数字化的概念 ··· 292
　　第二节　岩体参数计算平台解析 ··· 294
　　第三节　SMRM 工程岩体数值模拟模块 ···································· 321
第十三章　岩体边坡工程应用 ·· 331
　　第一节　边坡稳定性地质判断 ·· 332
　　第二节　边坡岩体卸荷变形 ··· 337
　　第三节　边坡岩体的倾倒变形 ·· 348
　　第四节　边坡岩体渗透性特征 ·· 353
　　第五节　边坡地震动力响应 ··· 358
　　第六节　边坡岩体的主动加固 ·· 363
第十四章　岩体地下工程应用 ·· 369
　　第一节　地下空间围岩应力场特征 ·· 370
　　第二节　圆形硐室围岩非对称变形分析 ···································· 377
　　第三节　地下硐室的非对称围岩压力 ······································· 381
　　第四节　地下空间围岩非对称大变形的主动控制 ·························· 386
　　第五节　地下工程岩爆防护 ··· 389
　　第六节　TBM 掘进速率与隧道围岩变形竞争与控制 ····················· 393
参考文献 ·· 396

第一章

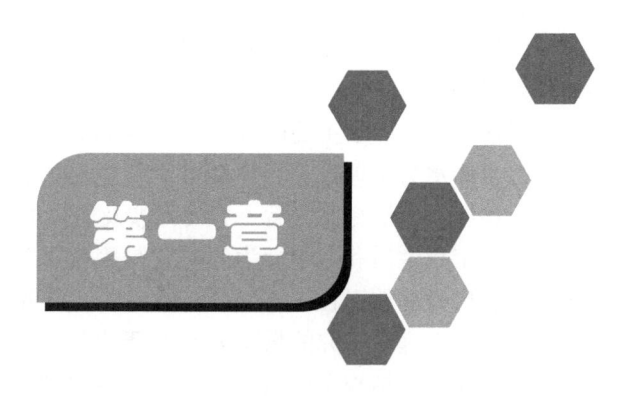

绪 论

岩体力学是岩体工程地质学的重要组成部分。它运用数学与力学工具，把岩体工程地质问题的分析引向理论化和定量化。因此，岩体力学的发展深刻影响了工程地质学的理论发展进程。

目前，岩体力学主要研究六个基本问题：岩体结构理论、岩体变形理论、岩体强度理论、岩体水力学理论、岩体动力学理论和岩体地质环境分析理论。前五方面研究岩体的工程性质和力学行为，后一方面则涉及岩体的地质环境。

岩体工程性质和力学行为的研究是困扰了岩体力学理论界和工程界几十年的一个热门课题，也是制约工程岩体变形与稳定性计算可靠性的关键课题。

岩体力学理论研究的根本困难在于岩体结构的表述、结构面网络的力学效应与水力学效应，而岩体结构又是岩体力学行为的基础。事实上，单一结构面的性状决定了它的力学效应方式，而结构面网络特征决定了岩体结构的整体力学效应和水力学效应。

大量研究表明，岩体中结构面的分布具有统计的确定性特征。例如，我们熟知的结构面产状分布虽然具有随机性，但总可以找出其"优势产状"。这些"优势产状"正是由其形成时应力状态决定的最可能破裂方向。近期研究也表明，结构面大小、间距、隙宽及其表面形态等尺度参数无一不具有某种概率分布形式。岩体结构的这种性质必然导致其力学性质和水力学性质的统计确定性。因此，岩体力学应当是一种统计力学理论。这也是我们借鉴"统计物理学"思想方法研究岩体力学的原因。

我们知道，常温常压下岩体的变形与强度主要取决于岩体中的结构面。人们也逐步认识到，岩体结构面的变形与破坏本质上是一种断裂力学行为。沿各结构面的拉、压变形及剪切变形构成了岩体宏观变形的主体部分；结构面变形将在其边缘引起应力集中，导致裂纹扩展连通直至岩体整体破坏。岩体的动力学则更复杂一些，但本质上是结构面及其网络在动力作用下的变形与破坏。

综上，我们有理由认为，岩体力学应当是一门岩体的统计断裂力学，我们称之为统计岩体力学（statistical mechanics of rock masses，SMRM）。

统计岩体力学作为一套理论提出是近二十多年来的事（伍法权，1991；伍法权和姜柯，1992；伍法权等，1993，2022），但对其相关的研究工作则早已开始。本章将首先介绍围绕这一领域的理论与应用研究概况，阐明统计岩体力学的思想方法，并提出理论框架。

第一节　统计岩体力学的研究现状

统计岩体力学是在系统总结前人研究成果，吸取多门学科思想方法的基础上发展起来的。统计岩体力学理论赖以建立和发展的基础，包括岩石力学性质研究、结构面几何形态与力学性质的观测与实验研究、结构面网络统计理论与方法、岩石断裂力学、脆性断裂统计理论、岩体水力学理论、岩体动力学研究、连续介质力学与损伤理论、概率论与可靠性理论，以及岩石力学实验与岩体工程经验等。

一、岩石力学评述

岩石力学是20世纪中叶发展起来的一门新兴学科。由于岩石工程实践的需要，1951年在奥地利萨尔茨堡成立了国际上第一个地区性的地质力学学会——奥地利地质力学学会。1962年，由该学会发起成立了国际岩石力学学会（International Society for Rock Mechanics，ISRM），宣示岩石力学学科的诞生。新中国岩石力学研究是从1958年开始的，长江葛洲坝、三峡工程、大冶露天铁矿、金川矿山等工程进行了大规模室内和现场岩石力学实验，研制出岩石静力和动力三轴仪等一批仪器设备，培养出一批骨干力量，有力促进了岩石力学研究。1979年，中国成立了国际岩石力学学会中国小组，1982年创办了《岩石力学与工程学报》，1985年组建了中国岩石力学与工程学会。几十年来，岩石力学不仅开展了系统深入的基础研究，也为大量岩体工程实践提供了理论支撑。

现有的岩石力学大致有两种来源，一种来自于力学研究和土木、水利、建筑工程实践，较多从材料力学角度出发，相对注重力学理论的严谨与经典理论运用，称为岩石力学；另一种来自于工程地质研究与实践，将岩体当做地质体开展研究，相对强调岩体的赋存环境、地质特性和结构力学效应，称为岩体力学，或岩体工程地质力学。

总体来看，无论是岩石力学还是岩体力学，都还是一门成长中的学科。目前，这门学科理论主要由两部分组成，一部分是引用的理论成果，如强度理论、边坡稳定性极限平衡分析理论、地下硐室围岩变形与围岩压力理论等；另一部分是试验测试规律及工程经验总结出来的模型，如结构面力学特性、岩体的变形特性与强度理论、岩体质量分级方法、地应力分布规律等。尽管这些理论和经验模型能够从不同侧面解释岩体大多数工程行为，但总觉得缺乏"灵魂支撑"，底气不足，各类工程计算相对粗略。这也是力学界至今仍不承认岩石力学是一门力学科学的原因之一。由此可见，岩石力学或岩体力学还有较大的发展空间，人们也期待形成一门较为系统而又严密的力学理论体系。

二、岩石力学性质研究

岩石组成了岩体的基质部分，它的力学特性在很大程度上决定了岩体的力学特性。岩石的力学性质主要包括：变形性质，按照弹性力学理论，通常采用弹性（或变形）模量（E）、泊松比（ν）等指标表示；强度性质，通常用单轴抗压强度（σ_c）、抗拉强度（σ_t），以及抗剪强度参数黏聚力（c，单位：MPa）、摩擦角（φ，单位：°）等指标表述。

岩石力学性质指标测试已经有很成熟的技术。岩石的变形模量、泊松比、单轴抗压强度一般可采用单轴压缩试验测定；在工程中，岩石的抗拉强度指标一般较少采用，需要时可采用直接拉伸试验或巴西圆盘劈裂试验测定；岩石的抗剪强度指标一般采用直剪试验、变角板试验、三轴压缩试验测得。

岩石的力学性质主要受岩石的成因、组成矿物、孔隙性与微结构、胶结状态等因素的影响，不同成因的岩石其力学性质差异性显著。岩力学性质强弱一般呈现如下顺序：

火成岩>变质岩>沉积岩。受这些因素特别是微结构与胶结状态的影响，岩石的强度具有显著的分散性，且越坚硬的岩石，强度分散性越突出。

岩石的力学性质常常受岩石的含水率、温度、围压等环境因素的影响，表现出一定的变化性。受黏土矿物多寡的影响，一般碎屑沉积岩力学性质变化性强于变质岩和火成岩。

不同成因的岩石，力学性质与其微结构定向性密切相关，呈现出不同程度的各向异性。岩石力学性质的各向异性大致呈现如下规律：区域变质岩>沉积岩>火成岩。但是，由于岩体力学性质的各向异性主要受岩体结构面控制，工程中除特殊需要外，一般把岩石当作各向同性材料处理，忽略因微结构方向性带来的力学各向异性。

三、结构面几何形态研究

结构面几何形态是岩体力学性质和水力学性质研究的基础。较早注意到结构面几何形态对力学性质影响并做研究的是 Patton（1966）。他把结构面的形态起伏理想化为规则的起伏角（i），并通过力学实验和理论分析将其计入结构面的摩擦角。

针对结构面几何形态的研究发现，结构面起伏状况可以用结构面粗糙度系数（joint roughness coefficient，JRC）描述。Barton 和 Choubey（1977）提出了确定 JRC 的 10 条标准剖面，并经国际岩石力学学会（ISRM）推荐而被广泛采用。深入研究发现，结构面力学性质存在尺寸效应，Barton 等（1985）又提出了 JRC 的尺寸效应校正公式：

$$JRC = JRC_0 \left(\frac{L}{L_0}\right)^{-0.02JRC_0} \tag{1.1}$$

式中，L_0 和 JRC_0 为结构面的采样尺寸与其对应的 JRC 值；L 和 JRC 为结构面的实际尺寸和 JRC 校正值。

但是，结构面形态千变万化，很难用 10 条标准剖面完全表述，也无法用一个简单的数学关系式准确表达。因此，实际工作中多采用实测方法，发展了一些机械式、光电式和激光式测量方法（Patton，1966；杜时贵和潘别桐，1993；杜时贵等，2005；Ge et al.，2014；Bao et al.，2020）。

Turk 和 Dearman（1985）用实际测量得到的结构面的曲线迹线长度（迹长）（l_t）和直线迹长（l_d），按下式计算结构面起伏角（i）：

$$\cos i = \frac{l_d}{l_t} \tag{1.2}$$

这种方法综合考虑了结构面不同尺度的起伏，可称为上限起伏角。由 i 值可以求取 JRC 值。

类似地，王岐（1982）提出了用伸长率（R）确定 JRC 的方法：

$$R = \frac{l_t - l_d}{l_d} \times 100\% \tag{1.3}$$

通过与 Barton 标准剖面对比得出

$$\mathrm{JRC} = \frac{\lg R}{\lg 1.0910216} \tag{1.4}$$

Barton、Choubey 和 Bandis 对长 0.1m 的 200 多组结构面测量得到如下关系：

$$\mathrm{JRC} = (450 + 50\lg l)\frac{\alpha}{l} \tag{1.5}$$

式中，l 为迹长；α 为剖面的最大起伏尺度。

Turk 等（1987）、James（1987）、谢和平等（1992）对分形理论确定 JRC 参数做了有益的工作，并得到如下经验关系式：

$$\mathrm{JRC} = a + bD \tag{1.6}$$

$$\mathrm{JRC} = a(D-1)^b \tag{1.7}$$

式中，D 为结构面的形态分维数，一般有 $D=1\sim1.03$；a、b 为常数。

由上述可见，求取参数 JRC 是结构面几何形态研究的一个重要方向，其物理意义在于它可以反映结构面强度的力学效应。

四、结构面力学性质研究

结构面是岩体结构的基本单元，岩体结构的力学效应与水力学效应是以单个结构面的行为为基础的。

20 世纪 40 年代，Terzaghi（1946）在《隧洞地质入门》一书中就考虑了软弱面对岩体稳定性的影响。此后，岩石力学界对结构面的地质特征、力学习性等逐步开展了研究。1974 年，Müller 编辑出版了《岩石力学》，提出了关于岩体结构面地质特征及工程意义的一系列观点，这是对当时的研究工作，特别是奥地利学派工作的一个总结。

20 世纪 70 年代以来，岩石力学界通过大量实验室研究，获得了结构面法向压缩、剪切变形及剪切强度等多方面的成果。

1. 结构面的变形性质

Goodman（1974）根据大量实验资料，提出了结构面法向闭合变形的如下经验关系：

$$\sigma = \frac{\Delta t}{t_0 - \Delta t}\sigma_i + \sigma_i \tag{1.8}$$

式中，σ 为结构面的法向应力；σ_i 为结构面所受的初始应力；Δt 为闭合量；t_0 为最大闭合差。

Bandis 等（1983）的经验方程为

$$\sigma = \frac{\Delta t}{a - b \cdot \Delta t} \tag{1.9}$$

式中，a、b 为常数。显然，当 $\sigma \to \infty$ 时，$\frac{a}{b} \to \Delta t(=t_0)$；当 $\sigma \to 0$ 时，$\Delta t \to 0$，有 $a = \frac{1}{k_{ni}}$，k_{ni} 为结构面初始法向刚度。结构面法向刚度（k_n）为

$$k_{\text{n}} = \frac{\partial \sigma}{\partial \Delta t} = \frac{k_{\text{ni}}}{\left(1 - \frac{\Delta t}{t_0}\right)^2} \tag{1.10}$$

并提出了 t_0 和 k_{ni} 的确定方法。

孙广忠（1988）将结构面法向闭合变形曲线用指数函数表示为（孙广忠和林文祝，1983）

$$t = t_0(1 - e^{-\frac{\sigma}{k_{\text{n}}}}) \tag{1.11}$$

式中，k_{n} 为法向压缩刚度；t_0 和 t 分别为无应力和任意应力下的隙宽。

对于结构面的剪切变形，Kulhaway（1975）提出了如下经验方程：

$$\tau = \frac{\Delta s}{m + n\Delta s} \tag{1.12}$$

式中，τ 为抗剪强度；Δs 为剪切位移；m 为初始剪切刚度（k_{si}）的倒数；n 为最大抗剪强度（$\tau_{\max}$）的倒数。

Barton 和 Choubey（1977）给出了剪切刚度（k_{s}）的尺寸效应经验公式

$$k_{\text{s}} = \frac{100}{L}\sigma \tan\left(\text{JRClg}\frac{\text{JCS}}{\sigma} + \varphi_{\text{R}}\right) \tag{1.13}$$

式中，L 为受剪切结构面的长度；JRC 为结构面粗糙度系数；JCS 为结构面壁面抗压强度；φ_{R} 为结构面残余摩擦角。

2. 结构面的抗剪强度

平直光滑结构面抗剪强度（τ_{f}）满足如下简单关系式：

$$\tau_{\text{f}} = \sigma \tan\varphi_{\text{b}} \tag{1.14}$$

式中，φ_{b} 为结构面基本摩擦角，近于磨光平面上的值。

Patton（1966）用石膏模型实验研究了起伏角（i）为规则形状时的结构面摩擦角（φ），得到 $\varphi = \varphi_{\text{b}} + i$，于是有

$$\tau_{\text{f}} = \sigma \tan(\varphi_{\text{b}} + i) \tag{1.15}$$

Barton 等（1985）根据对 JRC 的研究和实验分析，得出结构面抗剪强度经验公式（Barton and Choubey，1977）

$$\tau_{\text{f}} = \sigma \tan\left(\text{JRC lg}\frac{\text{JCS}}{\sigma} + \varphi_{\text{b}}\right) \tag{1.16}$$

并与式（1.1）同时提出了结构面壁面抗压强度的尺寸效应修正公式

$$\text{JCS} = \text{JCS}_0 \left(\frac{L}{L_0}\right)^{-0.03\text{JRC}_0} \tag{1.17}$$

式中，JCS 和 JCS_0 分别为对应尺寸 L_0 和 L 的结构面壁面抗压强度。

五、岩体结构性质的统计研究

岩体结构性质是岩体最基本的性质。人们曾经采用多种方法描述岩体结构，较早的

方法是运用走向或倾向玫瑰花图、赤平投影图等。但这些方法只能描述结构面的空间角度关系和分布图式。20 世纪 70 年代以来，人们陆续开始对结构面的空间尺度分布进行研究，逐步形成了描述岩体结构的几何概率方法。

这一套方法中，结构面产状及其分组仍沿用了赤平极射投影方法。结构面分组后，将各组结构面的倾向与倾角分别做出分布直方图，并拟合成概率密度函数。大量研究表明，倾向与倾角一般服从对数正态分布（潘别桐和徐光黎，1989）。

结构面的平面形态是岩体结构面网络的基本要素。Snow（1970）和 Barton（1978）将结构面形态视为圆形或椭圆形。考察表明，结构面在均质结晶岩体中为近似圆形，而在层状介质中则为长方形（Zhang and Einstein，2010）。

结构面间距反映了岩体的完整性，是岩体质量评价的基本要素之一。Barton 等（1974）和 Bieniawski（1974）用反映结构面间距的岩体质量指标（rock quality designation，RQD）进行了岩体分类。Priest 和 Hudson（1976，1981），Wallis 和 King（1980），Wang 和 Huang（2016），Wu 等（2020）通过大量实测资料证明，结构面间距（x）服从负指数分布

$$f(x) = \lambda e^{-\lambda x} \tag{1.18}$$

式中，λ 为一组结构面的法向密度，即平均间距的倒数，并讨论了参数 λ 估计精度随样本量大小的变化特征，认为置信水平为 80% 和 90% 条件下样本容量（n）分别不得小于 n = 41 和 271。

按岩体质量指标（RQD）的经典定义，Priest 和 Hudson（1976）由式（1.18）得到

$$\text{RQD} = \lambda \int_{0.1}^{\infty} x f(x) \mathrm{d}x = (1 + 0.1\lambda) e^{-0.1\lambda} \times 100\% \tag{1.19}$$

Sen 和 Kazi（1984）讨论了测线长度（L）对结构面平均间距估计误差的影响，得出了间距的实测均值 $E(x)$ 与理论均值 $1/\lambda$ 的关系为

$$E(x) = \frac{1}{\lambda(1 - e^{\lambda L})} \left[1 - (1 + \lambda L) e^{-\lambda L} \right] \tag{1.20}$$

Hudson 和 Priest（1983）提出了含多组结构面岩体中结构面的测线密度（λ）计算方法

$$\lambda = \sum_{i=1}^{n} \lambda_i \cos\theta_i \tag{1.21}$$

式中，λ_i 为第 i 组结构面法线密度；θ_i 为该组结构面法线与测线夹角。并求出了 λ 的最大值及其产状值。

结构面的另一尺度指标是结构面的大小，通常用结构面与露头面交线的长度，即迹长表征。Cruden（1977）和 Baecher 等（1977）提出了结构面迹长的测线测量法（Baecher and Lanney，1978）。Priest 和 Hudson（1981）发展了利用结构面半迹长和截尾半迹长测量数据推断全迹长的几何概率计算方法。大量实测资料表明，结构面迹长服从负指数分布或对数正态分布。

Kulatilake 和 Wu（1984）提出了估计结构面平均迹长的统计窗测量方法。这种方法不需要知道被测结构面迹长的分布函数。后经 Pahl（1981），Zhang 和 Einstein（1998），

Mauldon（1998）, Mauldon 等（2001）, Wang 和 Huang（2006）, 以及 Zhang 等（2016）的不断改进，已经成为一种相对成熟可靠的方法。

结构面的张开度（隙宽）与岩体水力学性质有着密切联系。岩体水力学家对结构面张开度进行了较多的研究。Snow（1970）的研究表明，结构面张开度服从正态分布，大量实测结果也表明张开度服从负指数分布。

在上述研究的基础上，Gong 和 Samaniego（1981）发展了岩体结构面网络二维随机模拟技术。这一技术的基本原理是，依据结构面产状、迹长、间距等参数的实测概率分布，运用蒙特卡罗随机采样和计算机图形恢复岩体结构模式。一组结构面中心点的采样密度（N）与其法向密度（λ）的关系为

$$N = \lambda \mu \tag{1.22}$$

式中，μ 为该组结构面平均迹长的倒数。

Hudson 和 Priest（1983）运用"树形结构分层搜索"方法，在结构面模拟网络中抽取出结构面连通网络图，由此可以对结构面网络进行水力传导性计算。

Svensson（2001a，2001b）还应用裂隙岩体连续表述模型，研究了岩体连通性和渗流场特性。

熊承仁和潘别桐应用式（1.19）和式（1.21），对上述二维网络模拟图做出了不同方向 RQD 分布图，由此可以直观地确定 RQD 的最大值和最小值及其产状。这对于地下硐室轴向选择具有重要的实用价值。

日本学者 Oda（1983，1984）则从几何概率角度定义了岩体的结构张量（F）为

$$F = \frac{\pi \rho}{4} \int_0^\infty \int_\Omega r^3 nn \cdots n E(\boldsymbol{n}, r) \, \mathrm{d}\Omega \mathrm{d}r \tag{1.23}$$

式中，Ω 为该物体占有的空间闭区间；ρ 为结构面体积密度；$\boldsymbol{n}$ 为结构面法向矢量；r 为结构面半径；$E(\boldsymbol{n}, r)$ 为 $\boldsymbol{n}$、r 的分布密度函数。稍后，Oda（1985）引入了张开度参量，将结构张量用于岩体水力传导性研究。结构张量法已成为岩石力学理论研究中一种重要方法，但后续研究似乎不足。

学者们还尝试了用分形理论拟合岩体结构的某些特征。日本学者大野博之等（1990）从不同观测尺度（>1cm、3cm、10cm、2m、15m、8m）得到破裂长度（a）和破裂宽度（w）的超越概率分别为分维分布。

$$P(a) \propto a^{-D_a} \tag{1.24}$$

$$P(\omega) \propto \omega^{-D_\omega} \tag{1.25}$$

La Pointe（1988）分别对节理网络模拟结果和实际岩体结构进行了分维测量，研究了岩体结构和连通性的分维特征。

近20年来，基于三维点云数据的岩体结构解译有了较大的发展。Pan 等（2024）利用三维激光扫描系统测量岩体结构面参数，实现了结构面的人工识别。董秀军和黄润秋（2006）等在国内较早使用三维激光扫描技术进行岩体结构测量。何秉顺等（2007）、Ferrero 等（2009）、Jaboyedoff 等（2009）、Slob 等（2005）（Slob，2010）、Mah 等（2011）、Vöge 等（2013）通过点云数据三角化重构（TIN 算法）、模糊 K-均值聚类算法实现了产

状的自动分组。刘昌军等（2011，2014）基于柱面投影 Delaunay 算法、模糊 C-均值聚类算法、FKM 聚类算法，实现了结构面产状的自动识别。

六、岩石断裂力学研究

从力学角度讲，岩体结构面的形成、连通与岩体强度的丧失，都是一种断裂力学行为。因此，断裂力学理论及实验方法在岩石力学领域内得到广泛应用。

20 世纪 70 年代末、80 年代初，断裂力学被引入岩石力学领域，用于分析和说明含裂纹岩石的强度行为。研究者对预制裂纹混凝土和岩石试件进行了大量的实验，获取断裂性态曲线和 I 型断裂韧度因子（K_{Ic}）（黄建安和王思敬，1986；夏熙伦等，1988）。部分学者应用断裂力学能量方法和应力腐蚀等概念讨论震源机制模型，用于地震三要素预测（陈颙，1983）。李世愚还提出了复杂应力状态下岩体的断裂判据

$$\begin{cases} \lambda_{12} \sum K_I + \left| \sum K_{II} \right| = K_{IIc} \\ \lambda_{13} \sum K_I + \left| \sum K_{III} \right| = K_{IIIc} \end{cases} \quad (1.26)$$

式中，λ_{12} 和 λ_{13} 分别为压剪和压扭系数；K_I、K_{II}、K_{III} 分别为 I 型、II 型和 III 型断裂韧度因子；K_{IIc}、K_{IIIc} 分别为 II 型、III 型断裂韧度。

学者们对节理面几何形态、节理系形成、节理扩展动力学及节理扩展轨迹等的断裂力学机理陆续展开了研究（Pollard，1988；唐辉明，1991），将岩石断裂力学从理论和实验室研究引向对地质原型研究。

七、岩石断裂统计理论研究

脆性材料断裂统计理论是 Weibull（1939）在研究玻璃、陶瓷等材料的抗拉强度性能时提出的。他认为，在拉应力（σ）作用下，体积为 V，含微裂纹试件的破坏概率为

$$P_f(\sigma, V, A) = 1 - \exp\left\{ -k \int_V \int_A \sigma^m dV dA \right\} \quad (1.27)$$

式中，A 为微裂纹法向矢量角度域；k、m 为常数。

通常认为 Weibull 理论对于受压的岩石材料是不合适的。Jayatilake 和 Trustrum（1977）提出了受压脆性破坏的统计模型。王宏和陶振宇（1988）应用 Markov 假设导出裂纹密度函数形式，得到了破坏概率表达式，并讨论了裂纹尺寸分布对岩石强度的影响（陶振宇和王宏，1989）。

脆性断裂统计理论的根本意义在于它独到的思想方法，即材料强度的最弱环节假说。

八、岩体本构模型与强度理论研究

岩体本构模型与强度理论是岩体力学的核心课题。20 世纪 70 年代以前，岩体的变形

与强度分析基本上是借用连续介质力学理论完成的，通常把岩体当作岩块或经过经验弱化后的岩块来处理。70年代后期至80年代，人们重视了地质结构面的力学效应，发展了诸如赤平投影（孙玉科和古迅，1980）、块体理论，以及DDA、UDEC、3DEC（石根华，1985）等多种方法。但这一时期主要是探讨了结构面控制下岩体的强度行为，并把岩石块体当作刚体来分析。

20世纪80年代以来，岩体本构关系与强度理论的研究有了较大的发展，研究大致分为四种途径：

一是组合本构模型。通常做法是将贯通结构面与岩块的力学行为叠加，导出本构关系。Gerrard（1982）导出含三组正交节理岩体的应力-应变关系，并讨论了岩体的弹性参数。Yoshinaka等（1983）绘制了贯通裂隙岩体弹性模量与剪切模量的各向异性曲线（Yoshinaka and Yamabe，1986）。孙广忠（1988）提出了相似元件组合模型，并用大型原位测试和模型实验进行了验证（孙广忠和林文祝，1983）。Fossum（1985）研究了裂隙方位随机分布、岩体变形参数随节理间距的弱化问题。Wei and Hudson（1986）则在岩体模量中计入了裂隙刚度的力学效应。伍法权（1991）讨论了多组节理岩体的弹性参数随节理间距、节理刚度等参数的弱化关系。

二是结构张量法模型。Oda（1983，1984，1985，1988）提出了岩体结构张量，并导出岩体本构模型，认为对于张应力条件有本构关系为

$$\varepsilon_{ij} = (C_{0ijkl} + C_{cijkl})\sigma_{kl}$$

$$C_{cijkl} = \frac{1}{4D}(\delta_{il}F_{jk} + \delta_{jl}F_{ik} + \delta_{jk}F_{il} + \delta_{ik}F_{jl}), \quad D = \frac{3\pi}{8}E \tag{1.28}$$

而在受压条件下本构方程形式与上同，但

$$C_{cijkl} = \left(\frac{1}{\overline{h}} - \frac{1}{\overline{g}}\right)F_{ijkl} + \frac{1}{4\overline{g}}(\delta_{ik}F_{jl} + \delta_{jk}F_{il} + \delta_{il}F_{jk} + \delta_{jl}F_{ik}) \tag{1.29}$$

式中，C_{0ijkl}与C_{cijkl}分别为岩块和结构面系统引起的弹性柔度张量；$\overline{h}$与$\overline{g}$为含节理刚度的参数。

Cowin（1985）也给出了Oda结构张量与弹性张量的代数关系式。

三是"损伤力学"模型。损伤力学源自苏联塑性力学家Kachanov（1958），他在研究金属杆件拉伸蠕变断裂时提出了"连续性因子"与"有效应力"的概念，并逐步发展起一门连续介质力学。它把介质中存在的不连续面及其网络视为微观损伤，并认为在受拉张开时，微损伤不能传递应力。这部分不能传递的应力将在连续部分平均分配，形成大于名义应力的"有效应力"，从而导致比连续介质更大的应变，称为"等效应变"。随着损伤的扩展，材料的力学性质将不断弱化，直至破坏。

Kawamoto等（1985）首先将二阶损伤张量用于建立节理岩体的损伤力学模型。周维垣等（1986）以此为基础发展了损伤断裂力学模型，并用于坝基岩体渐进破坏可靠度分析。

四是统计岩体力学模型。伍法权把岩体结构面网络统计理论、断裂力学能量原理、统计断裂力学思想和连续介质力学结合起来，运用能量可加原理，将岩块和断续结构面

网络的力学效应叠加，提出了节理岩体的本构理论、强度理论和破坏概率理论（伍法权和姜柯，1992；伍法权等，1993）。后续章节我们将对此做出详细讨论。

对于岩体强度，经验方法是一种实用的研究方法。Hoek（1990）通过总结大量实验数据，提出如下岩体强度的霍克-布朗（Hoek-Brown，H-B）经验判据（Hoek and Brown，1980a）：

$$\sigma_1 = \sigma_3 + \sqrt{m\sigma_c\sigma_3 + s\sigma_c^2} \tag{1.30}$$

式中，m、s 为反映岩体性质的综合指标，可查表获得；σ_1、σ_3 为主应力；σ_c 为岩块的单轴抗压强度。由式（1.30）可导出岩体的单轴抗压强度、抗拉强度和抗剪强度。由于这一判据与岩体分类联系起来，目前已获得广泛应用。但应注意，式（1.30）仍是一个各向同性判据。

基于 Hoek-Brown 经验方法，Hoek 等（2013）发展了地质强度指标（geological strength index，GSI）图岩体质量分级方法。

孙广忠（1988）以岩体原位试验为基础，给出了如下反映岩体结构效应的强度判据（孙广忠和林文祝，1983）：

$$\sigma = \sigma_m + AN^{-a} \tag{1.31}$$

式中，A、a 为常数；N 为试件中所含的结构体数；σ_m 为平均主应力。

九、岩体水力学理论研究

岩体渗透性是岩体的基本力学性质。许多工程岩体失稳破坏实际上是由岩体渗流及渗流压力引起的。

岩体水力学研究始于苏联，但更多的研究是在20世纪60年代以后。

单裂纹水力学是岩体水力学分析的基础，众多的学者对此做了理论分析和实验研究，并得出了单裂纹水力传导系数和流速二次方定律，即

$$K = \frac{gt^2}{12\mu} \tag{1.32}$$

$$q = \frac{gt^2}{12\mu}J \tag{1.33}$$

式中，g 为重力加速度；t 为裂隙宽度（隙宽）；μ 为水的动力黏滞系数；J 为水力梯度。

Witherspoon（1981）在详细研究了裂隙粗糙度对水流影响后提出了有效隙宽概念，并给出下式

$$\bar{t}^3 = \int_0^{t_m} t^3 n(t)\,dt \Big/ \int_0^{t_m} n(t)\,dt \tag{1.34}$$

式中，t、t_m 和 $\bar{t}$ 分别为隙宽、最大隙宽和有效隙宽；$n(t)$ 为隙宽分布密度函数。

水流主要是在裂隙网络中运移的，对裂隙网络水力学目前有两种考虑方法。

一种方法是把裂隙系统假定为由几组无限延伸的结构面构成的网络，按叠加方法，可得裂隙网络岩体渗透张量为

$$K_{ij} = \frac{g}{12\mu} \sum \lambda t^3 (\delta_{ij} - n_i n_j) \tag{1.35}$$

式中，λ 和 $n_i n_j$ 分别为裂隙法线密度与法向矢量的方向余弦；δ_{ij} 为二元函数。

另一种方法是考虑由断续裂隙构成的连通网络。Witherspoon（1981）利用计算机生成裂隙网络，求出不同方向上的导水系数，再换成 K_{ij}。Oda（1985，1986）用统计理论求取 K_{ij}，并提出

$$K_{ij} = \lambda(P_{kk}\delta_{ij} - P_{ij}), \quad P_{ij} = \frac{\pi\rho}{4}\int_0^{\bar{t}_m}\int_0^{r_m} r^3 \bar{t}^3 n_i n_j E(\bm{n}, r, \bar{t}) \mathrm{d}\Omega \mathrm{d}r \mathrm{d}\bar{t} \tag{1.36}$$

式中，λ 为比例参数；P_{ij} 为裂隙张量；$P_{kk} = P_{11} + P_{22} + P_{33}$。

将上述方法求得的 K_{ij} 代入达西公式及水流连续性方程，即可求解渗流场。

裂隙渗流与应力之间的耦合作用具有重要的工程意义，不少学者对此做过研究。Louis（1974）在试验基础上提出了裂隙岩体渗透系数与环境压力之间的关系式为

$$K = K_0 \mathrm{e}^{-a\sigma} \tag{1.37}$$

式中，K_0 为 $\sigma = 0$ 时的渗透系数；a 为常数。

张有天等（1990）认为这一指数关系与 Witherspoon（1981），Raven 和 Gale（1985）的试验曲线不能较好地吻合。

十、岩体动力学研究

岩体的动力学问题则更复杂一些。首先，作用力具有快速动态变化或波动特征，而波在地质介质中的传播、反射、折射、转换是一个复杂的过程。其次，岩体结构十分复杂，岩体介质的分布、结构面产状、尺度、密度及其相互交切关系已经难以描述，还有复杂结构网络对波动力的响应。这就决定了岩体的动力学过程是一个非常复杂的过程。但总体上来说，岩体的动力行为仍是岩体的结构变形与破坏行为。

岩体动力学研究目前尚处于起步阶段。詹志发、祁生文等（2019）对结构岩体的动力学进行了有意义的研究，采用霍普金森杆试验研究了含单个结构面的岩体试件在法线冲击荷载下的动力响应，并研发了结构面动力剪切仪。

十一、岩体质量分级方法研究

岩体质量分级是近几十年来发展起来用于评价岩体工程性质、支撑工程设计的一种经验方法。

1. 常用岩体质量分级

目前，国内外已有数十种质量分级方法，常用的分级方法包括：美国伊利诺斯大学的 Deere 于 1974 年提出的岩石质量指标 RQD 分级方法，用于岩体结构完整性分级；挪威岩土工程研究所（Norwegian Geotechnical Institute，NGI）的 N. Barton 等于 1974 年提出的

Q 系统，主要用于隧道围岩分级；南非科学和工业理事会（Council for Scientific and Industrial Research，CSIR）的 Bieniawski 于 1974 年提出的适用坚硬节理化岩体的分级方案，通常称作岩体质量分级（rock mass rating）系统，系统提出后经过了几个版本的发展，于 1989 年基本成型；Hoek 等（1995）提出的地质强度指标（GSI）分级，以适用于节理化岩体（Hoek，1994），Marinos 和 Hoek（2000）重新绘制了 GSI 分级系统图，此后于 2001 年至 2018 年对各种结构扰动岩体的 GSI 分级图进行了扩展，主要考虑了应力释放和爆破等因素对岩体结构的扰动，引入了扰动因子（D）。中国科学院地质研究所谷德振和黄鼎成（1979）提出了以岩体完整性系数、体的内摩擦系数、岩块的坚硬系数三因素工程岩体分类方案，又称 Z 方案；1994 年，长江科学院编制了《工程岩体分级标准》（GB/T 50218—2014），并于 2014 年修订，被称 BQ 分级方法，主要考虑岩石坚硬程度和岩体完整程度确定岩体的基本质量指标，再按照地下水、软弱结构面产状、初始地应力状态影响进行修正，确定工程岩体详细定级。

上述各类方法多数侧重于考察岩石的强度和岩体结构的完整性，本质上是对岩体强度性质的分级。值得指出的是，将千变万化的岩体通过定性、半定量的方式划分为五个等级，显然是十分粗略的。但是，在无法准确获得岩体力学参数的情况下，岩体质量分级方法仍然不失为一种评估岩体工程性质的便捷方法。另外，上述各类岩体质量分级方法并未强调岩体性质的方向性变化特征，本质上说这些分级是各向同性的岩体质量分级，即不同方向上岩体质量是相同的。这显然不能客观反映大量的层状、片状岩体的特性。因此，不少学者试图对一些流行的岩体质量分级方法进行各向异性修正。

本书作者以统计岩体力学理论计算出的岩体弹性模量为基础，借助岩体弹性模量与岩体质量分级（rock mass rating，RMR）值间的经验关系，按照百分制计分方式，提出了统计岩体力学（SMRM）岩体质量分级方法（伍法权等，1993，2022）。SMRM 分级方法有两个特征：一是由岩体弹性模量转换而来，因此与现有多数分级方法不同，它着重反映岩体的变形性质，更适用于需要从变形角度评价岩体质量的情形；二是以统计岩体力学理论为基础计算岩体弹性模量，不仅科学反映了各类地质要素的力学效应，也客观表现了岩体性质的各向异性和弱化效应。基于变形的分级、工程性质弱化、各向异性化正是 SMRM 分级方法的特征。岩体性质弱化正是现有岩体质量分级想做的事情，而各向异性化却弥补了它们遇到的另一个缺陷。

2. 不同岩体质量分级方法的关联性

由于各类分级方法考虑的因素和适用对象的差异，常常对同一工程采用不同分级方法会有不同的分级结果。因此，建立各类分级方法之间的联系具有重要的工程实用意义，不少学者通过统计分析建立了数十个经验关系式。我们将在后续章节中做简略介绍。

十二、岩体工程参数估算方法研究

尽管在铁路隧道等工程中，人们逐渐发展起与岩体质量分级对应的围岩支护标准化设计模版，但岩体工程设计本质上应该是以力学参数为基础的设计。因此，在难以准确获得岩体性质参数的情况下，寻求岩体质量分级与岩体参数间的经验关系，不失为一种便捷的途径。

1. 岩体工程参数的经验估算方法

在中国电建华东勘察设计院支持下，伍劼课题组的周晓霞、陈银红等对国内外岩体质量分级方法和岩体工程参数估算方法进行了系统调研，我们在第七章"岩体质量分级"中介绍部分代表性成果。

以岩体质量分级为基础的参数估算经验公式较多，最具有代表性的公式包括：

Bieniawski（1978），Serafim 和 Pereira（1983）提出岩体变形模量（E_m）与 RMR 值之间的线性关系

$$\begin{cases} E_m = 2.0 \mathrm{RMR}_{76} - 100, & \mathrm{RMR} > 55\% \\ E_m = 10^{\frac{\mathrm{RMR}_{76}-10}{40}} \end{cases} \quad (1.38)$$

Hoek 等（2002）基于 GSI 和扰动因子（D）对变形模量的估算公式（Hoek and Brown，1997）

$$\begin{cases} E_m = \left(1 - \dfrac{D}{2}\right)\sqrt{\dfrac{\sigma_c}{100}} \, 10^{\frac{\mathrm{GSI}-10}{40}}, & \sigma_c < 100 \mathrm{MPa} \\ E_m = \left(1 - \dfrac{D}{2}\right) 10^{\frac{\mathrm{GSI}-10}{40}}, & \sigma_c > 100 \mathrm{MPa} \end{cases} \quad (1.39)$$

以及 Hoek-Brown 提出的，通过 m、s 参数与 GSI 关联的岩体抗压强度准则

$$\sigma_1 = \sigma_3 + \sqrt{m \sigma_c \sigma_3 + s \sigma_c^2} \quad (1.40)$$

2. 各类岩体参数估算方法的特点

目前，各类岩体参数估算方法有如下特点：

（1）数据具有可靠的工程背景。估算公式多数是以实际工程中岩体质量分级和现场岩体力学试验数据的对比分析为基础获得的，因此经验关系具有良好的工程基础。只是数据多寡可能影响经验公式的可靠性，而不同地域地质条件的差异性可能影响其通用性。

（2）参数估算侧重考虑二维应力条件。由于二维应力条件相对方便处理，也便于工程应用，特别是强度类问题，目前好用的主要是莫尔-库仑判据和 Hoek-Brown 判据，使得三维应力状态下的力学性质估算成为难题。

（3）估算参数总体为各向同性。无论是统计关系估算还是理论公式计算，所获得的结果多为各向同性参数，即岩体参数不随方向发生变化。对于块状、无定向碎裂状岩体，由此得到的参数是可以基本满足工程设计要求的；但对于薄层状、强烈片理化的区域变质岩等各向异性岩体，参数用于评价变形与稳定性时可能会出现较大的偏差。

第二节　统计岩体力学的思想方法

统计岩体力学吸取多学科的研究方法，逐步形成了自己的思想方法体系。它使我们能把多种理论工具有效地组合起来，合理描述岩体介质的力学习性与水力学行为。

一、岩体工程地质力学的思想

岩体是一种地质体，它的物质分布、岩体结构形成与组合特征，都是岩体建造与改造过程的产物。因此，岩体的工程行为受其物质与结构的地质规律支配。从地质成因角度认识介质特性，用力学理论研究工程与地质体和地质环境的相互作用，这正是工程地质工作者不同于力学家的本质特色。这种特色决定了我们的基本思想方法——由中国科学院谷德振先生及其团队发展的"岩体工程地质力学"思想方法。

按照岩体工程地质力学思想，岩体是由地质基质与岩体结构组成的地质体，把握岩体的物质分布和地质构造规律是工程地质工作的前提条件；在通常的地质环境条件下，岩体结构是岩体工程行为的控制性因素，客观认识和科学描述岩体结构是工程地质工作的基础；解析、预测、有效控制地质体、地质环境与工程之间的相互作用，是岩体工程地质力学的核心任务。

统计岩体力学是对岩体工程地质力学的传承和发展。因此，统计岩体力学强调地质环境和岩体结构基础研究工作，强调对地质与工程相互作用机理与规律的数学力学描述。这也是岩体工程地质力学有别于传统岩石力学的特征。

二、统计物理学思想

统计物理学（statistical physics），又称统计力学，基本思想是，根据对物质微观结构及微观粒子相互作用的认识，解释由大量粒子组成的宏观物体的物理性质及宏观规律。

我们知道，岩体是由大量的结构面和岩石块体组成的宏观系统，岩体的宏观性质和宏观行为规律是这些结构面和岩石块体相互作用的总体体现。我们已经对岩块和结构面的行为有了较为充分的认识，通过一定途径建立起这些"微观"元素行为与岩体宏观性质和行为之间的物理联系，正是岩体力学理论研究需要解决的问题。

由此可见，岩体力学本质上应该是一门统计力学。这就是为什么我们把这门科学称作统计岩体力学的缘由。

三、能量可加性原理与断续介质连续等效方法

岩体是被结构面网络切割的"断续介质"。岩体结构的力学效应是遵从断裂力学理论

规律的。

一方面，现有断裂力学理论只能处理含有少量规则排列裂纹的力学行为问题，对于岩体中复杂裂隙网络的综合力学效应则无能为力。另一方面，作为岩体工程行为分析，并不需要解析每个结构面裂尖区的应力与位移分布及其叠加作用，只需要了解其总体的力学和水力学行为。因此，我们有必要找到一种方法，把大量结构面的断裂力学行为综合地、等效地反映出来。

连续介质力学理论是一种理论上十分严密，应用十分广泛的基础理论。多数岩体本构模型都是直接借用这一理论。而损伤理论在岩体力学中的应用，是将裂隙岩体等效连续化的有益尝试。但是下列两个问题给损伤理论在岩体力学中应用的合理性带来了根本性挑战。

1. 等效途径的选取

损伤理论从损伤变量定义出发，通过有效应力和应变等效途径获得岩体本构关系。但无论是损伤变量、有效应力，还是等效应变，在三维问题中都是张量，合理地定义并使其在岩体力学中具有明确的物理意义是困难的。事实上这个问题并没有解决。

2. "有效应力"的定义

损伤力学有效应力的概念是在微损伤不传递拉应力的物理前提下提出的，并认为连续部分的应力是均布的。这一前提对通常受压剪作用的岩体是不成立的，目前采用的种种修正并没有解决这一问题。同时，忽视裂纹尖端区应力集中而假定应力均布也不符合实际情况。

统计岩体力学认为，裂隙介质连续等效的合理途径应当是能量等效。我们知道，外力作用在岩体上引起两部分能量：岩块部分应变能和由于裂纹尖端区应力集中造成的附加应变能。而能量是标量，是直接可加量，由此可以方便地得到岩体总应变能，并导出岩体的本构模型。这样，我们既合理地考虑了结构面网络的力学效应，又避开了分析结构面系统应力和应变复杂叠加作用的困难。

四、最弱环节假说与可靠性方法

最弱环节假说是瑞典科学家 Weibull（1939）提出的。他在研究脆性材料强度行为时发现，材料强度具有分散性和尺寸效应。如果将材料视为大量环节组成的长链条，则该链条失效的概率受其中最弱环节制约；环节越多，则链条整体强度越低。这就是 Weibull 薄弱环节思想。这一思想及由此建立起来的 Weibull 分布已成为可靠性理论的基础。

事实上，岩体就是一个由众多岩块和结构面构成的可靠性系统。岩体的强度是这两类环节的协同行为，由岩块和结构面中强度最低的弱环决定，在地表低围压条件下尤为如此。因此，岩体的强度是一种可靠性问题。

弱环系统概率理论是独立同分布随机变量的极值分布理论。这一理论将不仅在岩体强度理论中用到，在裂隙水渗流理论中也将获得应用。

第三节 本书的基本内容

统计岩体力学是一门新学科，它的成熟与完善还需要进一步的努力。但大量研究已经显示，它的应用前景是广阔的。

作为一门应用基础学科，统计岩体力学的研究领域应当包括（图1.1）：①岩体赋存环境及研究方法；②统计岩体力学的基本理论；③统计岩体力学应用技术与方法。

本书将侧重介绍统计岩体力学提出的基本理论与应用技术方法，包括岩石力学参数的现场测试技术、统计岩体力学四个基本理论、岩体工程问题分析与计算方法、典型岩体工程应用、岩体主动加固技术等。

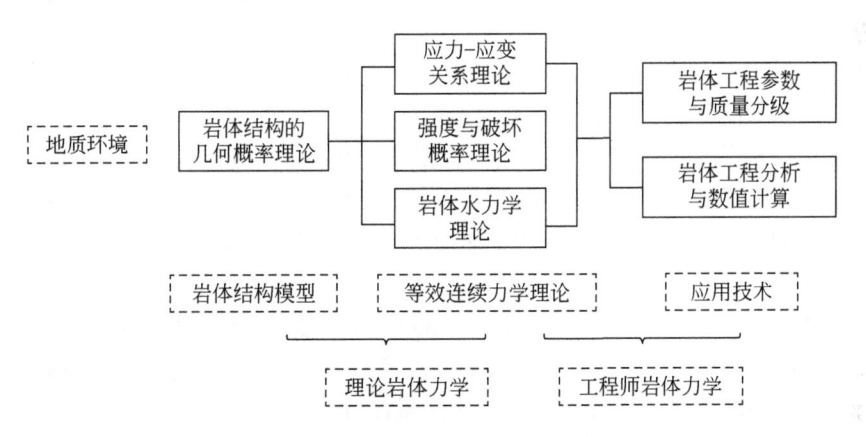

图1.1 统计岩体力学研究领域

一、岩石力学参数现场测试与计算

岩石力学参数是岩体力学性质的基础参数，以往的岩石力学参数以室内大型仪器测试为主。本书将介绍课题组研发的岩石力学"背包实验室"，岩石强度的点荷载试验、单轴与三轴试验、直接剪切试验，结构面黏聚力与摩擦角试验，以及测试原理与计算方法。

岩石点荷载试验是一种常用的岩石抗压强度测试方法，但是现有的强度计算方法仍以经验方法为主。本书将介绍课题组根据弹性理论提出的岩石单轴抗压强度、抗拉强度、弹性模量和泊松比测试原理与计算方法。

本书还对试验中出现的压碎区和撕裂面等破坏现象给出了力学解释，讨论了岩石强度与变形性质的尺寸效应。

二、统计岩体力学基本理论

统计岩体力学基本理论主要包括岩体结构的几何概率理论、岩体的应力-应变关系理论、岩体的强度理论和岩体水力学理论等四个部分。因研究程度的缘故，岩体动力学问题暂未涉及。

1. 岩体结构的几何概率理论

岩体结构是岩体的基本性质，是岩体力学和岩体水力学理论得以建立的基础。本书用较多笔墨讨论如下问题：

（1）岩体结构测量与解译方法，包括传统测量方法、精测线方法、采样窗法和一些新的测量技术，如无人机倾斜摄影测量、近景摄影测量、三维激光扫描、同步定位与地图构建（simultaneous localization and mapping，SLAM）技术等，以及通过三维点云数据解译岩体结构的方法。

（2）结构面产状分组及其分布规律，其中包括产状表示、分组方法，各组结构面产状的分布规律、均值与众数表示法及其差别。

（3）岩体结构的空间尺度要素表述，包括结构面形状、迹长、半径分布及其相互关系；间距分布、法线密度、形心面积密度、体积密度，以及三种密度的关系；结构面隙宽分布及与法向应力间的关系；结构面表面形态的分形模型；上述各要素分布的校正方法。

（4）岩体结构的统计表述，包括结构面的面积密度与体积密度、任意方向测线密度与 RQD 值求取方法、结构面尺度的极值分布、结构面网络连通性、结构面网络随机模拟与应用，以及岩体结构描述的分形法、结构张量法等。

（5）岩体结构面网络随机模拟与应用。本书仅简要介绍了结构面网络模拟的基本原理和一些简单的应用。

2. 岩体的应力-应变关系理论

岩体的应力-应变关系理论或称本构理论是岩体力学不可缺少的基本理论部分，也是困扰了岩石力学领域几十年的一个基础理论问题。

我们将以岩体结构几何概率模型为基础，着重分析结构面上的应力及由结构面断裂力学效应引起的应变能，采用应变能可加性原理，求取岩块和结构面共同作用下岩体的二维和三维本构模型；对岩体柔度张量和变形参数、等效应力等做出讨论。

作为岩体本构理论的多种形式，我们还将介绍损伤理论及 Oda 本构理论。

3. 岩体的强度理论

强度理论建立的思想基础：岩体的破坏是岩块和结构面的协同行为，是一种受弱环理论支配的可靠性行为。因此，岩体的强度理论应当由强度判据和破坏概率共同构成。

岩体强度判据将采用通常的名义应力形式，由岩块和结构面中最低的强度给出；而岩体破坏概率是两者破坏概率的协同概率。理论研究证明，岩体强度与破坏概率具有尺寸效应。

我们将给出岩体强度的二维和三维主应力形式，并且与 Hoek-Brown 强度模型进行了对比。对岩体的抗剪强度，本书给出了判据，并揭示了岩体抗剪强度的强烈各向异性及其力学原因。

4. 岩体水力学理论

岩体水力学实际上是裂隙网络的水力学。我们将以单裂隙水力特性、结构面网络及其连通理论为基础，给出岩体的渗流模型和渗透张量。我们还将讨论岩体水力学性质的尺寸效应和代表体积单元（representative elementary volume，REV）问题。根据结构面闭合变形本构关系，我们导出了岩体渗透系数与围压的 Louis 指数关系。最后我们还介绍了 Oda 渗透张量法。

三、统计岩体力学方法

统计岩体力学方法主要包括：以四大理论为基础衍生出的各类岩体参数计算和岩体质量分级方法；高地应力岩体工程特性与岩爆、岩体变形过程、工程岩体主动加固等问题的分析方法，以及统计岩体力学数值计算方法；统计岩体力学理论与方法在边坡、地下工程等典型岩体工程应用。

1. 岩体工程性质与参数计算方法

岩体工程性质是岩体工程行为的基础，岩体工程参数是岩体工程性质的指标体现。以本书提出的岩体结构几何概率理论、应力–应变关系理论、强度理论和水力学理论为基础，介绍了岩体的结构参数、变形参数、强度参数、渗透系数计算方法，任意结构岩体的工程参数模拟示例，以及岩体工程参数计算的软件平台——SMRM Calculation。

2. 岩体质量分级方法

工程岩体质量分级方法是目前岩体工程中广泛采用的方法。本书介绍了六种常用岩体质量分级方法：RQD 法、谷德振 Z 法、国标 BQ 法、RMR 法、Q 法、GSI 法、SMRM 方法；各类工程岩体质量分级方法的比较；岩体分级与力学经验参数关系。

3. 高地应力岩体特性与岩爆分析

随着岩体工程向西部和深部推进，高地应力及其引发的岩爆和隧道围岩大变形机理、评价方法和防护技术成为岩体力学必须回答的困难问题。本书将介绍地应力估算、高地应力岩体的变形破坏特征，包括高地应力下岩体性态与应变能、岩爆机理、岩爆判据问题。

4. 岩体的变形过程分析

目前，对岩体变形过程的认知尚不如岩石清晰。本书基于岩体的应力–应变关系、岩体的强度理论以及弱环假说，介绍岩体全过程变形分析思路、岩体轴向压缩本构模型、结构面变形对岩体轴向压密的贡献、岩体线弹性变形、岩体峰后变形行为。

5. 工程岩体主动加固方法

目前，岩体工程加固设计多数仍遵循被动加固理念，即按照控制岩体变形和保障岩体稳定性所需的力进行加固荷载设计。本书提出了岩体自稳潜力与加固需求度的概念，介绍了以发挥和提升岩体自稳潜力为目标的主动加固理念、力学原理、分析与计算方法。

6. 统计岩体力学数值计算与工程岩体参数化

数值计算是工程岩体数字化和参数化的基本途径。现有的岩体工程数值计算模型以连续、各向同性介质为主，对各向异性介质的数值分析相对困难。本书将介绍统计岩体力学等效各向异性介质的数值计算模块，以及对一些统计岩体力学参数场的拓展计算功能。

四、统计岩体力学应用

1. 岩体工程地质环境研究

岩体的工程地质环境研究是岩体力学行为分析的基础。岩体工程地质环境要素主要包括岩体的物质成因与结构状态、区域地质构造背景与地应力场、地下水、地温、气候环境、地形地貌等。本书并不系统涉及岩体工程地质环境研究的各个方面，只是适当谈及岩石成因、岩体结构状态、地下水环境、气候条件、地形地貌与岩体性质之间的关系，并分享若干经验体会。这些内容对岩体工程地质工作有积极意义。

2. 岩体边坡工程应用

边坡工程是最为常见的岩体工程类型之一，工程地质与岩石力学已经对此有了系统研究。本书不追求对岩体边坡问题研究的系统性，侧重探讨岩体边坡变形破坏模式与稳定性地质判断方法、边坡岩体的卸荷变形与卸荷带划分方法、边坡岩体的渗透特征、边坡岩体的弯曲倾倒变形，以及边坡主动加固原理和方法。

3. 岩体地下工程应用

与边坡工程应用类似，我们仅概略讨论地下空间围岩应力场特征、岩体开挖卸荷与各向异性弱化机理；给出各向异性岩体中圆形硐室围岩弹塑性变形与围岩压力解析解；讨论地下空间围岩非对称大变形与非对称围岩压力，以及地下空间围岩非对称变形的主动控制等。

五、统计岩体力学慕课

研究与教学团队已经根据《统计岩体力学理论与应用》录制了慕课。该课程由伍法权、包含、唐琼琼、田云、伍劼、乔磊主讲，主要面向在校研究生、本科生以及工程技术人员。课程涵盖绪论、岩体结构的统计理论、裂隙岩体的弹性应力–应变关系、裂隙岩体的强度理论、岩体水力学理论、岩体工程性质与质量分级、高地应力岩体与岩爆、岩体边坡工程应用、岩体地下工程应用等九个章节，共计24个学时。通过该慕课学习，达到以下五点目标：①学习岩体结构统计方法、统计理论与岩体结构特征值获取；②了解岩体的应力–应变关系，认识岩体各向异性变形参数；③学习岩体的强度理论，了解强度判据和破坏概率；④认识岩体的渗流特性，了解水力学理论；⑤掌握岩体工程性质与质量分级，全面了解统计岩体力学在不同岩体工程中的应用。

《统计岩体力学理论与应用》慕课于2023年秋季学期上线（图1.2），围绕第二版内容，将会适时更新慕课。

图1.2　《统计岩体力学与理论与应用》慕课界面

第二章

岩体与地质环境

岩体作为具有独特结构的地质体，经历了漫长而复杂的地质作用。这些地质作用形成了岩石的组构特征，塑造了岩体的结构状态，在很大程度上决定了岩体的物理力学特性，是岩体非连续和各向异性产生的根本原因。由于不同类型岩体的地质属性存在差异，可根据岩体经历的地质作用，对岩体的性质进行初步判断。

岩体性质的不同也可以反映不同的地质环境状态。例如，岩体的结构破碎会减弱边坡的稳定性，较大的结构面连通性会提升裂隙水的渗透能力，硬脆岩体形成的山体较陡峻，裂隙发育的山体植被覆盖度较好，等等。因此，根据岩体赋存地质环境的表现特征，可以对岩体的工程性质做出定性判识。

本章仅对岩体成因、地质环境与易辨识的岩体工程特性做概略讨论，以便于人们在从事岩体力学研究和岩体工程实践时，可以从地质与工程特性的角度认识岩体，而不是将岩体看作单纯的材料。

第一节 岩石成因与力学特性

一、岩石成因类型

岩石的矿物颗粒、组构特征和胶结状态主要在地质建造和改造过程中形成，是决定岩石力学特性的主要因素。这里从成因出发，对三大岩类的特性进行简要讨论。

1. 沉积岩建造

地球表面70%的岩石是沉积岩。受长期沉积环境变化的影响，沉积岩一般具有成层性，表现为层理构造［图2.1（a）］，也常见泥裂、波浪纹、交错层理等特殊结构。层理面的结合程度一般较岩石部分弱，是沉积岩表现出非连续和各向异性的主要原因。沉积岩的强度、模量、泊松比等参数均表现出显著的各向异性，如在平行和垂直层理面方向，岩石的强度与变形通常存在较大差异。

2. 岩浆岩建造

岩浆岩在成岩过程中，受成分分异、冷凝速率等多种因素影响，常出现一些有规律的节理，如花岗岩中的三向节理、玄武岩中的柱状节理等［图2.1（b）］。这些节理是岩浆岩的原生节理，属于岩体结构面的基本类型。在岩浆冷凝过程中，受温度分层影响，矿物成分和结晶程度也表现出分层差异性。这些规律性节理、矿物成分和结晶结构差异性是岩浆岩非均匀和各向异性产生的根本原因。

3. 变质岩建造

变质岩是在已有建造的基础上，经过变质-混合作用形成的。变质岩结构类型多样，包括片理、板理、片麻结构、流劈理、流动扭曲褶皱等[图2.1（c）]。在中、浅变质带中，变质作用在定向压力下进行，使岩石破碎、固体熔融交替，矿物分异结晶并定向排列，形成千枚理、板理和片理构造；而对于深变质带，温度高、围压大，不仅存在矿物分异与定向排列，而且结晶体一般较大。变质岩突出的矿物分异结晶与定向排列，使其具有显著的非均质性和各向异性。

综上可见，不同成因的岩类，具有不同的岩体结构特征，且各向异性程度表现出差异性。

(a) 砂岩-泥岩的层状结构　　(b) 玄武岩柱状节理　　(c) 碳质板岩的板理结构

图2.1　岩石成因与结构类型

二、矿物类型与组合

不同的矿物具有不同的化学和物理性质，不同矿物类型与矿物组合、颗粒形状、颗粒级配是决定岩石力学性质的基本要素。

1. 矿物类型

矿物本身具有强度属性，我们常用硬度来表征矿物的强度特征。矿物硬度指矿物抵抗外来机械作用力（如刻画、压入、研磨等）侵入的能力，通常采用摩氏硬度表征矿物硬度，表2.1展示了几种常见矿物的摩氏硬度值。整体来看，金刚石、石英等矿物的硬度相对较高，而方解石、石膏等矿物的硬度相对较低。因此，石英矿物含量较多的岩石，往往具有较高的强度和模量，而含方解石等低硬度矿物较多的岩石则整体强度较弱。随着测试技术的发展，获得岩石矿物力学性能的方法越来越多，如纳米压痕、微米压痕测试等，这也为我们准确评价岩石力学特性提供了更多途径。

表 2.1 岩石的摩氏硬度表

硬度等级	矿物名称	化学结构式	相对于滑石硬度
1	滑石	$Mg_3[Si_4O_{10}](OH)_2$	1
2	石膏	$Ca(SO_4) \cdot 2H_2O$	15
3	方解石	$CaCO_3$	66
4	萤石	CaF_2	95.7
5	磷灰石	$Ca_5(PO_4)_3(F,Cl,OH)$	199
6	正长石	$K(AlSi_3O_8)$	292.6
7	石英	SiO_2	421.4
8	黄玉	$Al_2(SiO_4)(F \cdot OH)_2$	611
9	刚玉	Al_2O_3	904
10	金刚石	C	3915

2. 矿物组合

不同成因的岩石具有不同的矿物组合模式，后期的地质改造如变质作用也可因温度及压力作用而改变矿物类型与组合状态。

矿物的不同组合模式，使岩石的力学性能具有显著差别，表 2.2 展示了不同矿物组合岩石的强度特性。可见，主要由石英、长石等硬度较大矿物组成的岩石表现出较大的抗压强度（如花岗岩）；而当岩石中主要为方解石等硬度较小的矿物时，岩石的强度较低。

表 2.2 不同矿物组合岩石的抗压强度

岩石名称	主要矿物（>10%）	抗压强度/MPa 干	抗压强度/MPa 湿
细粒花岗岩	钾长石、斜长石、石英	265	241
花岗斑岩	石英、钾长石	153	132
正长岩	微斜长石、钠长石（或奥长石）	200~100	
闪长岩	奥长石（或中长石）、角闪石	130	100
辉长岩	斜长石、普通辉石、紫苏辉石、橄榄石	280~100	
细砂岩	石英、中长石	157	117
泥灰岩	方解石、伊利石、白云石、文石	45	21
黏土岩	黏土矿物为主（>50%）	24	12
片麻岩	石英、钠长石（或碱长石）、黑云母（或白云母）、辉石	200~100	
玄武岩	斜长石、辉石、橄榄石、磁铁矿	266	189

3. 矿物颗粒形状

矿物颗粒形状通过改变岩石的各向异性影响岩石的力学行为。Lan 等（2010）利用 Voronoi 镶嵌技术，开发了通用的能处理复杂形状的矿物颗粒 Voronoi 细分算法。这是一种满足任意尺寸分布的圆盘（粒子）填充算法，根据矿物类型、平均粒径等，考虑了试样面积、颗粒尺寸范围和特定尺寸颗粒的百分比等微观指标。研究发现，岩石的黏聚力、内摩擦角和弹性模量会随着颗粒球度的增加而降低，而泊松比呈现相反的规律（刘广等，2013）。并且，数值试验表明，条形晶粒模型的峰值强度和弹性模量最高，其次是三角形和方形晶粒模型（Han et al., 2019）（图 2.2）。

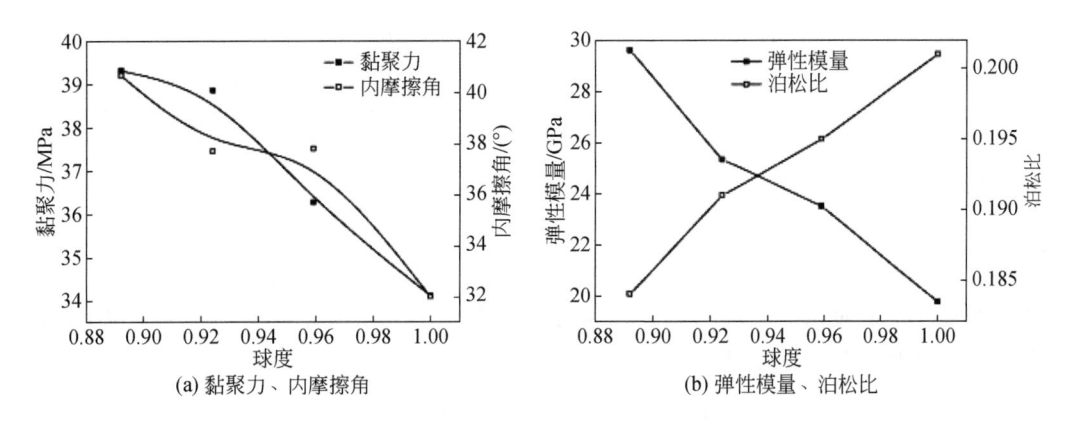

(a) 黏聚力、内摩擦角

(b) 弹性模量、泊松比

图 2.2 岩石的力学性质与矿物颗粒球度的关系（据刘广等，2013）

4. 矿物颗粒级配

矿物颗粒大小对岩石的力学性质也存在一定影响。以岩浆岩为例，等粒结构岩石一般比不等粒结构强度高；在等粒结构中，细粒结构比粗粒结构强度高。在斑状结构中，细粒基质比玻璃基质强度高；细粒微晶而无玻璃质的基性喷出岩强度最高。

兰恒星等（2022）指出，岩石在受载过程中，在矿物尺度层面，物质的异质性，特别是几何结构的异质性使岩石内部产生了强烈的应力分布不均匀。细微观的异质性导致了岩石内部发生差异性应力重分布，从而控制了岩石的整个破裂过程（图 2.3）。

叶功勤等（2019）采用 PFC2D 软件模拟了五组不同颗粒配比岩石的压缩和拉伸强度（表 2.3）。将细颗粒（0.5 ~ 0.61mm）、中颗粒（0.61 ~ 0.72mm）和

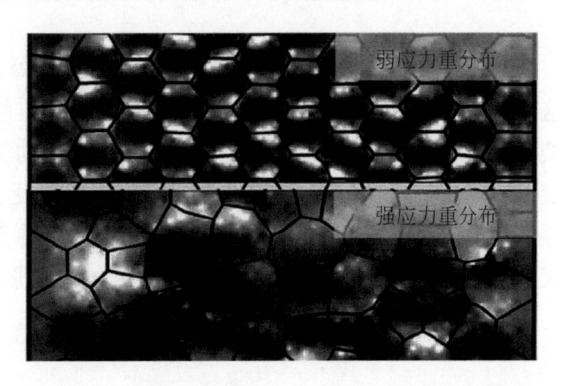

图 2.3 均质性样品（上）和异质性样品（下）在矿物颗粒层面的应力集中（据 Lan et al., 2013）

大颗粒（0.72~0.83mm），按照体积百分含量生成不同颗粒配比的试样，发现大颗粒含量相对越高，抗压强度越大；而细颗粒含量相对越高，抗拉强度越大，但细颗粒含量过多则会降低岩石的抗拉强度。

表2.3 不同颗粒配比岩石强度模拟结果表

颗粒配比	均匀分布	1:2:7	3:2:5	5:2:3	7:2:1
颗粒数目/个	3161	2774	3233	3681	4126
接触个数/个	7860	6901	8050	9198	10356
压缩裂缝/条	1145	1199	1383	1920	1318
抗压强度/MPa	26.65	31.12	29.39	29.37	28.31
抗拉强度/MPa	5.89	5.49	5.92	6.30	5.02

三、胶结物

胶结物指在岩石颗粒之间起黏结作用的化学沉淀物。岩石的胶结物类型多样，常见的有硅质胶结、钙质胶结、铁质胶结、泥质胶结等。不同的胶结物类型具有较为明显的辨识特征与硬度差异（表2.4）。

表2.4 不同胶结物类型的差异性

胶结物类型	颜色	岩石固结程度	硬度比较	加稀盐酸
钙质	灰白	中等	小于小刀	剧烈起泡
硅质	灰白	致密坚硬	大于小刀	无反应
铁质	褐红、褐	致密坚硬	约等于小刀	无反应
泥质	灰白	松软	小于小刀	无反应

岩石中的硅质胶结物主要为石英、玉髓等，常见岩石类型包括石英砂岩、砾岩等，这类岩石强度高，且表现出高脆性特征；铁质胶结物主要为赤铁矿、褐铁矿等，具有这类胶结的岩石一般呈暗红色，小刀很容易刻动，岩石强度较高，岩石断口较粗糙；钙质胶结呈灰色或灰白色，碳酸盐岩地区分布广泛，这类岩石的硬度较低，小刀容易刻动，但脆性较强，岩石破坏断口较平滑，有时呈贝壳状；泥质胶结物主要为黏土质，其胶结成的岩石硬度较小，易碎，断面呈土状，泥质胶结断口粗糙。

第二节 岩体结构与力学性能

"岩体工程地质力学"的一个基本观点就是"岩体结构控制论",即在通常的应力条件下,岩体结构状态控制着岩体的力学性能与工程行为。

一、岩体结构状态

结构面的存在破坏了岩体的完整性,降低了岩体的整体强度,也控制了地下水的运动等。岩体结构类型的划分建立在对结构面、结构体自然特性及其组合状况研究的基础上,其目的就是服务岩体力学评价。谷德振先生在《岩体工程地质力学基础》中,将岩体结构类型划分为如下四大类。

1. 整体块状结构

1) 整体结构

主要分布于构造变动轻微的厚层沉积岩、大型岩浆岩体及火山岩地区。岩体完整,其完整性系数(弹性波在岩体中传播速度与岩石波速的平方比)大于0.75 [图2.4(a)]。岩体中主要存在Ⅳ、Ⅴ级结构面,即岩体中仅发育节理、层面、层理、隐微裂隙等,Ⅱ、Ⅲ级的结构面发育少。结构面的摩擦系数一般等于或大于0.6。

2) 块状结构

主要处于构造变动轻微–中等的水平及倾斜岩层区的厚层、中厚层沉积岩、岩浆岩及火山岩等。一般岩石比较坚硬,岩性单一或由强度相近的岩层所组合而成。岩体较完整,其完整性系数为0.35~0.75,结构面间距一般为50~100cm [图2.4(b)]。岩体中发育Ⅳ、Ⅴ级结构面,尤其Ⅳ级结构面对切割岩体起着控制作用。块状结构的结构面间有一定的结合力,或为闭合全刚性接触,或附有薄膜,或夹以少量的岩石碎屑,或呈粗糙微张状态。结构面的摩擦系数一般为0.4~0.6。

2. 层状结构

1) 层状结构

主要分布于构造比较简单的沉积岩和一些变质岩、沉积型的火山岩地区。岩层产状可以是水平的,也可以是倾斜陡立的,在岩层组合上可以是单一岩性,也可以是不同岩性的互层或夹层,岩层的单层厚度一般在30~50cm [图2.4(c)]。岩体的完整性受Ⅲ、

Ⅳ级结构面控制。对于平缓岩层,结构面摩擦系数约为0.4,高可达0.6;对于倾斜岩层,结构面摩擦系数约为0.3。

2) 薄层状结构

岩层组合与层状结构岩体相近,但岩层单层厚度均小于30cm[图2.4(d)],岩性岩相变化大,岩层组合亦比较复杂,岩石的饱和抗压强度一般为20~30MPa。此类岩体的完整性受Ⅲ级结构面所控制,如层面、原生软弱夹层、层间错动面等。结构面的抗剪强度一般不高,摩擦系数约为0.3,受地下水的软化和泥化后值更低。

(a) 整体结构　　(b) 块状结构　　(c) 层状结构

(d) 薄层状结构　　(e) 镶嵌结构　　(f) 层状碎裂结构

(g) 碎裂结构　　(h) 散体结构

图2.4　几种主要岩体结构类型

3. 碎裂结构

碎裂结构分为镶嵌结构、层状碎裂结构和碎裂结构三类。

1）镶嵌结构

镶嵌结构主要发育在坚硬岩层大断裂的压碎岩带和侵入岩的挤压破碎带内。岩性坚硬单一，新鲜岩石的饱和抗压强度大于80MPa，如石英岩、坚硬砂岩、硅质灰岩等。岩体中拥有极为发育的Ⅳ、Ⅴ级结构面，结构面密度大，间距小于50cm，一般多于三组［图2.4（e）］；结构面粗糙，岩块间呈刚性接触，岩体表现极为破碎，完整性系数小于0.35，但岩块间的摩擦系数较高，一般为0.4~0.6。

2）层状碎裂结构

层状（或称似层状）碎裂结构，系指较完整的岩体与软弱破碎岩层（或带）相间存在的结构形式。岩体中这些松软破碎带大都为Ⅱ、Ⅲ级结构面，延展较远还有一定的厚度，一般在1m左右。破碎带组成物质松软或松散，其摩擦系数一般为0.2~0.4。与破碎带相间的相对完整的岩体，一般只有四级结构面存在，完整性系数小于0.4，结构面摩擦系数约为0.3，在岩体稳定中起骨架作用。岩体受力后变形破坏主要受软弱结构面所制约，不仅具备滑移条件，还有压缩变形的可能，对各类工程的稳定性都很差［图2.4（f）］。

3）碎裂结构

破碎结构岩体主要分布于构造变动强烈-剧烈的地区，尤其区域大断裂的压碎岩带和影响带。岩体中不仅褶皱、断层、层间错动、节理、劈理十分发育，并且互相穿插彼此切割，性质多变。岩体完整性系数一般小于0.3，Ⅱ、Ⅲ、Ⅳ、Ⅴ各级结构面均为发育，组数不少于4~5组，而且密度较大，结构面间距一般小于50cm，结构面的摩擦系数一般为0.2~0.4［图2.4（g）］。

4. 散体结构

此类岩体包括区域大断层破碎带、大型岩浆岩侵入接触破碎带以及强烈风化带等，往往形成于构造变动最剧烈的地段，由泥、岩粉、碎屑、碎块以及由它们组成的泥质条带和碎裂结构的透镜体所共同构成的。岩体结构面高度密集，结构体呈颗粒状、鳞片状、碎屑粉状、角状以及块状，岩体的完整性系数小于0.2，岩体强度低一般仅十几MPa或者更低［图2.4（h）］。

二、结构面地质成因与特性

结构面是岩体结构的基本组成部分，也是岩体工程性质与力学行为的主要控制因素。不同成因的结构面具有不同的地质特性与力学特性。因此认识各类结构面的地质成因与特性是岩体工程地质工作者的基本技能。

结构面按照地质成因，可以分为原生结构面、构造结构面和次生结构面三类，各类结构面的特点如表2.5所示。

表2.5 结构面地质成因及特点

成因类型	地质类型	产状	分布	性质	工程地质评价
原生结构面	沉积结构面	（1）层理、层面； （2）软弱夹层； （3）不整合面、假整合面； （4）沉积间断面	一般与岩层产状一致，为层间结构面	海相岩层中此类结构面分布稳定；陆相岩层中呈交错状，易尖灭	层面、软弱夹层等结构面较为平整；不整合面、沉积间断面多由碎屑泥质物质构成，且不平整	国内外较大的坝基滑动及滑坡很多由此类结构面所造成
原生结构面	岩浆结构面	（1）侵入体与围岩接触面； （2）岩脉、岩墙接触面； （3）原生冷凝节理	岩脉受构造结构面控制，而原生节理受岩体接触面控制	接触面延伸较远，比较稳定；原生节理往往短小、密集	侵入体与围岩接触面可具熔合、破裂两种不同的特征；原生节理一般为张裂面，较粗糙不平	一般不造成大规模的岩体破坏，但有时与构造面断裂配合，也可形成岩体滑移，如坝肩局部滑移
原生结构面	变质结构面	（1）片理； （2）片岩软弱夹层	产状与岩层或构造方向一致	片理短小，分布极密；片岩软弱夹层延展较远，具固定层次	结构面光滑、平直，片理在岩体深部往往闭合成结构面；片岩软弱夹层含片状矿物，呈鳞片状	变质较浅的沉积变质岩（如千枚岩）路堑边坡常见塌方，片岩夹层有时对工程及地下硐体稳定有影响
构造结构面		（1）节理（"X"形节理、张节理）； （2）断层； （3）层间错动； （4）羽状裂隙、劈理	产状与构造线呈一定关系，层间错动与岩层一致	张性断裂较短小；剪切断裂延展较远；压性断裂规模巨大	张性断裂不平整，常具次生填充，呈锯齿状；剪切断裂较平直，具羽状裂隙；压性断裂层具多种构造岩呈带状分布，往往含断层泥、糜棱岩	对岩体稳定性影响很大，在许多岩体破坏过程中，大都有构造结构面的配合作用。此外，常造成边坡及地下工程的塌方、冒顶
次生结构面		（1）卸荷裂隙； （2）风化裂隙； （3）风化夹层； （4）泥化夹层； （5）次生夹泥层	受地形及原结构面控制	分布上往往呈不连续状透镜体，延展性差，且主要在地表风化带内发育	一般为泥质物充填，水理性质很差	在天然及人工边坡上造成危害，有时对坝基、坝肩和浅埋隧洞等工程亦有影响，一般在施工中予以处理

1. 原生结构面

原生结构面包括沉积结构面、火成结构面和变质结构面。

对于沉积结构面，常见的有层理、层面、沉积间断面和沉积软弱夹层等［图2.5 (a)］。层理和层面的强度不一定很低，但构造作用产生的层间错动或后期的风化作用会降低其强度。沉积间断面一般起伏不平，并有古风化残积物，常构成形态多变的软弱带。

火成结构面是岩浆侵入、喷溢、流动、分异及冷凝过程中形成的结构面，如流层、冷凝节理、侵入体与围岩的接触面，以及岩浆间歇喷溢所形成的软弱接触面等［图2.5 (b)］。火成岩体中这些结构面的工程地质性质是不一样的，其中冷凝节理一般具张性特征；侵入体与围岩的接触面常会成为软弱结构面；流层、流线经风化易形成剥离或脱落的弱面；火成岩与围岩的接触面可以形成工程地质条件良好的混融接触面；也可形成裂隙接触；侵入岩附近围岩中可能存在破碎带，并表现出显著弱化特性。

变质结构面可分为残留的变余结构面和重结晶结构面两种。前者为沉积岩浅变质所具有，层面仍保留，但在层面上有绢云母、绿泥石等鳞片状矿物密集并呈定向排列。重结晶结构面主要有片理和片麻理等，由于片状或柱状矿物富集并高度定向排列，对岩体特性常起控制性作用［图2.5 (c)］。变质岩中的片理结构在新鲜条件下完整性好，在风化条件下易于剥开呈开裂状。

(a) 沉积结构面　　　　　(b) 火成结构面　　　　　(c) 变质结构面

图2.5　原生结构面

2. 构造结构面

构造结构面指地壳运动所形成的结构面，存在不同的序次，因此十分复杂，包括断层、层间错动、节理、劈理或其他小型的构造动力结构面。这些结构面的工程地质特性与力学成因、空间分布、多次活动和次生演化密切相关，是工程岩体中涉及最多的结构面类型。构造结构面的发育状态常呈规律性分布特征，因此，可以通过统计描述和选取代表性结构面研究其工程地质力学特性。

3. 次生结构面

次生结构面主要是由风化作用、卸荷及人类活动扰动所形成的结构面，包括风化裂隙［图 2.6（a）］、卸荷裂隙［图 2.6（b）］和爆破裂隙［图 2.6（c）］等。其共同特点是一般分布在地表或地表以下数十米的范围内，无序次、不平整、不连续。这些次生结构面的空间分布，受地形、水文地质条件、原有结构面发育情况，以及岩层的岩性、岩相所控制，有些次生结构面会被泥质物所充填，从而构成极为恶劣的工程地质条件。

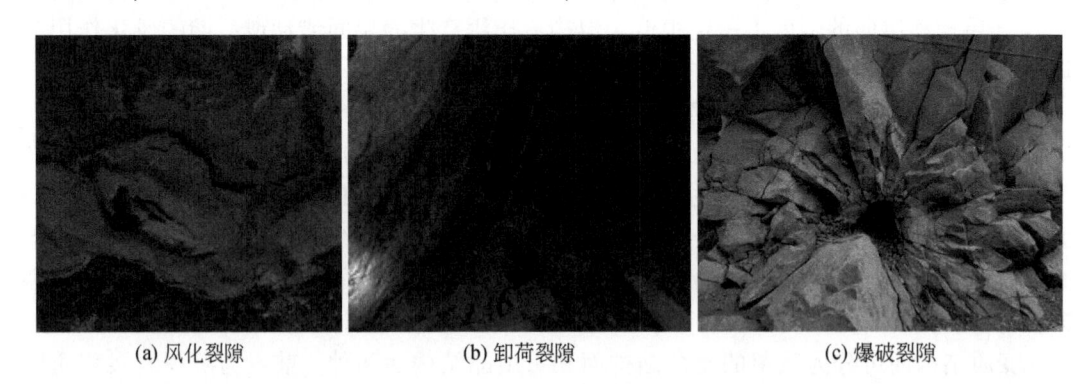

(a) 风化裂隙　　　　(b) 卸荷裂隙　　　　(c) 爆破裂隙

图 2.6　次生结构面

三、岩体结构与构造活动

构造活动是对岩体结构改造的主要驱动力。除了形成不同力学性质的断裂带、挤压错动带、区域变质岩带外，构造活动主要通过力学方式造成岩体破碎，并形成张节理和剪切节理等，导致岩体结构状态和工程性质的劣化。

1. 构造活动造成岩体破碎

构造活动引起地层发生拉张性或挤压性破碎，使岩体的破碎程度增强，尤其是在断层带中岩体的破碎程度更高。不同性质的地层中，岩体结构破碎程度也不同。构造活动引起的岩体结构面呈现出规律分布特征，可以通过测量统计结构面的分布状态，同时也可以根据结构面的产状组合推测构造应力场。

2. 张节理与剪切节理

构造节理一般可分为张节理［图 2.7（a）］与剪切节理［图 2.7（b）］。

张节理是在张性或张剪性构造应力作用下形成的破裂结构面，如在褶曲轴部常常形成与褶曲轴向平行的纵张节理。张节理面常粗糙不平，一般尺度较小，沿走向及倾向都延伸不远。张节理两壁常张开而不闭合，常构成流体的聚集和运移通道，易被矿物所充填。

剪切节理面通常为闭合状态，光滑平直，产状稳定，延伸较远，并易存在划痕。剪切节理常以共轭的形式存在，两组共轭节理夹角基本符合库仑剪切破裂角关系，因此可以根据节理的产状关系，判断其是否为同一力学成因。多组剪切节理的组合条件下，岩体常被切割为块体状。由于剪切节理相对平直，抗剪能力弱，常导致边坡和地下工程岩体产生块体滑动破坏。

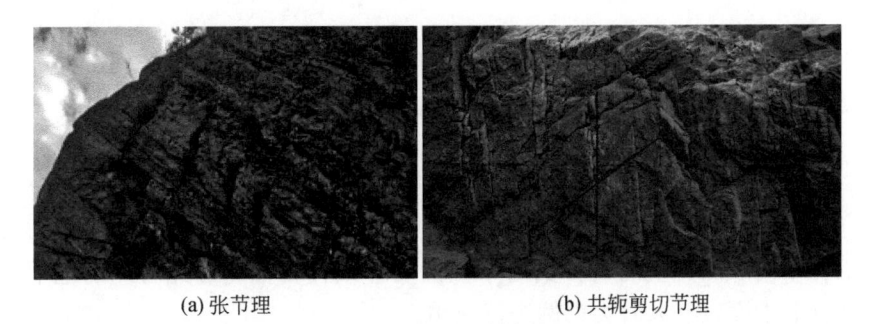

(a) 张节理　　　　　　　　　(b) 共轭剪切节理

图 2.7　构造活动造成的岩体节理

四、岩体结构与岩体稳定性

结构体形态、结构面产状和环境应力状态是控制岩体变形与破坏模式，进而控制其稳定性的基本条件组合。本书在第十三章"岩体边坡工程应用"中列出不同结构类型岩体边坡的变形和破坏模式。在地下工程中，不同结构类型的岩体存在相应不同的变形和破坏模式；在岩体工程中，不同的变形和破坏模式对应不同的岩体稳定性状态。

一般情况下，块状结构岩体在较小规模的岩体工程中，如较小的边坡和地下硐室中，更可能发生块体滑动和崩塌；当边坡规模较大时，由于岩体结构与力学性质的尺寸效应，更可能产生弧形滑面滑动。对于层状岩体或板片状区域变质岩，层理或板片理成为岩体变形破坏的控制性结构面，更容易形成顺层理、板片理的顺层滑动，或以这些控制性结构面为主的楔形滑动，或岩层的倾倒、弯曲变形与折断破坏；当岩体边坡规模较大时，则可能形成渐变的大范围岩体卸荷松动和大型切层弧形滑面滑动破坏。对于碎裂岩体，通常可能形成弧形滑面滑动、散体崩塌等破坏。

第三节　岩体结构与渗透特性

渗透性能是岩体的基本工程性质，地下水的赋存状态对岩体中地下水渗流与渗漏、地下水压力以及岩体稳定性有着重要意义。

岩体中的水主要是沿结构面网络渗流。因此，科学认识岩体结构与岩体渗透性能的关联性，无论对岩体力学理论研究，还是岩体工程实践，都是重要的基础性工作。研究表明，脆性岩类中裂隙的发育程度一般远大于黏塑性岩类中，与之相对应，其渗透性也远大于黏塑性岩类。

一、岩体结构与岩体的富水性

裂隙水的分布，主要受地层岩性、地质构造，以及相应的岩体结构影响，因此既可以从岩体结构推断地下水可能的富水空间，也可以根据地下水情况反馈岩体裂隙发育状态。

1. 不同地层的岩体结构与富水性

一方面，不同成因类型的岩体具有不同的岩体结构特征，因此岩体的地下水富集状态存在差异性。下面以三大岩类为例进行说明。

（1）碎屑沉积岩地区。碎屑沉积岩一般具有层状结构，含水层与隔水层组合形成能蓄集地下水的地质环境，而层状结构面加之构造活动产生的构造结构面则控制了地下水的埋藏分布和运动路径。

（2）火成岩地区。不同类型火成岩地下水的埋藏、分布不稳定。熔岩盆地玄武岩中的裂隙水，因柱状节理张开性和连通性较好，且裂隙一般不随深度减少，常构成统一的地下水面，富存优质丰富的地下水。深成侵入的岩基和岩株中，通常沿冷凝裂隙形成脉状裂隙水和表层风化裂隙水，形成风化壳蓄水构造、断裂带蓄水构造、岩脉蓄水构造和侵入接触带蓄水构造。

（3）变质岩地区。地下水的埋藏和分布主要受地质构造控制，易形成单斜蓄水构造、褶皱型蓄水构造、断层蓄水构造、岩脉蓄水构造和风化壳蓄水构造。

另一方面，从力学性质角度，大致可将岩石分为弹脆性岩石（如灰岩、石英砂岩等）、黏塑性岩石（如页岩、凝灰岩等）和过渡性岩石三类。在一定的受力条件下，弹脆性岩石易产生张开性好的裂隙，具有良好的导水能力，常成为含水层或含水带；黏塑性岩石以塑性变形为主，易产生闭合性裂隙，导水性一般较弱，常成为隔水层。

2. 不同构造条件下的岩体结构与富水性

直接影响工程尺度岩体结构的地质构造主要包括褶皱构造和断层构造。

在褶皱构造中，张裂隙主要发育在褶曲的轴部、倾伏端、枢纽隆起部、转折端等部位，这些部位的裂隙具有良好的导水性，多构成裂隙富水带。

断层的力学性质和两盘岩性控制着断层的导水-储水特征。发育于脆性岩层中的张性断裂，其断层破碎带多为疏松多孔的构造角砾岩，具有良好的导水能力，是良好富水空间；而脆性岩层中的压性断裂，断层带常为紧密的构造岩，透水性相对弱，但在两侧断层影响带内多发育开启性较好的张剪性裂隙，常成为导水通道和富水空间。发育于塑性岩层中的张性断裂，断层带含大量泥质，且影响带裂隙不发育，往往导水不良甚至隔水；而塑性岩层中的压性断裂，断层带常为致密不透水的糜棱岩、断层泥，断层两侧影响带裂隙开启性也相对较差，多是隔水的。

在基岩山区，脆性或可溶性岩层、褶曲轴部张应力带、张性断层带、断层交汇部位、断层影响带、塑性岩层中的脆性岩脉等常可能成为富水带。

二、岩体结构与渗出状态

岩体中的裂隙结构面是地表水入渗的基本通道，也是地下水的储存、运移空间，控制着岩体中地下水的状态。人们可以根据岩体中地下水的渗出状态推断岩体结构状态，也可以依据岩体结构判断岩体的渗流特性。

1. 地表水入渗

地表水入渗是岩体地下水的基本补给来源之一。地表水的入渗可以直接转化为地下水，抬升地下水位和水压力，并影响岩体稳定性。地表水入渗量不仅受降雨强度、降雨持续时间影响，还受岩体裂隙网络渗透性能，以及地表覆盖物性质、厚度的影响。

如前所述，由于岩体结构状态与岩性类型和构造特征有着密切联系，一般硬脆性岩体的入渗性能会强于软塑性岩体，对于软硬互层地层则可能形成带状入渗，而张性结构面入渗性能强于压性结构面。在可溶岩地层中，渗流往往沿裂隙溶蚀管道入渗；在断层、岩脉或结构面发育的岩体中，往往形成层状或脉状入渗。

在第十三章"岩体边坡工程应用"中，我们简略讨论了岩体地表水入渗特点，由于边坡卸荷作用的定向性，岩体铅直入渗的渗透系数可能远大于水平渗流的渗透系数，因此在裸露基岩地区地表水入渗通道可能相对较通畅。

2. 地下水渗出

地下水常常沿岩体裂隙渗出（图 2.8），或以泉的方式集中排泄。勘探平硐和地下空间开挖中揭示的地下水渗出现象往往是判断岩体渗透性和富水性的直观证据。

图 2.8 岩体裂隙地下水渗出

地下水渗出现象有助于判断岩体结构和地下水状态。

（1）岩体的渗透性与岩性和岩体结构状态有关，一般硬脆性岩体较软塑性岩体更可能出现地下水渗出现象。

（2）岩体结构面的张开度和连通性决定着地下水的可渗透性。存在地下水渗出现象一般说明岩体结构具有可渗透性和地下水连通性。根据岩体渗透性的"立方定律"，地下水常常沿张开度较大的裂隙相对集中渗出，这就是张性断层或张节理密集带集中渗水的原因。

（3）当一定范围内围岩连续出现地下水渗出且地面积水，可能指示岩体处于地下水面以下；若虽有裂隙渗水但地面无积水，则可能情况相反。

（4）如果岩体露头面相对干燥，常常存在两种可能性：一是不在地下水面以下；二是结构面受压紧密闭合而透水性弱，这就是随着地下工程深埋增大，围岩几乎不存在地下水迹象的原因。

3. 结构面的充填与锈染

1）结构面的充填

岩体结构面的充填常常具有重要的水文地质意义。结构面中的充填物一般为地下水运移过程中携带的岩石风化碎屑和黏土矿物，因渗流减速沉淀堆积而成，如图2.9（a）所示。因此结构面充填物可以反映地下水渗流沿途的岩石成分、岩体的渗透性能及地下水的渗流状态。一般来说，碎屑状充填物反映了渗流途径相对较短，渗流速度相对较大，如地表水入渗的沉积物；泥质充填物常常是渗流途径相对较长、流速较缓慢条件下的产物。

(a) 裂隙的充填　　　　(b) 裂隙岩体的锈染

图2.9　裂隙的充填与裂隙岩体的锈染

2）结构面的锈染

在岩体露头面常见到铁锈色浸染现象，或称为锈染现象，如图2.9（b）所示。锈染是一种化学风化现象，多是因为岩石中含铁矿物氧化形成红褐色的氧化铁沉淀，或随水流迁移富集的结果。因此，锈染现象常常说明岩体裂隙有较好的连通性，且存在裂隙水渗流。此外，一些非铁族金属元素也可能受风化作用表现出其他颜色的锈染，如铜会出现绿或蓝色，钴呈粉红色，锑呈白或黄色等，而其所反映的岩体水文地质学意义与铁族元素基本类似。

第四节　岩体性质与气候环境

气候环境对岩体性质的影响主要体现在风化作用等的后期改造。不同风化程度的岩石物理力学性质存在显著差别，对风化程度进行评价已成为工程勘察设计中的一项基本工作。岩石风化程度评价的主要依据包括：岩石的颜色、结构、构造、矿物成分、化学成分，岩石的崩解、解体程度，矿物蚀变程度及其次生矿物成分等；锤击反应、波速变化也是岩石风化程度判断重要的间接标志。

一、干旱与寒冷地区岩体性质

在干旱与寒冷地区，岩石主要经历物理风化作用，主要包括温度变化、水的冻融等。物理作用主要引起岩石的机械破碎，导致岩体结构破坏、强度降低。物理风化作用对岩体性质影响的深度一般有限，如我国干旱寒冷及高山寒冷地区，风化深度一般小于10m。

同时，干旱与寒冷地区所产生的岩体劣化也有所区别：

在干旱地区，降水量相对较小，昼夜温度差异大，物理风化常常以温差风化为主。长期的周期性温度剧烈变化促使岩体表层破裂，但在常温层以下，岩体则呈现原有结构状态。干旱地区岩体常表现出特有的地貌特征，如在相对硬岩地区，常常为尖棱山体与块石堆积，山体表面常常寸草不生［图2.10（a）］；而在岩性软弱或成岩度不高的地区，常常展现出风蚀地貌［图2.10（b）］。

(a) 尖棱山体与块石堆积　　　　　　(b) 风蚀地貌

图2.10　干旱地区岩体地貌

寒冷地区的岩体风化则以冻融和冰劈作用较为常见。由于昼夜更替与四季循环作用，变温带岩体内部发生热胀冷缩、水分迁移相变和冻胀力萌生消散等现象，这些现象通常引起岩石的破裂和岩体结构的胀裂，造成岩体力学性质显著弱化。冰劈作用多与原始裂隙有关，因此破裂后的岩体易破碎成为具有棱角状的粗大碎块（图2.11）。在两极及低纬度的高山区，气候寒冷，冰劈作用极为突出。

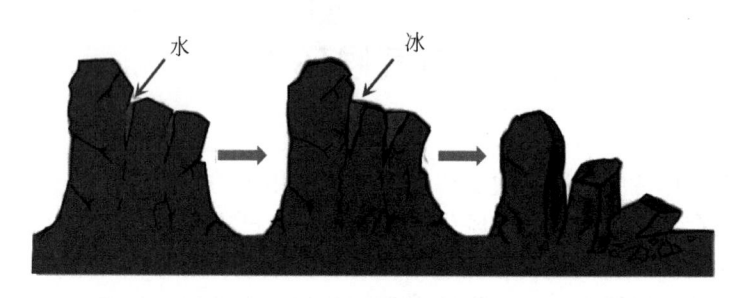

图 2.11　岩体的冰劈现象

二、湿热气候与岩体性质

在潮湿多雨地区，岩体主要受化学和生物风化作用影响。这些地区风化速度较快、风化程度高、风化深度较大，深度可达数十米，常形成巨厚的风化壳。

化学和生物风化作用对岩体工程性质的影响主要表现为岩石力学性能降低、岩体结构破碎程度增强以及岩体性质各向异性减弱。随着深度增加，岩体风化程度减弱，逐渐过渡为原有岩体结构状态。风化壳的形成常常会减弱岩体接受地表水入渗的能力。

对于可溶岩类，风化作用将通过溶蚀带走地表和裂隙表层的可溶物质，增强岩体的渗透性能。

三、高盐地区岩体性质

盐风化作用是地球表面十分普遍的一种物理风化作用，通常是指岩石表面的盐分被溶解并随着降水渗入岩石或裂隙之中，进入岩体内部。研究表明，盐风化作用往往需要具备两个条件：一是区域内要有大量盐分来源；二是具有干湿交替的气候环境。

不同矿物组成岩石的抗盐风化能力不同，导致岩石的风化速度不等，常表现为岩石表面凹凸不平。因此在差异化的抗盐风化作用下，岩体表面常形成相互平行的沟槽（图2.12）。

盐风化对岩体所产生的劣化影响深度有限，对岩体的完整性影响不大，主要是劣化岩石的物理力学性质。

图 2.12　砂岩的盐风化

第五节　岩体性质与宏观地貌特征

一、地形起伏与岩体特性

地形是地物形状和地貌的总称，体现出地表以上高低起伏的各种状态。岩石的性质，尤其是强度特性，与地貌特征之间存在显著的关联。

在自然界中，我们所见到的陡峭高山往往由花岗岩、砂岩、大理岩等比较坚硬的岩石组成。坚硬岩石在阳光、风、雨等外力的侵蚀下，风化的相对缓慢，植物很难在上面生长，不易造成岩体破裂，如图 2.13 所示。软弱岩体，如黏土岩、页岩、软质泥灰岩、

图 2.13　坚硬岩石形成的高陡山体

凝灰岩、大部分千枚岩、片岩、膨胀岩以及各种成因类型的软弱夹层等，强度与模量低，岩体易风化，所形成的山体坡度平缓，植被覆盖度相对较好，如图2.14所示。此外，一些岩体虽然坚硬，但由于风化作用或密集的裂隙节理，岩体的力学特性被削弱，也可以作为软弱岩体对待。

图 2.14　软弱岩体的地形突变

二、植被与岩体特性的关系

植物根系有着很强的生命力，在扎入岩土体并破坏岩土体内部结构的同时，也通过其特有的生长形态，与周围岩土体产生相互作用，进而改变岩土体的力学特性。

1. 植被生长与岩体结构状态

生长环境在一定程度上决定了植物根系的生长状态，同时对植物根劈作用程度及岩体破坏效果产生很大的影响。根系的生长环境包括岩体裂隙状态、岩体矿物成分、水以及微生物等多种因素，这些因素共同决定了植被与岩体结构的共生关系。

根系在岩体内通过吸收周围水分和养料逐渐生长壮大，其所占据的裂隙空间随根系生长不断扩大，并使岩体发生弹性、塑性变形，甚至破坏（图2.15）。从根系生长过程来看，根系对岩体的作用从单一微裂隙变形破坏逐渐发展为多裂隙变形破坏，并易形成崩塌、落石、危岩等多种地质灾害。

2. 植被分带与岩体性质

不同岩性地层所含矿物组分和化学元素丰度不同，并会不同程度地遗传给衍生出的土壤，如表2.6所示（张恋等，2021）。岩体中的矿物成分在成土过程中发生迁移聚集，影响土壤的物理化学性质，使土壤性质产生区域性变化，进而导致在不同岩性区出现不同的优势植物群落。

图 2.15　根系劈裂作用

表 2.6　不同成土母岩的主要氧化物含量

氧化物	成土母岩氧化物含量/%			
	黑云母二长花岗岩	粉砂岩、砂砾岩	长石石英砂岩	变余杂砂岩
SiO_2	75.40	77.940	90.980	81.340
Al_2O_3	13.010	10.450	4.280	7.570
Fe_2O_3	3.350	5.230	2.080	5.870
K_2O	5.440	2.360	1.340	2.110
Na_2O	0.136	0.098	0.046	0.046
CaO	0.048	0.028	0.024	0.024
MgO	0.502	0.513	0.312	0.439
P_2O_5	0.037	0.061	0.012	0.052
MnO	0.194	0.022	0.016	0.017
TiO_2	0.275	0.517	0.160	0.467

以江西省一处丘陵的植被群落特性研究为例，花岗岩区的植被主要为以松科、里白科为主的针叶林，变余杂砂岩区主要为以山茶科、虎耳草科、壳斗科为主的阔叶林，粉砂岩区主要为以山茶科、松科、茜草科为主的阔叶林，砂砾岩区主要为以壳斗科、五桠果科、豆科、大戟科、山茶科为主的阔叶林，长石石英砂岩区主要为以山茶科、壳斗科、豆科、松科为主的针阔叶混交林（张恋等，2021）。因此，可以根据植物的类型，在一定程度上判断岩体的特性。

三、岩体失稳形态与主控结构面

1. 单斜山与岩体特性

受地壳变动影响，水平岩层产状发生变动，岩层层面和水平面形成一定的夹角，称之为单斜构造。单斜山的一侧比较平缓，坡面倾斜与坚硬岩层倾斜方向近于一致（顺向坡）；另一侧比较陡峻，坡面倾斜与岩层倾斜方向相反（逆向坡），坡面凹凸不平，坚硬岩层出露处多呈陡坎（图2.16）。单斜山顺向坡表层的岩石强度较高，完整性好，并且呈硬脆性特征，具有较强的抗风能力；逆向坡主要产生物理风化，坡度较陡，易形成岩体崩塌等破坏现象。

图 2.16　单斜山

2. 顺层滑坡与主控岩体结构

顺层滑坡是一种常见的滑坡类型，一般为顺着层面的滑动，因此主控结构面以沉积岩层面为主（图2.17）。顺层滑坡可分为沿单一层面的滑坡和坐落式平推滑移型滑坡两类。沿单一层面的滑坡，一般滑面倾角大于其内摩擦角，发生规模较大，非常受坡角切层开挖影响。坐落式平推滑移型滑坡，滑面具有复合形态，主体滑面为岩层滑面；滑坡后缘为近似的圆弧形，是沿构造节理等追踪发展而形成的，倾角逐渐变陡，至高倾角。

图 2.17　顺层滑坡

3. 楔形体破坏与结构面组合关系

楔形体滑移破坏是常见的岩体破坏形式，其主要特点是滑动面及切割面均为较发育的结构面。受结构面数目不同的影响，楔形体可以分为由两条结构面组合形成的楔形体及由多条结构面组合形成的滑动楔形体。由两条结构面组合形成的楔形体破坏一般为沿组合线交线方向滑动的双滑面破坏［图2.18（a）］，由多条结构面组合形成的楔形体破坏既可能是组合线交线方向滑动的双滑面破坏，又可能是单一结构面倾向滑动的单滑面破坏［图2.18（b）］。

(a) 两条结构面组合形成的楔形体破坏　　(b) 多条结构面组合形成的楔形体破坏

图2.18　结构面组合关系及楔形体破坏特征示意图

第三章

岩石与结构面力学性质便捷测试

岩石的力学参数主要包括弹性模量、泊松比、单轴抗压强度、抗拉强度、抗剪强度指标等；结构面的力学参数包括黏聚力、摩擦角、法向抗压强度、法向刚度、剪切刚度等。

以往的岩石力学参数测试都需要将岩石样品采集并运送到室内实验室，采用大型试验设备进行试验才能得到。这种试验方法不仅费力、耗资，也较为耗时。近年来，课题组着手研发了岩石力学"背包实验室"，即将各类传统的大型试验系统小型化、便携化，实现了从室内试验向现场试验的工作模式转变。

采用"背包实验室"完成的岩石力学现场测试内容包括岩石强度的点荷载试验、单轴与三轴试验、直接剪切试验，以及结构面黏聚力、摩擦角试验。下面介绍这些试验的设备、原理和计算方法。

第一节 岩石强度的点荷载试验原理

一、点荷载强度测试

岩石点荷载测试采用浙江岩创科技有限公司和绍兴文理学院联合实验室研发的岩石力学"背包实验室"便携式点荷载仪[图3.1（a）]完成。按操作流程安装好油压千斤顶、置入试件并压紧、装好位移计[图3.1（b）]后，可开始试验。

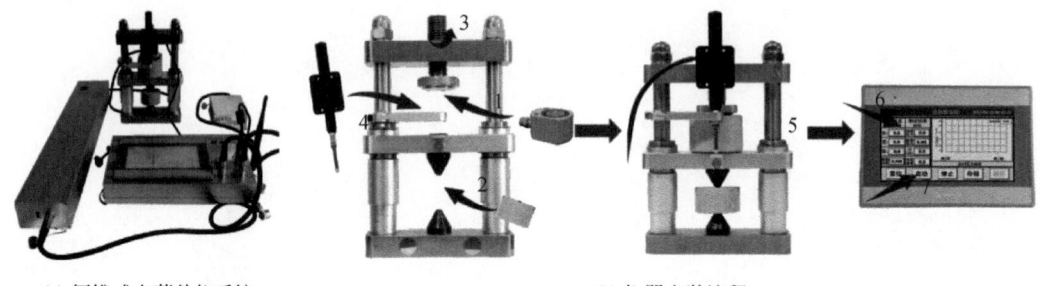

(a) 便携式点荷载仪系统　　　　　　　(b) 仪器安装流程

图3.1　岩石点荷载仪

首先，进入岩石参数设定界面[图3.2（a）]，选择岩性、主要矿物成分、矿物粒径和风化程度等参数；然后，在试验参数界面设定尺寸、加载速度等试验参数[图3.2（b）]。启动点荷载测试，面板实时显示荷载力-位移曲线；至岩石破裂时，按存储键保存试验曲线、峰值荷载和点荷载强度（$I_{s(50)}$）等测试数据到U盘PLT_Data文件夹中，文件名为年+月+日（如20210930）。在不受数据保密约束时，数据将直接无线传输至"工程岩体参数计算"云平台，进行后续数据处理。

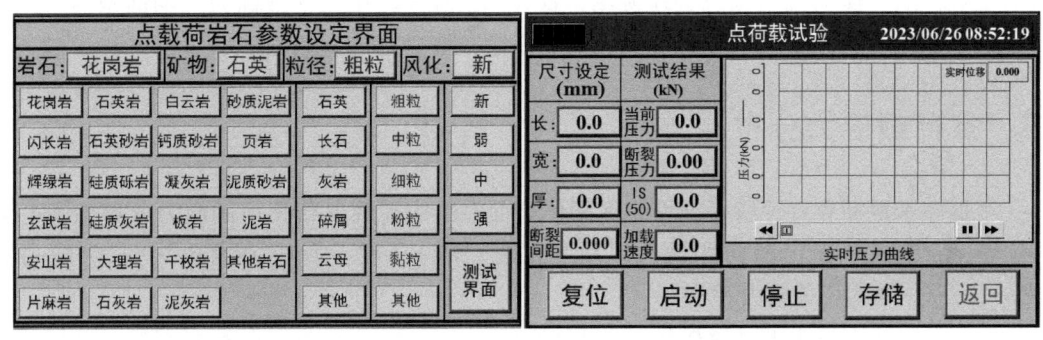

(a) 岩石参数设定界面　　　　　　(b) 试验参数界面

图 3.2　点荷载试验岩石参数设定和试验参数界面

试验所得到的基本数据，包括岩性、试件厚度（D, mm）、最大位移（w, mm）和荷载（P, kN）。

二、点荷载破坏现象

课题组乔磊工程师研究发现，点荷载试验的破裂面通常为如图 3.3 所示的平面。从该破裂面可以发现两个典型现象：

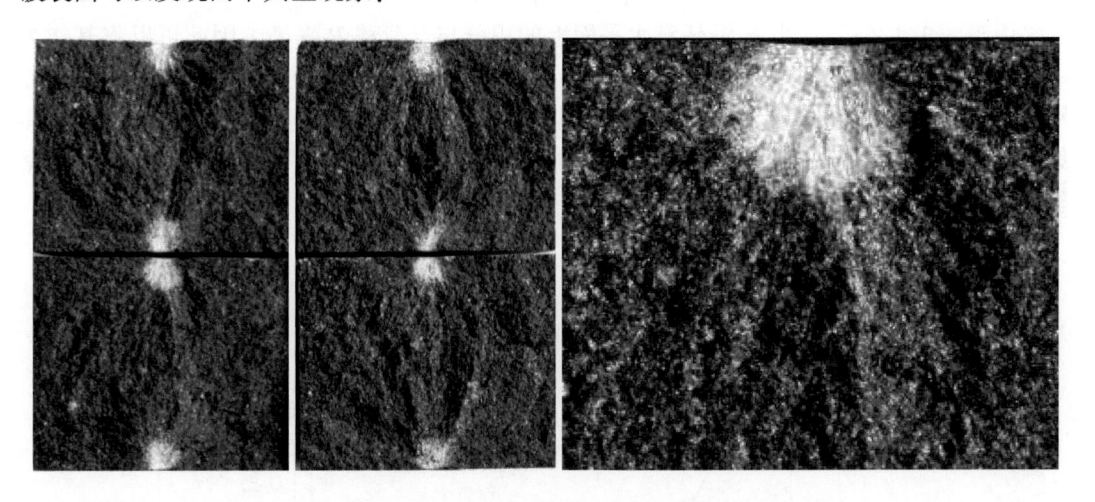

图 3.3　点荷载压头附近的粉碎区与撕裂面的羽饰裂纹

（1）以各触点为切点，相向形成向试件内部的近似圆（球）形区域，区域内岩石可以手捏成粉，表明该区内已达到塑性破裂状态。自点荷载触点向塑性区边界的距离可称为塑性区半径，可采用游标卡尺测得，用 r_c（mm）表示，在加载轴线上用 z_c 表示。

（2）在上下两个点荷载触点之间出现"撕裂面"，这是集中荷载作用下材料拉破裂的独特现象。撕裂从一个触点塑性区边界起始，相向扩展至另一触点塑性区，形成轴对称且上下对称的"磁力线"型撕裂轨迹图,这在构造地质学中通常被称为"羽饰构造"。现象表明,塑性(粉碎)区的边界面即为岩石发生拉张破坏的起始面。

三、点荷载应力分布

根据布辛尼斯克理论解,弹性半无限体表面在集中荷载 P 作用下的应力分布如图 3.4（a）所示,图中,ρ 为径向距离,θ 为方位角,z 为高度。取应力以压为正,任一点 $M(\rho, \theta, z)$ 处的相关应力解为

$$\begin{cases} \sigma_z = \dfrac{3P}{2\pi} \dfrac{z^3}{r^5} \\ \sigma_\rho = -\dfrac{P}{2\pi r^2}\left[(1-2\nu)\dfrac{r}{r+z} - \dfrac{3\rho^2 z}{r^3}\right] \end{cases}, \quad r = \sqrt{\rho^2 + z^2} \tag{3.1}$$

其中,σ_z 为沿轴线方向的压应力;σ_ρ 为任意水平方向的拉应力,由于轴对称性,其在任意方水平向的值都是相同的;ν 为岩石的泊松比。

在荷载作用的轴线上,$\rho=0$,$r=z$,有

$$\begin{cases} \sigma_z = \dfrac{3}{2\pi} \dfrac{P}{z^2} \\ \sigma_\rho = -\dfrac{1-2\nu}{4\pi} \dfrac{P}{z^2} \end{cases} \tag{3.2}$$

由于图 3.4（a）应力 σ_z 沿任意水平面上的积分与点荷载 P 平衡,因此可以将其作为一个完整的分离体进行应力分析。将图 3.4（a）模型镜像,形成上下两个水平表面对称作用 P 的点荷载试验模型,两个作用点距离为 D,如图 3.4（b）所示。此时半无限空间集中荷载下的弹性力学解变成了有限空间中一对集中荷载 P 作用下的近似解,但是根据圣维南原理,由此带来的误差是可以忽略的。

(a) 点荷载应力分布　　　　　(b) 点荷载试验模型

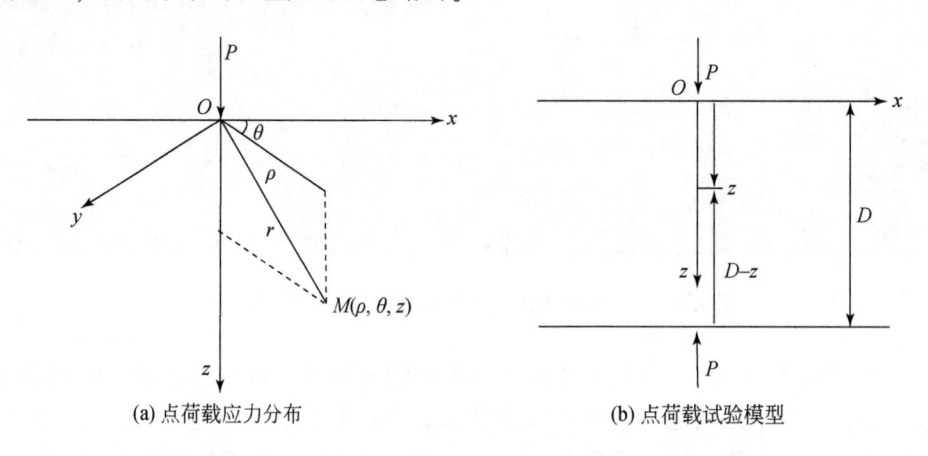

图 3.4　点荷载应力分布和试验模型

基于上述分析，下面给出点荷载轴线应力分布定理。

定理 3.1　点荷载轴线应力分布定理　一个厚度为 D 的试件，在两个沿 z 方向共线并相向作用点荷载力 P，则沿两作用点连线上的应力分布如下式

$$\begin{cases} \sigma_z = \dfrac{3P}{2\pi}\left[\dfrac{1}{z^2}+\dfrac{1}{(D-z)^2}\right] \\ \sigma_\rho = -\dfrac{(1-2\nu)P}{4\pi}\left[\dfrac{1}{z^2}+\dfrac{1}{(D-z)^2}\right] \end{cases}, \quad \dfrac{\sigma_z}{\sigma_\rho} = -\dfrac{6}{(1-2\nu)} \tag{3.3}$$

式中，σ_z 为沿轴线方向的压应力；σ_ρ 为与轴线垂直的沿任意方向均相等的拉应力；ν 为岩石的泊松比。

定理证明如下。

取上表面 P 作用点为坐标原点 [图 3.4 (a)]，z 向下为正，可得式 (3.2) 的单触点轴线应力分布。对于上下两个平面上对称作用 P 的情形 [图 3.4 (b)]，可写出荷载轴线上两个触点应力叠加后 z 点的应力值如式 (3.3) 所示。式 (3.3) 后面的比值也是显然的。定理证毕。

对双触点条件下的应力分布式 (3.3) 我们可以做如下的拓展分析，有

$$\frac{1}{z^2}+\frac{1}{(D-z)^2}=\frac{1}{z^2}\left[1+\frac{1}{\left(\dfrac{D}{z}-1\right)^2}\right]=\frac{k^2}{z^2}$$

于是式 (3.3) 还可写为

$$\begin{cases} \sigma_z = \dfrac{3P}{2\pi}\dfrac{k^2}{z^2} \\ \sigma_\rho = -\dfrac{(1-2\nu)P}{4\pi}\dfrac{k^2}{z^2} \end{cases}, \quad k=\sqrt{1+\dfrac{1}{\left(\dfrac{D}{z}-1\right)^2}}>1 \tag{3.4a}$$

式中，k 为法向应力状态系数。右端在形式上成为单触点情形，若令 z_0 为单触点 P 荷载作用下取得如式 (3.2) 所示的一组 (σ_z, σ_ρ) 值的点位，则在双触点 P 作用下取得相同 (σ_z, σ_ρ) 值的点位 z 满足下式

$$z_0 = \frac{z}{k}, \quad k>1 \tag{3.4b}$$

显然有 $z>z_0$。

式 (3.3) 中应力与受荷点距离 z 的关系曲线如图 3.5 所示。由式 (3.3) 和图 3.5 可见：沿轴线方向随 z 增大，拉应力和压应力绝对值由荷载触点 $z=0$ 处无穷大值迅速减小，至 $z=D$ 附近对称地增大，这说明岩石的受力集中在受荷点附近。这符合圣维南原理。

值得指出的是，Wei 和 Hudson (1986)，Chau 和 Choi (1998) 也对圆柱试样轴向和径向点荷载试验其内部应力状态进行了理论研究，得到了与本书相似的点荷载试件轴线应力分布相似。

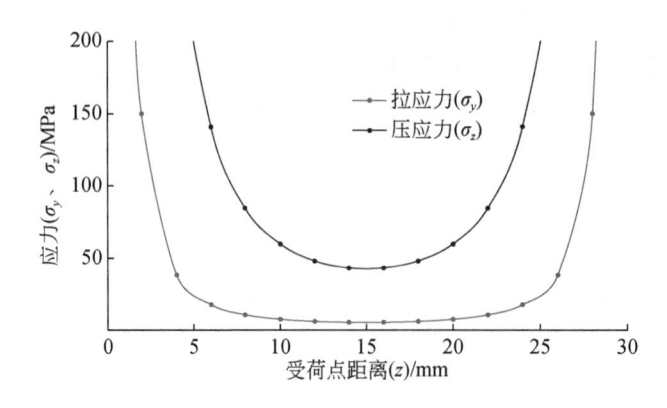

图 3.5 应力与受荷点距离的关系曲线

四、点荷载强度与轴线塑性区半径确定

1. 岩石点荷载的格里菲斯强度

由于岩石点荷载的破坏是在轴向压应力（σ_c）和与之垂直的任意方向拉应力（σ_ρ）的作用下发生的，其破坏方式符合格里菲斯（Griffith）破裂准则。因此本书采用 Griffith 强度理论研究岩石的点荷载强度关系，Griffith 强度判据为

$$\begin{cases} \sigma_\rho = -\sigma_t, & 3\sigma_\rho + \sigma_z \leq 0 \\ \dfrac{(\sigma_z - \sigma_\rho)^2}{\sigma_z + \sigma_\rho} = 8\sigma_t, & 3\sigma_\rho + \sigma_z > 0 \end{cases}$$

由式（3.4a）可知

$$3\sigma_\rho + \sigma_z = -\frac{3(1-2\nu)P}{4\pi}\frac{k^2}{z^2} + \frac{3P}{2\pi}\frac{k^2}{z^2} = \frac{3P}{4\pi}\frac{k^2}{z^2}(1+2\nu) > 0$$

因此，采用上述格里菲斯准则的第二式。由于

$$\begin{cases} \sigma_z + \sigma_\rho = \dfrac{(5+2\nu)P}{4\pi}\dfrac{k^2}{z_c^2} \\ \sigma_z - \sigma_\rho = \dfrac{(7-2\nu)P}{4\pi}\dfrac{k^2}{z_c^2} \end{cases}$$

$$\frac{(\sigma_z - \sigma_\rho)^2}{\sigma_z + \sigma_\rho} = \frac{(7-2\nu)^2 P}{4\pi(5+2\nu)}\frac{k^2}{z_c^2} = 8\sigma_t$$

由此可得岩石抗拉强度计算公式

$$\sigma_t = \frac{(7-2\nu)^2 P}{32\pi(5+2\nu)}\frac{k^2}{z_c^2}$$

式中，P 为极限荷载，N；z_c 为岩石试件的轴线塑性区半径，即破裂起始点半径，mm。

此外，由格里菲斯准则第二式，当 $\sigma_p=0$ 时，我们可以得到岩石的单轴抗压强度为

$$\sigma_c=8\sigma_t=\frac{(7-2\nu)^2 P}{4\pi(5+2\nu)}\frac{k^2}{z_c^2}$$

由上述分析，可得出如下定理：

定理 3.2　岩石点荷载的格里菲斯强度定理　厚度为 D（mm）的岩石试件，在点荷载力 P（N）的作用下的抗拉强度和抗压强度分别为

$$\begin{cases}\sigma_t=\dfrac{(7-2\nu)^2 P}{32\pi(5+2\nu)}\dfrac{k^2}{z_c^2}, \\ \sigma_c=8\sigma_t\end{cases} \quad k=\sqrt{1+\dfrac{1}{\left(\dfrac{D}{z_c}-1\right)^2}}>1 \qquad (3.5)$$

式中，z_c 为岩石试件触点的轴线塑性区半径，mm。这就是格里菲斯条件下的岩石点荷载强度定理。

由前述分析我们已经知道，在点荷载试验中，岩石的抗压强度与抗拉强度是在同一应力条件下发生的。因此，采用点荷载试验同时测得岩石的点荷载抗压强度与抗拉强度是有力学理论基础的。另外，由点荷载试件能直接观察到岩石撕裂，这也是人们通常认为点荷载更适合于岩石抗拉强度测试的主要原因。

值得注意的是，由式（3.4a），由于点荷载试验中岩石是在相同 z_c 的条件下同时发生拉破坏和压破坏的，此时破坏压应力和拉应力的比值应为

$$\frac{\sigma_c}{\sigma_t}=\frac{6}{1-2\nu}$$

对于 $0.125<\nu<0.5$ 的一般情形，这个比值是大于 8 的，即是说，对于弱于格里菲斯脆性的岩石材料，抗压强度与抗拉强度的比值一般会大于 8，本结论已得到广泛证实。

2. 岩石点荷载试件的塑性区半径确定

根据前文分析，可以得到如下定理：

定理 3.3　点荷载塑性区半径定理　一个厚度为 D 的试件，在荷载点对 P 的作用下，触点轴线上的理论塑性区半径为

$$z_c=\frac{(7-2\nu)k}{4}\sqrt{\frac{P}{2\pi(5+2\nu)\sigma_t}}, \quad k=\sqrt{1+\frac{1}{\left(\dfrac{D}{z_c}-1\right)^2}}>1 \qquad (3.6)$$

式中，σ_t 为岩石的抗拉强度。

但是，由式（3.5）所得出的岩石抗拉强度是在针状点接触荷载条件下的理论解，其对实测塑性区半径（z_c）十分敏感。而点荷载所测的触头破坏位移则相对可靠，因此应用中可以通过试验，建立起实测位移（w）与理论塑性区半径（z_c）的相关关系，并将次关系式代入式（3.5）计算岩石强度。

通过对 120 个玄武岩试样开展的点荷载试验结果进行分析，我们绘制出理论塑性区半径（z_c）与岩石破坏轴向位移（w）的关系曲线（图 3.6），并拟合出 z_c-w 关系式：

$$z_c=10.74w^{0.4074}$$

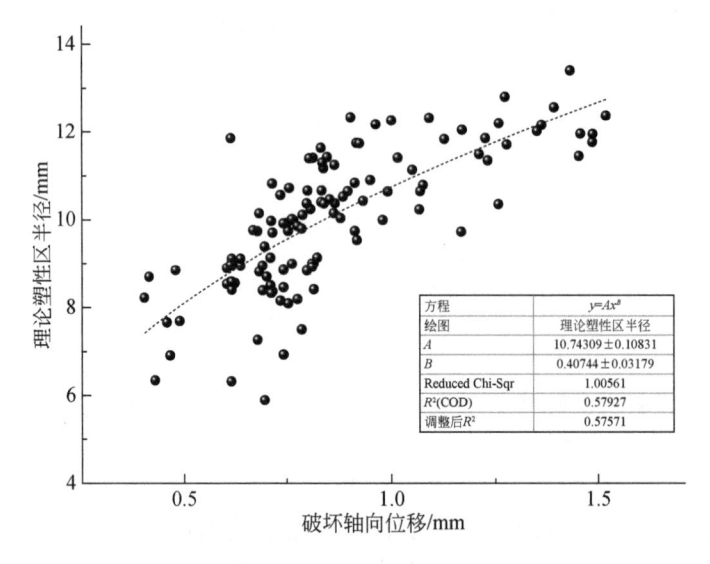

图 3.6　点荷载理论塑性区半径（z_c）和破坏轴向位移（w）的相关曲线

五、岩石点荷载强度的 Broch-Franklin 方法

E. Broch 和 J. A. Franklin（1972）提出岩石的点荷载试验方法，并得到 ISRM 的推荐。中国国家标准《工程岩体分级标准》（GB/T 50218—2014）、《工程岩体试验方法标准》（GB/T 50266—2013）等规范选用如下点荷载强度计算公式：

$$R_c = 22.82 \cdot \left[\frac{P_c}{D_e^2}\left(\frac{D_e}{50}\right)^{0.45}\right]^{0.75} = 6.1 \cdot \frac{P_c^{0.75}}{D_e^{1.1625}} \tag{3.7}$$

式中，D_e 为过两压头触点的等效岩心直径，mm；P_c 为点荷载压头施加的力，N。

第二节　岩石弹性参数的点荷载测试计算

按照弹性力学的理解，岩石的弹性参数包括弹性模量和泊松比。但现有的点荷载试验一般不能计算这两个参数。这里以点荷载试验为基础，从理论上探讨弹性模量的计算方法，并讨论泊松比与岩石压-拉应力比的关系。

一、弹性模量的理论模型

关于从点荷载试验计算岩石的弹性模量，我们可以给出如下定理：
定理 3.4　岩石的点荷载弹性模量定理　岩石的点荷载弹性模量（E，MPa）可由下式计算：

$$E=\frac{2(1+\nu)(3-2\nu)P}{\pi w^2} \tag{3.8}$$

式中，ν、P、w 分别为岩石的泊松比、极限荷载（N）和破坏总位移（mm）。这就是岩石的点荷载弹性模量定理。

现证明如下：由《弹性理论》（王龙甫，1979，§10-2），半无限体表面在集中荷载 P 作用下，任一点 (x, y, z) 处在荷载方向的位移为

$$w=\frac{P}{4\pi\mu}\frac{z^2}{r^3}+\frac{(\lambda+2\mu)P}{4\pi\mu(\lambda+\mu)r}=\frac{P}{4\pi\mu r}\left(\frac{z^2}{r^2}+\frac{\lambda+2\mu}{\lambda+\mu}\right)$$

由于

$$\lambda=\frac{E\nu}{(1+\nu)(1-2\nu)}, \quad \mu=\frac{E}{2(1+\nu)}, \quad \frac{\lambda+2\mu}{\lambda+\mu}=2(1-\nu)$$

有

$$w=\frac{(1+\nu)P}{2\pi Er}\left[\frac{z^2}{r^2}+2(1-\nu)\right]$$

在点荷载轴线上，$r=z$，单触点引起的任意 r 点的轴向位移为

$$w_上=w_下=\frac{(1+\nu)P}{2\pi Er}[1+2(1-\nu)]=\frac{(1+\nu)(3-2\nu)P}{2\pi Er} \tag{3.9}$$

两个触点荷载在 r 点引起的位移 w 为两触点引起的位移之和。另外，由于仪器记录的是两个压头的位移之和，因此一端压头位移为 $w/2$。我们取 $r=w/2$，式（3.9）可写为

$$\begin{aligned}w=w_上+w_下&=\frac{(1+\nu)(3-2\nu)P}{2\pi E}\left(\frac{1}{r_上}+\frac{1}{r_下}\right)\\&=\frac{(1+\nu)(3-2\nu)P}{2\pi E}\left(\frac{1}{w/2}+\frac{1}{w/2}\right)\\&=\frac{2(1+\nu)(3-2\nu)P}{\pi Ew}\end{aligned} \tag{3.10}$$

于是有岩石的弹性模量

$$E=\frac{2(1+\nu)(3-2\nu)P}{\pi w^2}$$

此即式（3.8）。定理证毕。

点荷载试验仪可以输出如图 3.7 所示的荷载（P）-位移（w）曲线。由于点荷载试验位移一般不大，试件破坏是突发性的，曲线大多数为一条倾斜直线，因此可以取峰值荷载和破坏位移进行弹性模量计算。

表 3.1 列出了通过玄武岩点荷载试验计算的触点岩石弹性模量和 MTS 材料试验机的测试结果，可见，计算结果与试验结果基本一致。

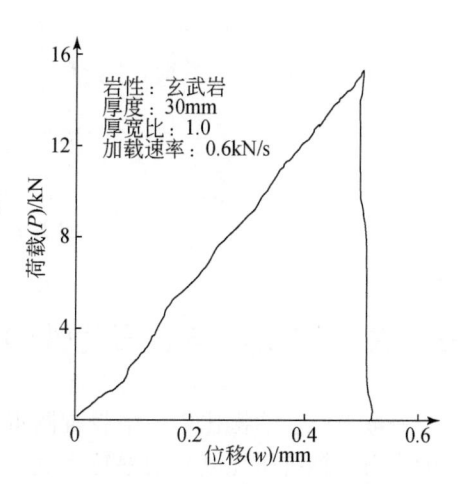

图 3.7 点荷载试验荷载-位移曲线

表 3.1 玄武岩点荷载

试样高（D）/mm	荷载（P）/N	位移（w）/mm	泊松比（ν）	弹性模量（E）/GPa 计算值	MTS 试验值
30	15.4	0.76	0.297	52.7	52.05
30	16.3	0.77		54.7	

二、试验数据的仪器变形校正

由弹性模量计算公式可见，弹性模量计算值对实测的位移（w）较为敏感，因此准确测得点荷载变形值十分重要。

由于点荷载仪自身的刚度条件限制，在伴随岩石变形过程中，仪器框架也将产生变形。经检测，仪器框架总变形随荷载（P）的变化曲线如图 3.8 所示。在计算岩石的真实压缩位移时应先扣除仪器变形量，即试件真实位移为位移记录值（w_t）扣除仪器框架位移（w_0）后的数值：

$$w = w_t - w_0 \tag{3.11}$$

然后，代入式（3.8）计算岩石的力学指标。这种数据校正就是通常的仪器标定过程，可以在数据输出之前由仪器自动处理。

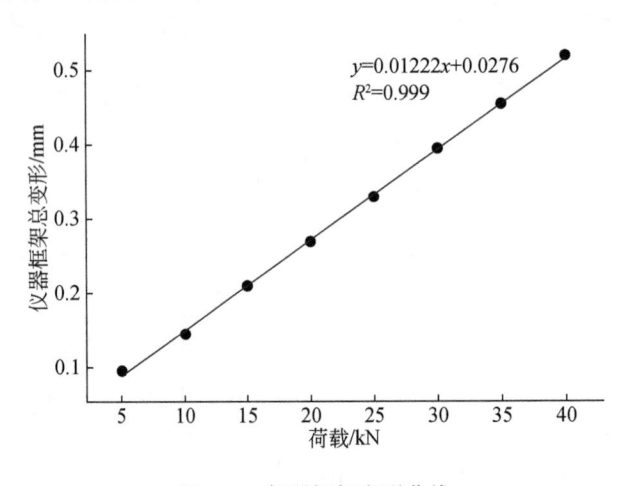

图 3.8 仪器框架变形曲线

三、关于泊松比与岩石脆性的讨论

一般来说，泊松比是一个较难测得的指标，对于点荷载试验也是一样。好在前面讨论的岩石单轴抗压强度与泊松比无关；事实上从理论上讲，岩石弹性模量也与泊松比无关。因此，我们可以采用点荷载试验获得抗压强度和弹性模量，但难以测得泊松比数据。

另外，由式（3.3），岩石点荷载在破坏点的极限压-拉应力比为

$$\frac{\sigma_{zc}}{\sigma_{yc}} = -\frac{6}{1-2\nu}$$

由此可得泊松比与岩石破裂时压-拉应力比（B）的关系为

$$\nu = \frac{1}{2} - 3\frac{\sigma_{yc}}{\sigma_{zc}} = \frac{1}{2} - 3\frac{1}{B}, \quad B = \frac{\sigma_{zc}}{\sigma_{yc}} \tag{3.12}$$

这在一定程度上反映了岩石的脆性特征。式（3.12）中我们采用点荷载破坏时的压-拉应力比（B）来反映这种特征，它反映了岩石的脆性与泊松比的联系，即脆性较强的岩石泊松比较小，反之亦反。

但是，人们通常用应变或强度的比值来反映岩石的脆性程度。Griffith 二维理论提出脆性材料的单轴抗压强度与抗拉强度的关系，即 $\sigma_c = 8\sigma_t$，而在三维条件下则有 $\sigma_c = 12\sigma_t$。Hucka 和 Das（1974）则提出由下列两个式子确定岩石的脆性：$B_1 = \frac{\sigma_c - \sigma_t}{\sigma_c + \sigma_t}$，$B_2 = \sin\varphi$。这些关于岩石脆性的表述都未能反映与泊松比的关系。因此，如何定义岩石的脆性，仍然是一个需要思考的问题。

第三节　点荷载岩石力学参数尺寸效应的讨论

力学参数的尺寸效应是指其量值随着试件尺寸而变化的特性。力学参数的尺寸效应是一个广泛关注的问题，它不仅涉及岩石力学性质随尺寸变化的本质规律，也关系到不同尺寸试件测试结果向公认标准试件的转化。

一般来说，无论是岩石的抗压强度、抗拉强度，还是抗剪强度，都可能存在尺寸效应。关于脆性材料抗拉强度的尺寸效应已由 Weibull（1939）做过讨论，即材料的平均强度（$\bar{\sigma}$）和单轴抗压强度模数（σ_{cm}）大致与试件体积（V）的平方根呈反比例规律衰减：

$$\bar{\sigma} - \sigma_0 V^{-\frac{1}{2}}, \quad \sigma_{cm} - \sigma_0 V^{-\frac{1}{m}}\left(1 - \frac{1}{m}\right)^{\frac{1}{m}}$$

我们可以称这种规律为强度的 Weibull 尺寸效应规律。

事实上，从前述分析也可以看出，点荷载试验获得的岩石力学指标也表现出相似的尺寸效应规律。我们可以将式（3.5）和式（3.8）写为

$$\begin{cases} \sigma_c = \dfrac{(7-2\nu)^2 P}{4\pi(5+2\nu)} \dfrac{k^2}{z_c^2} \\ \sigma_t = \dfrac{(7-2\nu)^2 P}{32\pi(5+2\nu)} \dfrac{k^2}{z_c^2} \\ E = \dfrac{2(1+\nu)(3-2\nu)}{\pi} \dfrac{P}{w^2} \end{cases} \tag{3.13}$$

为了讨论岩石点荷载力学指标的尺寸效应,我们分别做出 $\dfrac{k^2 P}{z_c^2}$-D 和 $\dfrac{P}{w^2}$-D 的统计关系,如图 3.9 所示,并粗略获得如下的统计关系函数

$$\begin{cases} \dfrac{k^2 P}{z_c^2} = 211.09 e^{-0.0002D} \\ \dfrac{P}{w^2} = 36328.40 e^{-0.0096D} \end{cases}$$

将上式代入式（3.13）可以得到

$$\begin{cases} \sigma_c = \dfrac{52.77(7-2\nu)^2}{\pi(5+2\nu)} e^{-0.0002D} \\ \sigma_t = \dfrac{6.60(7-2\nu)^2}{\pi(5+2\nu)} e^{-0.0002D} \\ E = \dfrac{72656.8(1+\nu)(3-2\nu)}{\pi} e^{-0.0096D} \end{cases} \qquad (3.14)$$

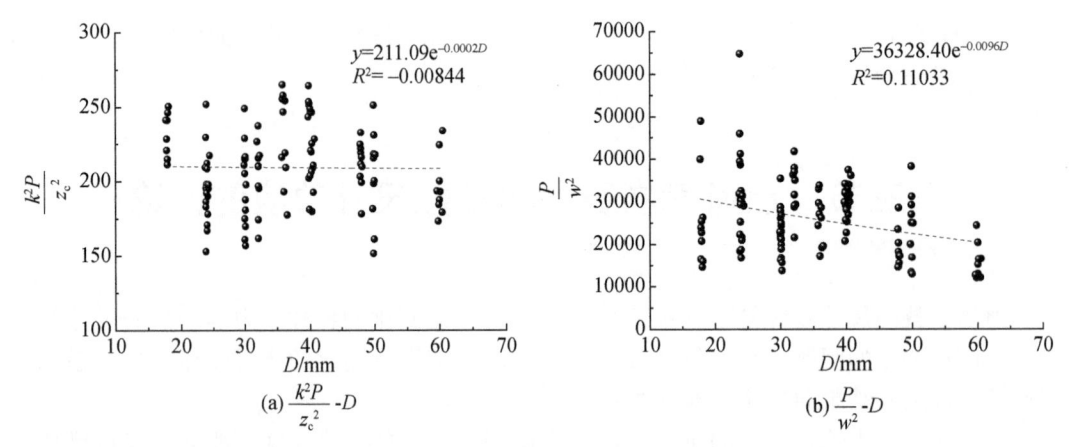

图 3.9 玄武岩点荷载岩石力学性质相关系数的尺寸效应

2022 年,周晓霞在硕士论文《基于电液伺服点荷载仪的规则岩石点荷载强度试验研究》中,对浙江玄武岩不同形状试件点荷载强度的尺寸效应规律进行了比较研究。图 3.10 展示了不同形状系数（试件高度与横向尺寸之比,或称高-径比）试件的点荷载强度（I_s）随加载点间距（D_e）的变化曲线。可以看出,按照 Broch-Franklin 方法计算出来的岩石点荷载强度指标呈现出与 D_e 的"二次反比例"下降关系。当然,这也是由 $I_s = \dfrac{P}{D_e^2}$ 的二次方反比例关系定义决定的。

另外,由式（3.14）,任意试件厚度（D）和 $D=50$mm 的单轴抗压强度为

$$\begin{cases} \sigma_{cD} = \dfrac{52.77(7-2\nu)^2}{\pi(5+2\nu)^2} e^{-0.0002D} \\ \sigma_{c50} = \dfrac{52.77(7-2\nu)^2}{\pi(5+2\nu)} e^{-0.01} \end{cases}$$

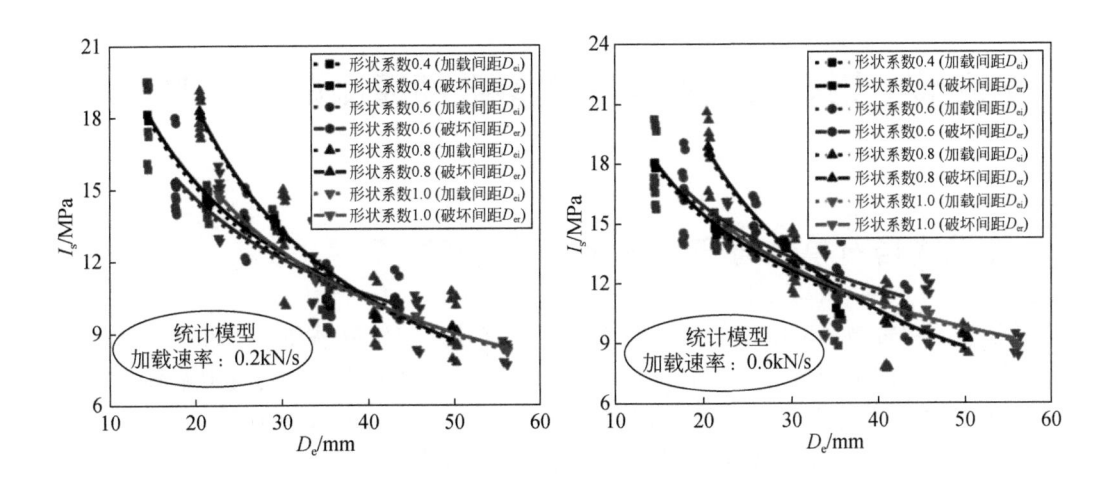

图3.10 浙江玄武岩点荷载强度尺寸效应

因此,有标准尺寸与任意尺寸试件的抗压强度 [图3.11(a)] 换算关系为

$$\sigma_{c50} = \sigma_{cD} e^{0.0002D-0.01}$$

类似地可以得到点荷载抗压强度、抗拉强度和弹性模量 [图3.11(b)] 的尺寸效应关系为

$$\begin{cases} \sigma_{c50} = \sigma_{cD} e^{0.0002D-0.01} \\ \sigma_{t50} = \sigma_{tD} e^{0.0002D-0.01} \\ E_{50} = E_D e^{0.0096D-0.48} \end{cases} \tag{3.15}$$

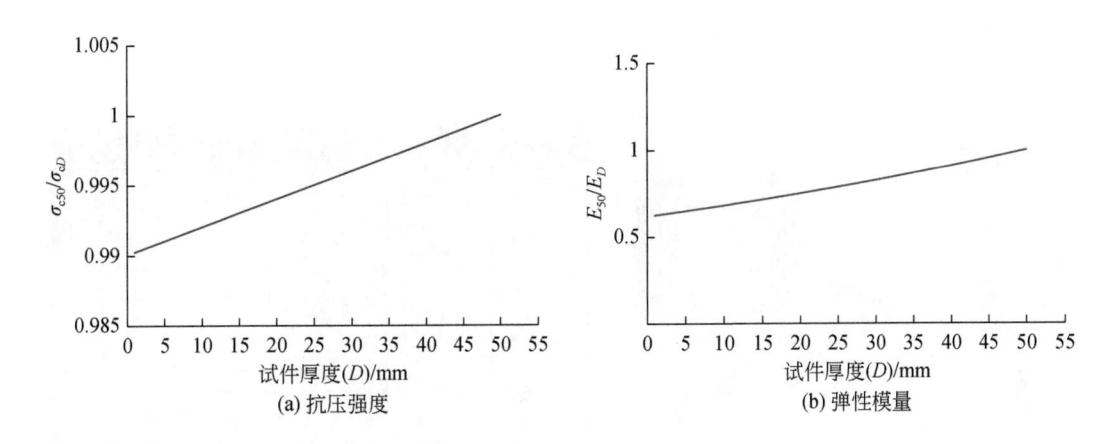

(a) 抗压强度

(b) 弹性模量

图3.11 点荷载岩石力学性质的尺寸效应

第四节 岩石与结构面力学参数便捷测试的其他方法

一、便携式岩石单轴与三轴试验仪及其测试

关于岩石单轴与三轴压缩的常规力学测试已有较多的教科书和技术标准表述，这里不做赘述。岩石的单轴与三轴力学参数也可以采用"背包实验室"套装中单轴与三轴试验仪（图3.12）现场测定。当对试件施加围压时可测得岩石的抗剪强度参数c和φ；当围压为0时可用于直接测定岩石单轴抗压强度、弹性模量和泊松比。

图3.12 岩石单轴与三轴试验"背包实验室"及其配套组件

单轴与三轴试验仪的核心组件是三轴压力室，由轴压头、空心油囊和航空铝腔构成。将直径（$\varPhi$）20mm圆柱试件和上下轴压头置入压力室，放入试验架（图3.13），配上位移计和油管、电线，即可按照面板提示进行试验。

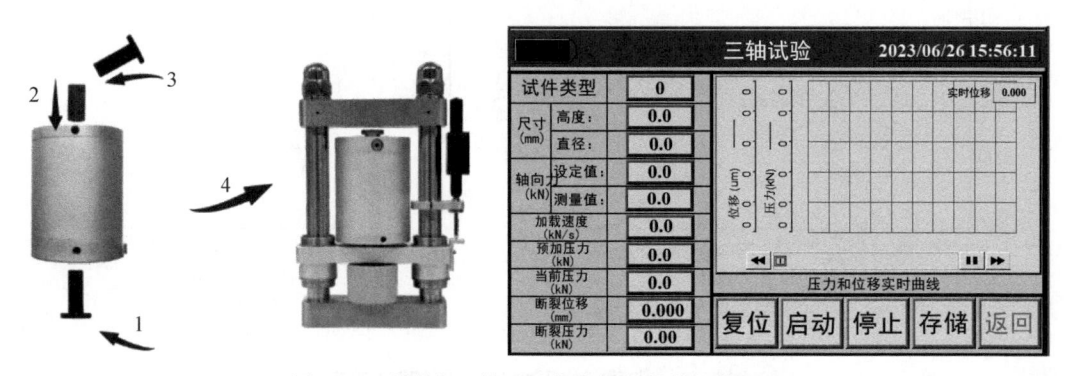

图3.13 单轴与三轴试验仪主要部件与操作面板

岩石力学"背包实验室"配备了岩石试件制样系统，包括背包式岩心钻机和便携式切磨样机（图3.14），可实现岩石单轴与三轴试验试件现场采样与制样，保证现场试验。

背包钻机选用内径 20mm 的金刚石钻头和钻杆。

图 3.14 背包式岩心钻机与切磨样机

二、结构面摩擦角快速测试

结构面抗剪强度是评价岩体力学性能的重要参数。结构面抗剪强度参数包括黏聚力和摩擦角，工程中通常采用大型直剪试验获取。这里介绍岩石力学"背包实验室"现场快速测试结构面摩擦角的技术。

对于多数破裂结构面，黏聚力相对较小。在可以忽略黏聚力的情况下，结构面的摩擦角可采用岩石力学"背包实验室"结构面摩擦仪测试。

结构面摩擦仪由可变角度的铝合金板固定结构面下盘，使结构面平面与铝板平行，其上对位放置结构面上盘，通过电驱自动调节铝板倾角，直至发生滑动，记录的铝板倾角即为结构面摩擦角（图 3.15）。

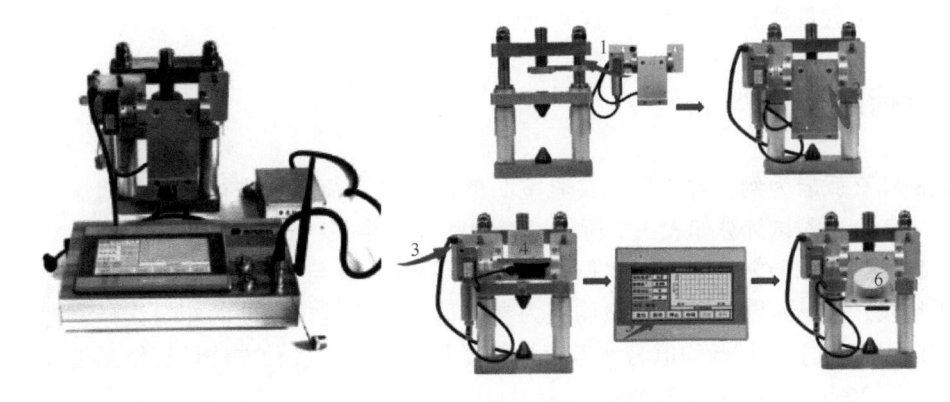

图 3.15 结构面摩擦角测量仪

通常应对同一组结构面做 30 次或以上的试验，做出试验数据分布直方图，求出最可能的数值，作为结构面的表面摩擦角。

由于结构面一般具有一定的粗糙度,由此获得的结构面表面摩擦角一般会略大于实际值。随着结构面法向应力的增高,其表面摩擦角的数值会有所降低。因此,在实测数据处理中,可以对其均值乘以 0.8~0.9 的折减系数。

仪器所测结构面摩擦角亦将自动存储在 U 盘,或在保密条件允许的情况下直接无线上传至"工程岩体参数计算"云平台,进行后续数据处理。

Barton 等(1985)根据对结构面粗糙度系数(JRC)的研究和实验分析(Barton and Choubey, 1977),得出结构面抗剪强度经验公式[式(1.16)],即

$$\tau_f = \sigma \tan\varphi = \sigma \tan\left(JRClg\frac{JCS}{\sigma}+\varphi_b\right)$$

经验表明,当结构面较为新鲜时,结构面的法向抗压强度 JCS 可与抗压强度 σ_c 近似相等,即有 JCS = σ_c,于是有摩擦角

$$\varphi = JRClg\frac{\sigma_c}{\sigma}+\varphi_b$$

即随着法向应力作用的增大,结构面摩擦角(φ)会逐渐趋向于基本摩擦角。

第五节 "背包实验室"的测试结果与检验

岩石力学"背包实验室"具备多种测试功能,可以用来获取岩石点荷载参数、单轴与三轴压缩强度参数、结构面摩擦角等,并以此为基础衍生出抗拉强度、模量、泊松比等多种参数的计算值。

"背包实验室"革新了我们获取岩石与结构面力学参数的模式,实现了便捷化、多功能化的测试目标。为了证明"背包实验室"测试结果的有效性和合理性,团队针对各功能模块进行了大量的测试,并与常规测试结果进行对比检验。

一、点荷载测试

以浙江玄武岩为例,对"背包实验室"的便携式点荷载仪进行测试和检验。玄武岩试样为 120 个,测试计算如表 3.2 所示。表中塑性区半径(z_c)采用式(3.6)计算,按式(3.5)计算点荷载的抗拉强度理论值和抗压强度,并与 Broch-Franklin 方法计算结果进行了比较。以巴西圆盘劈裂试验均值为参考值计算了抗拉强度的相对误差;对抗压强度值则以 MTS 试验机试验均值为参考值计算了相对误差。各种方法计算结果的相对误差分别为 -7.12%、12.22% 和 2.08%。

表 3.2　浙江玄武岩试件点荷载抗压强度测试结果比较

D/mm	P/kN	z_c/mm	w/mm	σ_c/MPa 理论值	σ_c/MPa Broch-Franklin 方法	σ_t/MPa
18.00	8.67	8.75	0.61	128.54	191.75	16.07
24.00	11.39	8.87	0.63	114.79	167.88	14.35
30.00	14.28	9.76	0.79	107.44	151.72	13.43
32.00	14.86	9.16	0.68	119.52	145.26	14.94
36.00	21.04	10.34	0.91	133.95	164.82	16.74
40.00	19.87	9.88	0.82	131.05	139.45	16.38
48.00	25.43	11.48	1.19	123.66	136.49	15.46
50.00	20.96	10.60	0.98	118.42	112.80	14.80
60.00	27.97	12.19	1.37	117.74	112.94	14.72
均值				121.68	147.01	15.21
参考值				131.00		14.90
误差/%				−7.12	12.22	2.08

由此可见，基于便携式点荷载仪的岩石抗拉和抗压强度测试结果表现稳定，并且与常用的标准试件测试结果相对一致，进而表明便携式点荷载仪测试结果的可靠性。

二、单轴与三轴压缩测试

便携式岩石单轴与三轴实验仪可以实现岩石单轴与假三轴抗压强度的现场测试。测试所用试样通过背包式岩心钻机取得，并采用切磨样机现场制作。试样尺寸为 Φ20mm×40mm，满足高径比为 2∶1 的通用要求。

以片麻状花岗岩、花岗岩和弱风化花岗岩为试样，根据岩性的不同，分为三组开展压缩试验。同一组岩样均来自于同一岩块，每组试样分别进行 0MPa（单轴压缩试验）、1MPa 和 3MPa 围压下的岩石三轴压缩试验，应力-应变曲线如图 3.16 所示。三组岩样的强度均值、弹性模量均值、黏聚力均值和内摩擦角均值见表 3.3。

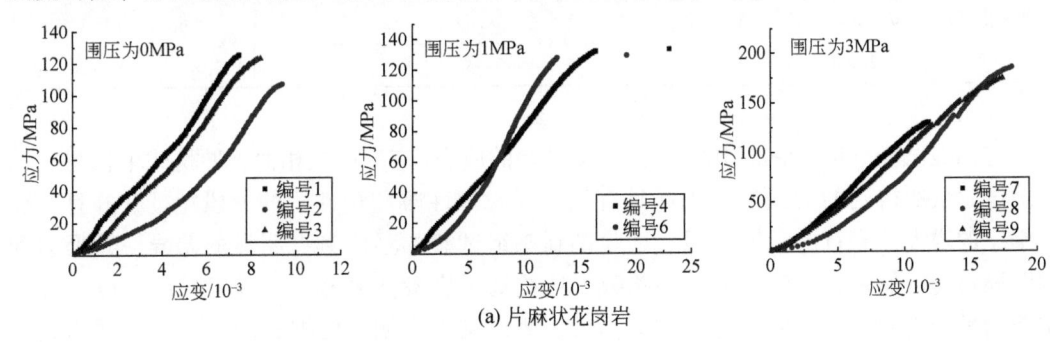

(a) 片麻状花岗岩

(b) 花岗岩

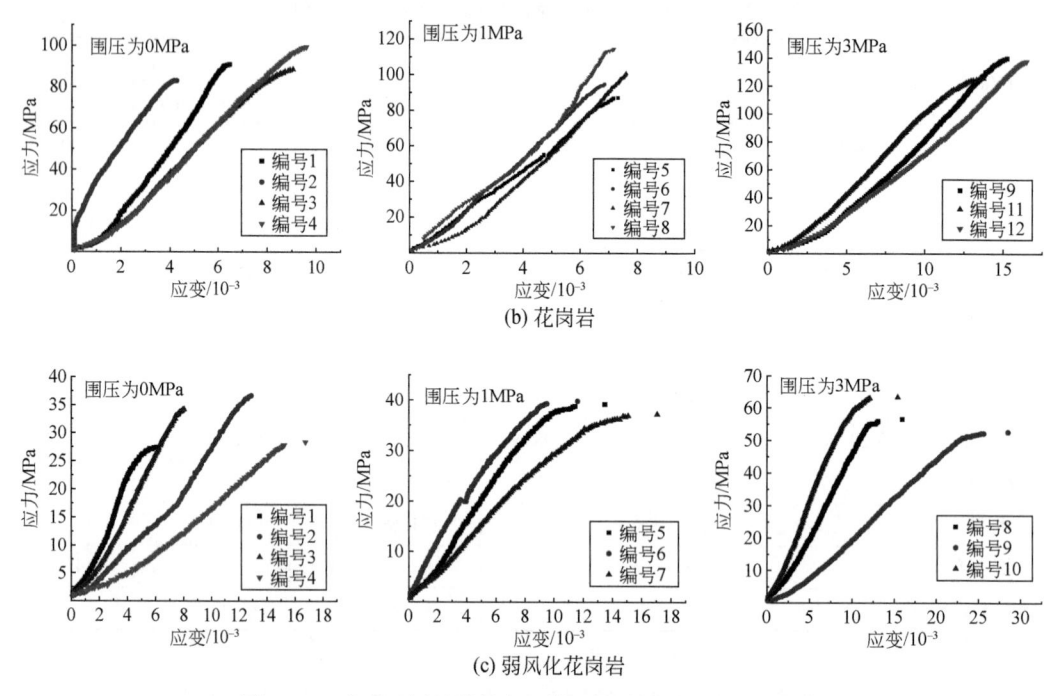

(c) 弱风化花岗岩

图 3.16 岩石试样的单轴与三轴压缩试验应力-应变曲线

表 3.3 岩石单轴与三轴压缩试验结果

岩性	尺寸/mm	数量/个	围压/MPa	强度均值/MPa	弹性模量均值/GPa	黏聚力均值/MPa	内摩擦角均值/(°)
片麻状花岗岩	Φ20×40	3	0	119.34	14.7	13.38	64.24
	Φ20×40	2	1	134.64	11.4		
	Φ20×40	3	3	164.59	13.1		
花岗岩	Φ20×40	4	0	91.20	15.1	10.19	63.3
	Φ20×40	4	1	99.98	13.3		
	Φ20×40	3	3	136.00	10.4		
弱风化花岗岩	Φ20×40	4	0	31.79	4.1	2.68	64.25
	Φ20×40	3	1	38.69	4.2		
	Φ20×40	3	3	57.42	4.9		

与标准试样（Φ50mm×100mm）压缩试验的应力-应变曲线相似，便携式单轴与三轴压缩试验仪所得到的曲线形态同样具有压密段、弹性段和塑性段的分段特征。并且，随着围压的增大，岩石的强度增强。试验得到三组试验的强度具有明显的差异，黏聚力和内摩擦角的数值符合花岗岩的经验参数。从抗剪强度参数来看，三种岩石的强度差异性主要因黏聚力产生，而内摩擦角相差不大。测试结果表明，便携式的单轴与三轴压缩试

验仪可以比较方便的在现场获取岩石的强度与变形参数，并且测试结果符合经验特征，结果具有合理性。

三、摩擦角测试

结构面摩擦仪在 Barton 倾斜试验的基础上发展而来，用于结构面摩擦角的现场测试。测试所用的试样类型可以分为三类：三圆柱试样、双不平直块状试样和双平直圆柱试样。其中，三圆柱试样高径比 1/2，测试时需用到三块试件，分上下两层（上层一块试样，下层两块试样），试验时记录上层试件滑落时的角度即为摩擦角；双不平直试验主要使用两块具有粗糙面的岩石，上下叠置，记录上层试件滑落时的角度即为摩擦角；双平直圆柱试样分 1/1 和 1/2 两种高径比，测试时需用到两块试件，分上下两层（上层一块试样，下层一块试样），试验时记录上层试件滑落时的角度即为摩擦角。三种类型的试样见图 3.17。

(a) 三圆柱试样　　　　(b) 双不平直块状试样　　　　(c) 双平直圆柱试样

图 3.17　结构面摩擦角测试的试样类型

以片麻状花岗岩和花岗岩为例，采用便携式结构面摩擦仪按照三种不同试样类型测量了摩擦角。从结果可以发现（表 3.4），无论是哪一种类型的试样，测试值均表现出了一定的离散性，并且试样类型不同，得到的摩擦角均值也表现出显著差异。双不平直试样测量得到的摩擦角最大，双平直圆柱试样测量得到的摩擦角最小，两者之间的差异可以达到 1.5 倍。考虑试样的特性，可以认为双平直圆柱试样测量得到的摩擦角更接近于基本摩擦角，而双不平直试样测量得到的摩擦角更反映粗糙结构面的摩擦角。

表 3.4　不同试样类型摩擦角测试结果统计表

试样类型	细分类型	岩性	摩擦角/(°)	摩擦角均值/(°)
三圆柱试样	高径比 2/1	片麻状花岗岩	38.77、37.77、37.87、36.55、38.4、36.82、37.80、38.17、38.95	37.90
		花岗岩	37.32、38.20、38.80、36.87、38.37、39.98、37.45、38.23、39.93	38.35

续表

试样类型	细分类型	岩性	摩擦角/(°)	摩擦角均值/(°)
双不平直块状试样		片麻状花岗岩	41.05、35.33、36.55、41.20、33.98、43.58、35.28、36.90、34.50、33.33、37.25、36.73、46.30、41.20、40.45	38.24
		花岗岩	32.43、34.75、35.02、47.87、47.03、34.70、42.25、41.18、45.98、40.78、44.20、41.75、40.03、44.37、48.28	40.04
双平直圆柱试样	高径比1/1	片麻状花岗岩	25.52	25.52
		花岗岩	23.88、24.65	24.26
	高径比1/2	片麻状花岗岩	29.87、27.80、29.08、27.60	28.59
		花岗岩	26.05、25.43、24.67、25.68	25.46

第六节 岩石强度的 Weibull 理论

岩块是岩体的基本构件,在岩体中结构面被锁固而不能发生滑动破坏时,岩体单元便可能压碎或者剪断岩块而发生破坏。因此,岩块强度是岩体性质的重要基础。

研究表明,岩块的强度具有分散性与随机性。因此无论是岩块,还是由岩块引起的岩体强度行为都是一种统计极值行为。

一、脆性断裂的 Weibull 统计理论

大量力学试验表明,脆性材料如岩石、玻璃等的拉、压强度常具有随机分布特征和尺寸效应。Weibull(1939)基于初等统计理论和简单的分布律给出了一个对材料拉破裂强度的统计表述。

设试件破坏概率 P_0 是应力 σ 的函数 $P_0(\sigma)$,则试件不破坏的概率为 $1-P_0$。若进行 n 个重复试验时无试件破坏的概率为 $1-P$,则它应等于各个试件不破坏概率的乘积,即有

$$1-P=(1-P_0)^n$$

式中,P 所反映的是 n 个试件中最小值的概率,因此它表示了弱环假设的思想。

材料破坏概率分布常被认为是由试件中微缺陷的尺寸、方位等因素的随机性决定的。因此 $P_0(\sigma)$ 反映了材料中微缺陷的力学效应,而上式正是在重复试验中这种力学效应的统计表述。

如果我们将 n 个试件合并为一个体积为 V 的较大试件,它将相当于同时进行了 n 次重复试验。于是这个体积为 V 的试件不破坏的概率为

$$1-P=(1-P_0)^V \text{ 或 } P=1-(1-P_0)^V \qquad (3.16)$$

式（3.16）反映了试件破坏概率的体积效应。因为 $1-P_0$ 为正，且有 $0<1-P_0<1$，所以试件的破坏概率 P 随体积增大而呈指数规律递减。

对式（3.16）两边取对数得

$$\ln(1-P)=V\ln(1-P_0)=-V\cdot n(\sigma)$$

其中，$n(\sigma)=-\ln(1-P_0)$ 为材料性质函数，显然有 $0<n(\sigma)<\infty$。作为一般情形，考虑 σ 为非均匀分布。将上式两边对体积 V 求导，得

$$\frac{\mathrm{d}P}{1-P}=-\ln(1-P_0)\mathrm{d}V=n(\sigma)\mathrm{d}V$$

将上式在体积 V 上积分，得

$$P=1-\exp\left\{-\int_V n(\sigma)\mathrm{d}V\right\}$$

由于当 $\sigma\to 0$ 时，破坏概率 $P\to 0$；当 $\sigma\to\infty$ 时，破坏概率 $P\to 1$，且因为 σ 实际上是有限的，因此有 $(1-P)\sigma\to 0$，则由上式可得试件的平均强度，即试件破坏时的平均应力为

$$\bar{\sigma}=\int_0^1 \sigma\mathrm{d}P=-\int_0^\infty \sigma\frac{\mathrm{d}(1-P)}{\mathrm{d}\sigma}\mathrm{d}\sigma=\int_0^\infty \mathrm{e}^{-\int_V n(\sigma)\mathrm{d}V}\mathrm{d}\sigma$$

Weibull（1939）提出材料性质函数 $n(\sigma)$ 的形式为

$$n(\sigma)=\left(\frac{\sigma-\sigma_u}{\sigma_0}\right)^m \approx \left(\frac{\sigma}{\sigma_0}\right)^m = k\sigma^m$$

式中，σ 为体积 $\mathrm{d}V$ 上的拉应力；σ_u、σ_0、m 为常数，σ_u 为最小抗拉强度，因岩石材料的 σ_u 较小，故可忽略。

因此，对于体积 (V) 不太大或应力基本均匀的情形可得材料的单轴抗压强度平均值为

$$\bar{\sigma}_c=\int_0^\infty \mathrm{e}^{-kV\sigma^m}\mathrm{d}\sigma=\sigma_0 V^{-\frac{1}{m}}\Gamma\left(1+\frac{1}{m}\right) \qquad (3.17)$$

式中，$\Gamma\left(1+\frac{1}{m}\right)$ 为伽马函数。

将 $n(\sigma)=k\sigma^m$ 代入破坏概率 P，有

$$P=1-\mathrm{e}^{-kV\sigma^m} \qquad (3.18)$$

式（3.17）和式（3.18）表明材料的强度与破坏概率均具有体积尺寸效应。

由式（3.18），材料强度的概率密度为

$$f(\sigma)=kVm\sigma^{m-1}\mathrm{e}^{-kV\sigma^m} \qquad (3.19)$$

对 $f(\sigma)$ 取极大值，可得单轴抗压强度模数（σ_{cm}），即概率密度最大的强度值为

$$\sigma_{cm}=\frac{1}{(kV)^{1/m}}\left(1-\frac{1}{m}\right)^{\frac{1}{m}}=\sigma_0 V^{-\frac{1}{m}}\left(1-\frac{1}{m}\right)^{\frac{1}{m}} \qquad (3.20)$$

可见单轴抗压强度模数也具有尺寸效应。

上列分析中，m 值是一个重要的参数，它表达了 σ_c 值的分散性。σ 的方差为

$$\sigma^2 = \int_0^1 (\sigma - \overline{\sigma})^2 dP = \int_0^1 \sigma^2 dP - \overline{\sigma}^2 = -\int_0^1 \sigma^2 d(1-P) - \overline{\sigma}^2$$

$$= \int_0^1 e^{-kV\sigma^m} d\sigma^2 - \overline{\sigma}^2 = \sigma_0^2 V^{-\frac{2}{m}} \left[\Gamma\left(1 + \frac{2}{m}\right) - \Gamma\left(1 + \frac{1}{m}\right) \right]$$

由于 m 一般为大于 1 的有限数，而 Γ 函数在 $m>1$ 时对 m 值大小并不敏感，因此，可粗略地有

$$\sigma^2 \propto \sigma_0^2 V^{-\frac{2}{m}} \tag{3.21}$$

这里可以看出，当 m 增大时，岩块强度的方差 σ^2 也将增大。即是说，当 m 越大，岩石强度的分散性也越强。这就是 m 的统计学意义。

综合上述，我们给出如下定理：

定理 3.5 脆性材料强度的 Weillbul 分布定理 脆性材料的强度服从如下的 Weillbul 分布

$$P = 1 - e^{-kV\sigma^m} \tag{3.22a}$$

其概率密度函数为

$$f(\sigma) = kVm\sigma^{m-1} e^{-kV\sigma^m} \tag{3.22b}$$

材料的单轴抗压强度平均值和单轴抗压强度模数分别为

$$\overline{\sigma}_c = \int_0^\infty e^{-kV\sigma^m} d\sigma = \sigma_0 V^{-\frac{1}{m}} \Gamma\left(1 + \frac{1}{m}\right) \tag{3.23a}$$

$$\sigma_{cm} = \frac{1}{(kV)^{1/m}} \left(1 - \frac{1}{m}\right)^{\frac{1}{m}} = \sigma_0 V^{-\frac{1}{m}} \left(1 - \frac{1}{m}\right)^{\frac{1}{m}} \tag{3.23b}$$

式中，$\Gamma\left(1 + \frac{1}{m}\right)$ 为伽马函数。

应当说明的是，脆性断裂的统计理论是在受拉条件下导出的，这与工程岩体介质宏观受压状态是不吻合的。但是这套理论对思想方法方面的启示是意义深远的，更何况岩石在宏观受压条件下的破坏，其细观结构破坏过程常常是受拉状态的。

二、岩块单轴抗压强度的概率分布

岩块的单轴抗压强度（σ_c）具有显著的分散性。图 3.18 为花岗岩的单轴抗压强度分布直方图，图 3.19 则给出大渡河瀑布沟电站坝区变质玄武岩岩块的 σ_c 实验值分布直方图。

在实验数据足够多的情况下，σ_c 的分布可以很好地用 Weibull 分布式（3.22b）拟合。参数 m 的数值可以通过迭代求取

$$m = \frac{\sum_{i=1}^N \sigma_i^m}{\sum_{i=1}^N \sigma_i^m \ln\sigma_i - \frac{1}{N}\sum_{i=1}^N \sigma_i^m \sum_{i=1}^N \ln\sigma_i} \tag{3.24a}$$

而

$$\frac{1}{k} = \sigma_0^m = \frac{1}{N}\sum_{i=1}^{N}\sigma_i^m \tag{3.24b}$$

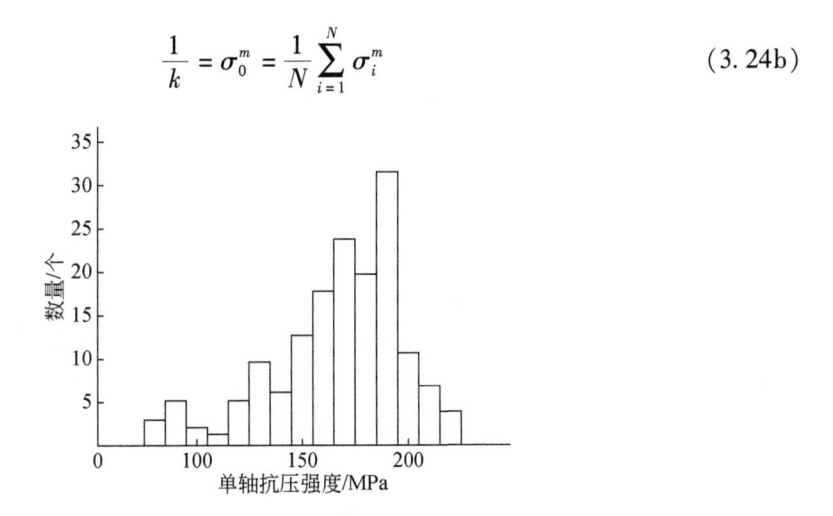

图 3.18　花岗岩强度直方图（据山口梅太郎等，1982）

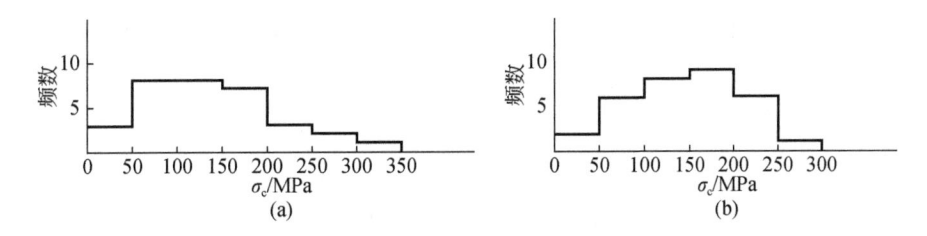

图 3.19　变质玄武岩 σ_c 分布直方图（据中国电建集团成都勘测设计研究院有限公司数据整理）

三、岩石单轴抗压强度的合理取值方法

工程上常用岩块单轴抗压强度试验数据的均值作为岩石强度的代表值。但人们常常担心一些不确定因素的不利影响，对岩体强度参数进行弱化处理，以避免因强度参数取值偏高而冒风险。因此出现了实验数据的小值取平均值的做法，或者把高值作为异常值予以舍弃，然后取试验数据的平均值。

事实上岩石单轴强度的合理取值应以实验数据的概率密度函数为基础，取其峰值点对应的强度值，即最可能的强度值，亦即强度模数。

考察式（3.23a）和式（3.23b）的岩块单轴抗压强度模数和单轴抗压强度平均值之比

$$\frac{\sigma_{cm}}{\sigma_c} = \left(1-\frac{1}{m}\right)^{\frac{1}{m}} / \Gamma\left(1+\frac{1}{m}\right)$$

计算表明，当 $m>3$ 时，岩石单轴抗压强度的模数将比均值大出约 5%。因此，均值取值方法一般来说已经是偏于保守的。

四、尺寸效应与大试件试验的科学性

1. 岩块强度的尺寸效应

Weibull 理论给我们的一个重要启示是，岩石的强度存在显著的尺度效应，而这种尺度效应在实际中是存在的。

Lundbrog（1967）研究了直径为 1.9～5.8cm 的 1∶1 的花岗岩圆柱体的抗压强度，分布范围为 219～175MPa，其分布形式与 Weibull 理论一致。Evans（1958，1961）得出煤的单轴抗压强度（σ_c）与立方体试件边长（a）的关系为

$$\sigma_c = ka^{-\alpha}$$

Greenwald 等（1941）发现对于非立方体试件有下述关系

$$\sigma_c = kd^{\beta}a^{-\alpha}$$

式中，a 和 d 为试件厚度与最小宽度。Hoek 和 Brown（1980a）考察了大量不同直径为 d 和直径为 50mm 的试样单轴抗压强度比值的尺寸分布，发现如图 3.20 所示的尺寸效应规律。

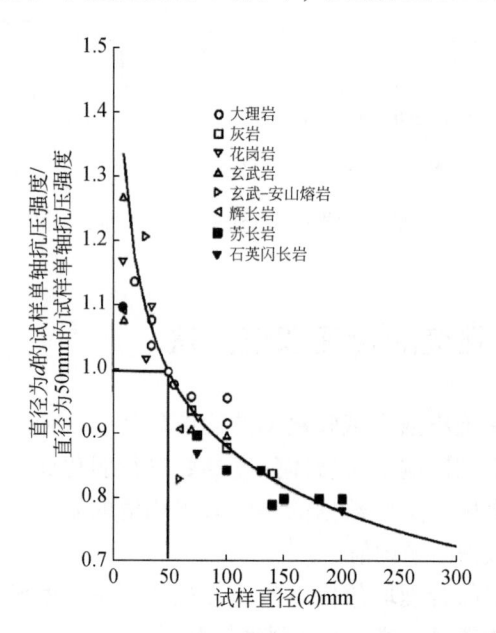

图 3.20 岩石单轴抗压强度的尺寸效应（据 Hoek and Brown, 1980a）

上述试验成果多表明岩块强度与试件尺寸呈反比例关系。

从理论层面看，强度的均值式（3.23a）和模数式（3.23b）中均存在一个因子 $V^{-\frac{1}{m}}$。它表明随着试件体积的增大，岩石强度呈负幂次规律减小（图 3.21）。这就是岩石抗压强度的尺寸效应。

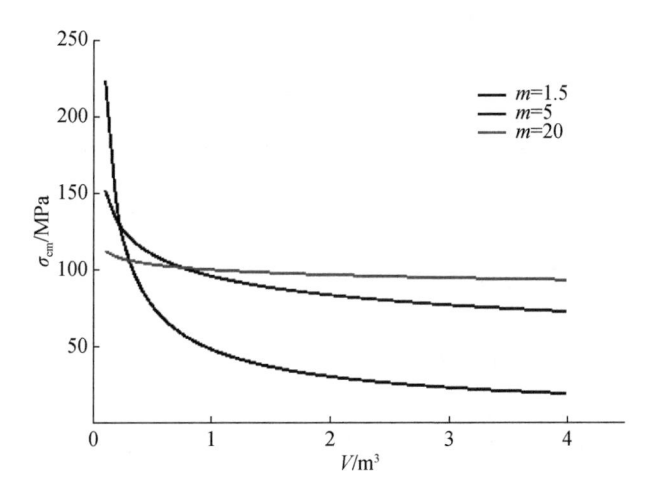

图 3.21 单轴抗压强度模数（σ_{cm}）与体积（V）的关系曲线

2. 岩石强度大试件试验的理论基础

式（3.21）已经表明，强度试验数据的方差 $V^{-\frac{2}{m}}$ 与试件体积呈负二次幂减小。这就是说，随着试件尺寸的增大，试验强度值将收敛于一个相对集中的区间。这就大大地提高了单个试验的可靠性，也使得人们可以放心地用少量大试件试验获得可靠的强度数据。

这就是人们发展大试件试验以减少试验数量，同时提高试验可靠性的理论基础。

五、岩石的三轴抗压强度与破坏概率

工程上通常采用如下库仑强度判据来判断岩石在三轴应力条件下的破坏。

$$\sigma_1 = \sigma_3 \tan^2\theta + \sigma_c, \quad \sigma_c = \frac{2\sigma\cos\varphi}{1-\sin\varphi}, \quad \theta = \frac{\pi}{4} + \frac{\varphi}{2} \tag{3.25}$$

式（3.25）说明，在三轴受力条件下岩石抗压强度（σ_{1c}）与其单轴抗压强度（σ_c）和环境应力（σ_3）成正比。

下面将分析三轴应力条件下岩块的破坏概率。

前面已经提到，岩石的单轴抗压强度 σ_c 多服从 Weibull 分布式（3.22a）。由于 σ_c 具有更强的分散性，而 σ_3 和 φ 的变化性相对较小，因此岩石的破坏概率主要受 σ_c 变化的影响。

令 $x = \sigma_c$，而 $\sigma_1 = \sigma_3 \tan^2\theta + \sigma_c$，则根据随机变量函数的分布定理，即

$$f(\sigma) = f[x(\sigma)] \cdot \left|\frac{dx}{d\sigma}\right| \tag{3.26}$$

岩石的三轴抗压强度 σ_1 服从如下密度函数分布

$$f(\sigma_1) = kVm(\sigma_1 - \sigma_3\tan^2\theta)^{m-1} e^{-kV(\sigma_1 - \sigma_3\tan^2\theta)^m}$$

因此，岩块发生破坏的概率为

$$P_b = 1 - e^{-kV(\sigma_1 - \sigma_3\tan^2\theta)^m} \tag{3.27}$$

当最大主应力满足判据 $\sigma_1 = \sigma_{1c}$，且岩石单轴抗压强度取其最可能的值 $\sigma_c = \sigma_{cm}$ 时，有

$$P_{bm} = 1 - e^{-kV\sigma_{cm}^m} \tag{3.28}$$

六、岩石的抗拉强度与破坏概率

岩块的抗拉强度判据通常采用如下简单的形式

$$\sigma_3 = \sigma_t \tag{3.29}$$

Habib 和 Bernaix（1966）对马尔基兹灰岩劈裂试验结果表明，岩块抗拉强度与试件尺寸呈反比例关系。

由于 Weibull 理论是从脆性材料的抗拉强度研究发展起来的，因此应用这一分布来描述岩石的抗拉强度应更合理。因此，我们仍假定岩石的抗拉强度服从 Weibull 理论分布式 (3.22b)：

$$f(\sigma) = kVm\sigma^{m-1} e^{-kV\sigma^m} \tag{3.30}$$

其中，参数 m 和 k 的数值仍采用式（3.24a）和式（3.24b）求取。

由此，岩石的拉张破坏概率为张应力 $\sigma_3 > \sigma_t$ 的概率，即有

$$P_t = \int_{\sigma_t}^{\infty} f(\sigma) d\sigma = e^{-kV\sigma_t^m} \tag{3.31}$$

第四章

岩体结构的几何概率理论

无论哪一类岩体，都经历了形成和改造两类地质作用。形成作用造就了岩体的物质基础与结构非均匀性；而改造作用则加剧了这种非均匀性，也导致了岩体的非连续性，留下了大量方向不同、尺度各异的破裂结构面。广义地讲，岩体结构就是岩体的物质分布和各种结构面排列组合的总体特征。

考察岩体结构的意义在于研究岩体的工程性质，包括岩体的静力学、水力学和动力学习性。破裂结构面是岩体中强度最低、抵抗变形能力最弱的部分，它们导致了岩体力学性质的显著弱化和强烈各向异性；岩体的渗透性能及其方向性也主要取决于破裂结构面网络的发育与交切特征。因此，岩体结构主要指结构面网络决定的几何结构。

岩体结构通常用下列五个基本要素描述：结构面产状、形态、尺寸、间距（或密度）和张开度（或隙宽）。其中结构面产状反映岩体结构的方向性特征，而其他因素则反映岩体结构的尺度特征。大量结构面的排列组合就构成了岩体结构的基本格架——岩体结构面网络。

本章我们将分别讨论岩体结构测量、各结构要素及总体性质的统计规律与表述方法。

第一节 岩体结构数据的测量方法

20世纪70年代以前，岩体结构研究起步于对结构面产状的测量和统计分析，主要工具是表述角度关系的走向（倾向）玫瑰花图和赤平极射投影图。岩体结构研究对块体稳定性的定性判断和分析具有实用意义。

70年代前后，人们逐渐认识到结构面尺度对岩体结构及其工程行为有着重要的作用。D. U. Deere 等（1967）提出岩石质量指标 RQD 分级方法，就反映了结构面密度对岩体质量的影响。1976年，英国 S. D. Priest 和 J. A. Hudson 等发展了岩体结构面的精测线测量方法，对结构面间距、迹长、隙宽等尺度要素进行实测和几何概率研究。近40年来，逐步形成了角度和尺度结合的岩体结构研究方法。

岩体结构测量是建立岩体结构模型，开展岩体力学、水力学、动力学等工程行为研究的起点；测量方法是保证实测数据合理性和可靠性的基础。这里简要介绍岩体的精测线测量方法、采样窗测量方法和立体摄影测量方法等，我们还将在本章后续"岩体结构的几何概率表述"中介绍手机扫描数据获取及解算方法。

一、精测线测量方法

精测线（scanning line）测量方法是在岩体露头面上布置一条测线，依次测量结构面在测线上的交点位置、结构面倾向与倾角、迹线长度、隙宽，鉴定结构面粗糙度、充填物和充填度，并由此获得岩体结构面网络的基本信息。

结构面倾向与倾角是结构面产状分组的基础数据。将结构面的产状按法线投影在施密特（Schmidt）等面积赤平投影网上，按照投影点（极点）的面积密度等值线可以圈定结构面分组，并确定各组结构面的优势产状，即倾向与倾角。

结构面在侧线上的交点位置是用来换算结构面法向间距或密度的基础。按照一组结构面优势法线与测线夹角，依次将该组结构面交点位置的差值投影到结构面法线方向上，可以得到两两结构面的法向间距 x（m）序列。该组结构面平均间距的倒数即为该组结构面法线密度。

结构面迹线是指一个结构面与露头面的交线。结构面迹线长度简称迹长，通常用 l 表示，单位为 m。迹长的一半称为半迹长，即 $l' = \dfrac{l}{2}$。当结构面的一端或两端延伸出露头面之外时，我们测量到的实际上只是结构面迹长或半迹长的一部分，称为截尾迹长或截尾半迹长。结构面半迹长或截尾半迹长应当在测线的同一侧测量。

结构面隙宽，或称张开度，是用来描述结构面开启性的指标，其值为结构面两壁之间的法向距离，常用 t 表示，单位为 mm。

结构面隙宽的测量采用一组 0.04～0.63mm 厚度的标准塞尺（图 4.1），通过不同厚度尺片组合塞入裂隙中确定。

在隙宽测量时要客观描述裂隙的充填物质和充填程度，便于在结构面力学性质研究时考虑充填物的影响。地下水沿结构面的渗流只能发生在未被充填的剩余裂隙中，因此裂隙的水力学有效隙宽对于岩体水力学分析是重要的。

图 4.1 测量结构面隙宽的塞尺

结构面粗糙度指结构面表面的起伏程度，一般用指标 JRC 来表示。根据国际岩石力学学会（ISRM）的推荐，采用 Barton 和 Choubey（1977）提出的 JRC 标准剖面对结构面粗糙度进行分级和描述。

岩体结构精测线测量法的测线布置见图 4.2，测量数据记录表见表 4.1。在现场进行结构面测量时，应首先记录测线编号、测线位置、测线产状，然后对测线所交切的结构面逐条进行测量，不与测线相交的结构面不应纳入测量范围。对于每一条结构面，应记录其交点编号，测量结构面交切测线的位置刻度，然后按表 4.1 逐项测量和鉴定结构面的各项指标，表中需要补充说明的信息可以在备注栏给予说明。

精测线方法已经形成了一套严格的数据分析理论和工作流程，保证了测量数据对原型结构在统计学意义上的逼近。但是精测线测量方法也受到许多限制，例如露头面尺度和多方向测线布置限制、开挖进度对数据测量的时间限制等。此外，精测线数据的数据测量与处理过程较为烦琐，在实际工作中难于推广。

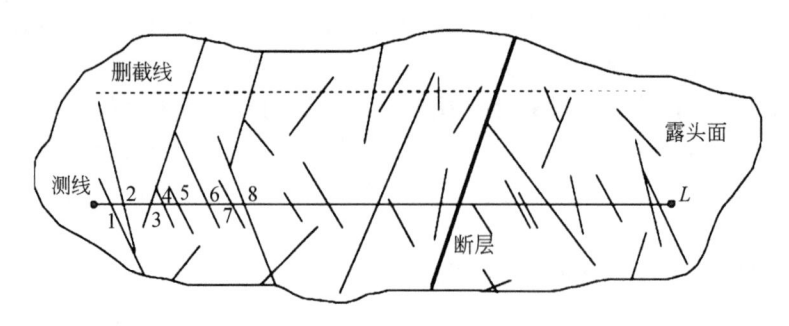

图 4.2 岩体结构精测线测量法测线布置

1~8 为交点编号；L 为长度

表 4.1 岩体结构面精测线法实测记录表

工程名称							记录人	
测点位置	某电站坝区进场公路 k2+130~165m 内侧开挖面						日期	
测线编号	s001	测线倾向/(°)		152	测线倾角/(°)		2	备注
交点编号	位置/m	倾向/(°)	倾角/(°)	迹长/m	隙宽/mm	粗糙度	充填物	充填度/%
1	0.35	128	75	2.12	1.2	3	含岩屑软泥	80
...								

注：①结构面隙宽采用 0.04~0.63mm 的标准塞尺组测量，通过不同厚度尺片组合，塞入裂隙中确定；
②根据国际岩石力学与岩石工程学会推荐，结构面粗糙度采用 Barton 和 Choubey（1977）提出的标准剖面，记录 JRC 值。

二、采样窗测量方法

Kulatilake 和 Wu（1984）提出了估算结构面平均迹长的采样窗（sampling window）测量方法。这种方法无需测量结构面的迹长，而是采用结构面计数来确定平均迹长，但得不到迹长的概率分布形式。

本章将在后续部分对这一方法进行拓展，发展结构面法线密度的求取方法，由此形成完整的岩体结构快捷测量与估算方法。

在露头面上确定一长为 a，宽为 b 的矩形区域，即采样窗（图 4.3）。测量并记录采样窗的尺寸和走向、被测结构面组的编号、倾向 α 和倾角 β；分组对结构面编号，并记录各迹线与采样窗的关系。

按结构面迹线与采样窗边框切交的关系可以分为以下三种类型：

双切关系：0，迹线的两个端点均在采样窗之外；
单切关系：1，迹线的一个端点落在采样窗内；
包容关系：3，迹线两端点均在采样窗内。

数据统计按现场记录的结构面组号分组进行，对每组结构面统计如下参数（表 4.2）：

(1) 具有双切关系的结构面数目 N_0；

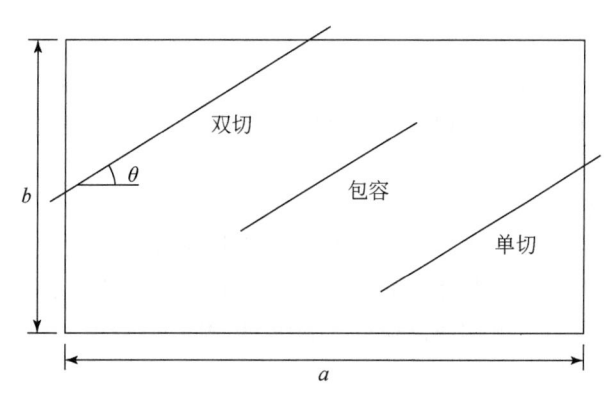

图 4.3 采样窗与裂隙切割关系

（2）具有单切关系的结构面数目 N_1；

（3）具有包容关系的结构面数目 N_2。

于是，采样窗内该组结构面的总数 $N = N_0 + N_1 + N_2$。

表 4.2 岩体结构面采样窗法实测记录表

工程名称							记录人			
测点位置	某电站坝区进场公路 k2+130~165m 内侧开挖面						日期			
采样窗号	窗长（a）/m		窗宽（b）/m			倾向（α_s）/(°)		倾角（β_s）/(°)		
结构面组			交切关系计数			其他				
编号	倾向（α）/(°)	倾角（β）/(°)	N_0	N_1	N_2	夹角（θ）/(°)	隙宽（t）/m	粗糙度（JRC）	充填物	胶结程度	备注
1										
2										
3										

注：①结构面隙宽采用 0.04~0.63mm 的标准塞尺组测量，通过不同厚度尺片组合，塞入裂隙中确定；
②根据国际岩石力学与岩石工程学会推荐，结构面粗糙度采用 Barton 和 Choubey（1977）提出的标准剖面，记录 JRC 值。

三、三维激光扫描与无人机倾斜摄影测量方法

目前，三维激光扫描和无人机倾斜摄影技术在岩体结构识别与重建方面得到广泛应用。

三维激光扫描（3D laser scanning）获得的是对象表面的三维点云数据，包括各点的 (x, y, z) 坐标和颜色等属性数据。这类数据的几何误差可达到毫米量级，可用于岩体结构和岩体变形的高精度解译。目前研究团队正在着力研发便捷式三维激光扫描数据采

集方法和技术手段，并发展相关软件实现点云数据的快速与智能处理。

倾斜摄影测量（oblique photogrammetry）则可获得设定航路和位姿的一系列照片，通过几何解算得到目标物表面的三维点云数据。目前这类数据的误差为厘米级，可用于地质体形貌和较显著的变形解译。

同步定位与地图构建技术（SLAM）是通过激光雷达在运动过程中重复观测到的环境特征来确定自身位置和姿态，再根据自身位置构建周围环境的增量式地图，从而达到同时定位和地图构建的目的。该技术无需依赖卫星定位系统的支持，因此适合于地下工程岩体结构探测。目前课题组伍劼等正在尝试利用 SLAM 计算获取岩体三维点云图并解译岩体结构。

四、不同方法测量结果的比较

课题组孔德珩分别以两个案例对比了精测线、采样窗方法的岩体结构数字化解译数据与传统人工测量数据。案例 1 为希腊雅典市东南部 Kaisariani 灰岩采石场陡崖坡面，采场高约 50m，边坡角为 80°～90°，主要采用精测线的传统人工统计方法和数字解译方法进行测量，布置三条精测线 A、B、C［图 4.4（a）］；案例 2 为中国浙江省绍兴市老鹰山凝灰岩采石场西南部边坡，坡高为 60m，边坡角为 70°～80°，主要采用采样窗法的传统人工统计方法与数字解译方法测量，布置三个采样窗测点 A、B、C［图 4.4（b）］。

(a) 希腊雅典市东南部Kaisariani灰岩采石场边坡

(b) 中国浙江省绍兴市老鹰山凝灰岩采石场西南部边坡

图 4.4　边坡岩体结构数据测量

为了对结构面数据的不同测量方法进行比较，表4.3展示了分别采用人工测量和数字化采样对案例1中精测线A上结构面进行测量的结果，表4.4展示了分别采用人工测量和数字化采样对案例2中统计窗A中结构面进行测量的结果。由表4.3和表4.4可以看出，针对精测线和统计窗两种采用模式，在数量、产状、迹长、间距、线密度和面密度方面，人工测量和数字化采样所得结果的相似度很高，两者存在的差值均在可以接受的范围内。由此说明，利用三维激光扫描和无人机倾斜摄影的岩体结构数字化采样技术可以满足对岩体结构参数提取的精准度需求，并且客观性和采集效率更高。

表4.3 精测线A的数字化采样与人工测量结果对比

组号	方法	数量	产状/(°) 倾向/倾角	迹长/m 平均值	迹长/m 标准差	每组间距/m 平均值	每组间距/m 标准差	线密度(P_{10}) /m^{-1}
Set 1	数字化	11	143.5/75.3	4.83	0.10	1.76	0.4	0.57
Set 1	人工测量	12	148/75	4.96	0.06	1.81	0.41	0.55
Set 1	差值	1	4.5/0.3	0.13	—	0.05	—	0.02
Set 2	数字化	12	59.6/45.4	4.33	0.10	1.78	0.35	0.56
Set 2	人工测量	8	60/48	4.87	0.10	2.15	0.32	0.47
Set 2	差值	4	0.4/2.6	0.54	—	0.37	—	0.09
Set 3	数字化	8	108.7/85.1	3.16	0.15	2.24	0.27	0.45
Set 3	人工测量	7	112/81	3.33	0.25	2.40	0.42	0.42
Set 3	差值	1	3.3/4.1	0.17	—	0.16	—	0.03
Set 4	数字化	5	325.2/39.5	4.34	0.12	3.55	0.61	0.28
Set 4	人工测量	5	322/39	4.34	0.12	3.55	0.61	0.28
Set 4	差值	0	3.2/0.5	0	—	0	—	0

表4.4 统计窗A的数字化采样与人工测量结果对比

组号	方法	数量 N	数量 N_0	数量 N_1	数量 N_2	产状/(°) 倾向/倾角	平均迹长/m 观测值	平均迹长/m 估算值	面密度(P_{20})/m^{-2} 观测值	面密度(P_{20})/m^{-2} 估算值
Set 1	数字化	20	1	13	6	31.5/81.6	3.65	4.14	0.54	0.70
Set 1	人工测量	18	3	8	7	32/78	—	4.03	—	0.60
Set 1	差值	2	2	5	1	0.5/3.6	—	0.11	—	0.10
Set 2	数字化	28	0	9	19	188.9/50.2	0.80	1.02	0.32	0.32
Set 2	人工测量	21	0	5	16	191/51	—	0.74	—	0.19
Set 2	差值	7	0	4	3	2.1/0.8	—	0.28	—	0.13
Set 3	数字化	18	0	9	9	289.8/64.6	1.69	1.97	0.28	0.35
Set 3	人工测量	20	2	7	11	284/62	—	2.18	—	0.41
Set 3	差值	2	2	2	2	5.8/2.6	—	0.21	—	0.06

续表

组号	方法	数量				产状/(°)	平均迹长/m		面密度 (P_{20})/m^{-2}	
		N	N_0	N_1	N_2	倾向/倾角	观测值	估算值	观测值	估算值
Set 4	数字化	25	4	15	6	320.4/70.8	4.68	5.03	0.65	0.91
	人工测量	21	3	12	6	324/73	—	4.75	—	0.76
	差值	4	1	3	0	3.6/2.2	—	0.28	—	0.15

五、结构面测量应注意的几个问题

1. 结构均一性分区

岩体结构具有空间非均匀性，如在不同岩性接触带两侧，岩体结构具有不同的特征；断层带附近可能出现节理密集带，而远离主断层带则结构面密度逐渐减小。因此，在结构面测量前应当对岩体结构进行分区，使每个区域内岩体结构相对均匀。

2. 测量结构面的尺度范围

工程上一般只对尺度在Ⅳ、Ⅴ级结构面（尺度在数十厘米至30m；谷德振，1979）进行测量。对于较大的结构面，如断层，则宜做专门记录，在地质分析和力学计算中做单独处理。

3. 保证测量精度

由于与测线小交角的结构面常常存在较大的测量误差，为了减小这种误差，应尽可能布置相互正交的三条或更多测线，并将各测线数据进行综合整理。

第二节 结构面产状

结构面产状是描述结构面空间方向性的几何要素。大量结构面的产状组合就决定了岩体结构的方向性，即各向异性特征。

一、结构面产状表述方法

结构面产状通常有两种表述方法，即产状要素法和法向矢量法。

产状要素法将结构面产状用该面的倾向（α）与倾角（β）表示，组合写为 $\alpha\angle\beta$。

法向矢量法用结构面法向矢量方向余弦表示结构面产状。取如图4.5所示的直角坐标系，使地理北（N）与 x_1 轴负向一致，地理东（E）与 x_2 轴正向一致，x_3 轴正向朝上。设结构面倾斜线矢量为 **P**，法向矢量为 **n**，则法向矢量方向余弦可用倾向与倾角表示为

$$\begin{cases} n_1 = -\cos\alpha\sin\beta \\ n_2 = \sin\alpha\sin\beta \\ n_3 = \cos\beta \end{cases} \tag{4.1}$$

若将结构面法向矢量用半径为 R 的上半球赤平投影图表示，则当用等角度投影（图4.6）时，网上坐标为

$$\begin{cases} x_1 = -R\cos\alpha\tan\dfrac{\beta}{2} \\ x_2 = R\sin\alpha\tan\dfrac{\beta}{2} \end{cases} \tag{4.2}$$

用等面积投影时有

$$\begin{cases} x_1 = -\sqrt{2}R\cos\alpha\sin\dfrac{\beta}{2} \\ x_2 = \sqrt{2}R\sin\alpha\sin\dfrac{\beta}{2} \end{cases} \tag{4.3}$$

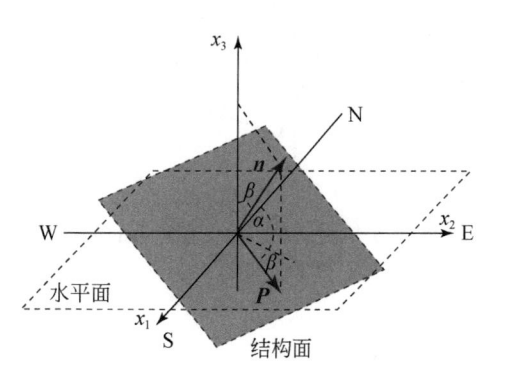

图 4.5　结构面法向矢量的坐标表示

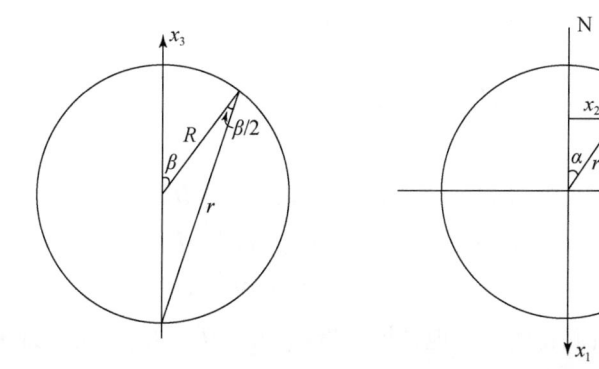

图 4.6　结构面法向矢量的赤平投影表示

二、结构面产状测量

结构面产状通常用地质罗盘测量。结构面倾向（α）为罗盘指针与地磁场北极的夹角，由罗盘指北针刻度读数确定；倾角（β）为结构面法线与重力加速度方向所夹锐角，由罗盘垂针刻度确定。

本书作者伍劼等研究了用手机电子罗盘测量结构面产状的方法。手机罗盘由重力加速度传感器和磁阻传感器组合而成，由前者确定结构面倾角，并由两者共同确定结构面倾向（伍法权等，2010）。

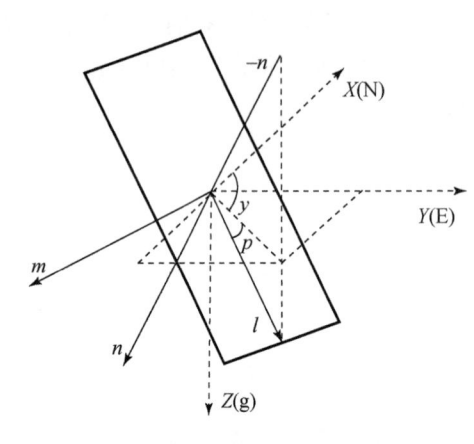

图 4.7 手机坐标系与世界坐标系的关系图

罗盘传感器输出量为三个欧拉姿态角,即航向角(yaw, y),为手机上端指向与地磁北顺时针旋转的夹角;俯仰角(pitch, p),为手机上端低头向下的顺时针旋转角;横滚角(roll, r),为手机右侧向下顺时针旋转角。

为了方便重力场计算,设世界坐标系 X 轴指向北(N), Y 轴指向东(E), Z 轴指向下,与重力加速度(g)方向相同。世界坐标系与图 4.7 坐标系都是右手系,差别仅在 X 轴和 Z 轴反向,可在结构面倾向判断中转换。设手机坐标系宜按右手系设定,手机上端为 l 轴,左端为 m 轴,正面法向为 n 轴。

王永军等(2010)提供了三个欧拉角计算方法

$$\begin{cases} p = \arcsin \dfrac{g_l}{g} \\ r = -\arcsin \dfrac{g_r}{g\cos p} \\ y = \arctan \dfrac{H_Y}{H_X} \end{cases} \quad (4.4)$$

其中, H_X、H_Y 由下式求得

$$\begin{bmatrix} H_X \\ H_Y \\ H_Z \end{bmatrix} = \begin{bmatrix} \cos p & 0 & \sin p \\ -\sin p \sin r & \cos r & \cos p \sin r \\ -\sin p \cos r & -\sin r & \cos p \cos r \end{bmatrix} \begin{bmatrix} H_l \\ H_m \\ H_n \end{bmatrix}$$

式中,$[H_l, H_m, H_n]^T$ 为手机测得的三个地磁场分量;$[H_X, H_Y, H_Z]^T$ 为与地磁场的世界坐标系分量。

将手机从世界坐标系沿 n 轴旋转 y 角,再沿 m 轴旋转 p 角,再沿 l 轴旋转 r 角,转换为结构面,即可得到用世界坐标系(X, Y, Z)表示的手机坐标系(l, m, n)。其变换矩阵为

$$\begin{aligned} \boldsymbol{W} &= \begin{bmatrix} \cos y & -\sin y & 0 \\ \sin y & \cos y & 0 \\ 0 & 0 & 1 \end{bmatrix} \begin{bmatrix} \cos p & 0 & -\sin p \\ 0 & 1 & 0 \\ \sin p & 0 & \cos p \end{bmatrix} \begin{bmatrix} 1 & 0 & 0 \\ 0 & \cos r & -\sin r \\ 0 & \sin r & \cos r \end{bmatrix} \\ &= \begin{bmatrix} \cos y \cos p & -\cos y \sin p \sin r & -\cos y \sin p \cos r \\ \sin y \cos p & \cos y \cos r - \sin y \sin p \sin r & -\cos y \sin r - \sin y \sin p \cos r \\ \sin p & \cos p \sin r & \cos p \cos r \end{bmatrix} \end{aligned}$$

于是有

$$\begin{bmatrix} l \\ m \\ n \end{bmatrix} = \boldsymbol{W} \begin{bmatrix} X \\ Y \\ Z \end{bmatrix} \begin{bmatrix} X \\ Y \\ Z \end{bmatrix} \tag{4.5}$$

考虑到结构面法线 $\boldsymbol{n}$ 的 Z 轴投影即为结构面倾角（β）的余弦，得到 β = arccos(cos$p$cos$r$)；而 $\boldsymbol{n}$ 的 Y、X 轴分量之比为方位角增量（α_0）的正切值，即 tanα_0 = n_y/n_x = cot$p$sin$r$，加上航向角 y，即得式（4.6a）。

我们导出如下公式并编制 APP 软件，可由手机任意姿态贴附结构面时的三个欧拉角一次性计算并显示结构面的倾向（α）和倾角（β）：

$$\begin{cases} \alpha = y + \arctan(\cot p \sin r) \\ \beta = \arccos(\cos p \cos r) \end{cases} \tag{4.6a}$$

倾向（α）需由 APP 进行如下自动转换，由此完成世界坐标系与图 4.8 坐标系的变换：

$$\alpha \Rightarrow \begin{cases} \alpha + 180°, & p < 0° \\ \alpha, & p > 0° \end{cases} \tag{4.6b}$$

对于经常遇到的结构面露头向下的情形，只需将手机背面以任意姿态角紧贴结构面，此时有 |r| > 90°，APP 将通过式（4.7）转换确定倾向数值。

$$\alpha \Rightarrow \begin{cases} 180° + r, & r < -90° \\ 180° - r, & r > 90° \end{cases} \tag{4.7}$$

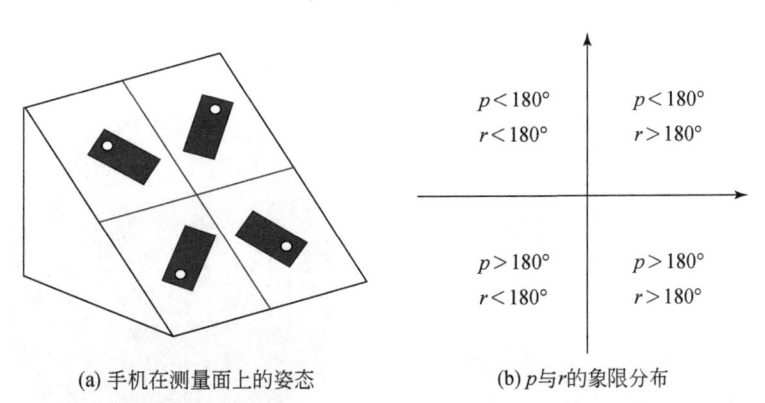

(a) 手机在测量面上的姿态　　　　　(b) p 与 r 的象限分布

图 4.8　手机姿态的象限分布与 p 和 r 转换关系图

当计算出的倾向（α）超出角度域 [0°，360°] 时，按方位角±360°方法进行转换。

图 4.9 给出了两种产状结构面的理论与测量欧拉角（p 和 r）的误差比较，其中下标 m 表示测量值，下标 t 为理论值。可见陡倾角结构面的欧拉角测量误差较缓倾角面更大，由式（4.6）可知，这将导致计算的陡倾角结构面倾向和倾角误差更大。倾向与倾角的误差主要来源于传感器的欧拉角数值，应通过设计进行改进。

$$\alpha \Rightarrow \begin{cases} \alpha + 360°, & \alpha < 0° \\ \alpha - 360°, & \alpha > 360° \end{cases}$$

误差分析表明，由式（4.6a）得到的结构面倾角（β）误差一般在 1° 以内；而倾向

（α）尚存在一定误差。倾向误差主要来源于传感器的欧拉角数值，应通过设计进行改进。

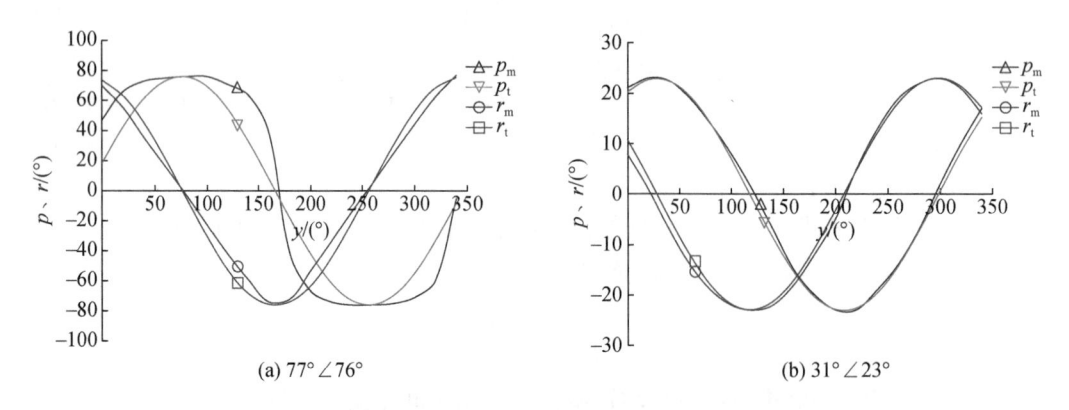

(a) 77°∠76°

(b) 31°∠23°

图 4.9　不同倾角结构面的测量和理论欧拉角误差比较图

三、结构面产状分布

在岩体露头面上布置三条近于正交的测线，测量与测线相交切的结构面，一般能保证测到不同产状组的结构面。将这些产状数据投影到赤平投影网上，可得如图 4.10 所示的极点投影图。

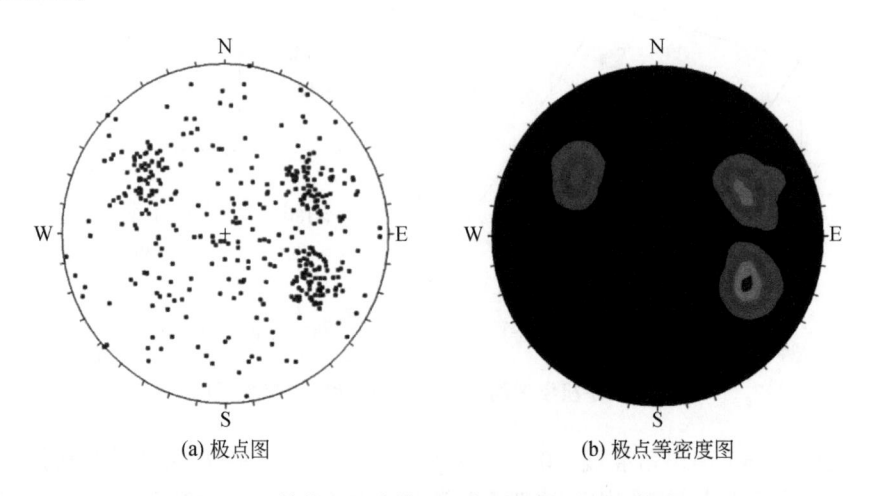

(a) 极点图

(b) 极点等密度图

图 4.10　结构面法线等面积赤平投影图（上半球）

由图 4.10 可见，结构面极点分布有如下特点：

（1）具有若干个极点高密度区。反映了结构面产状的优势集中性，据此可将结构面划分为若干个产状组，并用各极密中心产状表征各组结构面的"优势产状"。

（2）各组结构面极点围绕极密中心具有近似对称性。这种对称性不仅使得用优势产状代表结构面组产状具有合理性，也使得运用数理统计方法进行产状统计分析成为可能。

例如，运用正态分布的均值表征结构面组产状将与优势产状近于一致。

（3）不同结构面组的极点可能在低密区（边缘区）发生重叠。如果人为的将极点图分组，常会导致产状要素的统计"截尾分布"。因此，在产状统计分析中常需要做特殊处理。

四、结构面组产状分布密度函数与参数确定

在上述产状数据处理后，即可分别对结构面组的倾向（α）和倾角（β）进行分布密度函数拟合，并求取各自的分布参数。倾向和倾角的分布密度形式通常可以选用正态分布、截尾正态分布或对数正态分布来描述。这里仅对正态分布情形做简单讨论。

对于大多数情形，产状数据 α 或 β 的分布具有近似的对称性，因此可将其拟合成正态分布密度函数：

$$f(t) = \frac{1}{\sqrt{2\pi}\sigma} e^{-\frac{1}{2\sigma^2}(t-\mu)^2} \tag{4.8}$$

式中，t 为倾向（α）或倾角（β）；μ 为 t 的均值；σ^2 为方差；且有

$$\mu = \frac{1}{n}\sum_{i=1}^{n} t_i, \quad \sigma^2 = \frac{1}{n-1}\sum_{i=1}^{n}(t_i - \mu)^2 \tag{4.9}$$

很显然，对于正态分布情形，优势产状即为平均产状，即

$$t_m = \mu \tag{4.10}$$

第三节　结构面迹长与半径

从深大断裂到显微裂纹，结构面的尺度变化范围是巨大的。工程岩体结构研究侧重点在于岩体性质，常限于数十厘米至数十米的尺度范围，对于大尺度结构面则需专门研究。

在岩体露头面上，我们观察到的是结构面与露头面的交线，或称结构面迹线。我们用这种迹线的长度，即迹长（l），来表征结构面的规模。

结构面的迹长及其分布与结构面形状有关，也与结构面实际尺寸有关。

一、结构面形状与迹长

结构面的平面形态及其形成机制至今尚不清楚，大多数学者把均质结晶岩体中的结构面视为圆形或椭圆形，而在层状介质中则多为长方形，这是没有分歧的。

椭圆状埋藏裂纹的力学分析目前仅局限于简单受力情形。

设椭圆裂纹平面与 x-y 坐标面重合，椭圆长轴 a 与 x 轴重合（图 4.11）。对于受远场

法向张应力（σ）作用的情形，裂纹周边应力强度因子为

$$\begin{cases} K_I = \dfrac{\sigma\sqrt{\pi}}{E(k)} \left(\dfrac{b}{a}\right)^{\frac{1}{2}} (a^2\sin^2\theta + b^2\cos^2\theta)^{\frac{1}{4}} \\ E(k) = \int_0^{\frac{\pi}{2}} \sqrt{1-k^2\sin^2\delta}\,\mathrm{d}\delta, \quad k^2 = \dfrac{a^2-b^2}{a^2} \end{cases} \quad (4.11)$$

式中，a、b 分别为椭圆长半轴与短半轴；θ 为极角，而 $E(k)$ 为第二类完全椭圆积分。

分析式（4.11）可知，当 $a=b$ 时有

$$K_I = \frac{2}{\sqrt{\pi}}\sigma\sqrt{a} \quad (4.12)$$

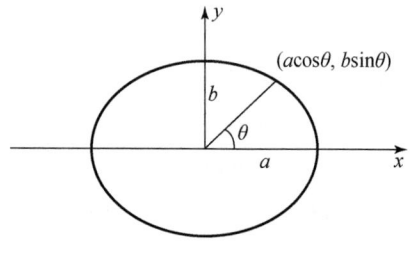

图 4.11 椭圆裂纹示意图

即为埋藏圆裂纹的应力强度因子。

由式（4.11）可知，因为 $a>b$，故 K_I 在 $\theta = \dfrac{\pi}{2}$ 点即短轴 b 端点取极大值，而在 $\theta = 0$ 处即长轴 a 端点取极小值。而岩石的 I 型断裂韧度因子（K_{Ic}）是定值，因此当应力集中达到裂纹扩展极限时，裂纹将首先从 $\theta = \dfrac{\pi}{2}$ 的部位，即裂纹短轴端点处开始扩展。按照式（4.11）可以推断，裂纹将一直扩展到短轴与长轴相等时，周边应力强度因子的差异消失，这种差异扩展的过程才会结束。

这一现象可称为非圆裂纹扩展的"趋圆效应"。因此，在均质介质中，把裂纹看作圆形是具有一定合理性的。

现设结构面形状为圆形，且结构面形心在三度空间里完全随机分布，则一个露头面与该结构面交切的平均迹长将是圆的平均弦长（图 4.12），即

$$l = \frac{2}{a}\int_0^a \sqrt{a^2-x^2}\,\mathrm{d}x = \frac{\pi}{4}d = \frac{\pi}{2}a \quad (4.13)$$

式中，d 和 a 为结构面直径与半径。可见，测量所得到的迹长并非结构面直径。

由式（4.13）可得结构面半径（a）、直径（d）与迹长（l）有下述关系：

$$a = \frac{2}{\pi}l, \quad d = \frac{4}{\pi}l \quad (4.14)$$

二、结构面迹长的实测分布

我们通常采用测线方法来测量与其相交切的结构面迹长。但在大多数情况下，由于露头限制，能够测得全迹长的只有一部分短裂隙，而长裂隙的迹长只能通过统计推断获取。人们发展了利用截尾半迹长测量数据推断全迹长及其分布的方法。

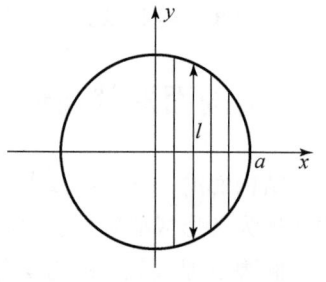

图 4.12 迹长与圆直径关系

结构面迹长数据测量的方法是（图 4.13）：在露头面上平行布置一条测线和一条删截线，测量结构面自测线交点至删截线的长度。

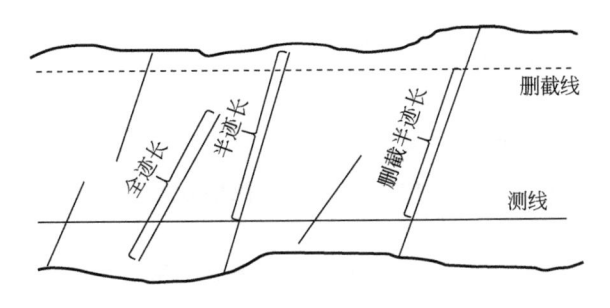

图 4.13 迹长、半迹长测量方法示意图

这一测量方法的理论基础是：①若结构面形心在三维空间中随机分布，则测线的位置不会影响测量结果，因此可以将测线移向露头面的一侧以保证有更大的截尾长度；②测线两侧交切半迹长统计均值相等，因此可以用半迹长分布推断全迹长分布；③运用概率论方法可以将截尾半迹长分布恢复为半迹长分布。因此，我们可用截尾半迹长分布一直反推出全迹长分布。

图 4.14 为结构面全迹长和截尾半迹长的典型实测分布，由图可见如下特点：

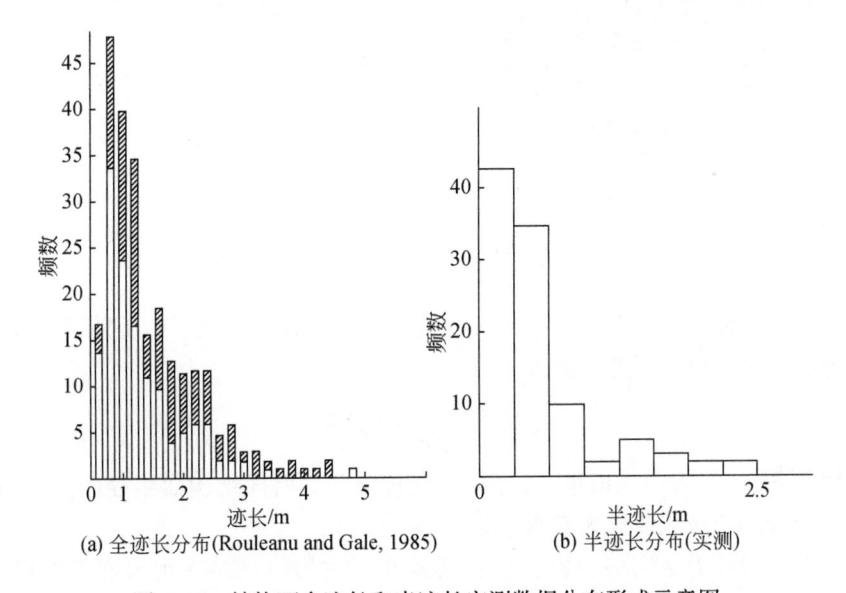

(a) 全迹长分布(Rouleanu and Gale, 1985)

(b) 半迹长分布(实测)

图 4.14 结构面全迹长和半迹长实测数据分布形式示意图

（1）随着结构面尺度增大，其测得的频数将减小，即结构面尺寸越大，数量越少，而且全迹长与半迹长分布呈同样趋势。研究者们常把这种分布图式用对数正态分布或负指数分布密度函数来拟合。做对数正态分布拟合是因为迹长 $l \to 0$ 的区段结构面频率有所减小。

（2）无论是全迹长还是半迹长分布都是截尾分布，这是由露头面尺寸限制及截尾测量方法决定的。

三、结构面迹长的理论分布

所测结构面频率随尺度增大而减小的规律不是偶然现象，它反映了地质结构面尺度分布的一般规律。事实上，从宏观角度看，在单位面积区域内，大断裂出现的概率显然要比小断层小得多，这已是常识。

首先，重要的是迹长在 $l \to 0$ 段的分布性质。从细观和微观尺度看，一个岩石手标本，乃至一个岩石薄片上仍然可以见到大量微小结构面的存在（图4.15）。但形成不同尺度结构面的应力环境及成因是一致的，因此常可用小构造分析大构造及其应力场。若将这些小裂纹看作岩体结构面向细观和微观尺度的连续变化，无疑小裂纹的分布密度应该是较大的。

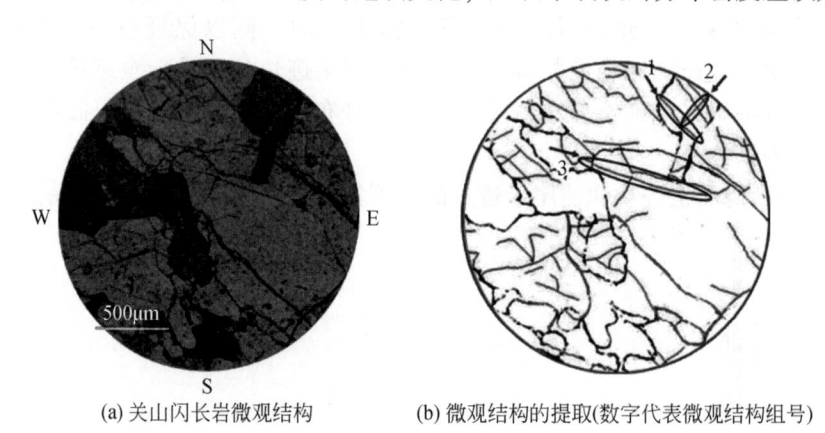

(a) 关山闪长岩微观结构   (b) 微观结构的提取(数字代表微观结构组号)

图4.15 岩石显微结构（据 Bao et al., 2022）

其次，由结构面形成的断裂力学机制也可以得到同样的推论。以 I 型裂纹为例，形成一个半径为 a 的 I 型裂纹所需能量为

$$U = \frac{8(1-\nu^2)}{3E}\sigma^2 a^3$$

式中，ν 为泊松比；E 为弹性模量。I 型裂纹能量值与其所成结构面半径的三次方成正比。显然形成一个较小的裂纹要比大裂纹容易得多。

最后，大量岩石力学实验、模型材料实验及声发射测试结果也表明，材料的破坏总是首先出现大量微破裂，逐步通过选择性扩展连通而形成大的或贯通裂缝。显然，微小裂纹的数量要比大裂纹大得多。

由此可见，结构面尺度的理论分布更可能是负指数形式，而不应是对数正态分布。实测分布 $l \to 0$ 段的频率减小应是由测量过程中舍弃或无法获取小裂纹数据所致。

不妨设迹长分布密度函数为

$$f(l) = \mu e^{-\mu l} \tag{4.15}$$

式中，μ 为全迹长均值的倒数。

胡秀宏等（2010）的研究表明，用下述的双参数（α、β）负指数分布能够更好地拟合实测数据分布：

$$f(l) = \alpha e^{-\beta l}$$

四、迹长分布的参数确定

对于负指数分布，只有唯一的待定参数 μ，运用统计或拟合方法是十分容易获得的。但如前所述，迹长的实测分布往往并非标准的理论分布图式，而常是"掐头截尾"的非完全分布（图 4.16）。因此，参数拟合中一个必不可少的过程是对于 $l \to 0$ 段的"小裂纹校正"及大裂纹段的"截尾校正"。

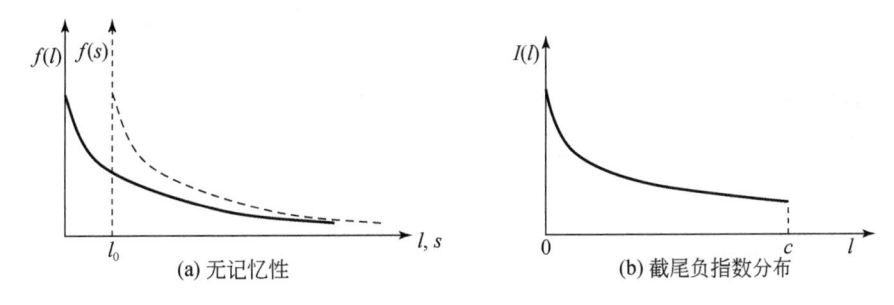

图 4.16 负指数分布的无记忆性和截尾分布状态

对于迹长为负指数分布的情形，这些校正是容易做到的。下面先给出三个结论。

1. 负指数分布的无记忆性与小裂纹校正

定理 4.1 负指数分布的无记忆性定理 若随机变量 l 服从负指数分布，则 $s = l - l_0$（$l > l_0$）仍服从同一分布

$$f(s) = \mu e^{-\mu s}, \quad s = l - l_0 > 0 \tag{4.16}$$

式中，μ 为完全分布时 l 均值的倒数。这就是负指数分布的无记忆性定理。现证明如下：

设 l 服从负指数分布式（4.15），则其累积分布函数为

$$F(l) = 1 - e^{-\mu l} \tag{4.17}$$

则有

$$\overline{F}(l) = 1 - F(l) = e^{-\mu l}$$

由于 $l = l_0 + s$，于是有

$$\overline{F}(l) = e^{-\mu l} = e^{-\mu(l_0 + s)} = e^{-\mu l_0} e^{-\mu s} = \overline{F}(l_0)\overline{F}(s)$$

所以有

$$\overline{F}(s) = \frac{\overline{F}(l)}{\overline{F}(l_0)} = \frac{e^{-\mu(l_0+s)}}{e^{-\mu l_0}} = e^{-\mu s}$$

因此，有 s 的累积分布函数为

$$F(s) = 1 - \bar{F}(s) = 1 - e^{-\mu s}, \quad s = l - l_0 > 0 \tag{4.18}$$

可见 l 与 s 具有完全相同的分布形式。定理证毕。

上面所说的"l 与 s 具有完全相同的分布形式"，不仅是指 l 与 s 的分布函数具有同样的形式，更重要的是参数 μ 也是相等的。这表明负指数分布的无记忆性实际上是将分布函数沿 l 轴正向平移 l_0。

这一定理为我们利用 $l > l_0$ 段的迹长分布推求在 $l > 0$ 全区间的实际分布提供了理论依据。

小裂纹校正的步骤如下：

（1）对实测数据的直方图进行分析，找出小裂纹区间的峰值迹长 l_0；

（2）将全部数据进行 $s = l - l_0$ 变换，即将坐标原点沿横轴向 l 正轴方向平移 l_0；

（3）对以 s 为自变量的直方图进行负指数函数 $f(s)$ 拟合，求取参数 μ；

（4）基于参数 μ 写出负指数分布密度函数 $f(l)$。

定理 4.2　负指数函数的截尾分布定理　若随机变量 l 服从负指数分布式（4.15），当截去 $l \geq c$ 的样本后，$l > c$ 的样本遵从如下截尾分布

$$i(l) = I'(l) = 1 - \bar{F}(s) = \frac{\mu}{1 - e^{-\mu c}} e^{-\mu l} \tag{4.19}$$

且平均半迹长的倒数为

$$\mu = \frac{1}{l} = \frac{1}{c} \ln\left(\frac{n}{n-r}\right) \tag{4.20}$$

这就是负指数函数的截尾分布定理。现证明如下：

设 l 的样本总量为 n，则 $l < c$ 的样本量 (r) 为

$$r = nF(c) = n(1 - e^{-\mu c})$$

$l \geq c$ 的样本量为

$$n - r = n e^{-\mu c}$$

当截去 $l \geq c$ 的样本后，$L < l$ 的概率为

$$P(L < l) = \frac{nF(l)}{n - (n - r)} = \frac{nF(l)}{r} = \frac{n}{r} F(l)$$

$$= \frac{1}{1 - e^{-\mu c}} (1 - e^{-\mu l}) = I(l)$$

对上式求导即得式（4.19）。

由上述截尾分布可求得 l 均值为

$$\bar{l} = \frac{1}{\mu} - \frac{c e^{\mu c}}{1 - e^{-\mu c}} \tag{4.21}$$

式中，μ 为完全分布下 l 均值的倒数。由于

$$\frac{r}{n} = 1 - e^{-\mu c}$$

所以有式（4.20）。定理证毕。

由上列式子，我们可以用删截长度 c、总样本数 n 及 $l<c$ 的样本数 r 求取半迹长的均值。这就是对大结构面的截尾校正方法。

2. 结构面半迹长分布

定理 4.3 结构面半迹长分布定理 若结构面迹长（l）服从负指数分布式（4.15），则半迹长 $l' = \dfrac{l}{2}$ 也服从负指数分布，且半迹长分布密度函数为

$$h(l') = 2\mu e^{-2\mu l'}, \quad l' = \frac{l}{2} > 0 \tag{4.22}$$

并有半迹长均值为

$$\bar{l'} = \int_0^\infty l' h(l') \, dl' = \frac{1}{2\mu} = \frac{1}{2}\bar{l} \tag{4.23}$$

证明如下：

由随机变量函数的分布定理，若随机变量 x 服从分布 $f(x)$，而另一随机变量 $y = y(x)$，则 y 服从分布：

$$h(y) = f[x(y)] \cdot \left| \frac{dx}{dy} \right| \tag{4.24}$$

将 $y = l' = \dfrac{l}{2}$、$x = l$ 及 l 的负指数分布式（4.15）代入式（4.24），得

$$h(l') = f(l) \frac{dl}{dl'} = 2\mu e^{-2\mu l'}$$

此即式（4.22），由此可以求得半迹长均值式（4.23）。定理证毕。

由于半迹长（l'）也服从负指数分布，因此关于截尾负指数分布的所有结论也适用于 l'，只是相应的参数应按半迹长考虑。

五、结构面迹长的采样窗估计

根据几何概率原理，Kulatilake 和 Wu（1984）提出了一组结构面平均迹长的采样窗估算方法。本书已经在结构面数据测量部分介绍了采样窗数据的测量方法，这里将以该方法测量的数据为基础，介绍 Kulatilake 和 Wu 的结构面迹长的估计方法。由于证明较为复杂，不做详细介绍，由兴趣的读者可参考相关文献。

定理 4.4 结构面平均迹长估计的 Kulatilake-Wu 定理 一组结构面的平均迹长可用下述公式估算

$$\bar{l} = \frac{1}{\mu} = \frac{ab(1+R_0-R_2)}{(1-R_0+R_2)(aB+bA)} \tag{4.25}$$

式中，μ 为平均迹长的倒数；a 和 b 分别为采样窗的长、短边的长度，m；而

$$\begin{cases} A = E(\cos\theta), \ B = E(\sin\theta) \\ R_0 = \dfrac{N_0}{N}, \ R_1 = \dfrac{N_1}{N}, \ R_2 = \dfrac{N_2}{N} \\ N = N_0 + N_1 + N_2 \end{cases} \quad (4.26)$$

θ 为结构面迹线在采样窗平面上的视倾角；$A = E(\cos\theta)$ 和 $B = E(\sin\theta)$ 表示 A 和 B 分别为 $\cos\theta$ 和 $\sin\theta$ 的均值。

六、结构面半径与直径分布

我们已经给出了结构面迹长的不同获取方法，提出了迹长与半径及直径间的关系式，同时又知道迹长的概率分布。运用随机变量函数的分布定理，可以方便地求得结构面半径与直径的分布。

定理4.5　结构面半径与直径分布定理　若结构面迹长（l）服从负指数分布式（4.15），则结构面半径（a）的分布密度函数为

$$f(a) = \dfrac{1}{\bar{a}} e^{-\dfrac{a}{\bar{a}}} \quad (4.27)$$

其中，平均半径和平均直径分别为

$$\bar{a} = \dfrac{2}{\pi\mu} = \dfrac{2}{\pi}\bar{l}, \quad \bar{d} = \dfrac{4}{\pi}\bar{l} \quad (4.28)$$

现证明如下：

由结构面迹长（l）的负指数分布式（4.15）和随机变量函数的分布定理式（4.24），考虑到结构面半径与迹长的关系式（4.14），即 $\bar{a} = \dfrac{2}{\pi}l$，可以求得结构面半径（$a$）的分布密度函数

$$f(a) = f(l) \cdot \dfrac{\mathrm{d}l}{\mathrm{d}a} = \dfrac{\pi}{2}\mu e^{-\dfrac{\pi}{2}\mu a}$$

由概率论可以求得其均值和方差为

$$\bar{a} = \dfrac{2}{\pi\mu} = \dfrac{2}{\pi}\bar{l}$$

于是有式（4.28）。

同理，由式（4.14），结构面直径 $d = 2a = \dfrac{4}{\pi}l$，可得到直径的分布

$$f(d) = \dfrac{1}{\bar{d}} e^{-\dfrac{d}{\bar{d}}}$$

及结构面的平均直径如式（4.28）。定理证毕。

胡秀宏等（2011）指出，结构面迹长的实测分布可以用双参数负指数分布更好地逼近，即

$$f(l) = \alpha e^{-\beta l} \quad (0 \leqslant l < \infty, \ 0 < \alpha, \beta < \infty) \quad (4.29\mathrm{a})$$

于是应有结构面的半径分布为

$$f(a) = f(l) \cdot \frac{\pi}{2} = \frac{\pi}{2}\alpha e^{-\frac{\pi}{2}\beta l} \tag{4.29b}$$

第四节　结构面间距与密度

结构面间距是指同一组结构面在法线方向上两相邻面的距离，用 x 表示，单位为 m。结构面密度则是该组结构面法线方向上单位长度内结构面的条数，用 λ 表示，单位为条/m。结构面密度在数值上为平均间距的倒数。我们一般通过间距的研究来获取密度值。

一、结构面间距的分布形式

大量实测资料证实，结构面间距的分布形式为负指数分布（图 4.17）。这一事实可做如下解释：

首先，地质体中结构面分布常呈现如下特点：在一条较大规模的断裂两侧，常密集伴生着一系列与之近于平行的小断裂，组成了断裂影响带。这种由大断裂形成的影响随着与其距离的增加而减弱，因而伴生断裂变少。由此可知在较大断裂影响带内将存在结构面的高密度区，而远离大断裂则出现结构面密度降低的现象。显然，较小间距出现的概率将比大间距的概率大。

其次，从细观尺度上，结构面间距分布也表现出小间距偏多的现象（图 4.18）。

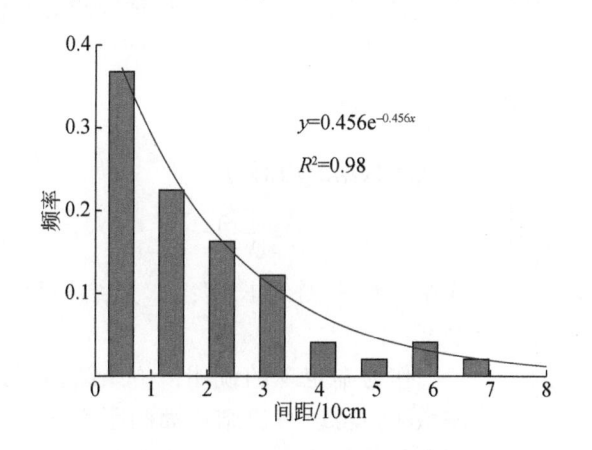

图 4.17　结构面的间距分布图

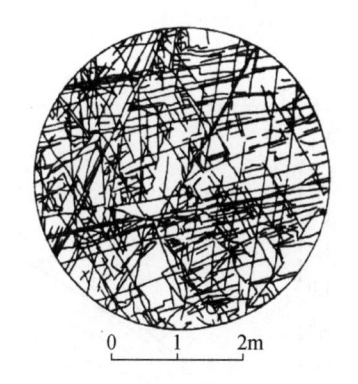

图 4.18　结构面间距分布实例
（据 Priest and Hudson，1976）

最后，由于手标本乃至镜下小裂纹的普遍存在，也可知小间距要比大间距出现的概率大。

结合图 4.17 的分布图式，假定结构面间距服从负指数分布是合理的。可设间距分布密度函数为

$$f(x) = \lambda e^{-\lambda x}, \quad 0 \leq x < \infty \tag{4.30}$$

式中，λ 为结构面法线密度。

但是，用实测数据（图 4.17）直接估计式（4.30）的参数 λ 值往往存在由下述原因引起的误差。

（1）结构面的间距是由测线测量得到的，由于测线长度 L 总是有限的，必有一部分 $x > L$ 的间距值测量不到。因此由实际测量数据只能拟合出式（4.30）的截尾分布形式，由此估计出的平均间距（$\bar{x}$）将偏小，即 λ 将偏大。

（2）由于小裂纹往往难于测到，因而由结构面实测数据估计出的平均间距（$\bar{x}$）将偏大，而 λ 偏小。

二、结构面法线密度估计

对理想负指数分布的实测数据，估计结构面法线密度（λ）值是不困难的，而对小裂纹和大间距值未测得的情形，则应考虑如下两个校正问题。

1. 结构面间距的截尾校正

与迹长分布的分析类似，对测线长为 L 的情形，所得的只能是结构面间距的截尾分布形式，在求完全分布下的 λ 值时，应做截尾校正。下面给出 Sen（1984）的校正方法，并作为定理写出。

定理 4.6 结构面间距的截尾校正定理　对于有限长测线测得的结构面间距分布密度函数，可按下式做出截尾分布

$$i(x) = \frac{\lambda}{1 - e^{-\lambda L}} e^{-\lambda x}, \quad 0 < x < L \tag{4.31a}$$

且截尾数据的均值为

$$\bar{x}_i = \frac{1}{\lambda}\left(1 - \frac{\lambda L}{e^{\lambda L} - 1}\right) \tag{4.31b}$$

式中，L 为测线长度；λ 为结构面法线密度。

作为本定理的说明，仿照结构面迹长的做法，可以写出结构面间距实测数据的拟合形式如式（4.31a），而截尾间距均值式（4.31b）则可采用概率论方法求得，这里不再赘述。

图 4.19 做出了式（4.31b）的截尾间距均值（$\bar{x}_i$）和完全间距均值（$\bar{x}$）的关系

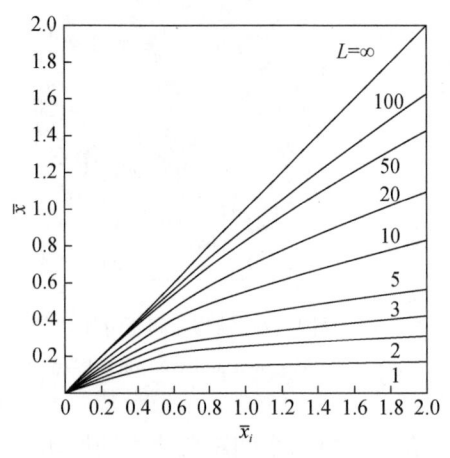

图 4.19　$\bar{x}_i$ 与 $\bar{x}$ 的关系

曲线。对于任一由实测数据估计的 $\bar{\bar{x}}_i$，可查得相应测线长 L（m）的完全间距均值，并求得结构面法线密度（λ）。可见，当 $L\to\infty$ 时，有 $\bar{\bar{x}}_i\to\bar{x}=\dfrac{1}{\lambda}$，即完全分布的平均间距。显然 $\bar{\bar{x}}_i\le\bar{x}_i=\dfrac{1}{\lambda}$。

2. 小裂纹校正

为了在参数 λ 估计中计入未测得小裂纹的影响，我们提出如下的小裂纹校正定理。

定理 4.7　结构面法向密度的小裂纹校正定理　若一组结构面的迹长服从负指数分布式（4.15），间距服从负指数分布式（4.30），则在未能充分测得间距 $x<x_0$ 的小裂纹时，该组结构面的间距服从如下分布

$$f(s)=\lambda e^{-\lambda s}=e^{\lambda x_0}\lambda e^{-\lambda x}=e^{\lambda x_0}f(x),\ s=x-x_0\ge 0 \tag{4.32a}$$

则按概率论，结构面平均间距和法向密度分别为

$$\bar{s}=\int_0^\infty sf(s)\mathrm{d}s,\quad \bar{x}=\dfrac{1}{\lambda}+x_0,\quad \lambda=\dfrac{1}{\bar{x}-x_0} \tag{4.32b}$$

式中，$\bar{x}$ 为完全间距的均值。这就是结构面法向密度的小裂纹校正定理。

下面对该定理做出证明。

根据负指数分布的无记忆性定理（定理 4.1），结构面间距的分布为式（4.32a）。

由分布式（4.32a），采用概率论求随机变量均值的方法，可求得 s 的平均值

$$\bar{s}=\overline{x-x_0}=\bar{x}-x_0=\int_0^\infty s\cdot f(s)\mathrm{d}s=\dfrac{1}{\lambda}$$

于是可得未计小裂纹时的平均间距如式（4.32b）所示。定理证毕。

3. 根据结构面面积密度估计法向密度

一组结构面的法向密度也可以采用采样窗等方法进行估计。我们给出如下的定理：

定理 4.8　结构面法向密度的采样窗估计定理　一组结构面的法向密度 λ 可由下式计算

$$\lambda=\dfrac{\mu}{\lambda_\mathrm{s}}=\dfrac{1}{\lambda_\mathrm{s}\bar{l}} \tag{4.33}$$

式中，λ_s 为结构面面积密度；$\bar{l}$ 为结构面平均迹长；μ 为 $\bar{l}$ 的倒数。

现对该定理说明如下：

我们将在本章后续"岩体结构的几何概率表述"部分介绍结构面面积密度（λ_s）的计算方法，即

$$\lambda_\mathrm{s}=\mu\lambda$$

式中，结构面面积密度（λ_s）由下文"定理 4.11　一组结构面面积密度的采样窗估计定理"给出，即由采样窗方法估计。具体参见该定理的相关部分内容。

第五节　结构面粗糙度

结构面形态对岩体力学及水力学性质有显著影响，因此它也是岩体结构的一个基本性质。

结构面形态用相对于平均平面的起伏程度来表示，通常分为两级：

第一级称为起伏度，反映了结构面总体起伏特征，采用相对于平均平面的起伏高度（a）或起伏角（i）表示（图4.20），常用于Ⅵ级结构面起伏特征描述。这种凸起部分一般不会被剪断，但可以改变结构面两侧岩体运动方向。

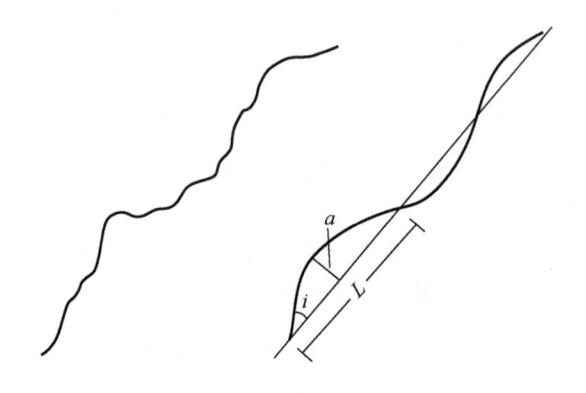

图4.20　结构面起伏程度

第二级称为粗糙度（JRC），它反映了结构面次级微小起伏现象，一般适合描述尺度在数米至数厘米范围内的Ⅳ级结构面的起伏状态。粗糙度可以增大结构面摩擦系数，从而提高其抗剪强度。

一、结构面力学成因与形态

结构面按其地质力学成因可分为两类：拉张成因与压剪成因。

拉张破裂面（裂隙）由张应力引起岩石裂纹扩展而成。地质构造研究中遇到的纵张破裂面、横张破裂面、羽状张剪性裂隙、岩浆岩冷凝收缩裂隙、沉积岩及土体中的龟裂，以及风化裂隙都是拉张破裂面。

拉张破裂面的特征是形态极不规则，延伸不平直，不一定存在平直的平均破裂面［图4.21（a）］，显然其表面粗糙度较大。这类结构面的分布密度一般不大，延伸也不远，其对岩体力学性质的影响是有限的。但是，由于其张开度往往较大，因而对岩体水力学性质有显著作用。水文地质学家常常利用张性断裂带，或者背斜脊部的纵张或横张裂隙带寻找地下水，就是利用了拉张裂隙的这一特点。

剪切破裂面（裂隙）是在压剪应力作用下由微小羽状裂纹群剪断贯通形成的［图 4.21（b）］。它是岩体结构中数量最多的一类破裂面，逆断层、平移断层及绝大多数构造节理都属这类破裂面。

(a) 拉张裂隙　　　　　　　(b) 剪切裂隙

图 4.21　结构面力学成因与形态

这类结构面一般都经受了一定距离的剪切位移，并剪断、磨平凸起体，因此其面延伸一般较为平直。但是也常常保留着由羽状裂纹发展而来的"阶步"，使结构面呈现出不对称的起伏特征。这种不对称的阶步使结构面在不同方向上具有不同的抗剪性质。

由此可见，结构面表面形态描述是一个重要而又困难的课题。

二、结构面粗糙度标准剖面

实际出现的结构面形态是千姿百态的。为了便于统一进行粗糙度分级，国际岩石力学学会（ISRM）推荐了由 Barton 提出的 10 条长度为 10cm 的标准剖面及其 JRC 值（Barton and Choubey，1977；图 4.22）。将实际结构面剖面与之对比即可确定相应的 JRC 值。

但是实际工程中遇到的结构面尺度通常大于或者远大于 10cm 的尺度。Barton 等（1985）又在考虑结构面性质尺寸效应的基础上提出了任意长剖面的节理粗糙度系数（JRC）及结构面壁面抗压强度（JCS）的估计式

$$JRC = JRC_0 \left(\frac{L}{L_0}\right)^{-0.02JRC_0} \quad (4.34)$$

$$JCS = JCS_0 \left(\frac{L}{L_0}\right)^{-0.03JRC_0} \quad (4.35)$$

式中，JRC_0 和 JCS_0 为标准剖面尺寸下的 JRC 及 JCS 值；L_0 和 L 为标准尺寸及实际尺寸。

关于结构面粗糙度的实测与求算理论方法已有不少成果。杜时贵等（1996）研制了一系列用于结构面粗糙度测量的仪器以及 JRC 的手动和智能测量方法，并提出了下述公式用于计算考虑尺度效应的结构面 JRC 值（杜时贵和唐辉明，1993；杜时贵，1994）：

$$JRC_n = 49.2114 e^{\frac{29L_0}{450L_n}} \arctan(8R_A)$$

标准JRC图形	标准JRC值
1	0~2
2	2~4
3	4~6
4	6~8
5	8~10
6	10~12
7	12~14
8	14~16
9	16~18
10	18~20

图 4.22　JRC 标准剖面

式中，L_0（10cm）和 L_n（cm）分别为标准尺寸和取样实际长度；R_A 为相对起伏幅度，$R_A = \dfrac{R_Y}{L_n}$，R_Y 为取样长度 L_n 上的起伏幅度。

关于结构面形态分形描述方法也已有不少成果，我们将在下文介绍。

第六节　结构面隙宽

结构面隙宽是指结构面的张开度，用 t（mm）表示。结构面隙宽在岩体力学、岩体水力学的理论研究与实际应用中具有重要意义。

一、隙宽的形成

结构面隙宽主要是岩体受拉张应力作用或沿结构面剪切扩容造成的，此外还有一些非力学成因缝隙和空洞等。

1. 由拉张引起的隙宽

拉张裂缝有新生裂缝和既有裂缝张开两种情形。前者裂纹面一般垂直于拉张应力，且当应力达到一定阈值时才能形成突发性破裂与分离位移；而后者则可能是裂纹面后期承受张应力形成的两壁面相对拉张位移。

对于纯 I 型圆裂纹，即拉应力（σ）与结构面垂直的圆裂纹，两壁面相对张开度（隙宽，t）受下列断裂力学规律支配（图 4.23）：

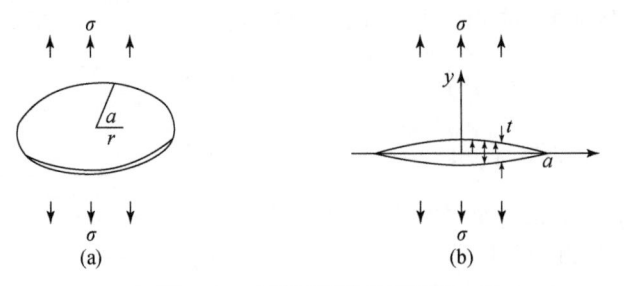

图 4.23　I 型圆裂纹的张开度

$$t = 2v = \frac{8(1-\nu^2)}{\pi E}\sigma\sqrt{a^2 - r^2}, \quad 0 \leqslant r \leqslant a \tag{4.36}$$

式中，v 为单壁法向位移；ν 为泊松比；a 为结构面半径；r 为径向变量。显然结构面最大张开度在中心点，并有

$$t_m = \frac{8(1-\nu^2)}{\pi E}\sigma a \tag{4.37}$$

结构面平均张开度为

$$\bar{t} = \frac{1}{\pi a^2}\int_0^a\int_0^{2\pi}tr\mathrm{d}\theta\mathrm{d}r = \frac{16(1-\nu^2)}{3\pi E}\sigma a \quad (4.38)$$

2. 由剪切位移引起的隙宽

由于岩体多处于受压状态，岩体中大多数隙宽是由于沿结构面的剪切位移造成的。剪切位移引起的隙宽分为两种情形，即剪裂纹扩展的分支新裂纹和剪切"爬坡效应"引起的局部张开（图4.24）。

（1）剪切裂纹扩展引起的隙宽。

沿已有裂缝发生剪切位移导致裂纹尖端扩展的现象在地表浅层岩体变形中是常见的[图4.24（a）]。新扩展的分支裂纹与已有结构面的夹角可由断裂力学应变能密度因子准则求得

$$\theta = \arccos\frac{1-2\nu}{3} \quad (4.39)$$

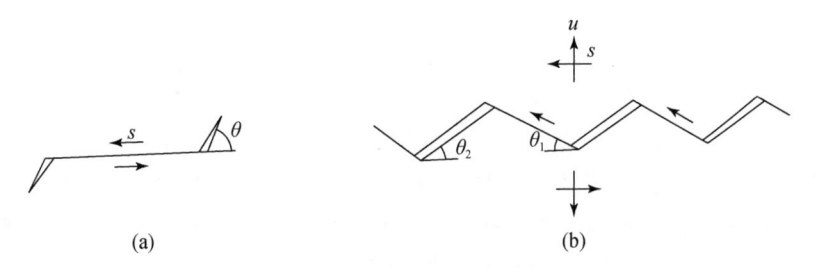

图4.24 剪切位移引起的隙宽

若结构面两壁相对剪切位移为s，则新裂纹最大隙宽为

$$t_m = s\cdot\cos\left(\frac{\pi}{2}-\theta\right) = s\cdot\sin\theta \quad (4.40)$$

这种裂纹扩展往往导致结构面之间的连通。当结构面连通时，新裂纹上各点张开度相同，并有$t=t_m$。

（2）爬坡效应导致已有结构面张开。

如图4.24（b）所示，当结构面一侧沿起伏角发生爬坡作用时，必然导致反坡一侧的面张开，其张开度（隙宽）为

$$t = s\cdot\sin\theta_2 + u\cdot\cos\theta_2 \quad (4.41)$$

式中，u为岩体沿结构面法向的剪胀位移量；s意义同前。

张性或张剪性裂纹在岩体工程中是较为常见的现象（图4.25），这些裂纹可以作为认识岩体变形机理分析的重要现象。

3. 由于非力学原因造成的隙宽变化

导致结构面隙宽增大的非力学原因主要有裂隙水的潜蚀及可溶岩的表面溶蚀等。前

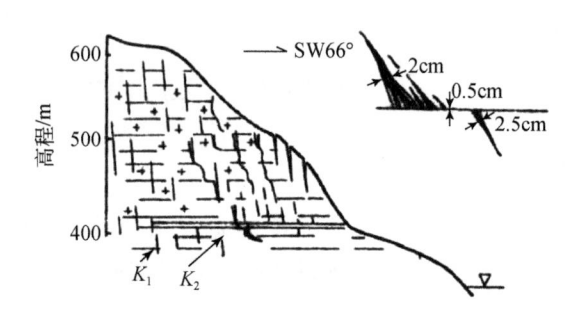

图 4.25　张性剪切裂纹的扩展（据张倬元等，1983）

者以裂隙水流带走充填砂泥为主，不会导致隙宽的无限制扩大，而且常发生沉积充填而减小有效隙宽。

在可溶岩中，结构面溶蚀往往与结构面系统的组合特征及结构面法向应力大小有关。法向应力引起裂隙开启或压密闭合，为岩溶裂隙水运移提供条件或造成阻碍。

一方面，由水力学可知，单个结构面中的水流速度为

$$v = -\frac{\rho g}{12\mu}t^2 J = -KJ \tag{4.42}$$

即地下水流速与已有隙宽的平方成正比，将优先沿隙宽较大的裂隙运移，这叫裂隙水的选择性渗流。田开铭（1986）提出的交叉裂隙中水流偏流理论也证明了这一结论。

另一方面，结构面表面溶蚀速度与水流速度成正比。可见岩溶裂隙水的选择性渗流将引起差异溶蚀现象，导致地下水流逐步集中于某些较大的通道，而不成为网状渗流。

由上可知，可溶岩中隙宽分布具有不均匀性，其引起的力学性质与水力学性质都与非可溶岩有极大不同。

二、隙宽分布形式

结构面隙宽可以通过野外直接测量（塞尺法）和水文地质试验数据反求等多种方法获得，但试验反算法不能确定隙宽的分布形式。

大量野外实际测量资料显示，岩体结构面的隙宽具有负指数分布或对数正态分布形式。但应注意，除少数受拉应力作用的部位外，岩体结构面通常是处于受压闭合状态，因此隙宽一般是十分小的，平均隙宽多在 0.1~1mm。如果把测量数据按 $\Delta t = 1$mm 分组做成直方图，则必呈现出负指数分布图式，若取 $\Delta t = 0.1$mm，则可能呈对数正态分布。可见，在进行隙宽数据统计处理时，分组的步长对分布形式是有影响的。这个影响可称作比例尺效应（图 4.26）。这种效应对迹长、间距等其他数据分析同样存在。

这里我们不妨设隙宽（t）服从负指数分布和对数正态分布

$$f(t) = \eta e^{-\eta t} \tag{4.43}$$

$$f(t) = \frac{1}{\sigma t \sqrt{2\pi}} e^{-\frac{1}{2\sigma^2}(\ln t - \mu)^2} \tag{4.44}$$

式中，η 为隙宽均值的倒数；μ、σ 为隙宽的正态均值与方差。

这两类分布均表明，隙宽较大的裂隙是十分少见的。但这并不意味着宽大的裂隙的作用不重要，尤其是岩体水力学分析中，宽大裂隙基本上控制着裂隙水的渗流途径。

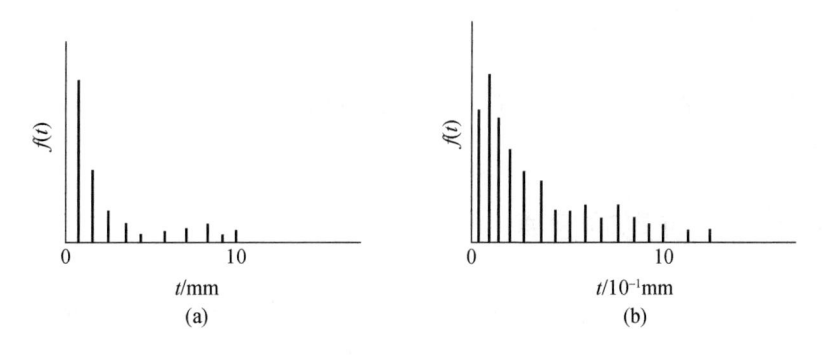

图 4.26 隙宽分布及其比例尺效应

三、受压条件下隙宽的变化

一些学者对不同埋深结构面隙宽的变化做了研究，得出了如图 4.27 所示的分布图式，即隙宽近似为深度的负指数函数。这里我们对此略做分析。

岩体结构面法向压缩实验的大量资料表明，不同法向压力下隙宽（t）服从下述规律。

$$t = t_0 - \Delta t = t_0 e^{-\frac{\sigma-p}{K_n}} \tag{4.45}$$

式中，t_0 为法向压力 $\sigma=0$ 时的隙宽；p 为裂隙水静压力；K_n 为结构面法向压缩模量，应力以压为正。

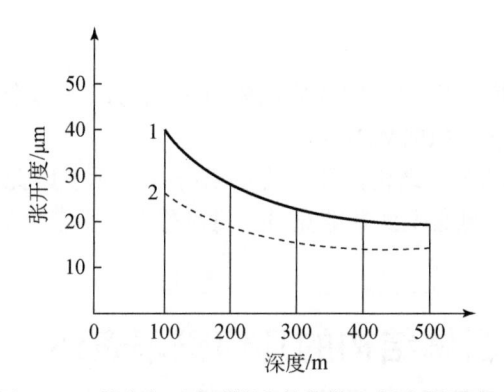

图 4.27 裂隙张开度随深度的变化（据麦斯霍夫）

一般来说，随着岩体埋藏深度（h）的增加，则作用于结构面上的法向应力（σ）和水压力（p）都会增大。取铅直应力为 $\sigma_{33}=\rho g h$，侧向水平压力为 $\sigma_{11}=\sigma_{22}=\xi\sigma_{33}=\xi\rho g h$，$\xi$ 为

侧压力系数，则裂隙面上的法向有效压力为

$$\sigma - p = (\sigma_{11} - p)n_1^2 + (\sigma_{22} - p)n_2^2 + (\sigma_{33} - p)n_3^2 \quad (4.46)$$
$$= g[(\xi\rho - 1)(n_1^2 + n_2^2) + (\rho - 1)n_3^2]h = \beta' h$$

结合式（4.45）考虑应有

$$t = t_0 - \Delta t = t_0 e^{-\beta h} \quad (4.47)$$

可见岩体裂隙隙宽（t）是埋深（h）的负指数函数。这一结论对分析不同深度岩体渗透性能具有重要意义。

四、有效隙宽及其影响因素

有效隙宽是指沿裂缝面方向可过水断面的平均张开度。有效隙宽一般并不是我们用塞尺测得的某个隙宽。影响有效隙宽的因素大致有两种：一是结构面粗糙度及两壁接触方式；二是结构面充填程度。

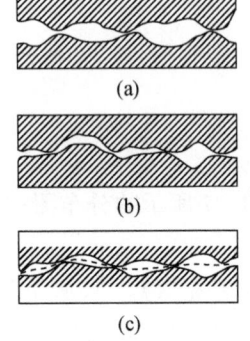

图 4.28　隙宽变化

1. 结构面粗糙度与接触方式

一般来说，结构面两壁的起伏与粗糙度不会完全相对应。因此，结构面不同部位的隙宽不会一样，也不会是两壁最大凸起高度之和[图 4.28（a）]，而常表现为两壁凸起的啮合，有效隙宽则是沿隙宽中心曲面的平均隙宽值[图 4.28（b）、（c）]。

Witherspoon（1981）建议对典型裂隙测得其最大隙宽（e_0）及裂宽频率分布函数[$n(e)$]，并求得有效裂宽为

$$\bar{e}^3 = \int_0^{e_0} e^3 n(e)\,de \Big/ \int_0^{e_0} n(e)\,de \quad (4.48)$$

2. 充填程度

充填物及其充填程度对岩体工程性质的影响表现为以下两个方面：对结构面强度性质的降低和有效渗流断面面积的减小。

充填程度用充填物厚度与结构面张开度的百分比表示。因此，充填物厚度越大则有效隙宽越小。从水文地质意义上测量隙宽时，只需测量实际存在的未充填部分隙宽。

第七节　岩体结构的几何概率表述

前面分别讨论了岩体结构各要素的几何概率特征及其描述方法。但是，各要素对岩体的力学或水力学效应是以组合方式实现的。因此，只有从总体上描述岩体结构性质，

才能把握岩体结构及其对岩体工程性质的影响。

本节我们讨论岩体结构性质的几何概率表述方法。

一、结构面面积密度与体积密度

结构面面积密度和体积密度是岩体力学研究及工程计算中常用的基本参数,结构面的体积密度也就是通常所说的"体积节理数"。这里讨论用结构面法线(向)密度(λ)推求面积密度(λ_s)和体积密度(λ_v)的方法。

1. 结构面面积密度

结构面面积密度是指单位面积内结构面迹长中心点数,用 λ_s 表示,单位为条/m²。下面我们给出关于结构面面积密度的定理。

定理4.9 一组结构面的面积密度定理 若一组结构面的半迹长服从分布 $h(l')$,法线密度为 λ,则结构面面积密度为

$$\lambda_s = \frac{\lambda}{2\int_0^\infty \int_y^\infty h(l')\mathrm{d}l'\mathrm{d}y} \tag{4.49}$$

当结构面迹长(或半迹长)服从负指数分布时,结构面面积密度可表示为

$$\lambda_s = \mu\lambda \tag{4.50}$$

式中,l' 和 $h(l')$ 分别为该组结构面的半迹长和分布密度函数。

证明如下:

取如图4.29所示的坐标系,测线 L 与 x 轴重合并与结构面正交。设结构面迹长为 l,则半迹长 $l' = \frac{l}{2}$。假定结构面迹长中点在平面内均匀分布,中点面积密度为 λ_s,则在与测线 L 垂直距离为 y 的微分条面积 $\mathrm{d}s = L\mathrm{d}y$ 中有

$$\mathrm{d}N = \lambda_s \mathrm{d}s = \lambda_s L \mathrm{d}y$$

显然,只有当 $l' \geq y$ 时,结构面迹线才与测线相交。令半迹长 l' 的密度函数为 $h(l')$,则中心点在微分条 $\mathrm{d}s$ 中的所有结构面与测线相交的条数为构面迹长中心点数为

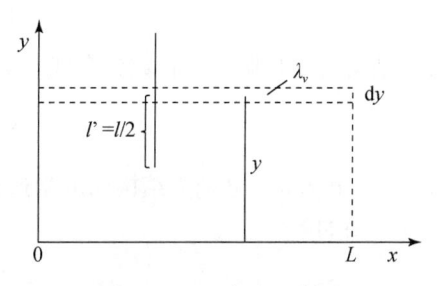

$$\mathrm{d}n = \mathrm{d}N \int_y^\infty h(l')\mathrm{d}l' = \lambda_s L \int_y^\infty h(l')\mathrm{d}l'\mathrm{d}y$$

对 y 从 $-\infty \to \infty$ 积分,并注意到对称性,得到全平面中结构面迹线与 L 相交的数目为

$$n = 2\int_0^\infty \mathrm{d}n = 2\lambda_s L \int_0^\infty \int_y^\infty h(l')\mathrm{d}l'\mathrm{d}y$$

由于一组结构面平均法向密度为

图4.29 λ_s 求取示意图

$$\lambda = \frac{n}{L}$$

由此可得式（4.49）。

若结构面迹长服从负指数分布式（4.15），则半迹长 l' 服从负指数分布式（4.22）。将式（4.22）代入式（4.49）可得结构面的面积密度式（4.50）。定理证毕。

式（4.50）表明，结构面迹长中点的面积密度（λ_s）与结构面法线密度（λ）成正比，而与结构面迹长均值 $\bar{l} = \dfrac{1}{\mu}$ 成反比。这一结论与 Priest 和 Samaniego（1983）的结果一致。

由式（4.28），上述公式也可用结构面的平均半径表示为

$$\lambda_s = \frac{2\lambda}{\pi \bar{a}} \tag{4.51a}$$

如果岩体中存在 m 组结构面，则结构面的总面积密度为

$$\lambda_s = \sum_{i=1}^{m} \mu_i \lambda_i = \frac{2}{\pi} \sum_{i=1}^{m} \frac{\lambda_i}{\bar{a}_i} \tag{4.51b}$$

2. 结构面体积密度

结构面体积密度是单位体积内结构面形心点数，用 λ_v 表示，单位为条/m³。我们给出关于结构面体积密度的定理。

定理 4.10　一组结构面的体积密度定理　一组结构面的体积密度为

$$\lambda_v = \frac{\lambda}{2\pi \int_0^\infty R \int_R^\infty f(a)\,\mathrm{d}a\,\mathrm{d}R} \tag{4.52}$$

且当结构面迹长服从负指数分布式（4.15）时，该组结构面的体积密度为

$$\lambda_v = \frac{2}{\pi^3} \mu^2 \lambda = \frac{\lambda}{2\pi \bar{a}^2} \tag{4.53}$$

式中，a 和 $f(a)$ 分别为结构面的半迹长和分布密度函数。

证明如下。

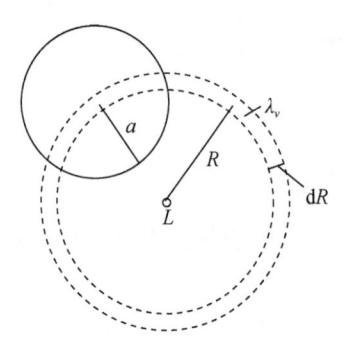

图 4.30　λ_v 求取示意图

选取如图 4.30 所示的测量模型。使测线 L 与结构面法线平行，取向垂直纸面。取圆心在 L 上，半径为 R，厚为 $\mathrm{d}R$ 的空心圆筒，其体积为 $\mathrm{d}V = 2\pi R L \mathrm{d}R$，若结构面形心的体积密度为 λ_v，则体积 $\mathrm{d}V$ 内结构面形心数为

$$\mathrm{d}N = \lambda_v \mathrm{d}V = 2\pi R L \lambda_v \mathrm{d}R$$

圆心位于 $\mathrm{d}V$ 内的结构面，只有当其半径 $a \geq R$ 时才能与测线相交。若结构面半径 a 的密度为 $f(a)$，则圆心在 $\mathrm{d}V$ 中的结构面与测线相交的数目为

$$\mathrm{d}n = \mathrm{d}N \int_R^\infty f(a)\,\mathrm{d}a = 2\pi L \lambda_v R \int_R^\infty f(a)\,\mathrm{d}a\,\mathrm{d}R$$

对 R 从 $0\to\infty$ 积分可得全空间中结构面在 L 上的交点数为

$$n = \int_0^\infty \mathrm{d}n = 2\pi L\lambda_v \int_0^\infty \int_R^\infty f(a)\,\mathrm{d}a\,\mathrm{d}R$$

考虑到 $\lambda = \dfrac{n}{L}$，于是可得式（4.52）。

对结构面迹长服从分布式（4.15）的情形，半径分布密度函数式（4.27）代入式（4.52）可得结构面的体积密度式（4.53）。定理证毕。

如果有 m 组结构面，则总体积密度为

$$\lambda_v = \frac{2}{\pi^3}\sum^m \mu^2 \lambda = \frac{1}{2\pi}\sum^m \frac{\lambda}{a^2} \tag{4.54}$$

二、结构面密度的采样窗估计

拓展采样窗方法，还可以求取任一组结构面的法线密度（λ）、面积密度（λ_s）和体积密度（λ_v）。

1. 结构面面积密度估计

定理 4.11 一组结构面面积密度的采样窗估计定理 一组结构面面积密度可由下式计算

$$\lambda_s = \frac{N}{ab+\mu(aB+bA)}\cos\delta \tag{4.55}$$

其中，

$$\cos\delta = l_1 m_1 + l_2 m_2 + l_3 m_3,\quad \begin{cases} l_1 = \sin\alpha \\ l_2 = \cos\alpha \\ l_3 = 0 \end{cases},\quad \begin{cases} m_1 = -\cos\alpha_s\sin\beta_s \\ m_2 = \sin\alpha_s\sin\beta_s \\ m_3 = \cos\beta_s \end{cases} \tag{4.56}$$

L_i（$i=1,2,3$）为包含结构面法线的铅直切面（虚拟采样窗平面）的法线方向余弦；m_i（$i=1,2,3$）为实际采样窗平面法线的方向余弦；其他符号同定理 4.4 式（4.26）。

现证明如下：

Kulatilake 和 Wu（1984）在推求式（4.25）时给出了下式

$$N = \lambda_s' ab + \lambda_s' a\mu B + \lambda_s' b\mu A$$

式中，λ_s' 为采样窗平面上一组结构面中心点的视面积密度，其他符号同式（4.26）。

由于上式中各参数均为可求量，由此可得一组结构面中心点在采样窗平面的视面积密度

$$\lambda_s' = \frac{N}{ab+\mu(aB+bA)} \tag{4.57}$$

式（4.57）是在采样窗倾斜的条件下导出的，一般情况下并不满足这一条件。设采样窗平面与结构面法线夹角为 δ，将采样窗平面扭转至包含结构面法线的铅直平面，则可

将该组面的视面积密度 λ'_s 变为法向面积密度 λ_s，即有

$$\lambda_s = \lambda'_s \cos\delta \tag{4.58}$$

而由解析几何，有结构面法线与虚拟平面夹角余弦为

$$\cos\delta = l_1 m_1 + l_2 m_2 + l_3 m_3$$

式中，$m_i (i=1, 2, 3)$ 为实际采样窗法线方向余弦，按其产状 $\alpha_s \angle \beta_s$，由式（4.1）即式（4.56）第三式得；$l_i (i=1, 2, 3)$ 为包含结构面法线的铅直切面的法线方向余弦。按转换要求，该平面的产状为 $\alpha+90°\angle 90°$，由式（4.1）有该面法线方向余弦为

$$\begin{cases} l_1 = -\cos(\alpha+90°)\sin 90° = \sin\alpha \\ l_2 = \sin(\alpha+90°)\sin 90° = \cos\alpha \\ l_3 = \cos 90° = 0 \end{cases}$$

定理证毕。

上述转换实际上包含两个部分，一是将倾斜采样窗平面变为直立平面，其产状变为 $\alpha_s \angle 90°$，由式（4.56）第三式有转换后的平面法线方向余弦为

$$\begin{cases} m_1 = -\cos\alpha_s \\ m_2 = \sin\alpha_s \\ m_3 = 0 \end{cases} \tag{4.59}$$

$$\cos\delta = \cos\alpha_s \sin\beta_s \cdot \cos\alpha_s + \sin\alpha_s \sin\beta_s \cdot \sin\alpha_s = \sin\beta_s$$

当实际采样窗平面倾角 $\beta_s = 70° \sim 90°$ 时，$\cos\delta = 0.94 \sim 1$，可见由陡倾角采样窗计算出的结构面视面积密度（λ'_s）与真面积密度（λ_s）差别不大，本例为5%以下。这就是人们常常把陡倾角采样窗近似当做直立采样窗进行结构面数据计算的原因，即近似取 $\beta_s \approx 90°$，此时式（4.59）即式（4.56）第三式。

上述转换第二部分内容是将直立采样窗转向包含结构面法线的平面方向。此时可以得到

$$\cos\delta = \sin\alpha \sin\alpha_s + \cos\alpha \cos\alpha_s = \cos(\alpha - \alpha_s)$$

即采样窗平面单纯转向。

2. 结构面的法线密度估计

式（4.55）已经给出了一组结构面的面积密度（λ_s）与结构面平均迹长参数 $\mu = \dfrac{1}{l}$ 和法线密度（λ）的关系，即 $\lambda_s = \mu\lambda$。与式（4.58）对比，可得 $\lambda'_s \cos\delta = \mu\lambda$。由此可解出一组结构面的法线密度为

$$\lambda = \bar{l} \cdot \lambda'_s \cos\delta$$

3. 结构面体积密度的采样窗估计

关于结构面的体积密度（或体积节理数）计算，我们给出如下定理

定理 4.12　结构面体积密度的采样窗估计定理　当一组结构面间距和迹长均服从负指数分布，结构面的法线密度为 λ，平均迹长的倒数为 μ，采样窗平面与结构面法线夹角为 δ 时，该组结构面的体积密度由下式计算

$$\lambda_v = \frac{2}{\pi^3}\mu\lambda'_s\cos\delta \tag{4.60}$$

式中，λ_s 为结构面在采样窗上的面积密度。

对该定理说明如下：我们已经给出了结构面的体积密度计算式（4.53），考虑到式（4.50），该式中应有 $\mu^2\lambda = \mu\cdot\mu\lambda = \mu\cdot\lambda_s$，代入即可得

$$\lambda_v = \frac{2}{\pi^3}\mu\lambda_s = \frac{2}{\pi^3}\mu\lambda'_s\cos\delta$$

式中，λ'_s 为任意方向采样窗获得的结构面中心点面积密度，由式（4.57）计算。

上述方法的意义在于无需测量结构面的迹长，通过与采样窗三种交切方式的结构面计数，即可同时求得结构面的法向密度、面积密度和体积密度。

三、岩体结构三维点云数据解译方法

近十年多来，三维点云数据已经被用于解析岩体结构面，重建岩体结构模型。目前商用软件已经可以采用人机交互方式，识别结构面的产状，并进行赤平投影分组，也可识别单个结构面的迹长。

1. DR 智能解算方法

课题组孔德衡在其博士论文阶段开发了结构面产状与分组、迹长、间距及隙宽的智能解算程序 DR，可系统获取岩体结构各类几何参数（图 4.31）。

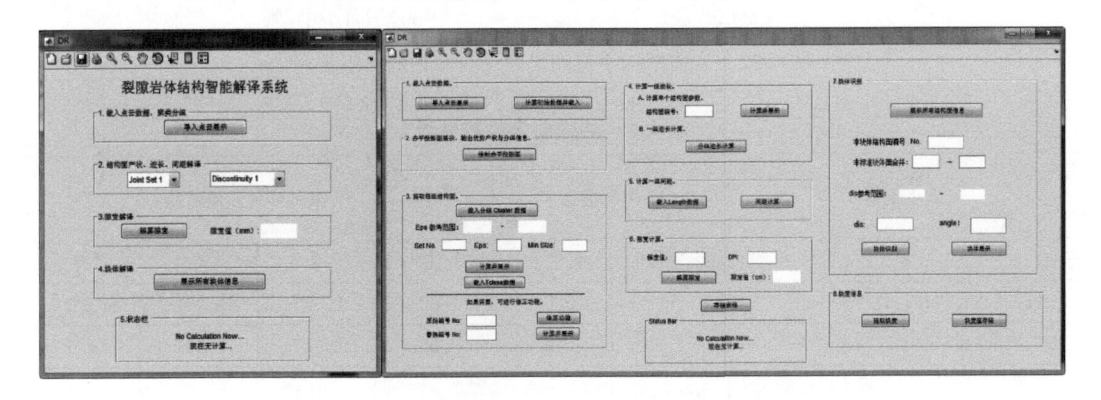

图 4.31　DR 程序主界面（左）与专业版（右）示意图

三维点云数据的岩体结构解析大致分为以下几个步骤：
(1) 点云数据的预处理，包括不稳定点和错误点的过滤、控制点配准、拼接等；
(2) 采用三角剖分法，计算任意相邻三个点构成的平面方程及其法线矢量，做法矢

极点赤平投影图，并对结构面分组，求取优势产状；

（3）对同一组结构面，根据平面的法向距离和法线矢量差值判断任意两三角面是否共面，由此确定结构面形状和空间位置；

（4）采用最小包络球方法计算各结构面的迹长；

（5）沿结构面法线方向，计算组内两两结构面的间距；

（6）通过结构面两侧对应点的距离识别隙宽；

（7）分组对结构面的迹长、间距、隙宽拟合出概率分布函数和特征值。

2. 伍劼-Adrián Riquelme 方法

本书作者伍劼以手机扫描为基本手段，借助有关技术发展了另一类岩体结构信息提取方法。这里介绍该方法从数据转换转换到岩体结构基本参数的采样窗计算方法。

1）扫描数据预处理

将手机扫描的数据采用西班牙 Alicante 大学 Adrián Riquelme 开发的 DES（Discontinuity Set Extraction）v3.01 软件进行结构面分组解译（图 4.32），其中不同颜色表示不同组结构面；并提取出岩体结构面分组的基本数据如表 4.5 所示。

(a) 手机扫描建图　　　　　　(b) 结构面分组识别

图 4.32　岩体结构手机扫描建图与结构面分组识别

表 4.5　结构面分组数据表

云点坐标			结构面信息		结构面平面方程系数			
x	y	z	组序号 i	面序号 j	A	B	C	D
				1	0	0.707	0.707	3.0
				1	0	0.707	0.707	1.5
			1	…				
				2	0	0.707	0.707	2.0
				2				
				…				

续表

云点坐标			结构面信息		结构面平面方程系数			
			2	1	1.0	0	0	2.1
				…				
				…	1			

表 4.5 中第 1~3 列为点云中各点的三维坐标值；第 4、5 列分别为点所归属的结构面组序号 i 和该组中结构面序号 j；第 6~9 列是第 i 组结构面的拟合平面方程系数 A、B、C、D。

表 4.5 中共包含 n 组结构面，第 i 组结构面包含 n_i 条结构面，每条结构面由 n_{ij} 坐标点组成。每组结构面具有相同的平面方程系数 A、B、C 和不同的 D，前 3 个系数确定平面产状，D 则确定平面的位置。每个结构面所包含的点数由该结构面中最大的点号，即结构面号发生改变的点号决定。

上述数据完全确定了按露头面坐标系出露的各组结构面中每一个面的平面方程，以及各个面上点的坐标值及其分布区间。

由于露头面结构面迹长（或半径）和间距（或密度）计算仅涉及与露头面相交的结构面，我们考察露头面平面，以及与露头面相交的结构面。

2) 露头面平面方程和采样窗边界计算

由于任一面的法式平面方程为

$$Ax+By+Cz=D \tag{4.61a}$$

由于数据表 4.5 和图 4.33 的坐标系为 y 轴直立指向硐顶，x 轴水平指向硐轴，z 轴水平向穿出硐壁（穿出纸面），坐标原点在硐中心点，因此采样窗（硐壁）为 x-y 平面。按照平面的法式方程

$$x\cos\alpha+y\cos\beta+z\cos\gamma=p, \quad \begin{cases} \cos\alpha=A/\kappa \\ \cos\beta=B/\kappa \\ \cos\gamma=C/\kappa \\ p=-D/\kappa \end{cases}, \quad \kappa=\sqrt{A^2+B^2+C^2} \tag{4.61b}$$

有 $\cos\gamma=1$，即 $\gamma=0°$；$\cos\alpha=\cos\beta=0$，即采样窗在局部坐标系产状取为 90°∠90°。取采样窗 x 方向长为 a，y 方向高为 b，d 为硐跨，硐壁平面一般方程为

$$z=p\leq\frac{d}{2}, \quad |x|<\frac{a}{2}, \quad |y|<\frac{b}{2}$$

对表 4.5 点的坐标数据进行全域比较计算，可以得到点云中 x，y，z 的最大值和最小值。为了保证数据可靠性，取采样窗的边界值 a 和 b 为

$$\begin{cases} a = k \cdot (x_{\max} - x_{\min}) \\ b = k \cdot (y_{\max} - y_{\min}) \end{cases}, \quad k = 0.7 \sim 0.9 \tag{4.62}$$

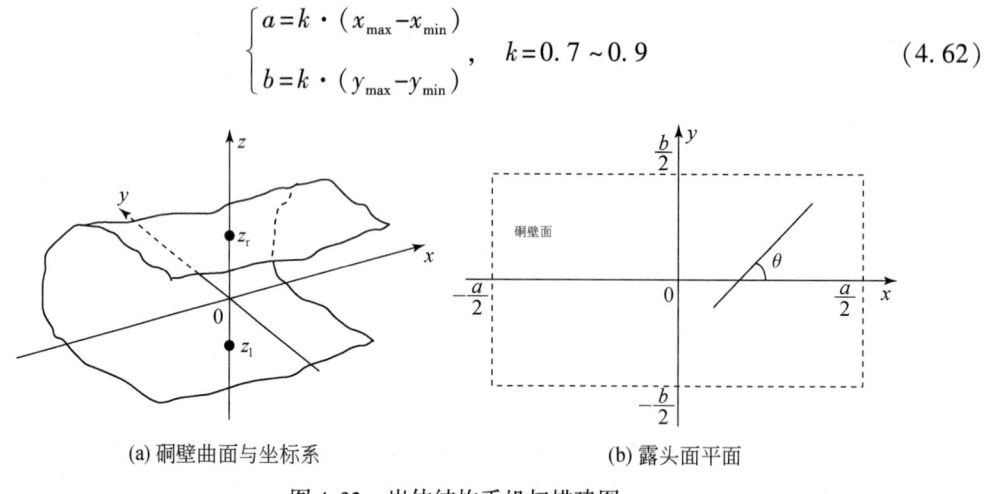

(a) 硐壁曲面与坐标系

(b) 露头面平面

图 4.33　岩体结构手机扫描建图

3）结构面尺度及其与采样窗交切关系

对任一组中的结构面，按编号对所属各点进行比较计算，可求得该面中的最大点距（l）为

$$l = \sqrt{(x_{\max}-x_{\min})^2 + (y_{\max}-y_{\min})^2 + (z_{\max}-z_{\min})^2}$$
$$\approx \sqrt{(x_{\max}-x_{\min})^2 + (y_{\max}-y_{\min})^2}$$

上面对 z 项的忽略可能导致误差，考虑到的结构面与硐壁在 z 方向的出露范围有限。

上述最大点距的两个点，可按点 x 坐标值确定端点 $P_1(x_{\min}, y_1)$、$P_2(x_{\max}, y_2)$。由端点坐标 P_1、P_2，以及图 4.34（a）可以求得各结构面迹线的中心点坐标 (x_c, y_c)，

$$\begin{cases} x_c = \dfrac{x_{\max}+x_{\min}}{2} \\ y_c = \dfrac{y_2+y_1}{2} \end{cases} \tag{4.63}$$

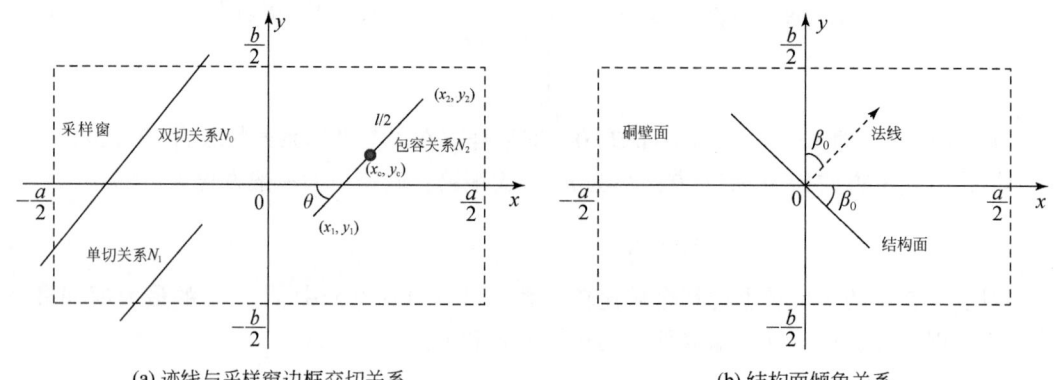

(a) 迹线与采样窗边框交切关系

(b) 结构面倾角关系

(c) 局部坐标系下的结构面倾向

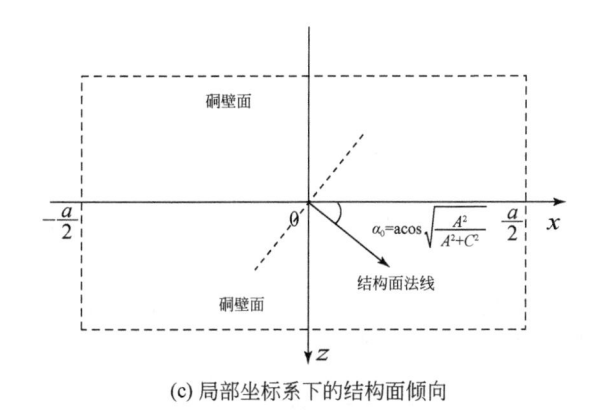

图 4.34 手机点云数据向采样窗的转换

当任一迹线分别在 z 方向和 x 方向满足下述条件时，则分别与采样窗上下边框和左右边框交切：

$$\begin{cases} |y_c| + \dfrac{l}{2}|\sin\theta| \geq \dfrac{b}{2} & （上下边框）\\ |x_c| + \dfrac{l}{2}\cos\theta \geq \dfrac{a}{2} & （左右边框）\end{cases} \quad (4.64)$$

由此可以判断任一迹线两端与采样窗边框的交切状况，考虑到双硐壁计数，因此各数据的总数均除以 2。对于单一露头面的点云数据，则不用除以 2，下同。

(1) 两端均同时满足式 (4.64) 中的两个条件时，则为双切关系，归入 N_0 计数，总数除以 2；

(2) 两端同时不满足式 (4.64) 中的两个条件时，则为包容关系，归入 N_2 计数，总数除以 2；

(3) 其他为单切关系，归入 N_1 计数，总数除以 2，且有

$$N = N_0 + N_1 + N_2 \quad (4.65)$$

上述数据和后续的结构面产状及视倾角（θ）可直接填入表 4.2"岩体结构面采样窗法实测记录表"。

4) 结构面视倾角计算

结构面视倾角（θ）可以直接从下式计算：由于任一结构面的法式平面方程 (4.61b)，而采样窗法线与 z 轴一致，我们考察结构面与铅直面交线与采样框水平边界的夹角，因此可以令

$$Ax + By = 0$$

取 θ 为交线与 x（水平）方向的夹角（图 4.34），有

$$\frac{y}{x} = -\frac{A}{B} = \tan\theta$$

这里取

$$\theta = \left| \mathrm{atn}\left(\frac{A}{B}\right) \right| \tag{4.66}$$

5）结构面的产状及其地理坐标系校正

由于手机扫描方向为面向 z 的水平方向，因此露头面和结构面的产状可由下述方法求得。

在局部坐标系中考察结构面法式方程式（4.61b），如图 4.34（b）所示，结构面的倾角实际上是其法线与 y 轴的夹角，因此有

$$\beta_0 = \left| \mathrm{acos}\frac{B}{\kappa} \right| \tag{4.67}$$

令结构面法线的模长为

$$r = \frac{1}{\kappa}\sqrt{A^2 + B^2 + C^2} = 1$$

将 r 投影到 xz 平面得

$$r_{xz} = r\sin\beta_0 = \sqrt{1-\cos^2\beta_0} = \sqrt{1-\frac{B^2}{\kappa^2}} = \sqrt{\frac{A^2+C^2}{\kappa^2}}$$

如图 4.34（c）所示，r_{xz} 与 x 轴的夹角即为结构面在局部坐标系下的倾向 α_0，即有

$$\cos\alpha_0 = \frac{A/\kappa}{r_{xz}} = \frac{A}{\kappa}\sqrt{\frac{\kappa^2}{A^2+C^2}} = \sqrt{\frac{A^2}{A^2+C^2}}$$

于是有

$$\alpha_0 = \mathrm{acos}\sqrt{\frac{A^2}{A^2+C^2}}$$

由于结构面倾向实际上与 A、C 的取值符号有关，因此可以推知结构面倾向如下

$$\alpha_0 = \mathrm{acos}\left[\sqrt{1+\left(\frac{C}{A}\right)^2}\right] + \begin{cases} 0 & A>0, C>0 \\ 90° & A<0, C>0 \\ 180° & A<0, C<0 \\ 270° & A>0, C<0 \end{cases} \tag{4.68}$$

考虑到在局部坐标系下露头面倾向为 90°，即硐轴 x 正向为 0°，因此只需测出硐轴正向的地理方位 α_g，则可算出结构面的倾向，而结构面倾角则不变，即有结构面产状为

$$\begin{cases} \alpha = \alpha_g + \alpha_0 \\ \beta = \beta_0 \end{cases} \tag{4.69}$$

6）结构面密度与平均迹长的采样窗计算方法

各组结构面的倾向（α）、倾角（β）、N_0、N_1、N_2 及在采样窗的视倾角（θ）已由前述求得，并计入表 4.2。按照采样窗参数估算方法，由表 4.2 的数据可以求得一组结构面的平均迹长为

$$l = \frac{ab(N+N_0-N_2)}{(N-N_0+N_2)(aB+bA)}, \quad A = E(\cos\theta), \quad B = E(\sin\theta)$$

式中，$E(\cdot)$ 为取均值。结构面组平均半径为

$$\bar{a} = \frac{2l}{\pi} \tag{4.70}$$

而一组结构面在采样窗平面的视面积密度为

$$\lambda_s' = \frac{N}{ab + \mu(aB+bA)}, \quad \mu = \frac{1}{l}$$

由式（4.62b），结构面和采样窗平面的法向方向余弦分别为

$$\begin{bmatrix} n_1 \\ n_2 \\ n_3 \end{bmatrix} = \begin{bmatrix} \cos\alpha \\ \cos\beta \\ \cos\gamma \end{bmatrix} = \begin{bmatrix} A \\ B \\ C \end{bmatrix}/\kappa, \quad \begin{bmatrix} m_1 \\ m_2 \\ m_3 \end{bmatrix} = \begin{bmatrix} 0 \\ 0 \\ 1 \end{bmatrix}$$

因此，各组结构面与采样窗平面的夹角 δ 余弦为

$$\cos\delta = n_1 m_1 + n_2 m_2 + n_3 m_3$$

由此可以得到一组结构面的法向真密度为

$$\lambda_s = \lambda_s' \cos\delta$$

由于 $\lambda_s = \lambda\mu$，因此有该组结构面的法向密度为

$$\lambda = \frac{\lambda_s}{\mu} = l\lambda_s'\cos\delta \tag{4.71}$$

四、结构面测线密度与 RQD

RQD 是反映岩体结构完整性的质量指标。以往 RQD 值是通过对钻孔岩心中长度大于 10cm 的岩心段进行长度累加计算获得的。这种方法不仅耗资耗时，也受钻孔方向的限制，不能获得任意方向的 RQD 值，因此很难刻画岩体结构完整性的方向性特征。

以裂隙测量数据为基础，计算任意方向测线与结构面交点的间距分布和密度，可以更方便地获得相应方向上的 RQD 值。

1. 结构面的测线密度

结构面测线密度是指测线与结构面交点的线密度，仍用 λ 表示，单位为条/m。下面给出如下定理：

定理 4.13 结构面的测线密度定理 若岩体中存在 m 组结构面，第 i 组面的法线方向余弦为 $n_i = (n_{i1}, n_{i2}, n_{i3})$，法线密度为 λ_i，若测线的方向余弦为 $n_s = (n_{s1}, n_{s2}, n_{s3})$，其与第 i 组结构面法线夹角为 δ_{si}，则沿测线的结构面密度由下式计算

$$\lambda = \sum_{i=1}^{m} \lambda_i |\cos\delta_{si}| \tag{4.72a}$$

且存在极大值

$$\lambda_m = \sqrt{a^2 + b^2 + c^2} \tag{4.72b}$$

其中,

$$\cos\delta_{si} = n_{s1}n_{i1} + n_{s2}n_{i2} + n_{s3}n_{i3}, \quad i = 1, 2, \cdots, m \tag{4.72c}$$

$$a = \sum_{i=1}^{m} \lambda_i n_{i1}, \quad b = \sum_{i=1}^{m} \lambda_i n_{i2} \quad c = \sum_{i=1}^{m} \lambda_i n_{i3} \tag{4.72d}$$

定理证明如下:

取测线长为 L,若岩体中有 m 组结构面,第 i 组结构面与 L 的交点数为 N_i ($i=1$, $2,\cdots,m$),则 L 上结构面交点总数为 $N = \sum_{i=1}^{m} N_i$,L 上结构面交点的测线密度为

$$\lambda = \frac{N}{L} = \sum_{i=1}^{m} \frac{N_i}{L} = \sum_{i=1}^{m} \lambda_{si} = \sum_{i=1}^{m} \lambda_i |\cos\delta_{si}|$$

式中,λ_{si} 为第 i 组结构面与 L 的交点密度;λ_i 为第 i 组结构面的法线密度;δ_{si} 为测线与第 i 组面法线的交角。

若第 i 组结构面优势产状为 $\alpha_i \angle \beta_i$,则由式 (4.1) 可以求得结构面法向矢量方向余弦 n_i。注意到式 (4.1) 是从结构面的倾斜线产状计算其法向矢量在直角坐标系中的方向余弦,若测线产状为 $\alpha_s \angle \beta_s$,计算测线方向余弦时应将 α_s 变为 $180+\alpha$、β_s 变为 $90-\beta$ 代入式 (4.1),即有测线方向余弦为

$$\begin{cases} n_{s1} = \cos\alpha\cos\beta \\ n_{s2} = -\sin\alpha\cos\beta \\ n_{s3} = \sin\beta \end{cases}$$

若第 i 组结构面的法线方向余弦为 $n_i = (n_{i1}, n_{i2}, n_{i3})$,则测线与第 i 组结构面法线夹角余弦为式 (4.72c)。

结构面的测线密度存在极大值。对测线倾向 α_s 和倾角 β_s 分别求偏微分,并令

$$\frac{\partial \lambda}{\partial \alpha_s} = 0, \quad \frac{\partial \lambda}{\partial \beta_s} = 0$$

可得到使测线密度 λ 取极大值的测线产状

$$\alpha_{sm} = \pi - \arctan\frac{b}{a}, \quad \beta_{sm} = \arctan\frac{c}{\sqrt{a^2+b^2}}$$

式中,a、b、c 即为式 (4.72d)。

将 α_{sm} 和 β_{sm} 代入 n_{s1}、n_{s2}、n_{s3} 计算,再代入式 (4.72c) 和式 (4.72d),得到测线与结构面交点密度 λ 的极大值,即式 (4.72b)。定理证毕。

测线密度极大值 λ_m 也可用赤平投影方法求取。以测线产状 α_s、β_s 为变量在赤平投影网上做 λ 等值线,求出 α_{sm} 和 β_{sm},即可求得 λ_m 值。

图 4.35 中有四组结构面,$\lambda_1 = \lambda_2 = \lambda_3 = \lambda_4 = 1.0$,各组结构面法向矢量的产状为 $\alpha_1 = 90°$,$\beta_1 = \beta_2 = \beta_3 = \beta_4 = 19.47°$,$\alpha_2 = 0°$,$\alpha_3 = 120°$,$\alpha_4 = 240°$。做出 λ 的方向分布等值线图如图 4.35 所示,由图可见:①当有四组结构面时,将可能出现七个极大值,其中四个为各组结构面的法向密度,但不是最大值;②λ 没有极小值,其极小点均为尖点。

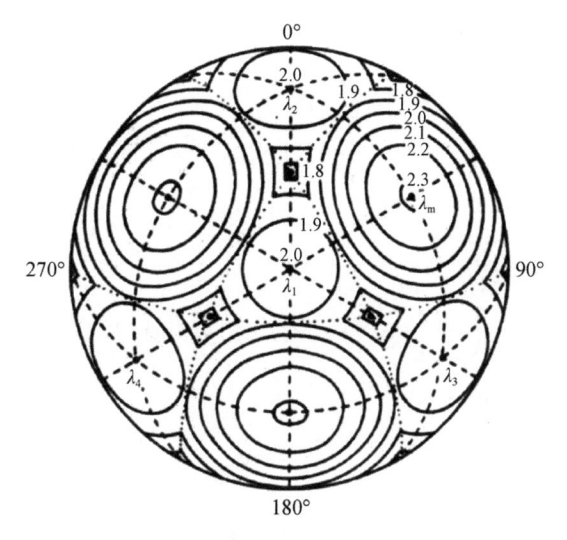

图 4.35　用赤平投影法求 λ_m（据 Hudson and Priest，1983）

2. 任意测线方向的 RQD

RQD 的原始定义为钻孔中长度大于 $t=10\text{cm}$ 的岩心柱累积长度 l 与钻孔长度 L 的百分比值。自 Priest 和 Hudson 开启了岩体结构面网络几何概率研究开始，人们即可在结构面网络空间选定任意方向的测线，计算该方向岩体的 RQD 值。

考虑一条任意方向的测线，长度为 L，测量多组结构面与测线的交点，获得交点间距。假定各组结构面间距服从负指数分布时，测线测得的交点间距 x 仍服从负指数分布。下面介绍两种计算方法。

1）方法 1

Priest 和 Hudson（1976）曾经导出结构面间距服从负指数分布条件下的 RQD 值计算公式

$$\text{RQD} = \lambda \int_{0.1}^{\infty} xf(x)\,\text{d}x = (1 + 0.1\lambda)\text{e}^{-0.1\lambda} \times 100\% \tag{4.73}$$

中国铁路经济规划院刘建友曾经指出，式（4.73）中积分函数应当考虑截尾分布导致的误差校正。

2）方法 2

由于 L 所测的间距分布应是 $x<L$ 的截尾分布，同时至少一部分 $x<t$ 的结构面也未测得，因此实测交点间距的概率分布应是"掐头去尾"的分布。

由结构面间距的截尾校正定理（定理 4.6），按 $x<L$ 截尾后的间距服从分布

$$i(x) = \frac{1}{1-\text{e}^{-\lambda L}} \lambda \text{e}^{-\lambda x} = \frac{1}{1-\text{e}^{-\lambda L}} f(x), \quad 0<x<L$$

考虑小裂纹校正（定理 4.7）后有

$$i(s+a_0) = \frac{\lambda}{1-e^{-\lambda L}}e^{-\lambda(s+a_0)}, t_0 < s+a_0 < L$$

令无限长测线上结构面总数为 N，而实际测得的结构面数为 N'，则有

$$N' = N\int_{x_0}^{L} i(s+x_0)d(s+x_0) = \frac{N}{1-e^{-\lambda L}}(e^{-\lambda x_0} - e^{-\lambda L})$$

由概率论，结构面平均间距为

$$\bar{x} = \frac{1}{\lambda}\frac{1}{1-e^{-\lambda L}}[(1+\lambda x_0)e^{-\lambda x_0} - (1+\lambda L)e^{-\lambda L}]$$

由此，实测 $x > t$ 的间距总长为

$$l = N' \cdot \bar{x}$$

于是有

$$\text{RQD} = \frac{1}{(1-e^{-\lambda L})^2}[(e^{-\lambda x_0}-e^{-\lambda L})^2 + \lambda(e^{-\lambda x_0}-e^{-\lambda L})(x_0 e^{-\lambda x_0}-Le^{-\lambda L})] \tag{4.74}$$

当 $L \to \infty$ 时

$$\text{RQD} = e^{-2\lambda x_0} + x_0\lambda e^{-2\lambda x_0} = (1+x_0\lambda)e^{-2\lambda x_0}$$

如果同时取截断间距为 RQD 的最小截断值 t，即 $x_0 = t = 0.1$，则有

$$\text{RQD} = (1+0.1\lambda)e^{-0.2\lambda} \times 100\%$$

比较上述两种计算方法，可以看出，方法 2 考虑了小裂纹校正和 RQD 最小截断值 t，也考虑了大间距的截尾分布，应该更为合理。因此我们可以给出如下的定理：

定理 4.14 岩体 RQD 定理 若在岩体中任意测线方向测得的结构面交点间距 x 服从负指数分布，则岩体在测线方向上的 RQD 可以由下式计算

$$\text{RQD} = (1+t\lambda)e^{-2t\lambda} = (1+0.1\lambda)e^{-0.2\lambda} \times 100\% \tag{4.75}$$

式中，λ 为测线与结构面交点的平均密度；t 为 RQD 计算中的间距截断下限值。

五、结构面尺度的极值分布与极大值

在岩体力学与岩体水力学研究中，结构面尺度的极值分布具有重要意义。例如，对于单裂隙渗流，遵从流速与隙宽二次方成正比的规律，而对裂隙组则为三次方关系，显然张开度大的裂隙对渗流起着控制作用。又如，因为结构面尖端的应力强度因子与其半径的平方根成正比，因此岩体中裂纹的扩展破坏总是沿尺度大的裂隙开始。

因此，寻找一组结构面中最可能出现的最大结构面尺寸具有重要的意义。这里我们仅以结构面组的半径、隙宽为例进行分析，其他要素可以类推。

1. 一组结构面半径的极大值

设某组结构面半径（a）服从密度函数为 $f(a)$ 的分布，则其分布函数为

$$F(a) = \int_0^a f(x)\,\mathrm{d}x \tag{4.76}$$

若测得该组 n 个结构面的半径值，将其排成下列序列
$$a_1<a_2<a_3<\cdots<a_n$$
由概率论，结构面半径取最大值（$a_n<a$）的概率为
$$\begin{aligned}P(a_n<a)&=P[\max(a_1,a_2,\cdots,a_n)<a]\\&=P(a_1<a,a_2<a,\cdots,a_n<a)\\&=P(a_1<a)\cdot P(a_2<a)\cdot\cdots\cdot P(a_n<a)\\&=[P(a)]^n=G(a)\end{aligned}$$
上式推导中隐含着各个结构面半径均为服从独立同分布的随机变量。从这个分析可见，$G(a)$ 是 a 的极大值分布，而 $P(a)=F(a)$ 为 a 的分布函数，并有
$$G(a)=[P(a)]^n=[F(a)]^n$$
将上式对 a 求导，可得 a 的极大值密度函数为
$$g(a)=G'(a)=nf(a)[F(a)]^{n-1}$$
令 $g(a)$ 的导数 $g'(a)=0$，有
$$F(a)=-\frac{(n-1)[f(a)]^2}{f'(a)}$$
解这一方程可以得到最可能出现（概率密度最大）的最大结构面半径（a_m）。

若结构面半径服从负指数分布式（4.27），体积 V 内有结构面总数 $n=\lambda_v V$，则结构面半径（a）的密度函数可以写为
$$g(a)=\frac{1}{\bar{a}}\lambda_v V \mathrm{e}^{-\frac{a}{\bar{a}}}\left[1-\mathrm{e}^{-\frac{a}{\bar{a}}}\right]^{\lambda_v V-1} \tag{4.77}$$
又因为
$$F(a)=1-\mathrm{e}^{-\frac{a}{\bar{a}}},\quad f(a)=\frac{1}{\bar{a}}\mathrm{e}^{-\frac{a}{\bar{a}}},\quad f'(a)=-\frac{1}{\bar{a}^2}\mathrm{e}^{-\frac{a}{\bar{a}}}$$
代入 $F(a)=-\dfrac{(n-1)[f(a)]^2}{f'(a)}$，即可解得
$$a_m=\bar{a}\ln n$$
由于体积 V 内有结构面总数为
$$n=\lambda_v V=\frac{\lambda V}{2\pi\bar{a}^2}$$
λ_v 见式（4.53），因此有最可能的最大结构面半径为
$$a_m=\bar{a}\ln n=\bar{a}\ln\left(\frac{\lambda}{2\pi\bar{a}^2}V\right) \tag{4.78}$$
式中，λ 为结构面组法向密度。

可见，最可能出现的最大结构面半径不仅与平均半径有关，也与结构面密度（λ 或 λ_v）和体积 V 大小有关。

可以导出 a 服从对数正态分布时，a_m 表达式为
$$a_m=\bar{a}\mathrm{e}^{-\frac{\lambda_v V+2}{2\lambda_v V}\sigma^2}$$

图 4.36 给出式（4.77）的分布图式，曲线峰值处的 a 即为 a_m。图 4.37 为 a 服从负指数分布时且 a_m 与 $n=\lambda_v V$ 的关系图。

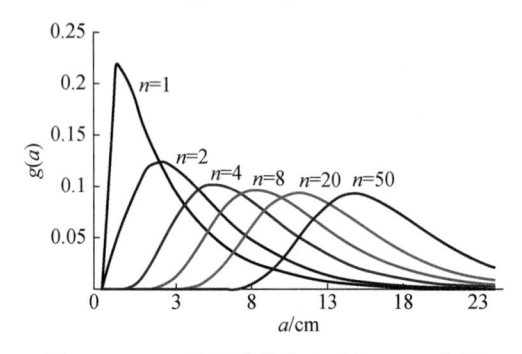

图 4.36 $f(a)$ 为负指数分布时的 $g(a)$ 曲线

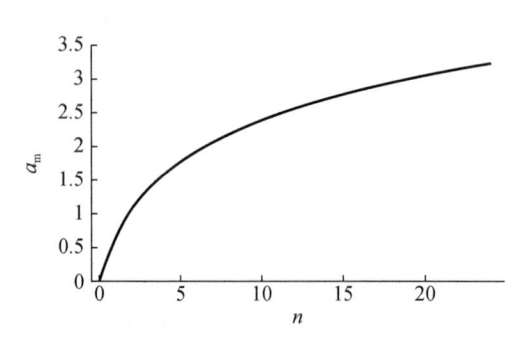

图 4.37 a_m-n 关系曲线

2. 一组结构面隙宽的极大值

对于隙宽的极大值分布，可做类似分析。若一结构面组隙宽（t）服从负指数分布［式（4.43）］及对数正态分布［式（4.44）］，则最有可能出现的最大隙宽为

$$t_m = \bar{t} \ln(\lambda_v V) \tag{4.79}$$

$$t_m = \bar{t} e^{-\frac{\lambda_v V + 2}{2\lambda_v V} \sigma^2}$$

式中，σ 为 t 的正态分布方差。

3. 一组结构面极值分布与极大值定理

根据上述分析，我们可以给出如下的定理：

定理 4.15 一组结构面极值分布与极大值定理 若一组结构面的某个几何尺度 x 服从负指数分布，则它服从下述极值分布

$$g(a) = \frac{1}{\bar{x}} \lambda_v V e^{-\frac{x}{\bar{x}}} \cdot \left[1 - e^{-\frac{x}{\bar{x}}}\right]^{\lambda_v V - 1} \tag{4.80a}$$

并有最可能的极大值为

$$x_m = \bar{x} \ln n = \bar{x} \ln(\lambda_v V) \tag{4.80b}$$

式中，V 为研究单元的体积；λ_v 为结构面体积密度。

由式（4.80a）和式（4.80b）可见，结构面极值分布和极大值都具有尺寸效应，应用中常可以取单元体积 $V=1$，即单位体积。

六、结构面网络连通性分析

结构面网络的连通性质不同，则岩体的力学和水力学性质都会不同。例如，一种被完全连通的结构面网络切割的岩体，在力学性质上相当于块体介质，而水力学性质上则相当于网状贯通裂隙介质。而通常情况下，岩体的力学性质和水力学性质都会因为裂隙

的连通性而表现出一定的各向异性特征。因此，岩体结构面网络的连通性分析具有重要的力学和水力学意义。

结构面网络的连通性与结构面产状、尺度、密度及隙宽均有直接联系。

Roulean 和 Gale（1985）从概念上定义两组裂隙的连通指数如下：

$$I_{ij} = \frac{\bar{l}_i}{\bar{S}_j} \sin\gamma_{ij}$$

式中，$\bar{l}_i$ 为第 i 组的平均迹长；$\bar{S}_j$ 为第 j 组面的平均间距；γ_{ij} 为两组面的夹角。

显然第 i 组面尺度越大，第 j 组面越密集，则 I_{ij} 越大，且当 $\gamma_{ij}=0$ 即两组面平行时连通指数为零。同时有 $I_{ij} \neq I_{ji}$。他们还定义了第 i 组通过其他各组面的总连通指数为

$$I_i = \sum_{j=1}^{n} I_{ij}, \ i \neq j$$

于青春和陈崇希（1989）通过分析连通性的主要影响因素定义了岩体渗透度（K）为

$$K = DK_e$$

式中，K_e 为完全连通网络岩体的渗透度；$D(\leqslant 1)$ 为结构面网络连通度，并对二维网络提出如下经验公式

$$D = 1 - e^{-\frac{1}{\eta}\sqrt{(a+b+c)N\sum_{i=1}^{n} l_i^2 \sin^3 v_i}}$$

式中，a、b、c 为三组面的平均迹长；N 为以 a、b、c 为边长的平行六面体内结构面交点数；n 为裂隙组数；v_i 为研究方向与第 i 组面法线方向夹角；η 为系数。上式表述了连通度与结构面网络中迹长、交点数、夹角的单增关系。

对于三维网络，沈继芳和史毅虹（1985）采用网络图论方法，以两两结构面组为一个子网络，通过叠加形成岩体结构面网络，并以北京西山杨家坨地区奥陶系灰岩岩体为例，进行了结构面网络连通度分析。

下面我们给出连通裂隙率的理论表达式。

设有两组结构面 i 和 j，平均迹长分别为 $\bar{l}_i$ 和 $\bar{l}_j$，平均法线密度为 λ_i 和 λ_j，体密度为 λ_{vi} 和 λ_{vj}，迹长服从负指数分布，两组面夹角为 θ（图 4.38）。

在 j 组中，任一结构能同时交切第 i 组中两个以上结构面而引起连通作用的最小半径长度应为

$$r_j \geqslant \frac{1}{2\lambda_i \sin\theta} \tag{4.81}$$

其中，$1/\lambda_i$ 为第 i 组面的平均间距，单位体积内满足这一条件的第 j 组结构面数为

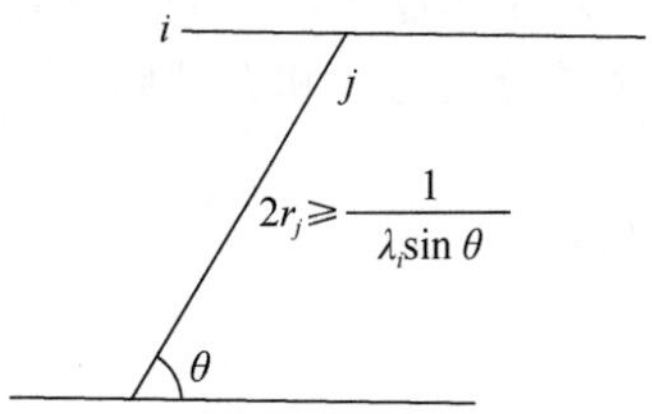

$$N_j = \lambda_{vj} \int_{r_j}^{\infty} f_j(x)\,\mathrm{d}x = \lambda_{vj} \bar{F}_j(r_j)$$

这部分结构面的平均半径（注意与该组全部结构面的平均半径 $\bar{a}_j$ 不同）为

$$\bar{r}_j = \int_{r_j}^{\infty} x f_j(x)\,\mathrm{d}x$$

图 4.38 结构面网络连通性分析图

若第 j 组面平均隙宽为 $\bar{t}_j$，则被连通的结构面总裂隙体积为

$$V_j = \pi N_j \cdot \bar{r}_j^2 \cdot \bar{t}_j$$

因 N_j 是单位体积内的被连通的第 j 组结构面数，因此 V_j 即为第 j 组裂隙通过第 i 组的连通裂隙率 η_{ji}，或即水力学意义上的有效裂隙率为

$$\eta_{ji} = V_j = \pi N_j \cdot \bar{r}_j^2 \cdot \bar{t}_j$$

应当注意的是，第 i 组裂隙构成了第 j 组裂隙面的水力学通路，也限制了第 j 组裂隙连通率作用的有效性；反之亦然。就是说，两组结构面的相互连通率 η_{ji} 和 η_{ij} 中较小的一个才是它们之间实际发生作用的连通率。

考虑到有

$$\eta_{ij} = V_i = \pi N_i \cdot \bar{r}_i^2 \cdot \bar{t}_i$$

可以取两式中较小的值作为第 j 组裂隙被第 i 组的连通率，即

$$\eta_{ji} = \min(\eta_{ji}, \eta_{ij}) \tag{4.82}$$

若除 j 组以外，有 m 组结构面存在，那么每一组都可能使 j 组发生连通，我们可以计算出多个 η_j 值，则有第 j 组结构面可能存在的最大总连通率为

$$\eta_j = \sum_{i=1}^{m} \eta_{ji} \tag{4.83}$$

作为常见的情形，对于半径服从式（4.27）分布的情形，即

$$f(a) = \frac{1}{\bar{a}} e^{-\frac{a}{\bar{a}}}$$

对 $\bar{r}_j$ 积分为

$$\bar{r}_j = \frac{1}{\bar{a}_j} \int_{r_j}^{\infty} x e^{-\frac{1}{\bar{a}_j} x} dx = (\bar{a}_j + r_j) e^{-\frac{r_j}{\bar{a}_j}}$$

而

$$\overline{F_j}(a_j) = 1 - F = e^{-\frac{r_j}{\bar{a}_j}}$$

故式（4.82）可写为

$$\eta_{ji} = \min\left[\pi \lambda_{vj} \bar{t}_j (\bar{a}_j + r_j)^2 e^{-\frac{3r_j}{\bar{a}_j}}, \pi \lambda_{vi} \bar{t}_i (\bar{a}_i + r_i)^2 e^{-\frac{3r_i}{\bar{a}_i}} \right] \tag{4.84}$$

这里顺便讨论一下式（4.81）中 $\sin\theta$ 值的求取问题。若第 i 值和第 j 组面法向矢量方向余弦分别为 n 和 l，则有

$$\cos\theta = n_1 l_1 + n_2 l_2 + n_3 l_3 \tag{4.85a}$$

于是有

$$\sin\theta = \sqrt{1 - \cos^2\theta} \tag{4.85b}$$

此外，岩体中结构面网络的连通性质还可以通过随机网络模拟图抽取连通网络方法获得，对此我们还将做出介绍。

综合上述分析，我们可以给出如下的定理：

定理 4.16　两组结构面的体积连通率定理　若有两组结构面 i 和 j，迹长均服从负指数分布，第 j 组结构面的平均半径为 $\bar{a}_j$，平均隙宽为 $\bar{t}_j$，体密度 λ_{vj}，第 i 组结构面法线密

度为 λ_i，两组结构面夹角为 θ，则第 j 组结构面的体积连通率为

$$\eta_{ji} = \pi \lambda_{vj} \bar{t}_j (\bar{a}_j + r_j)^2 e^{-\frac{3r_j}{\bar{a}_j}} \quad (4.86a)$$

$$r_j \geq \frac{1}{2\lambda_i \sin\theta} \quad (4.86b)$$

七、裂隙张量法

裂隙张量法是用一个张量来描述岩体中一点处结构面网络统计几何性质的方法，由日本学者 Oda（1983，1984）首次提出，并将这一几何张量称为岩体的"一般结构张量"，其形式为

$$\boldsymbol{F} = \frac{\pi\rho}{4} \int_0^\infty \int_\Omega r^3 \boldsymbol{n} \otimes \boldsymbol{n} \otimes \cdots \otimes \boldsymbol{n} E(\boldsymbol{n}, r) \mathrm{d}\Omega \mathrm{d}r$$

式中，ρ 为单位体积中结构面数，$\rho = m/V$，即 λ_v；r 为结构面等效直径，$r = 2\sqrt{s/\pi}$；$\boldsymbol{n}$ 为结构面法向矢量；$\otimes$ 表示并矢积；Ω 为空间角度域；$E(\boldsymbol{n}, r)$ 为 $\boldsymbol{n}$、r 的分布密度函数。

实际应用中，上式可写为

$$\boldsymbol{F} = \frac{\pi}{4V} \sum_{k=1}^{m} (r^{(k)})^3 \boldsymbol{n}^{(k)} \otimes \boldsymbol{n}^{(k)} \otimes \cdots \otimes \boldsymbol{n}^{(k)} \quad (4.87)$$

式中，V 为体积。

按照上面的定义，裂隙张量具有如下特点：

（1）$\boldsymbol{F}$ 是无量纲量；

（2）张量的阶数为偶数，因为对于任一组面，法向矢量（$\boldsymbol{n}$）方向取正或负所表示的是同一组面，即应有 $E(\boldsymbol{n}, r) = E(-\boldsymbol{n}, r)$；

（3）$\boldsymbol{F}$ 是对称张量，即 $F_{ij\cdots k} = F_{ji\cdots k} = F_{kj\cdots i}$；

（4）$\boldsymbol{F}$ 的零阶、二阶、四阶张量分别为

$$F_0 = \frac{\pi}{4}\rho \int_0^\infty r^3 f(r) \mathrm{d}r$$

$$F_{ij} = \frac{\pi\rho}{4} \int_0^\infty \int_\Omega r^3 n_i n_j E(\boldsymbol{n}, r) \mathrm{d}\Omega \mathrm{d}r$$

$$F_{ijkl} = \frac{\pi\rho}{4} \int_0^\infty \int_\Omega r^3 n_i n_j n_k n_l E(\boldsymbol{n}, r) \mathrm{d}\Omega \mathrm{d}r, \quad i, j, k, l = 1, 2, 3 \quad (4.88)$$

（5）零阶张量是比例张量，为 Budiansky 和 O'Connell（1976）裂隙集中度参数。因为裂隙率为

$$P = \frac{V_v}{V} = \frac{\pi}{4}\rho \int_0^\infty m r^2 t f(r) \mathrm{d}r \quad (4.89)$$

式中，t 为隙宽，当 $t = kr$ 时有 $P = kF_0$。

Oda（1985）还定义了另一个"裂隙张量"为

$$P_{ij} = \frac{\pi\rho}{4} \int_0^\infty \int_0^\infty \int_\Omega r^2 t^3 n_i n_j E(\boldsymbol{n}, r, t) \mathrm{d}\Omega \mathrm{d}r \mathrm{d}t \quad (4.90)$$

用于岩体渗透张量分析。

上述裂隙张量中包含了结构面的体积密度、尺寸、张开度与产状，这些正是岩体结构面网络的主要几何要素。又因张量中包含了几个主要的几何参量的分布密度函数，因此裂隙张量综合反映了岩体几何结构的统计性质。Oda把这些结构张量用于岩体力学、岩体水力学及岩体动力学分析。

第八节　岩体结构面网络的随机模拟

岩体结构面网络的随机模拟是根据实测的岩体结构各要素的统计分布，采用蒙特卡罗随机抽样模拟，再现岩体几何结构图式的一种方法。

结构面网络二维模拟技术由英国帝国理工学院 Samaniego A. 在他的学位论文中首次提出。1987年，潘别桐率先将这一技术引入中国，并在黄河小浪底水库、长江三峡电站等重大工程的岩体结构与模拟研究中采用。1990年，徐继先发展了岩体结构面网络模拟程序。陈剑平等（1995）出版了《随机不连续面三维网络计算机模拟原理》，系统介绍了岩体结构面网络模拟方法和应用。贾洪彪（2008）出版了《岩体结构面三维网络模拟理论与工程应用》。Xu 和 Dowd（2010）发展了二维和三维离散裂隙网络模拟软件包。近年来，随着计算机技术的进步和对岩体结构特征的更深入认识，岩体结构面网络的随机模拟也有了更新的发展。

一、结构面网络模拟的基本步骤

陈剑平等（1995）介绍了随机不连续面三维网络计算机模拟原理和13步实施过程，这里大致归纳为以下四个步骤。

第1步：求取岩体结构均质区。

第2步：建立三维随机不连续面几何模型，包括：

(1) 优势不连续面组划分与组数确定；

(2) 各不连续面组产状取样偏差校正与分布参数确定；

(3) 各不连续面组迹长、间距取样偏差校正与分布参数确定；

(4) 按圆盘型考虑的不连续面组直径分布参数确定；

(5) 各结构面组中心点平均体积密度与中心点个数的随机变量分布参数确定。

第3步：蒙特卡罗法随机模拟生成三维网络模型。

第4步：三维网络模型有效性对比检验。

采用蒙特卡罗方法随机模拟生成三维网络模型的过程，实际上是一个随机数据统计分析的逆过程（图4.39）。它通过随机数生成方法产生服从均匀分布的随机数 $r_i \in [0, 1]$（$i = 1, 2, \cdots, n$），将该随机数 r_i 对应到某组结构面任一要素的累积分布函数 $F(t)$，可以唯一地确定一个随机变量的取值 t。这个值 t 即可称为关于分布 $F(t)$ 的一个随机抽样值。当抽样数 n 足够大时，所获取的一组抽样值将服从分布 $F(t)$，即客观反映了结构面某个要素的统计特征。

对于岩体结构面网络，由于包含了多个要素，我们可以用一个随机数 r_i 去对应一组要素抽样值，这样用一个 r_i 即可唯一地确定某组面中一个面抽样的空间位置、产状、尺度等并落于图上。当抽样次数 n 达到某个数字时，便可做出一个与真实岩体结构统计相似的结构面网络图式。

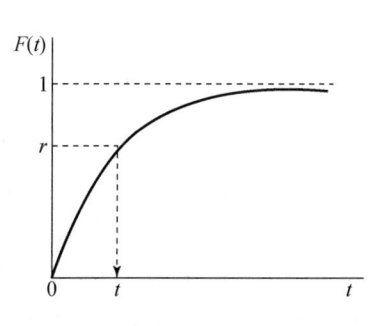

图 4.39　随机模拟过程示意图

二、均匀分布随机数的产生

为了保证模拟结果与原型统计相似，必须保证随机数序列 $\{r_i\}$ 在 $[0, 1]$ 区间内均匀分布，即有密度函数为

$$f(r) = \begin{cases} 1, & 0 \leq r \leq 1 \\ 0, & 其他 \end{cases}$$

$$r = \int_0^1 r f(r) \mathrm{d}r = \frac{1}{2} \tag{4.91}$$

一般计算机中均有产生 $[0, 1]$ 内或任意区间 $[a, b]$ 内均匀随机数的程序，可以直接调用。

三、随机变量抽样方法

设随机变量 t，如结构面倾向服从经验分布 $F(t)$，由于 $F(t)$ 通常是连续单值的，且值域为 $[0, 1]$，故在该区间上总有一个服从均匀分布的随机数 (r) 使得

$$r = F(t)$$

于是有相应的一个倾向抽样值为

$$t = F^{-1}(t)$$

上式必为一个单值对应关系，即一个 r 一定有并且只有一个抽样值 (t) 与之对应（图4.39）。

对于 t 服从负指数分布的情形，有

$$r = F = \int_0^t f(x) \mathrm{d}x = 1 - \mathrm{e}^{-\lambda t}$$

于是有随机抽样值

$$t = -\frac{1}{\lambda} \ln(1 - r) \tag{4.92}$$

四、结构面网络模拟及其应用

自英国学者 Samaniego A. 首创了岩体结构面平面网络模拟技术以来，网络模拟技术与成果已被广泛用于岩体力学各应用问题中。

在平面网络中，结构面是其与模拟平面的一条交线。在模拟过程中，假定交线中点在模拟平面内服从泊松分布，即在任一面积元中结构面中心点数统计相等，由此通过抽样确定结构面中心点 x 坐标和 y 坐标。单位面积内某组面的中心点数为

$$N = \lambda \mu \tag{4.93}$$

亦即本书中的式（4.50）。

结构面中心点位置一旦确定，便可用上述方法，由同一个随机数 r 产生一组分别服从各自分布的随机变量抽样值 t_i（$i=1, 2, \cdots, m$）。例如，同时产生结构面倾向、倾角、半径、隙宽等，这样就可以由一个随机数对应画出图上的一条结构面，n 个随机数画出 n 条结构面。对于第二组，乃至第 i 组结构面，重复上述过程，即可做出结构面网络图形。

当模拟平面上总结构面数全部做出后，即可得到一幅网络图 [图4.40（a）]。

结构面网络模拟的目的不在于得到一张网络图，而在于用它来进行各种应用分析，它们包括：

（1）抽取连通网络图。图4.40（a）中与边界线相交的结构面有可能与外界沟通形成连通通路。因此，首先可找出结构面与边界线的交点，由此出发对结构面进行追踪，找出与该面相交的所有结构面，并按树形结构分层循序追踪。舍去"盲裂隙"，即不再与其他裂隙继续连通的裂隙，由此即可得到图4.40（a）的连通网络图 [图4.40（b）]。连通网络图不仅对岩体水力学特性分析有重要意义，对岩体中可能破坏面的搜索确定也具有意义。

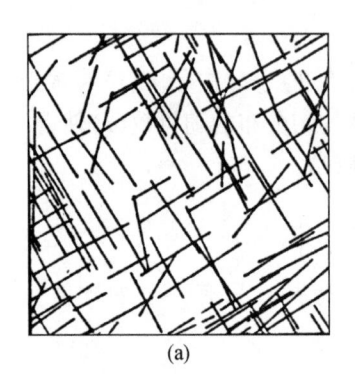

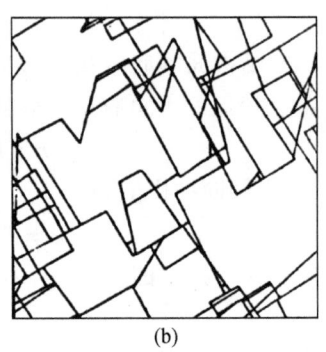

图4.40　模拟结构面网络（a）与连通网络图（b）

（2）岩体方向 RQD 的确定。在模拟网络图内，任取一方向的测量线，可用计算机搜索出与测线相交的结构面，累加相邻间距大于 10cm 的部分，其与测线长度的百分比值即为计算方向的 RQD 值。由于结构面网络的模拟平面方向是可以随意选取的，因此，我们

可以得到空间各个方向上的 RQD 值。图 4.41 为从模拟平面内不同方向上求得的 RQD 分布图，它清楚地反映了 RQD 的极大值与极小值分布。

（3）岩体最可能破坏面的搜索。当岩体中某剖面的结构面网络模拟出来后，我们可以结合工程的边界条件，搜索出连通路径，用数值方法算出路径上各结构面处的应力状态，代入力学参量 c、φ，采用刚体极限平衡法计算出沿连通路径的稳定性系数。比较各路径的稳定性系数，便可找出最可能破坏的滑动破坏面。图 4.42 即为由此确定的边坡岩体破坏面。

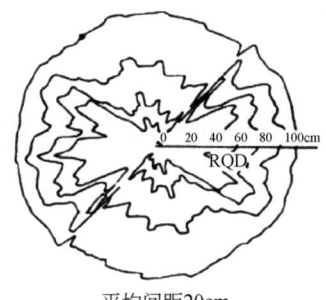

图 4.41　二维 RQD 的方向分布
（据杜时贵等，1996）

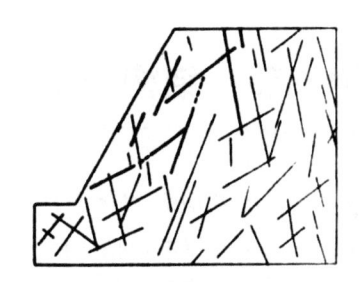

图 4.42　边坡中最危险破坏面位置搜索

但是应当看到，岩体结构面网络的任一个模拟图式都只不过是整个岩体结构形式的一次随机抽样，岩体中某个结构面尤其是长大结构面的具体位置、方向在不同次模拟中将可能是不同的。因此，应用一次网络模拟结果进行岩体力学分析和地下水运移分析的可靠性等同于用一个随机样品值代表一个随机总体的均值。但要进行大量的网络模拟，工作量将是巨大的。

由此可见，应用结构面网络模拟技术进行岩体结构、岩体力学与水力学性质研究只是一种几何途径。

（4）不同类型岩体结构的随机模拟。我们知道，岩体中存在一组结构面时，岩体将表现出强烈的各向异性。随着结构面组数的增加，岩体结构的各向异性会减弱。一般结构面组数大于 3～4 组时，岩体结构与岩体力学性质将逐渐趋于各向同性。

采用岩体结构面网络模拟技术，改变结构面几何要素的数值，可以模拟出不同结构类型的岩体。如存在几组大角度相交结构面的岩体，当结构面尺度和密度较小时，可以模拟出整体块状结构岩体；随着结构面尺度和密度的增大，可以模拟出块状、碎块状岩体；当结构面组数较多，且密度较大时，可以得到碎裂状岩体；当某组结构面尺度密度远大于其他组时，可以模拟出层状结构岩体，等等。

图 4.43（a）～（d）为块状、层状、片岩、散体结构岩体的平面模拟结果。根据岩体结构类型的分区，还可以模拟出更为复杂的岩体结构状态，如断层及其影响带、各类互层状结构岩体等。

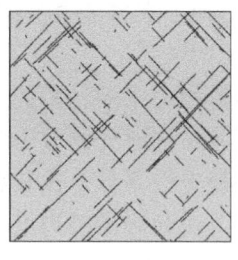

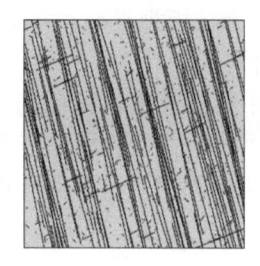

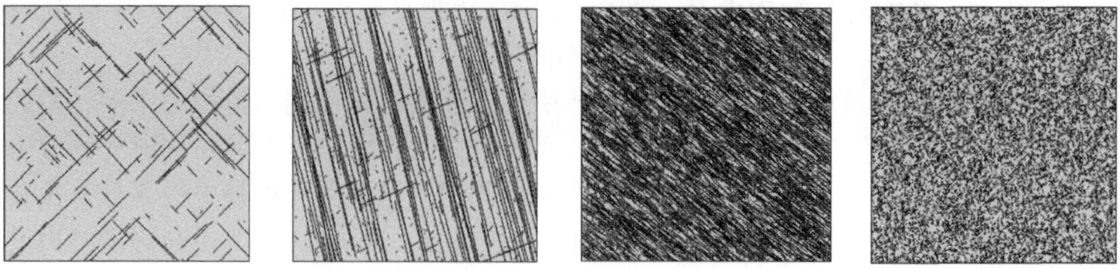

(a) 块状岩体　　　　　(b) 层状岩体　　　　　(c) 片状岩体　　　　　(d) 散体结构岩体

图 4.43　不同类型岩体结构的随机模拟图

第九节　结构面识别采集与三维网络模拟应用

岩体结构状态的获取是岩体性质分析的基础，涉及岩体结构识别提取、空间分析、网络重构等，所采用的技术包括非接触识别技术、解译技术、三维重构技术等。

为了更好的展示岩体结构几何概率理论的应用成效，以西班牙加泰罗尼亚 Baix Camp 地区的 TP7403 号公路边坡为例，采用岩体结构的非接触识别与分析方法，获得岩体结构的分布状态，并通过三维网络模拟建立结构面三维网络模型。

一、结构面的识别与采集

案例边坡岩性主要由石炭系砂岩组成，整个研究区域长度约为 9.2m，宽度约为 5.1m。使用 Optech ILRIS-3D 激光扫描仪对该处边坡露头采集了 160 万个点的三维点云数据，分辨率约为 6m×6m，数据由 Dr. Siefko Slob（荷兰代尔夫特理工大学）采集完成，所有点云数据以 XYZ 格式存储，四列分别包含 x、y 和 z 坐标以及激光强度值。如图 4.44 所

图 4.44　西班牙某公路边坡照片（其中放大部分为表面提取的两个结构块体）

示，研究区域斜坡被稀疏的植被覆盖，并且岩体结构面的延续性很好。直接应用原始点云数据集，采用如图 4.45 所示流程识别和提取岩体结构体信息。

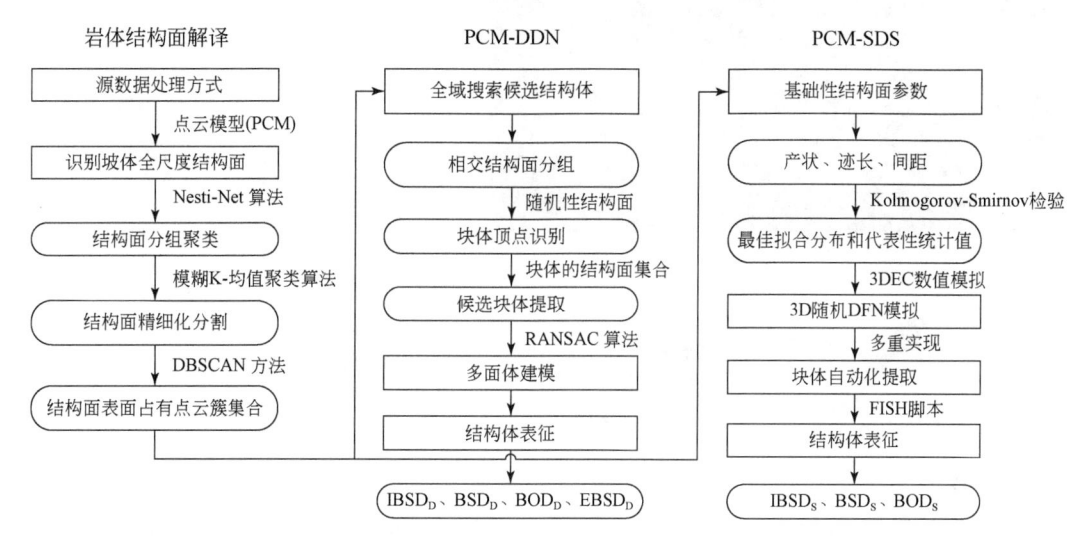

图 4.45　结构面解译的方法流程

为了实现全域搜索和精准化定位结构体，需要进行岩体结构面的识别与提取。从点云模型（point cloud model，PCM）中正确组装属于不连续面的对应点集合是模拟岩体原位结构面网络和提取结构体的关键步骤。首先，通过计算每个点在三维空间中的法矢量来估计每个点方位角特征。基于 Nesti-Net 算法的卷积神经网络（convolutional neural network，CNN）对无组织关系的 PCM 模型进行矢量拟合。

计算给定 PCM 中的多尺度点统计数据，最佳尺度由尺度管理器网络确定。法向量由混合专家 CNN 计算，并由 HSV 渲染技术（参考 Liu and Kaufmann，2015）映射，可以使用模糊 K-均值聚类算法。模糊 K-均值聚类算法是一种分区聚类技术，已被一些研究学者成功应用到岩体结构面产状分组研究中，它能将类似定向的数据自动分配到同一组内。如图 4.46 所示，对案例的点云数据进行分类，共有四组结构面，并且与之相关的点云集合使用不同的颜色表示出来。

从每个结构面组的点子集中可以手动或自动提取单个结构面的点云聚类簇，如使用 DBSCAN（density-based spatial clustering of applications with noise）方法或基于密度比的 DRBM 算法。首先，我们基于上述自动化算法，对每组的结构面点集进行点云分割操作；然后，根据实际情况手动进行修改和拼接，以减少自动提取中的错误；最后，在这一步骤中可以获得每个结构面组集合中的所有确定性结构面的点云数据簇。这些结构面点云簇被指定为结构面组的点云集的独立成员。针对这一露头所识别的结构面主要参数见表 4.6。

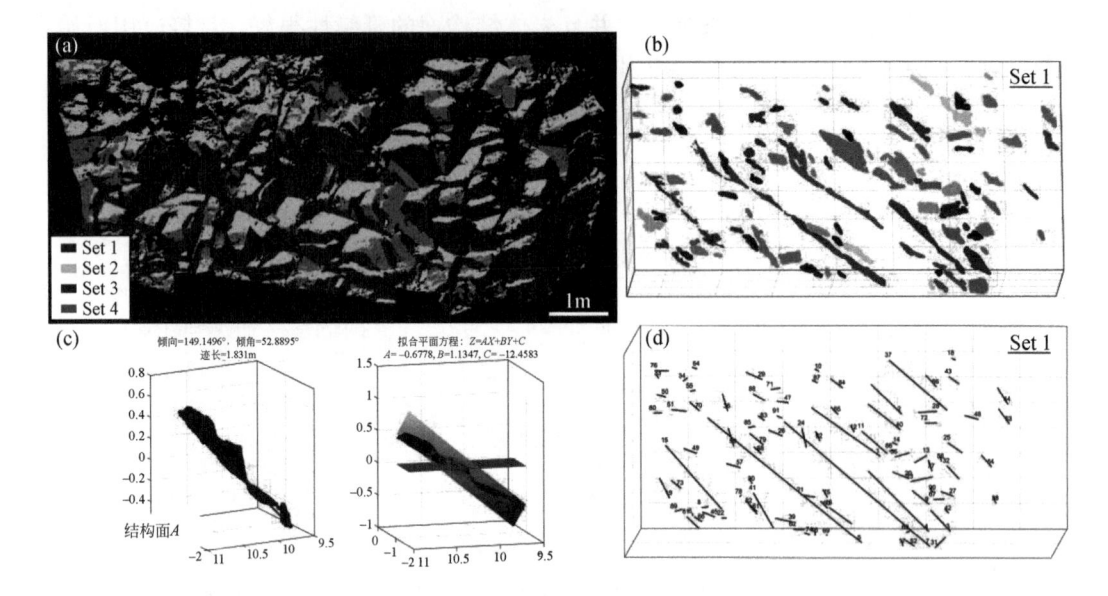

图 4.46 （a）案例中全域结构面分组后点云模型展示；（b）结构面组 Set 1 的每个单一结构面精细化分割；（c）结构面 A 参数计算示例：产状、迹长和拟合平面方程；以及（d）结构面组 Set 1 的迹线图

表 4.6 案例中提取的结构面主要参数统计结果

组号	产状/(°)			迹长/m		法向组间距/m	
	Fisher 分布			对数正态分布		对数正态分布	
	倾向	倾角	Fisher K 值	均值	标准差	均值	标准差
Set 1	127	56	15.17	0.27	0.135	0.34	0.016
Set 2	291	45	35.09	0.55	0.304	0.15	0.067
Set 3	227	83	34.89	0.45	0.386	0.25	0.061
Set 4	279	81	37.96	0.44	0.107	0.18	0.119

二、结构面三维网络模拟

使用 3DEC 模拟软件，采用岩体结构面的几何特征作为输入属性，首先，创建了一系列有限尺寸的离散、平面延展和圆盘形状的结构面；然后，基于 FISH 脚本语言开发了在三维岩体模型下结构体生成、提取和测量的系统程序。为确保模拟岩体能够更好的代表真实岩体情况，需先评估数字模拟模型的合理尺寸（REV）。我们采纳 Kim 提出的虚拟钻孔标准来确定模型尺寸，为了消除边界效应，被模型边界分割的结构块体被排除在计算之外（图 4.47）。

基于 PCM-DDN 和 PCM-SDS 块体表征方法对研究案例的点云数据模型进行了结构体识别和提取。两种结果表现出的相似性依赖于案例研究区地质露头的良好块体出露条件，

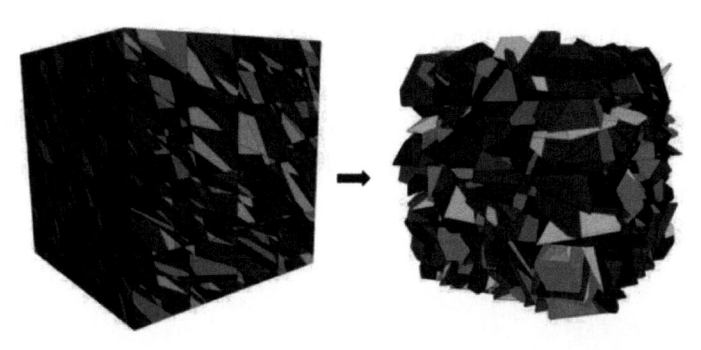

图 4.47 基于随机 DFN 数值模拟的三维结构体模型和去除边界块体后的模型

这也验证了 PCM-SDS 方法的可行性和有效性。从表 4.7 中可以看出，基于 PCM-DDN 提取方法的 D_{50} 和 D_{75} 以及均值均小于 PCM-SDS 提取方法的。这种数值表现上的差异性可归因于有限的测量区域。因为一般现场的地质露头由于风化等自然现象或人工开挖等工程影响，大尺寸的块体很难持续保存在地质露头上。这就造成了 PCM-DDN 提取方法中有些体积小于 PCM-SDS 提取方法的。从 PCM-DDN 中提取的 97 个结构体的块体三维空间分布及其确切的三维位置如图 4.48 所示。

表 4.7 案例中 PCM-DDN 与 PCM-SDS 结果对比

提取方法	块体体积/m³				块体产状（倾向/倾角）/(°)
	D_{25}	D_{50}	D_{75}	均值	
PCM-DDN	0.005	0.014	0.038	0.041	115/26
PCM-SDS	0.06	0.035	0.120	0.101	124/17
所有模型	M：0.005	M：0.027	M：0.092	M：0.084	—
	SD：0.003	SD：0.014	SD：0.044	SD：0.060	

注：M. 平均值；SD. 标准差。

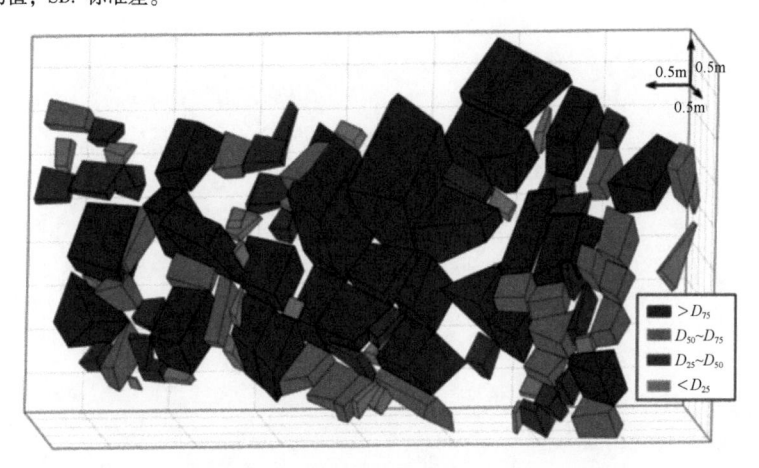

图 4.48 案例边坡的 PCM-DDN 提取块体三维空间分布图

基于上述分析，我们对案例边坡中主要的块体几何属性特征进行了解译，同时通过三维模拟得到了块体形状分布和块体产状分布。利用现场有限的露头信息，通过对 PCM-DDN 和 PCM-SDS 获取的结果对比发现，基于数值模拟的方法能够对各种尺度的块体进行模拟，进而进行统计分析，实现对岩体结构几何概率理论的应用。

第五章

岩体的应力-应变关系理论

如何采用力学工具来表述和分析岩体的力学行为，历来是岩石力学的难题。早期的岩石力学是借用了弹性力学、塑性力学，乃至黏-弹-塑性理论来研究岩体的变形和强度行为，但这种努力始终受到力学理论与岩体不连续与各向异性特征巨大差异的限制。

20世纪中后期，人们开始探索结构面的力学特性，提出了岩体力学的概念。这一时期虽然对结构面的力学行为有了深入的认识，但岩体的整体力学行为仍然采用连续介质力学理论来表述。只是到了20世纪末人们才开始探索建立岩体结构模型，并用于研究岩体整体力学行为。

本章将在均质假定的基础上，建立裂隙岩体的应力-应变关系，并介绍损伤力学及裂隙张量方法表述岩体本构理论的若干结论。

第一节　裂隙岩体连续等效的概念

裂隙岩体是由岩石块体和有限长度的结构面及其网络组合而成的地质体。岩体具有细观上不连续性与宏观上似连续性的双重特性。由于岩体中结构面遵从断裂力学的行为规律，因此基于结构面断裂力学分析，建立岩体的宏观连续介质力学模型，应该是恰当的途径。这就是将细观不连续的裂隙岩体进行宏观连续等效分析的方法。

等效途径选择是介质连续等效的关键环节，不恰当的等效途径可能导致问题。损伤力学理论曾经尝试这种等效，并引发了一个时期的研究热潮。但是，对于裂隙岩体建立等效模型存在许多重要困难。

损伤力学理论从一维杆件受拉条件出发，考虑到杆件横截面 A_n 中受拉而张开的微裂纹不能传力，实际传力面积降低为 $A<A_n$，定义损伤因子 $\Omega = \dfrac{A_n - A}{A_n} = 1 - \varphi$。将实际受力面积上增大了的应力称为"有效应力"，即 $\sigma^* = \dfrac{\sigma}{1-\Omega} > \sigma$，并在此基础上提出了等效应变假设，即把因材料损伤而增大了的应变（ε^*）等效为 σ^* 在原有连续介质上的作用结果，即

$$\varepsilon^* = \frac{\sigma^*}{E} = \frac{\sigma}{(1-\Omega)E}$$

这一"应变等效"假设使人们方便地建立起受拉杆件的一维损伤本构关系。但是对于岩体，这一假设至少带来两个困难：一是如何将一维的损伤因子（Ω）拓展为三维条件下具有九个分量的损伤张量，以往的杆件截面传力面积投影实际上很难操作；二是岩体裂隙多数为受压闭合状态，能够传递法向压应力，也能传递部分剪应力，按照一维损伤力学理论推广所建立的三维模型中有效应力张量不具有对称性，不满足应力理论的基本要求。

人们对损伤张量和有效应力张量进行了各种人为的修正，但这些问题在三维损伤理论中并没有根本解决。问题的根源就在于损伤理论选取了应变等效的途径。

我们将探索采用能量等效的途径来研究问题。考虑到工程及其影响深度是有限的，岩体应力不大；岩体也常常工作在常温状态，多表现出弹性和脆性变形特征。所以，我们将运用弹性力学、线弹性断裂力学的能量理论来分析岩体的力学习性，建立均质裂隙岩体等效连续力学模型。

第二节 裂隙岩体应力-应变关系的平面问题模型

为了说明建立裂隙岩体应力-应变关系的思路，本节将首先以简单的平面问题进行分析，以便于理解。

一、结构面上的应力

设如图 5.1 所示的单位面积岩体单元，边长分别与坐标轴 x 和 y 平行。有一个长为 $2a$ 的穿透性结构面，法线 $\boldsymbol{n}$ 与 x 轴夹角为 θ，法线方向余弦为

$$n_1 = \cos\theta, \quad n_2 = \sin\theta$$

设单元边界作用主应力为 σ_{11} 和 σ_{22}，为了讨论简洁，我们设 σ_{11} 和 σ_{22} 为有效应力，即总主应力扣除裂隙水压力 p 后的应力，这与在裂隙面上减扣裂隙水压力式等效。

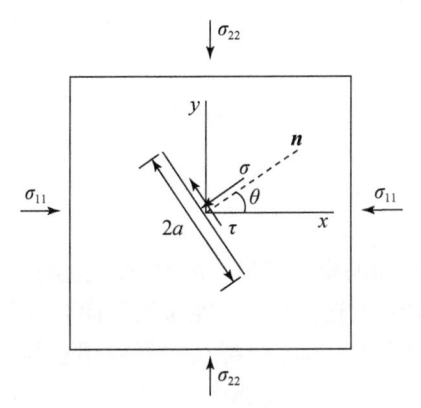

图 5.1 岩体单元受力图示

按照应力投影公式，结构面上的法向应力（σ）和剪应力（τ）分别为

$$\begin{cases} \sigma = \sigma_{11} n_1^2 \theta + \sigma_{22} n_2^2 \\ \tau = (\sigma_{11} - \sigma_{22}) n_1 n_2 \end{cases} \tag{5.1}$$

结构面在受压闭合时，将存在抗剪强度（τ_f）为

$$\tau_f = c + \sigma \tan\varphi$$

在剪应力克服了抗剪强度后剩下的部分称为剩余剪应力（τ_r），为

$$\tau_r = \tau - \tau_f = \tau - (c + \sigma\tan\varphi) \tag{5.2}$$

定义如下的剩余剪应力比值系数（h）为

$$h = \frac{\tau_r}{\tau} \tag{5.3}$$

在式（5.2）中，剪应力（τ）和抗剪强度（τ_f）的作用方向总是相反的。在未发生沿结构面剪切破坏时，抗剪强度 $\tau_f = c + \sigma\tan\varphi$ 只是一个潜在的值，它所发挥出的量值只能与剪应力（τ）相等，此时有 $\tau_r = 0$，$h = 0$；只有当结构面发生剪切滑动时，抗剪强度（τ_f）的潜能才能充分发挥出来，成为 $c + \sigma\tan\varphi$，此时有 $0 \leqslant \tau_r < \tau$，$0 < h < 1$。

对于受法向拉应力作用张开的情形，由于结构面已经没有抗剪强度，因此剪应力将全部成为剩余剪应力，即有 $h = 1$，$\tau_r = \tau$。

根据上述分析可知，h 是一个无量纲的正数，且有 $0 \leqslant h \leqslant 1$。

二、结构面的变形

在上述应力作用下，结构面上将发生两种变形，即法向变形和剪切变形。

1. 法向变形

当结构面因张开而不传递法向应力时，尖端区域将出现应力集中现象，即发生断裂力学效应。由结构面张开变形引起的弹性应变能将存储于结构面周边的连续介质中。按照断裂力学的说法，受法向张应力作用发生变形的裂纹称为格里菲斯（Griffith）裂纹，或称 I 型裂纹。

对于受法向拉应力（σ）作用，长度为 $2a$ 的穿透裂纹，I 型裂纹壁面法向张开位移（v_I）为（范天佑，1978）

$$v_I = \frac{2(1-\nu^2)}{E}\sigma\sqrt{a^2 - x^2}, \quad 0 \leqslant x \leqslant a$$

式中，x 为自裂纹中点沿裂纹面的距离变量；E 为弹性模量；ν 为泊松比。

当结构面受到法向压缩应力作用时，很容易发生闭合而使两壁接触，并可以传递法向应力，此时断裂力学效应消失。为区分裂纹张开或闭合的情形，我们定义下述结构面法向应力状态系数（k）为

$$k = k(\sigma) \tag{5.4}$$

当结构面受法向拉应力作用张开时，取 $k = 1$；当其闭合时，取 $k = 0$。由此可以将式（5.4）写为

$$v_I = \frac{2(1-\nu^2)}{E}k\sigma\sqrt{a^2 - x^2}, \quad 0 \leqslant x \leqslant a \tag{5.5}$$

通常结构面两壁多数是点状接触。实验已经证实，闭合结构面在法向压应力作用下会进一步产生压缩变形，且其法向压缩刚度将随压缩量增大而呈指数方式快速增长，因此压缩量是有限的。理想的最大压缩量是结构面的张开度，即隙宽。

2. 剪切变形

结构面承受沿裂纹平面的剪切应力作用时,将会产生剪切变形。按照断裂力学,受纯剪应力作用发生剪切变形的裂纹称为滑开型裂纹,或称Ⅱ型裂纹。

当结构面闭合时,剪应力会克服两壁面间的抗剪强度,在剩余剪应力(τ_r)作用下发生相对剪切变形。Ⅱ型裂纹的剪切位移($v_{\text{Ⅱ}}$)为(范天佑,1978)

$$v_{\text{Ⅱ}} = \frac{2(1-\nu^2)}{E}\tau_r\sqrt{a^2-x^2}, \quad 0 \leqslant x \leqslant a \tag{5.6}$$

式中,x为自裂纹中点沿裂纹面的距离变量。

三、结构面变形引起的应变能

我们知道,在一定的应力作用下,结构面的弹性变形将引起弹性应变能,并存储在结构面周边的连续介质中。我们仍然分别考察结构面的张开变形和剪切变形引起的应变能。

1. 结构面张开变形引起的应变能($U_{\text{Ⅰ}}$)

一个结构面在法向应力(σ)作用下,裂纹表面面积元$\mathrm{d}s = B\mathrm{d}x$上的力元为

$$\mathrm{d}p = \sigma\mathrm{d}s = \sigma B\mathrm{d}x = \sigma\mathrm{d}x$$

式中,B为裂纹单元的厚度,可取为单位值。按照功能原理,力元$\mathrm{d}p$使裂纹表面元$\mathrm{d}s$产生位移($v_{\text{Ⅰ}}$)所做的功($\mathrm{d}W_{\text{Ⅰ}}$)将完全转换为裂纹周边连续介质中的弹性应变能($\mathrm{d}U_{\text{Ⅰ}}$),因此有

$$\mathrm{d}U_{\text{Ⅰ}} = \mathrm{d}W_{\text{Ⅰ}} = \frac{1}{2}v_{\text{Ⅰ}}\mathrm{d}p = \frac{1}{2}v_{\text{Ⅰ}}\sigma\mathrm{d}x$$

应力σ对整个结构面上下两壁张开位移转化的弹性应变能为

$$U_{\text{Ⅰ}} = 2\int_{-a}^{a}\mathrm{d}W_{\text{Ⅰ}} = 4\int_{0}^{a}\frac{1}{2}v_{\text{Ⅰ}}\mathrm{d}p = \frac{\pi(1-\nu^2)}{E}k^2a^2\sigma^2 \tag{5.7}$$

2. 结构面剪切变形引起的应变能($U_{\text{Ⅱ}}$)

对于Ⅱ型裂纹,力元和位移的表述形式与Ⅰ型裂纹相同,只是将张应力(σ)换成了剩余剪应力(τ_r)。与上述过程相仿,我们可以推得一个Ⅱ型结构面在剪切应力作用下引起的应变能为

$$U_{\text{Ⅱ}} = \frac{(1-\nu^2)}{E}\pi a^2\tau_r^2 = \frac{(1-\nu^2)}{E}h^2\pi a^2\tau^2 \tag{5.8}$$

3. 结构面变形引起的应变能(U_c)

当结构面同时受到法向应力和剪应力的作用时,将产生并存储上述两种应变能。由

于能量是标量，是直接可加量，结构面变形引起的应变能（U_c）应为两者之和，即

$$U_c = U_\mathrm{I} + U_\mathrm{II} = \frac{(1-\nu^2)}{E}\pi a^2(k^2\sigma^2 + h^2\tau^2) \tag{5.9}$$

四、能量可加性原理

能量是标量，因此为直接可加量，这就是"能量可加性原理"。由于应变能密度是单位体积的能量，因此也服从能量可加性原理。

由于这一原理是统计岩体力学的基本原理，这里专门列出，不做详细讨论。

五、岩体单元应力–应变关系

当岩体单元中含有 m（$p=1,2,\cdots,m$）组结构面，第 p 组结构面的个数为 N_p（$q=1,2,\cdots,N_p$），若考虑到同一组结构面应力状态相近，则有单元体中结构面应变能为

$$\begin{aligned}U_c &= \sum_{p=1}^{m}\sum_{q=1}^{N_p} U_{cqp} = \frac{1-\nu^2}{E}\sum_{p=1}^{m}\sum_{q=1}^{N_p}(k^2\sigma^2 + h^2\tau^2)\pi a^2 \\ &= \frac{1-\nu^2}{E}\pi\sum_{p=1}^{m}(k^2\sigma^2 + h^2\tau^2)\sum_{q=1}^{N_p} a^2\end{aligned} \tag{5.10}$$

若某组结构面面积密度为 λ_s，则在面积 S 内有结构面数 $N_p = \lambda_s S$。将 a^2 用其均值代替，则可将式（5.10）中后面的求和式写为

$$\sum_{q=1}^{N_p} a^2 = N_p \overline{a^2} = \lambda_s \cdot S \cdot \overline{a^2}$$

若结构面半径（a）服从分布式（4.27），或即

$$f(a) = \frac{\pi}{2}\mu e^{-\frac{\pi}{2}\mu a}$$

根据随机变量函数的分布定理式（4.24），a^2 服从分布：

$$h(a^2) = \frac{\pi}{2}\mu e^{-\frac{\pi}{2}\mu a} \cdot \frac{1}{2}a^{-1} = \frac{\pi}{4}\mu a^{-1} e^{-\frac{\pi}{2}\mu a}$$

于是有 a^2 的均值为

$$\overline{a^2} = \frac{8}{\pi^2\mu^2} = 2\overline{a}^2$$

注意到式（4.50），即 $\lambda_s = \mu\lambda$，于是有

$$\sum_{q=1}^{N_p} a^2 = \frac{4}{\pi}\lambda \cdot S \cdot \overline{a} \tag{5.11}$$

式中，引用了式（4.28），即 $\overline{a} = \dfrac{2}{\mu\pi}$。

在式（5.10）中代入式（5.11），两边除以单元体积 $S\times 1$，可得由结构面网络引起的

应变能密度（u_c）为

$$u_c = \frac{U_c}{S} = \frac{4(1-\nu^2)}{E}\sum_{p=1}^{m}\lambda\bar{a}(k^2\sigma^2 + h^2\tau^2) \tag{5.12a}$$

上式中代入式（5.1），上式可变为

$$u_c = \frac{4(1-\nu^2)}{E}\sum_{p=1}^{m}\lambda\bar{a}[k^2(\sigma_{11}n_1^2 + \sigma_{22}n_2^2)^2 + h^2(\sigma_{11}-\sigma_{22})^2h^2n_1^2n_2^2] \tag{5.12b}$$

另一方面，由弹性理论，单元中连续岩石产生的应变能密度为

$$u_0 = \frac{1}{2E}[\sigma_{11}(\sigma_{11}-\nu\sigma_{22}) + \sigma_{22}(\sigma_{22}-\nu\sigma_{11})] \tag{5.13}$$

根据能量可加性原理，可得到岩体单元的总弹性应变能密度

$$u = u_0 + u_c \tag{5.14}$$

令上式左边即单元总应变能密度为

$$u = \frac{1}{2}[\sigma_{11}\varepsilon_{11} + \sigma_{22}\varepsilon_{22} + (\sigma_{11}+\sigma_{22})\varepsilon_{12}] \tag{5.15}$$

并将式（5.12b）、式（5.13）和式（5.15）代入式（5.14），即可得到用主应力表示的岩体单元的平面应变能密度。

对式（5.14）的主应力形式进行整理，可以得到

$$0 = \sigma_{11}\left[\frac{1}{E}(\sigma_{11}-\nu\sigma_{22}) + \frac{8(1-\nu^2)}{E}\sigma_{11}\sum_{p=1}^{m}\lambda\bar{a}(k^2n_1^2+h^2n_2^2)n_1^2 - \varepsilon_{11}\right]$$

$$+ \sigma_{22}\left[\frac{1}{E}(\sigma_{22}-\nu\sigma_{11}) + \frac{8(1-\nu^2)}{E}\sigma_{22}\sum_{p=1}^{m}\lambda\bar{a}(k^2n_2^2+h^2n_1^2)n_2^2 - \varepsilon_{22}\right]$$

$$+ \sigma_{11}\left[\frac{8(1-\nu^2)}{E}\sigma_{22}\sum_{p=1}^{m}\lambda\bar{a}n_1^2n_2^2(k^2-h^2) - \varepsilon_{12}\right]$$

$$+ \sigma_{22}\left[\frac{8(1-\nu^2)}{E}\sigma_{11}\sum_{p=1}^{m}\lambda\bar{a}n_1^2n_2^2(k^2-h^2) - \varepsilon_{12}\right]$$

由于两个主应力均不恒为 0，只能是它们的系数为 0，可以得到上式右端括号部分为等于 0 的四个方程。按照工程应变方式，合并后两个方程并取均值，使得剪应变互等，即 $\varepsilon_{12}=\varepsilon_{21}$，我们可以得到如下的平面应力问题的岩体应力-应变关系为

$$\begin{cases}\varepsilon_{11} = \frac{1}{E}\left[\sigma_{11}-\nu\sigma_{22}+8(1-\nu^2)\sum_{p=1}^{m}\lambda\bar{a}n_1^2(k^2n_1^2+h^2n_2^2)\sigma_{11}\right] \\ \varepsilon_{22} = \frac{1}{E}\left[\sigma_{22}-\nu\sigma_{11}+8(1-\nu^2)\sum_{p=1}^{m}\lambda\bar{a}n_2^2(k^2n_2^2+h^2n_1^2)\sigma_{22}\right] \\ \varepsilon_{12} = \frac{4(1-\nu^2)}{E}\sum_{p=1}^{m}\lambda\bar{a}n_1n_2(k^2-h^2)(\sigma_{11}+\sigma_{22})\end{cases} \tag{5.16}$$

归纳上述，我们可以总结出建立岩体弹性应力-应变关系的基本思路：
（1）写出任一结构面上的法向应力与剩余剪应力、结构面的法向和切向位移；
（2）求得结构面法向、切向变形和相应的应变能，两者之和即为结构面的弹性变形

应变能；

（3）将各组结构面引起的弹性应变能加和，得到结构面网络引起的应变能；

（4）将连续岩石和结构面网络的弹性应变能加和，得到岩体单元的总弹性应变能；

（5）合并应力分量同类项，消去应力分量变量，即可得等效连续岩体的应力-应变关系。

下面我们将沿着这个思路，建立三维应力状态下含埋藏型圆形结构面岩体的连续等效应力-应变关系。

六、岩体平面应力-应变关系的特点

考察式（5.16）的岩体平面应力-应变关系可以看出如下特点：

（1）岩体的应变一般由两部分组成：第一部分为岩块应变 ε_0，由经典弹性理论给出；第二部分为结构面引起的应变 ε_c。以第一式为例，这两部分可以分别写为

$$\begin{cases} \varepsilon_{011} = \dfrac{1}{E}(\sigma_{11} - \nu\sigma_{22}) \\ \varepsilon_{c11} = \dfrac{8(1-\nu^2)}{E}\sigma_{11}\sum_{p=1}^{m}\lambda\bar{a}n_1^2(k^2n_1^2 + h^2n_2^2) \end{cases}$$

（2）在仅有两向主应力的情形下，仍然可以产生剪应变，由式（5.16）第三式可知，剪应变由结构面引起。即是说，由于结构面的存在，主应力可以引起剪应变，这是与经典弹性力学不同的地方。

七、主应变对主应力偏转的角度条件

由式（5.16）可见，即使岩体单元边界无剪应力作用，由于结构面网络的力学效应，在主应力边界仍然出现剪应变。这表明，主应力与主应变方向并不一致。事实上，这一结论可以从考察式中第三式的剪应变得到。

考虑仅含一组结构面的情形（图5.2），$n_1 = \cos\theta$ 是结构面法线与 σ_{11} 之间夹角的方向余弦。事实上，在第三式中，若满足 $n_1 = 0$ 或 $n_2 = 0$ 或 $h_2 = 0$，便不会发生剪应变，即主应变不会偏转。这分别对应于 $\theta = 90°$、$\theta = 0°$ 和 $\theta \leq \varphi_e$（φ_e 为计入结构面黏聚力时的等效摩擦角），即 σ_{11} 垂直、平行于结构面法线，以及落入结构面等效摩擦锥之内。其中第1种为小概率事件，可忽略，第2种可归入第3种情形，因此实际上不发生主应变偏转的条件只有第3种情形。反过来说，发生主应变偏转（剪应力不为0）的条件是 $\theta > \varphi_e$，或即 $1 > |h| > 0$。

当然，可以证明，结构面受拉张开时单元体主应力与主应变方向总可以一致。

因此，主应变发生偏转的条件可表述为

$$|\theta| - \varphi_e > 0 \text{ 或 } 1 > |h| > 0$$

其中，若 c、φ 为结构面黏聚力和摩擦角，则结构面等效摩擦角为

$$\varphi_e = \arctan\frac{c+\sigma\tan\varphi}{\sigma} = \arctan\left(\frac{c}{\sigma}+\tan\varphi\right)$$

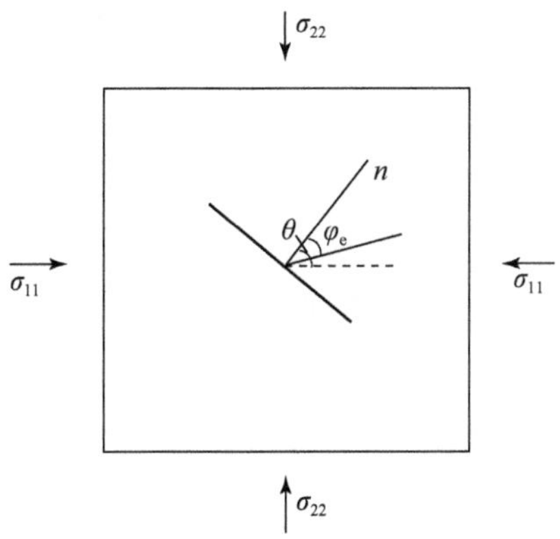

图 5.2　主应变发生偏转的角度条件示意图

第三节　埋藏结构面上的应力

本节开始讨论岩体的三维应力-应变关系。三维应力-应变关系要比平面问题复杂一些。

首先讨论三维埋藏圆形结构面上的应力分解。本节将用到张量的下标记法和一些简单的代数运算，并将一些可以直观表达的内容写成习惯形式。对于烦琐的推导过程及其表达形式，可以不必在意，我们将在得到结果后尽可能做出通俗的分析。

设岩体单元中有一圆形埋藏结构面（图 5.3），半径为 a，产状为 $\alpha\angle\beta$，则其法向矢量（$\boldsymbol{n}$）在三维笛卡儿坐标系 $x_i(i=1,2,3)$ 中的方向余弦可按式（4.1）写为

$$\boldsymbol{n} = \begin{bmatrix} n_1 \\ n_2 \\ n_3 \end{bmatrix} = \begin{bmatrix} -\cos\alpha\sin\beta \\ \sin\alpha\sin\beta \\ \cos\alpha \end{bmatrix}$$

设结构面中心点附近一定范围内作用有总应力张量 $\boldsymbol{\sigma}^*$，并存在裂隙水压力 p。但是，在分析岩体力学行为时，我们将采用有效应力 $\boldsymbol{\sigma}$。由于 p 为各向同性的静水应力，它的存在将改变正应力而不影响剪应力，因此我们将有效应力张量 $\boldsymbol{\sigma}$ 等效地表示为（图 5.4）

$$\boldsymbol{\sigma} = \begin{bmatrix} \sigma_{11}^*-p & \sigma_{12}^* & \sigma_{13}^* \\ \sigma_{21}^* & \sigma_{22}^*-p & \sigma_{23}^* \\ \sigma_{31}^* & \sigma_{32}^* & \sigma_{33}^*-p \end{bmatrix} = \begin{bmatrix} \sigma_{11} & \sigma_{12} & \sigma_{13} \\ \sigma_{21} & \sigma_{22} & \sigma_{23} \\ \sigma_{31} & \sigma_{32} & \sigma_{33} \end{bmatrix} \qquad (5.17)$$

由弹性力学 Cauchy 公式，结构面上总应力矢量为

$$P = \sigma \cdot n \qquad (5.18a)$$

结构面上的法向应力数值为

$$\sigma_n = P^\tau \cdot n = n^\tau \cdot \sigma^\tau \cdot n \qquad (5.18b)$$

结构面上的剪应力矢量为

$$\tau = P - \sigma_n = P - \sigma_n n \qquad (5.18c)$$

剪应力的量值为

$$\tau = \sqrt{P^2 - \sigma^2} \qquad (5.18d)$$

由于其习惯表达形式较为复杂，不在这里列出。

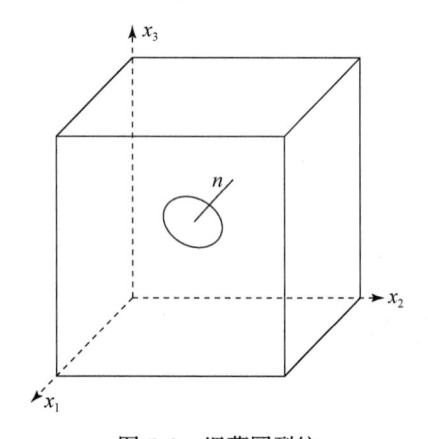

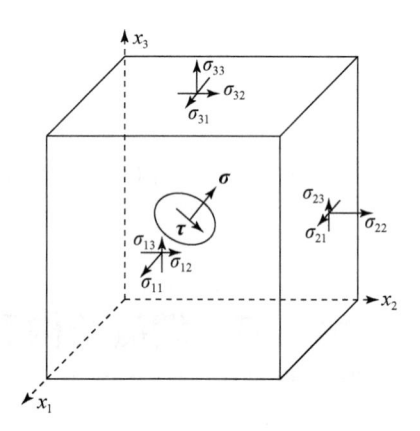

图 5.3　埋藏圆裂纹　　　　　图 5.4　裂纹上的应力

由库仑强度理论可知，结构面抗剪强度为

$$\tau_f = c + \sigma\tan\varphi$$

式中，c 为结构面黏聚力；$\tan\varphi$ 为摩擦系数。

与上节的解释相同，结构面上扣除抗剪强度（τ_f）后的剩余剪应力（τ_r）为

$$\tau_r = \tau - \tau_f = \begin{cases} 0, & 闭合(\tau < \tau_r) \\ \tau - (c + \sigma\tan\varphi), & 闭合(\tau \geq \tau_f) \\ \tau, & 张开 \end{cases} \qquad (5.19)$$

仍令剩余剪应力比为

$$h = \frac{\tau_r}{\tau} \qquad (5.20a)$$

则有剩余剪应力为

$$\tau_r = h\tau \qquad (5.20b)$$

应当注意的是，引起结构面剪切变形的动力是剩余剪应力（τ_r），而不是剪应力（τ）。因此，我们以后更常用到 τ_r 或 h 来讨论问题。

第四节 岩体的三维应力-应变关系

一、含裂隙岩体的应变能构成

前面已经说明,对于一个含有裂纹的弹性系统,外力做功引起的总应变能(U)等于连续介质部分的应变能(U_0)与因为裂纹变形而贮存的应变能(U_c)之和,即

$$U = U_0 + U_c$$

对于含有大量裂隙的弹性介质,由能量可加性知,系统的总应变能为

$$U = U_0 + \sum_{i=1}^{N} U_{ci}$$

式中,N 为裂纹总数;U_0 为连续部分引起的应变能,不受裂隙数量多少影响。

将上式两端同时除以研究单元的体积,则上式可用应变能密度函数形式表示为

$$u = u_0 + \sum_{i=1}^{N} u_{ci} = u_0 + u_c \tag{5.21}$$

由弹性理论可知,上式中连续部分的应变能密度可由下式给出

$$u_0 = \frac{1}{2}\boldsymbol{\sigma} \cdot \boldsymbol{\varepsilon} = \frac{1}{2}\boldsymbol{\sigma} \cdot \boldsymbol{C}_0 \cdot \boldsymbol{\sigma} \tag{5.22}$$

式中,$\boldsymbol{C}_0$ 为连续部分的四阶弹性柔度张量,其逆即为弹性张量 $\boldsymbol{E}$。

二、单个结构面引起的应变能

1. 结构面的法向变形应变能

首先考察一个埋藏的 I 型圆盘状裂纹,半径为 a,在其法向上无穷远处作用有拉应力 σ(图 5.5)。

设在裂纹表面作用一面力为 σ,使得裂纹闭合[图 5.6(a)]。根据功能原理,我们可以通过求取外力使裂纹从闭合状态到张开所做的功来获得裂纹周边介质中存储的应变能。可以证明,使裂纹闭合与张开所做的功是相等的。

选用圆柱坐标,坐标原点与圆盘状裂纹中心重合,x-y 坐标平面与裂纹平面重合。以原点为中心,取半径为 r 的环状面元为 $ds = rd\theta dr$,则作用在面元 ds 上的力为

$$dp = \sigma ds = \sigma r d\theta dr$$

由弹性力学(范天佑,1978),I 型埋藏圆形结构面上距圆心 r 处的法向位移为

$$v = \frac{4(1-\nu^2)}{\pi E}\sigma\sqrt{a^2 - r^2} = \frac{\alpha}{2E}\sigma\sqrt{a^2 - r^2}, \quad 0 \leq r \leq a \tag{5.23}$$

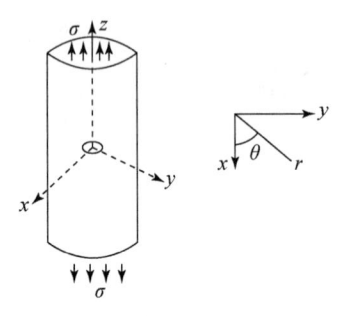

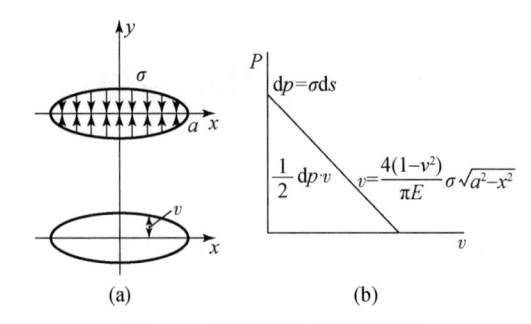

图 5.5　埋藏 I 型裂纹图示　　　　　图 5.6　裂纹闭合的能量过程

为了今后推导的简化表达，式（5.23）中我们令

$$\alpha = \frac{8(1-\nu^2)}{\pi} \tag{5.24}$$

当结构面从张开位移为 v 到闭合时，结构面上的应力从零增加到 σ。由于过程是弹性的，使裂纹面元 $ds = rd\theta dr$ 闭合所做的功为

$$dW_I = \frac{1}{2}v_I \cdot dp = \frac{\alpha}{4E}\sigma^2\sqrt{a^2-r^2}\,rd\theta dr$$

对全裂纹面积积分，并注意到同时计入上下两个壁面位移所做的功，可以得到由于裂纹闭合储存在周边介质中的应变能为

$$U_I = W_I = 2\int dW_I = \frac{\pi\alpha}{3E}\sigma^2 a^3$$

但对于岩体而言，多数情形承受压应力，裂纹从闭合状态起始产生的压缩位移（v）将很小。若将 $v=0$ 则结构面受压缩引起的应变能 $U_I = 0$。同时由于裂纹受压闭合，压应力也不可能引起应力集中。

为了统一表述，我们同样引入表征法向应力状态系数为

$$k = k(\sigma) = \begin{cases} 1, & \text{拉应力} \\ 0, & \text{压应力} \end{cases} \tag{5.25}$$

用于表示 I 型埋藏圆裂纹的开合状态，于是有

$$U_I = \frac{\pi\alpha}{3E}k^2\sigma^2 a^3 \tag{5.26}$$

由式（5.26）可见，由于应变能与法向应力呈平方关系，因此，法向应力为张应力还是压应力可以获得同样的应变能。

2. 结构面的剪切变形应变能

对于有结构面受纯剪应力作用的情形（图 5.7），结构面变为 II、III 复合型。设剩余剪应力（τ_r）作用方向与裂纹面平行而与 x 轴夹角为 δ，则环状面元 $ds = rd\theta dr$ 上剪力分量为

$$\begin{cases} dT_x = \tau_r \cos\delta \cdot r d\theta \cdot dr \\ dT_y = \tau_r \sin\delta \cdot r d\theta \cdot dr \end{cases}$$

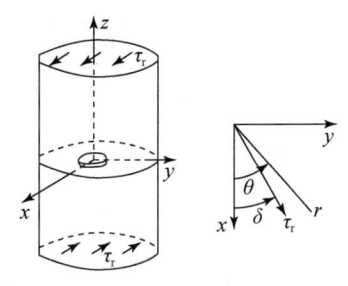

图 5.7 II、III 复合型裂纹受力图

而裂纹表面位移为（Hrii and Nemat-Nasser，1983）

$$\begin{cases} v_x = \dfrac{\alpha\beta}{2E}\tau_r\cos\delta\sqrt{a^2 - r^2} \\ v_y = \dfrac{\alpha\beta}{2E}\tau_r\sin\delta\sqrt{a^2 - r^2} \\ v_z = 0 \end{cases} \quad (5.27)$$

其中，系数 α 由式（5.24）定义，而

$$\beta = \frac{2}{2 - \nu} \quad (5.28)$$

仿照 I 型裂纹应变能的推导过程，剪切力使面元 ds 变形所做的功为

$$dU_{\mathrm{II+III}} = \frac{1}{2}v_x dT_x + \frac{1}{2}v_y dT_y$$

对裂纹全面积积分可以导出裂纹上下两面剪切变形所引起的应变能为

$$U_{\mathrm{II+III}} = 2\int\left(\frac{1}{2}v_x dT_x + \frac{1}{2}v_y dT_y\right) = \frac{\pi\alpha\beta}{3E}\tau_r^2 a^3 \quad (5.29)$$

注意式（5.29）中的 τ_r 是剩余剪应力，即扣除了抗剪强度作用后的值，$\tau_r = h\tau$。

三、结构面网络引起的应变能密度

下面讨论岩体中存在多组结构面，即结构面网络的情形。

我们将式（5.26）和式（5.29）相加，得到裂纹法向变形与剪切变形引起的应变能函数式如下

$$U_c = U_{\mathrm{I}} + U_{\mathrm{II+III}} = \frac{\pi\alpha}{3E}(k^2\sigma^2 + \beta\tau_r^2)a^3$$

设体积为 V 的均质岩体中有 m（$p=1,2,\cdots,m$）组结构面，第 p 组结构面个数为 N_p（$q=1,2,\cdots,m$），并考虑同一组结构面上的应力（σ 和 τ）差别不大，则该体积中结构面引起的总应变能可写为

$$U_c = \sum_{p=1}^{m} \sum_{q=1}^{N_p} U_{cqp} = \frac{\pi\alpha}{3E} \sum_{p=1}^{m} \sum_{q=1}^{N_p} (k^2\sigma^2 + \beta\tau_r^2) a^3$$

$$= \frac{\pi\alpha}{3E} \sum_{p=1}^{m} (k^2\sigma^2 + \beta\tau_r^2) \sum_{q=1}^{N_p} a^3$$

若某组结构面的体积密度为 λ_v，则在体积 V 内结构面数为 $N_p = \lambda_v V$。将 a^3 用其均值代替，则可将上式中后面的求和式写为

$$\sum_{p=1}^{N_p} a^3 = N_p \overline{a^3} = \lambda_v \cdot V \cdot \overline{a^3}$$

下面推导 $\overline{a^3}$ 的表达式。若结构面半径 (a) 服从分布式 (4.27)，即

$$f(a) = \frac{1}{\bar{a}} e^{-\frac{a}{\bar{a}}}$$

根据概率论中随机变量函数的分布定理式 (4.24)，a^3 服从分布：

$$h(a^3) = \frac{1}{\bar{a}} e^{-\frac{a}{\bar{a}}} \cdot \frac{1}{3} a^{-2} = \frac{1}{3\bar{a}} a^{-2} e^{-\frac{a}{\bar{a}}}$$

于是有 a^3 的均值为

$$\overline{a^3} = \int_0^\infty a^3 h(a^3) \mathrm{d}a^3 = \frac{48}{\pi^3 \mu^3} = 6\overline{a}^3$$

式中，引用了 $\bar{a} = \frac{2}{\mu\pi}$ [即式 (4.28)]。注意到 $\lambda_v = \frac{\lambda}{2\pi \bar{a}^2}$，有

$$\sum_{p=1}^{N_p} a^3 = \frac{3}{\pi} \lambda \cdot \bar{a} \cdot V$$

于是，用应变能密度表示，可得 $m(p=1,2,\cdots,m)$ 组结构面引起的应变能密度为

$$u_c = \frac{U_c}{V} = \frac{\alpha}{E} \sum_{p=1}^{m} \lambda \bar{a} (k^2\sigma^2 + \beta\tau_r^2) \tag{5.30}$$

其中，α、β 见式 (5.24) 和式 (5.28) 的定义。

由式 (5.17) 和式 (5.18)，考虑到式 (5.20b)，即结构面剩余剪应力为

$$\tau_r = h\tau$$

进行如下张量运算，有

$$\begin{cases} \sigma^2 = \sigma_k \sigma_k = \sigma_{ij} n_i n_k \cdot \sigma_{st} n_s n_t n_k = \sigma_{ij} n_i n_j n_s n_t \sigma_{st} \\ \tau_r^2 = \tau_k \tau_k = h^2 t_k t_k = h^2 \sigma_{ij} n_j (\delta_{ik} - n_k n_i) \sigma_{st} n_s (\delta_{tk} - n_t n_k) \\ \quad = \sigma_{ij} h^2 (\delta_{it} n_j n_s - n_i n_j n_s n_t) \sigma_{st} \end{cases} \tag{5.31}$$

上列推导中运用了哑标互换、σ_{kj} 的对称性及 $n_i n_i = 1$。

将上述应力值代入式 (5.30)，可得

$$u_c = \frac{1}{2} \sigma_{ij} C_{cijst} \sigma_{st} \tag{5.32}$$

其中，

$$C_{cijst} = \frac{\alpha}{E}\sum_{p=1}^{m}\lambda\bar{a}[k^2 n_i n_t + \beta h^2(\delta_{it} - n_i n_t)]n_j n_s \tag{5.33}$$

需要指出的是，在式（5.32）对应力分量 σ_{ij} 和 σ_{st} 提取中，忽略了 h 中隐含的应力影响，因此会带来些许误差。我们在特定条件下对 h 取值受应力的影响程度进行了计算，结果如图 5.8 所示。曲线显示，在三向主应力较为接近时，h 值受应力差值影响较为显著，但随着差应力增大，h 逐渐趋于定值，即受应力影响减弱。另一方面，我们也考察了结构面法向应力与剪应力比值 σ/τ，也有随侧压力增大而显著减小的趋势。

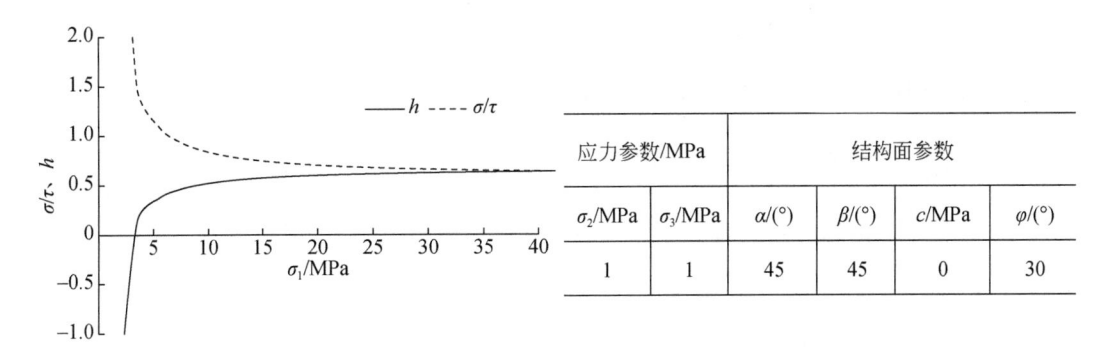

应力参数/MPa		结构面参数			
σ_2/MPa	σ_3/MPa	$\alpha/(°)$	$\beta/(°)$	c/MPa	$\varphi/(°)$
1	1	45	45	0	30

图 5.8　h 取值与应力的关系

四、岩体的应变能密度

由式（5.21）可知，岩体的应变能密度是连续岩石和结构面网络各自应变能密度之和。我们已经得到了结构面网络的应变能密度式（5.30），下面我们考察岩体单元中连续岩石部分的应变能密度。

事实上，式（5.22）已经给出了连续岩石的应变能密度的弹性力学表达式，其中 C_0 是各向同性的 4 阶弹性柔度张量。由于各向同性弹性柔度张量的下标对称性，设其形式为

$$C_{0ijst} = a\delta_{ij}\delta_{st} + b(\delta_{is}\delta_{jt} + \delta_{it}\delta_{js})$$

由弹性理论，连续岩块的应力-应变关系可以写为

$$\varepsilon_{0ij} = \frac{1+\nu}{E}\sigma_{ij} - \frac{\nu}{E}\delta_{ij}\sigma_{st} \tag{5.34a}$$

若将上式写为

$$\varepsilon_{0ij} = C_{0ijst}\sigma_{st} \tag{5.34b}$$

比较以上三式可得 $a = -\dfrac{\nu}{E}$，$b = \dfrac{1+\nu}{2E}$。于是有

$$C_{0ijst} = \frac{1+\nu}{2E}(\delta_{is}\delta_{jt} + \delta_{it}\delta_{js}) - \frac{\nu}{E}\delta_{ij}\delta_{st} \tag{5.35}$$

综合结构面网络和连续岩石应变能密度的讨论，考虑到式（5.21）应变能密度构成，我们就可以给出如下的定理：

定理 5.1　岩体的应变能密度定理　若一个岩体单元含有 m 组结构面，各组结构面的法线方向余弦为 $n=(n_1, n_2, n_3)$，法向间距和半径均服从负指数分布，平均法向密度和平均半径分别为 λ 和 $\bar{a}$，则在三维应力作用下该岩体单元的应变能密度为

$$u = u_0 + u_c \tag{5.36a}$$

其中，

$$\begin{cases} u_0 = \dfrac{1}{4E}\sigma_{ij}[(1+v)(\delta_{is}\delta_{jt} + \delta_{it}\delta_{js}) - 2v\delta_{ij}\delta_{st}]\sigma_{st} \\ u_c = \dfrac{\alpha}{E}\sigma_{ij}\sum_{p=1}^{m}\lambda\bar{a}[k^2 n_i n_t + \beta h^2(\delta_{it} - n_i n_t)]n_j n_s \sigma_{st} \end{cases} \tag{5.36b}$$

上述定理中，对于主应力状态，式（5.36b）写成

$$\begin{cases} u_0 = \dfrac{1}{2E}[\sigma_1^2 + \sigma_2^2 + \sigma_3^2 - 2v(\sigma_1\sigma_2 + \sigma_2\sigma_3 + \sigma_1\sigma_3)] \\ u_c = \dfrac{\alpha}{E}\sum_{p=1}^{m}\lambda\bar{a}[\beta h^2(n_1^2\sigma_1^2 + n_2^2\sigma_2^2 + n_3^2\sigma_3^2) + (k^2 - \beta h^2)(n_1^2\sigma_1 + n_2^2\sigma_2 + n_3^2\sigma_3)^2] \end{cases} \tag{5.37}$$

式（5.37）第二式还可以写成

$$u_c = \dfrac{\alpha}{E}\sum_{p=1}^{m}\lambda\bar{a}(k^2\sigma^2 + \beta h^2\tau^2) = \dfrac{\alpha}{E}\sum_{p=1}^{m}\lambda\bar{a}(k^2\sigma^2 + \beta\tau_r^2) \tag{5.38a}$$

其中，

$$\begin{cases} \sigma^2 = (n_1^2\sigma_1 + n_2^2\sigma_2 + n_3^2\sigma_3)^2 \\ \tau_r^2 = n_1^2\sigma_1^2 + n_2^2\sigma_2^2 + n_3^2\sigma_3^2 - \sigma^2 \end{cases} \tag{5.38b}$$

五、岩体的应力-应变关系

1. 岩体的应力-应变关系的张量形式

在式（5.36a）中，令岩体的总应变能密度为

$$u = \dfrac{1}{2}\boldsymbol{\sigma}\cdot\boldsymbol{\varepsilon}$$

由于这个总应变能为连续岩块和结构面网络两部分应变能之和式（5.36a），因此有

$$\dfrac{1}{2}\boldsymbol{\sigma}\cdot\boldsymbol{\varepsilon} = \dfrac{1}{2}\boldsymbol{\sigma}\cdot\boldsymbol{C}_0\cdot\boldsymbol{\sigma} + \dfrac{1}{2}\boldsymbol{\sigma}\cdot\boldsymbol{C}_c\cdot\boldsymbol{\sigma} = \dfrac{1}{2}\boldsymbol{\sigma}\cdot(\boldsymbol{C}_0 + \boldsymbol{C}_c)\cdot\boldsymbol{\sigma}$$

在上式两端同时约去 σ，可写为

$$\boldsymbol{\varepsilon} = (\boldsymbol{C}_0 + \boldsymbol{C}_c)\cdot\boldsymbol{\sigma} = \boldsymbol{C}\cdot\boldsymbol{\sigma} \tag{5.39}$$

这就是裂隙岩体的应力-应变关系的张量式。式中，$\boldsymbol{C}$ 为裂隙岩体的 4 阶弹性柔度张量，$\boldsymbol{C}_0$ 与 $\boldsymbol{C}_c$ 分别为连续岩块部分和裂隙网络部分的柔度张量分量。与弹性系数相反，柔度是体现岩体易变形性质的指标。

式（5.39）的物理意义是简单明确的，即裂隙岩体单元的应变等于其柔度与应力的乘积；而裂隙岩体的柔度由连续岩块的柔度和裂隙网络柔度之和构成。由此可见，裂隙网络的作用增大了岩体的柔度。

2. 岩体应力-应变关系的分量形式

虽然式（5.39）所表示的岩体应力-应变关系比较简洁，但毕竟不直观。这里将该式写成展开的分量形式，对推导过程不感兴趣的读者可以只留意结论。

将式（5.33）和式（5.35）代入式（5.39），可将岩体的应力一般关系写成张量分量形式。由此有如下的定理：

定理 5.2 岩体的应力-应变关系定理 若一个岩体单元含有 m 组结构面，各组结构面的法线方向余弦为 $n=(n_1, n_2, n_3)$，法向间距和半径均服从负指数分布，平均法向密度和平均半径分别为 λ 和 $\bar{a}$，则在三维应力作用下该岩体单元的应力-应变关系可表述为

$$\varepsilon_{ij} = \varepsilon_{0ij} + \frac{\alpha}{E}\sum_{p=1}^{m}\lambda\bar{a}\{[k^2 n_i n_t + \beta h^2(\delta_{it} - n_i n_t)]n_j n_s\}\sigma_{st} \tag{5.40a}$$

或

$$\varepsilon_{ij} = \varepsilon_{0ij} + \frac{\alpha}{E}\sum_{p=1}^{m}\lambda\bar{a}(k^2\sigma n_i + \beta h^2 \tau_i)n_j \tag{5.40b}$$

式中，

$$\varepsilon_{0ij} = \frac{1+v}{2E}(\delta_{is}\delta_{jt}+\delta_{it}\delta_{js}) - \frac{v}{E}\delta_{ij}\delta_{st} \tag{5.40c}$$

$\sigma = n_s n_t \sigma_{st}$，而 $\tau_i = n_s \sigma_{si} - n_i \sigma$ 为结构面上正应力和剪应力的坐标分量。

对于主应力状态，上述公式可进一步展开如下

$$\begin{cases}\varepsilon_{11} = \frac{1}{E}[\sigma_1 - v(\sigma_2 + \sigma_3)] + \alpha\sum_{p=1}^{m}\lambda\bar{a}(k^2\sigma n_1 + \beta h^2\tau_1)n_1 \\ \varepsilon_{22} = \frac{1}{E}[\sigma_2 - v(\sigma_1 + \sigma_3)] + \alpha\sum_{p=1}^{m}\lambda\bar{a}(k^2\sigma n_2 + \beta h^2\tau_2)n_2 \\ \varepsilon_{33} = \frac{1}{E}[\sigma_3 - v(\sigma_1 + \sigma_{22})] + \alpha\sum_{p=1}^{m}\lambda\bar{a}(k^2\sigma n_3 + \beta h^2\tau_3)n_3 \\ \varepsilon_{12} = \frac{\alpha}{E}\sum_{p=1}^{m}\lambda\bar{a}(k^2\sigma n_1 + \beta h^2\tau_1)n_2 \\ \varepsilon_{13} = \frac{\alpha}{E}\sum_{p=1}^{m}\lambda\bar{a}(k^2\sigma n_1 + \beta h^2\tau_1)n_3 \\ \varepsilon_{23} = \frac{\alpha}{E}\sum_{p=1}^{m}\lambda\bar{a}(k^2\sigma n_2 + \beta h^2\tau_2)n_3\end{cases} \tag{5.41a}$$

其中，

$$\begin{cases} \sigma = n_1^2\sigma_1 + n_2^2\sigma_2 + n_3^2\sigma_3 \\ \tau_1 = n_1\sigma_{11} + n_2\sigma_{12} - n_1\sigma \\ \tau_2 = n_2\sigma_{12} + n_2\sigma_{22} - n_2\sigma \\ \tau_3 = n_3\sigma_{13} + n_3\sigma_{13} - n_3\sigma \end{cases} \quad (5.41b)$$

如式（5.39）所示的应力-应变关系还可表示为

$$\sigma_{ij} = D_{ijst}\varepsilon_{st} = C_{ijst}^{-1}\varepsilon_{st} \quad (5.42)$$

式中，D_{ijst} 是裂隙岩体的四阶弹性张量，是 C_{ijst} 的逆形式。

上述应力-应变关系是基于结构面的间距与迹长服从负指数分布建立的。胡秀宏等（2011）指出，结构面间距和迹长的双参数负指数分布函数形式为

$$f(x) = \alpha_0 e^{-\beta_0 x} \quad (0 \leq x < \infty, \ 0 < \alpha_0, \ \beta_0 < \infty)$$

可以更好地逼近实测分布。基于这一分布函数形式，提出了如下的均质裂隙岩体应力-应变关系

$$\varepsilon_{ij} = \frac{1}{6E}\{3(1+\nu)(\delta_{is}\delta_{jt} + \delta_{it}\delta_{js}) - 6\nu\delta_{ij}\delta_{st} + \\ \pi^2\alpha\sum_{p=1}^{m}\frac{\beta_0^4}{\alpha_0^2}\lambda\bar{a}^3[(k^2 - \beta h^2)n_i n_t + \beta h^2\delta_{it}]n_j n_s\}\sigma_{st}$$

六、层状岩体的应力-应变关系

层状岩体是一种横观各向同性介质。这类介质在垂直于某个对称轴方向的平面内力学性能相同，而在过对称轴的任意剖面内力学性质随与对称轴夹角不同而发生规律变化。层状岩体就是这样的横观各向同性材料，其对称轴就是层面法线。

我们已经知道，裂隙岩体的应力-应变关系可由式（5.39）描述。由于岩块的弹性柔度张量（C_0）与方向无关，因此岩体变形性质的各向异性完全取决于结构面网络引起的弹性柔度张量（C_c）。

当只存在一组结构面时，式（5.40）即为横观各向同性介质的应力-应变关系，即

$$\varepsilon_{ij} = \frac{1}{2E}[(1+\nu)(\delta_{is}\delta_{jt} + \delta_{it}\delta_{js}) - 2\nu\delta_{ij}\delta_{st}]\sigma_{st} + \frac{\alpha}{E}\lambda\bar{a}(k^2\sigma_{n_i} + \beta h^2\tau_i)n_j \quad (5.43)$$

对于层状岩体，可以根据层面的贯通性将 $\bar{a}$ 取为较大值。在后续讨论中将发现，当 $\bar{a}$ 较大时，结构面尺度变化对岩体变形性质影响的敏感性将减缓。

下面考虑一个三向受力的横观各向同性介质应力-应变关系。设 $\sigma_1 > \sigma_2 > \sigma_3 \neq 0$，而 $\tau_{12} = \tau_{23} = \tau_{13} = 0$。结构面法线与 σ_1、σ_2、σ_3 的夹角余弦为 (n_1, n_2, n_3)，则式（5.43）可写为

$$\varepsilon_{ij} = \frac{1}{E}[(1+\nu)\sigma_{ij} - \nu\delta_{ij}I_1 + \alpha\lambda\bar{a}(k^2\sigma_{n_i} + \beta h^2\tau_i)n_j] \quad (5.44)$$

式中，I_1 为第一应力不变量，$I_1 = \sigma_{11} + \sigma_{22} + \sigma_{33}$；其他符号同前。

式（5.44）也可以展开成式（5.41a）的形式。

第五节 关于系数 k 与 h 的讨论

按照前述定义，k 是结构面法向应力状态系数，而 h 是结构面剩余剪应力比值系数。从岩体的应力-应变模型和弹性参数讨论可知，k 和 h 是决定结构面力学效应的重要参数。这里对这两个参数进行试论。

一、对系数 k 与 h 的简单讨论

简单地说，系数 k 与 h 的力学作用主要包括：

1. k 用于区分结构面是否受拉张开并发生张、剪断裂力学效应

当结构面受拉张开时，$k=1$，结构面将不传递应力，存在发生拉张和剪切断裂力学效应可能性；

当结构面受压闭合时，$k=0$，结构面传递法向压应力，拉张断裂力学效应消失，并因传递剩余剪应力而发生剪切断裂力学效应。

k 的取值还决定了岩体的变形模量、泊松比及岩体强度的巨大差别，如岩体拉张弹性模量和强度远小于压缩状态、岩体拉张泊松比远小于压缩状态等。

2. h 决定结构面是否发生剪切断裂力学效应

h 是结构面上剩余剪应力 $[\tau_r=\tau-(c+\sigma\tan\varphi)]$ 与总剪应力 (τ) 的比值。

当结构面受压且 $h>0$ 时，将有部分剪应力驱动结构面的剪切断裂力学效应。

而 $h=0$ 则表明结构面不存在剩余剪应力，或结构面受压被锁固，将传递全部正应力和剪应力，而不会发生法向和剪切断裂力学效应。

对于张开结构面，由于不存在抗剪强度 $c+\sigma\tan\varphi$，所以 $h=1$，全部剪应力将驱动结构面的剪切断裂力学效应。

h 的上述三种取值决定了变形与强度性质的各向异性特征，岩体的受压大泊松比效应，结构面应力锁固与岩体力学性质增强效应、结构控制与应力控制的转化，即岩体性质非连续与连续性转化等。

二、对系数 k 与 h 的进一步讨论

我们注意到，结构面一般并不是光滑的平面，其接触方式也多为点状或分散性微面接触。这就决定了结构面在承受压应力作用时会发生压缩变形和剪切变形。而岩体的宏观变形正是结构面这种微观变形的整体体现。

1. 结构面法向应力状态系数 k 的变化

在第四章"岩体结构的几何概率理论"已经提及,结构面隙宽随着法向压力增大呈负指数递减规律,即式 (4.45)。这表明结构面闭合变形伴随着接触点屈服和接触面积增大。为了应用方便,用岩块的单轴抗压强度代替法向压缩模量,令结构面的法向刚度为 $k_n = a\sigma_c$,有

$$t = t_0 \, e^{-\frac{\sigma}{a\sigma_c}} \tag{5.45}$$

式中,t_0 和 t 分别为最大隙宽和对应于压应力 σ 的隙宽;σ_c 为岩石的单轴抗压强度。经验表明,当结构面法向压应力 $\sigma \geqslant \frac{1}{3}\sigma_c$ 时,结构面接近完全闭合。令此时的 $t = 0.03 t_0$,可得 $a = 0.095$。

我们可以根据这一规律调整法向应力状态系数的定义式 (5.25),若取 $k(\sigma) = \dfrac{t}{t_0}$,则有

$$k(\sigma) = \begin{cases} 1, & \sigma < 0 \\ e^{-10\frac{\sigma}{\sigma_c}}, & \sigma \geqslant 0 \end{cases} \tag{5.46}$$

于是当 $\sigma < 0$ 即受拉张时 $k = 1$;结构面完全闭合时,$k \to 0$。

2. 结构面剩余剪应力比值系数 h 的取值

若一个结构面的面积为 A,当有面积 $k \cdot A$ 张开时,则有面积 $(1-k)A$ 闭合。此时接触面部分的法向应力和剪应力分别为

$$\sigma^* = \frac{\sigma A}{(1-k)A} = \frac{\sigma}{1-k} \text{ 和 } \tau^* = \frac{\tau}{1-k} \quad (0 < k < 1)$$

其所提供的抗剪力为

$$S = [\sigma^*(1-k)\tan\varphi + (1-k)c]A$$

由于结构面全面积上的总剪切力为 $T = A\tau$,克服抗剪力后的剩余剪力为

$$\Delta T = T - S$$

因此有

$$\tau_r = \frac{\Delta T}{A} = \tau - [\sigma\tan\varphi + (1-k)c] \tag{5.47}$$

按式 (5.19) 和式 (5.20a) 计算,即有剩余剪应力比值系数为

$$h = \frac{\tau_r}{\tau^*} = \begin{cases} 0, & \tau < \sigma \\ 1 - \dfrac{\sigma\tan\varphi + (1-k)c}{\tau}, & \tau \geqslant \sigma \end{cases} \tag{5.48}$$

若代入式 (5.38b) 中各应力可得三维主应力条件下的结构面剩余剪应力比值系数。对于准三轴应力状态有

$$h = 1 - \frac{\tan\varphi\left[n_1^2(\sigma_1-\sigma_3)+\sigma_3\right]+(1-e^{-10\frac{\sigma}{\sigma_c}})c}{n_1(1-n_1^2)^{1/2}(\sigma_1-\sigma_3)} \tag{5.49}$$

三、库仑抗剪强度的"饱和"现象

前述关于分析体现了以下物理原理：
（1）部分接触的结构面面积承受了全部正应力和剪应力作用；
（2）按照库仑抗剪强度准则，结构面抗剪强度参数 φ 基本保持为常数；但随着结构面法向应力的增加，结构面的黏聚力将按下式增大，直至变为库仑抗剪强度准则的标准形式

$$\tau_f = \sigma\tan\varphi + (1-k)c = \sigma\tan\varphi + (1-e^{-10\frac{\sigma}{\sigma_c}})c \tag{5.50}$$

（3）当结构面接触部分的剪应力 τ^* 小于库仑准则的抗剪强度 $\tau_f = \sigma\tan\varphi + c$ 时，实际发生的抗剪强度增长过程，此时有 $\tau_f = \tau^*$，两者互为作用力与反作用力；τ_f 随 τ^* 同步增大的现象，可称作抗剪强度对剪应力的"随长"现象（图 5.9）；此阶段摩擦强度的增长斜率大于结构面的摩擦系数，但结构面不发生滑移变形；

（4）当结构面上的剪应力进一步增长至 $\tau^* = \tau_f$ 时，达到极限状态；此后则出现剩余剪应力，使 $h>0$，结构面按照库仑准则发生滑移位移。这表明结构面抗剪强度存在"饱和"现象（图 5.9），即当结构面剪应力增长到一定值后转而受库仑准则约束。

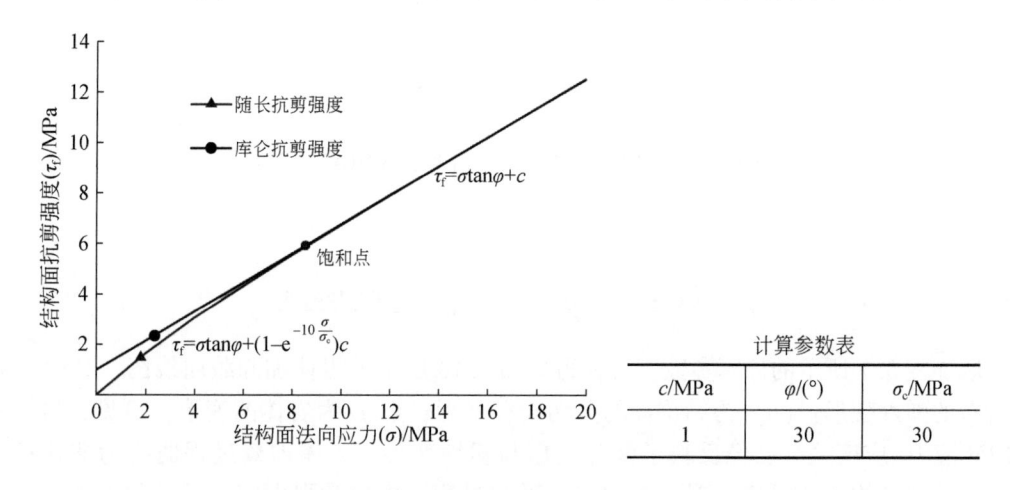

图 5.9 库仑抗剪强度的"随长"与"饱和"现象

四、岩体的弹性变形与塑性变形

现有力学理论把材料变形划分为弹性变形和塑性变形两种类型。弹性力学分析相对简单明确；而塑性力学则需要考虑材料非线性、变形历史、加卸载路径、屈服准则等诸

多因素，因此相对复杂，也更为困难。

对于工程岩体的变形，特别是塑性变形，是否可以相对简化，是一个需要考虑的问题。事实上，岩体的应力-应变关系式（5.40a）并未区分岩体的弹性变形与塑性变形，同时包含了这两类变形：

$$\varepsilon_{ij} = \varepsilon_{0ij} + \frac{\alpha}{E} \sum_{p=1}^{m} \lambda \bar{a} \{ [k^2 n_i n_t + \beta h^2 (\delta_{it} - n_i n_t)] n_j n_s \} \sigma_{st}$$

其中，ε_{0ij} 为岩石的弹性变形；后面的部分则为结构面的变形。

在结构面变形部分，第1项为结构面法向拉压变形，对于岩体多数情况下为压缩变形，变形量也不大，主要为弹性变形，我们暂不讨论。

结构面变形部分第2项为结构面的剪切变形，按照系数 h 的定义式（5.19）和式（5.20a），当结构面剪应力小于极限抗剪强度，即 $\tau < \sigma \tan\varphi + c$ 时，$h = 0$，因此不存在结构面剪切变形，事实上即使考虑弹性变形，这部分变形也不大；但是一旦 $h > 0$，结构面所发生的就是剪切滑动，即耗散型塑性变形；而且这种塑性变形是由各组结构面根据自身的应力与强度关系先后发生的。

由此可见，h 也是岩体是否发生塑性变形的判别依据，由各组结构面剩余剪应力状况决定。

作为示例，我们考察三向主压应力条件下岩体在 σ_1 方向的 SMRM 应力-应变关系

$$\varepsilon_{11} = \varepsilon_{011} + \frac{\alpha\beta}{E} \sum_{p=1}^{m} \lambda \bar{a} h^2 \tau_1 n_1, \quad \varepsilon_{011} = \frac{1}{E} [\sigma_1 - \nu(\sigma_2 + \sigma_3)] \tag{5.51}$$

其中，

$$\begin{cases} n_1 = -\cos\alpha\sin\beta \\ n_2 = \sin\alpha\sin\beta \\ n_3 = \cos\beta \end{cases}, \quad \begin{cases} \sigma = n_1^2\sigma_1 + n_2^2\sigma_2 + n_3^2\sigma_3 \\ \tau^2 = n_1^2\sigma_1^2 + n_2^2\sigma_2^2 + n_3^2\sigma_3^2 - \sigma^2 \\ \tau_1 = n_1\sigma_{11} + n_2\sigma_{12} - n_1\sigma \end{cases},$$

$$\alpha = \frac{8(1-\nu^2)}{\pi}, \quad \beta = \frac{2}{1-\nu}, \quad h = 1 - \frac{\sigma \cdot \tan\varphi + c}{\tau}$$

取如表5.1所示的计算参数，可获得如图5.10所示的岩体加卸载曲线图，其中（a）为岩石的弹性变形；（b）为结构面的剪切滑移变形；（c）为岩体的变形。可见，岩体的 SMRM 应力-应变关系已经反映了弹性变形与塑性变形；岩体加载过程曲线为非线性曲线，反映了结构面的滑移变形，而卸载为弹性过程，再加载则由前次循环留下的塑性变形起始，与前次加载有同样的表现。

由图5.10可见：

（1）在不大的荷载作用下，岩石的应变主要为弹性变形，量值相对减小；岩体的主要应变来自于结构面；

（2）对于结构面，其线弹性应变部分可以忽略，而主要为结构面滑移引起的应变。当结构面应力状态达到极限状态后，荷载的增大将引起剩余剪应力的线性增大，并由此

加速结构面的非线性滑移变形，表现为岩体变形模量的逐渐降低；

（3）当卸载时，将保留由于结构面滑移引起的塑性应变；

（4）由于上述原因，我们有理由认为，式（5.40）实际上是岩体的弹塑性应力-应变关系模型，而曲线斜率也实际上是岩体的变形模量。

表 5.1　计算参数表

应力参数		岩石参数			
σ_2/MPa	σ_3/MPa	E/MPa	v	α	β
0	0	10	0.25	2.39	2.67

结构面参数				
α_j/(°)	β_j/(°)	λ/(1/m)	a/m	c/MPa	φ/(°)
45	45	5	1	0.1	30

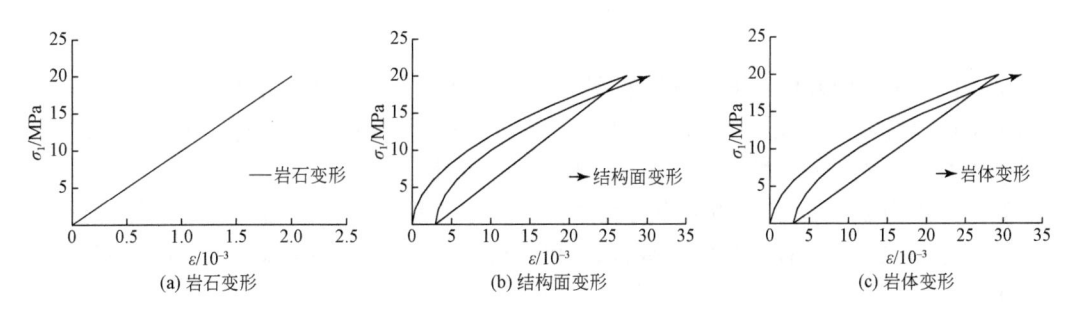

图 5.10　岩体的弹性与塑性变形

第六节　岩体变形参数讨论

在裂隙岩体应力-应变关系式（5.34）中，应力张量（σ_{st}）和应变张量（ε_{0ij}）都是对称张量，与介质物理性质无关，弹性理论中介绍的有关性质仍然适用。这一模型与经典线弹性模型的不同仅在于反映介质物理性质的弹性柔度张量（C_{ijst}）不同。

尽管裂隙岩体已不满足弹性介质假定条件，但是人们习惯采用的弹性模量和泊松比等弹性参数来表征岩体变形特性。这里仍借用弹性力学的思路，探讨岩体的这些参数。

一、柔度张量的对称性

经典弹性理论已经证明，均匀连续各向同性弹性介质的柔度张量 C_{0ijst} 是各向同性张量，即式（5.35），它具有 i 与 j、s 与 t 及 ij 与 st 的三种下标对称性（即下标互换而不改变其量值的特性），以及关于任意坐标方向的对称性。胡克定律的贡献在于：利用弹性材料的各种对称性，将弹性张量的独立分量减少到两个，即弹性模量（E）和泊松比（ν）。

裂隙岩体弹性柔度张量由两个部分组成，即

$$C_{ijst} = C_{0ijst} + C_{cijst}$$

由于 C_{0ijst} 的上述四种对称性，于是 C_{ijst} 的对称性仅取决于 C_{cijst}。

我们考察柔度张量 C_{cijst} 的下标对称性。将裂隙网络锁引起的应变写为

$$\varepsilon_{cij} = C_{cijst}\sigma_{st} = \frac{\alpha}{E}\sum_{p=1}^{m}\lambda\bar{a}[(k^2-\beta h^2)n_in_jn_sn_t + \beta h^2\delta_{it}n_jn_s]\sigma_{st}$$

由于 $n_in_jn_sn_t$ 已经具备上述三种下标对称性，我们仅讨论 $\delta_{it}n_jn_s$ 部分，并分离出

$$\varepsilon'_{cij} = \frac{\alpha\beta}{E}\sum_{p=1}^{m}\lambda\bar{a}h^2\delta_{it}n_jn_s\sigma_{st}$$

上式代表了九个方程，每个方程右端都由九项组成。对于每个方程，由于 $\sigma_{st} = \sigma_{ts}$，其右端都可以合并成六项，而由此得到 $\sigma_{st}(s \neq t)$ 项的系数将是 $\delta_{it}n_jn_s + \delta_{is}n_jn_t$，这就保证了上述九个方程中各系数项关于下标 s 和 t 的对称性。

其次，因为 $\varepsilon'_{ij} = \varepsilon'_{ji}$，所以九个方程中将有三个方程完全可以用另三个方程代替，即只有六个是独立的。工程计算中，常将 ε_{ij} 和 $\varepsilon_{ji}(i \neq j)$ 两项合并起来形成工程应变，因此关于下标 i 和 j 是对称的。

再次，由于应变能函数的存在性，弹性柔度张量应有 ij 与 st 的下标对称性。由此 C_{ijst} 的独立分量减少为 21 个。

但是由上述关于 ε_{cij} 公式可知，柔度张量 C_{cijst} 不具有坐标对称性。例如，将任一方向余弦 n_i 变为负值或改变其大小，C_{cijst} 都会改变。因此，裂隙岩体的力学性质在不同方向上是不同的。就是说，裂隙岩体一般来说应是各向异性体。

二、主应力与主应变方向差异性

一般来说，各向异性岩体的主应变轴与主应力轴是不一致的。考察应力-应变关系式（5.34b），当方程中应力和应变的下标取不同值时表示剪应力和剪应变。取单元体各面受主应力作用，即各剪应力分量为 0，如果主应变轴与主应力轴一致，则剪应变应为 0。由于弹性理论已经证明，岩块部分主应力与剪应变不相关，我们仅仅考察结构面部分。在该部分即

$$\varepsilon_{cij} = \frac{\alpha}{E}\sum_{p=1}^{m}\lambda\bar{a}[(k^2-\beta h^2)n_in_t + \beta h^2\delta_{it}]n_jn_s\sigma_{st}$$

式中，由于右端各主应力不全为 0，而其他参数具有任意性，因此左端的应变一般不会为 0。

这就是说，在主应力作用下会产生剪应变，因此主应变轴与主应力轴一般是不一致的。图 5.11 定性展示了同一岩体边坡中应变张量增量与应力张量的方向性特征，总体看来仍有一定的一致性。

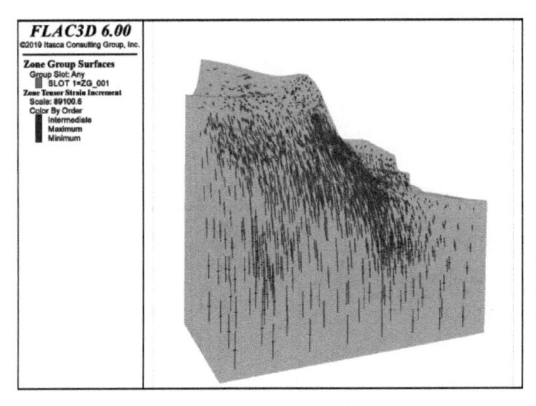

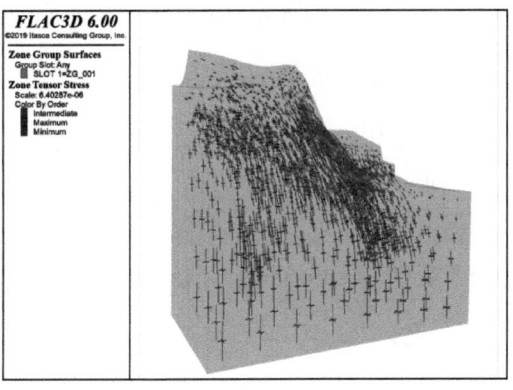

图 5.11　岩体边坡中应变张量增量与应力张量方向性特征的定性比较

三、变形模量及其影响因素

在工程上，变形模量是反映岩体变形性质的重要指标。这里我们对裂隙岩体的弹性模量略做分析。

尽管前面已经指出，各向异性岩体的主应力与主应变不一致，已经不存在传统定义的弹性模量。但是工程中已经习惯用变形（或弹性）模量来评价岩体的工程性质，这里仍按照弹性理论的分析方法定义岩体的变形模量。考虑仅有 σ_{11} 不为零的单轴应力-应变情形，由应力-应变关系式（5.39），有

$$\varepsilon_{11} = C_{1111}\sigma_{11} = \frac{1}{E_m}\sigma_{11}$$

其中，

$$C_{1111} = \frac{1}{E} + \frac{\alpha}{E}\sum_{p=1}^{m}\lambda\bar{a}[k^2 n_1^2 + \beta h^2(1-n_1^2)]n_1^2$$

由此我们给出如下的定理：

定理 5.3　岩体的变形模量定理　若一个岩体单元含有 m 组结构面，各组结构面的法线方向余弦为 $n = (n_1, n_2, n_3)$，法向间距和半径均服从负指数分布，平均法向密度和平均半径分别为 λ 和 $\bar{a}$，则在三维应力作用下岩体的变形模量可近似表述为

$$E_m = \frac{E}{1 + \alpha\sum_{p=1}^{m}\lambda\bar{a}[(k^2 - \beta h^2)n_1^4 + \beta h^2 n_1^2]} \tag{5.52}$$

式中，α、β 见前述定义。

由式（5.52）显见，岩体变形模量（E_m）受如下因素的影响：

1. E_m 与岩块弹性模量（E）成正比

坚硬的岩石，岩体弹性模量相对较高，反之亦反。这也是一般岩体质量分级方法中都将岩石力学性质列为主要影响因素的原因。

2. 受岩体结构影响的弱化

岩体结构对岩体变形模量（E_m）的弱化主要受结构面组数（m）、各组面的密度（λ）和平均半径（$\bar{a}$）的影响。式（5.52）分母求和项表明，结构面的组数增多，将使 E_m 降低；而结构面密度和半径以同等的作用弱化岩体的弹性模量。这就是目前许多岩体分类分级系统中基于岩体结构对岩体质量等级进行折减的客观依据。

3. 各向异性

式（5.52）中 $n_1 = \cos\theta$ 为荷载与结构面法线夹角的余弦。由于 $n_1 = \cos\theta$，可见岩体弹性模量的方向性，即各向异性是突出的。这一特性在目前的岩体分类分级系统及工程参数获取方法中并未能得到恰当体现。

另一方面，随着结构面组数的增加，岩体将在更多的方向上发生弱化。当岩体中结构面多于三组时，人们认为岩体质量将接近于各向同性弱化。这也是目前岩体各向同性弱化评价可以被接受的原因。

4. 应力环境的影响

在式（5.52）中，应力环境的影响为隐含形式，它通过结构面的法向应力状态系数（k）和剩余剪应力比值系数（h）来实现。

这里考察结构面完全张开和完全闭合两种情形，对于结构面受压闭合的过渡情形将在后面讨论。

1）拉伸作用下的岩体模量

当结构面受法向拉应力作用时，此时系数 $k = h = 1$。在式（5.52）中代入与上述相同的三角函数变换关系，岩体的变形模量为

$$E_m = \frac{E}{1 + \dfrac{\alpha\beta}{2}\sum_{p=1}^{m} \lambda\bar{a}(2 - \nu\cos^2\theta)\cos^2\theta} \tag{5.53}$$

2）压缩作用下的岩体模量

同理，对于结构面受法向压力作用完全闭合时，$k = 0$，得到岩体变形模量为

$$E_m = \frac{E}{1 + \dfrac{\alpha\beta}{2}\sum_{p=1}^{m}\lambda\overline{a}h^2\sin^2 2\theta}\tag{5.54}$$

式中，h 为剩余剪应力比，已由式（5.19）和式（5.20a）定义。

作为示例，我们考察只有一组结构面的情形。图 5.12 为岩体与岩块弹性模量比值 $\left(\dfrac{E_m}{E}\right)$ 与各种因素的关系曲线。分析中取岩石泊松比为 $\nu=0.3$，结构面黏聚力为 $c=0\text{MPa}$；各图一般取结构面平均半径为 $a=0.5\text{m}$、内摩擦角为 $\varphi=30°$，轴向应力与结构面法向夹角为 45°。而不同曲线分别对应结构面法向密度（λ）取 0 条/m、0.5 条/m、2 条/m、10 条/m 的情形。

图 5.12（a）表明了结构面的存在对岩体变形性质各向异性的影响。可以发现，岩体弹性模量的降低从 $\theta=\varphi$ 开始，弱化最强的夹角在 $\theta=\dfrac{\pi}{4}+\dfrac{\varphi}{2}$。$\lambda=0$ 条/m 即为完整岩块的情形，随着结构面密度的增加，变形性质弱化加剧。

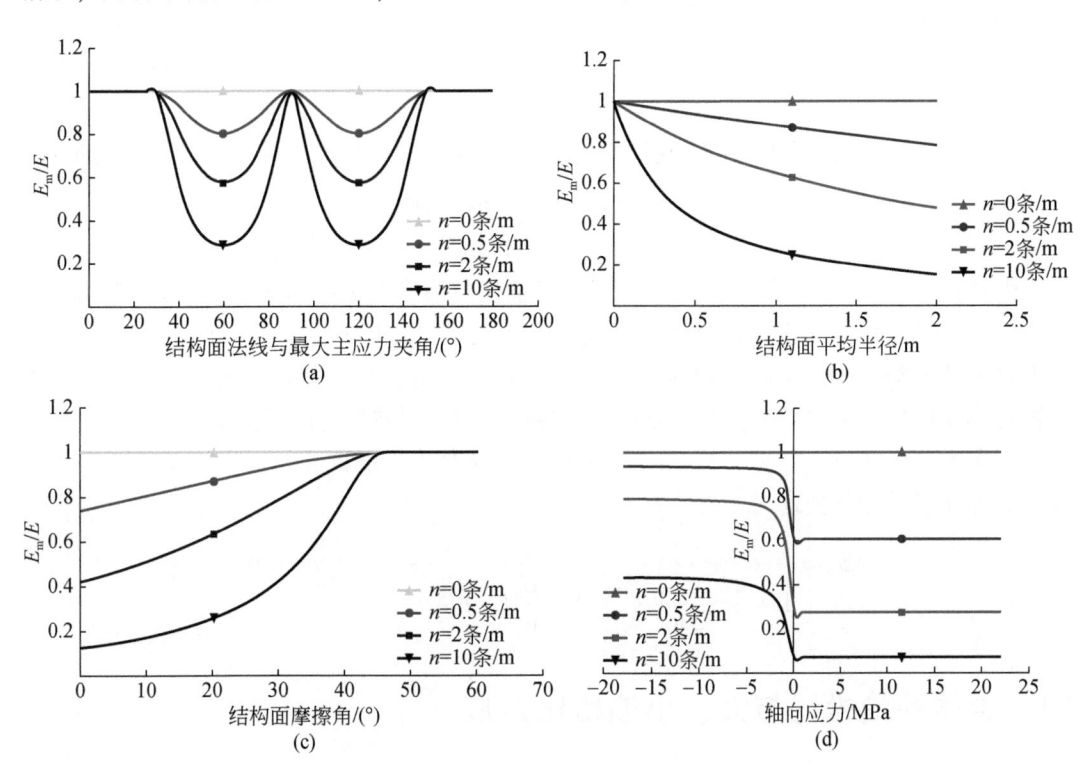

图 5.12　结构面特性与应力环境对岩体弹性模量比值的影响

图中取岩石泊松比为 $\nu=0.3$，结构面黏聚力为 $c=0\text{MPa}$，裂隙水压力为 0.2MPa；除各图考察的因素为自变量外，一般取结构面平均半径为 $a=0.5\text{m}$，结构面内摩擦角为 $\varphi=30°$，轴向应力为 10MPa，轴向应力与结构面法向夹角为 45°。不同曲线分别对应结构面法向密度（λ）取 0 条/m、0.5 条/m、2 条/m、10 条/m 的情形

图 5.12（b）显示了结构面尺度和密度对岩体变形模量的影响。岩体的变形模量与结构面的平均半径（$\bar{a}$）和密度（λ）呈反比例关系，两者具有同等比例的影响。

图 5.12（c）为结构面摩擦角对岩体变形模量的影响。显然，结构面摩擦角越小，则对岩体变形模量的弱化越严重。

图 5.12（d）则考察了结构面法向应力作用对岩体变形模量的影响，由图可见，结构面受压闭合与受拉张开的岩体变形模量弱化存在显著差别。这个差别主要由结构面摩擦强度是否发生作用造成的。因此，结构面受力状态成为岩体变形性质的重要影响因素。

我们知道，岩体工程中经常采用对岩石力学试验参数的经验弱化方法来估计岩体的变形参数。事实上，通过式（5.52）进行计算也可以达到同样的目的。该式实际上是各类因素对岩体弹性模量弱化作用的函数表达。

5. 主应变与主应力方向不一致性的影响

上述岩体变形模量是沿用弹性虎克定律的方法定义的，要求主应变与主应力方向一致。但是我们已经看到，对于各向异性岩体介质，这一条件是不满足的。对此可做如下分析。

按照式（5.52），考虑到岩体变形模量是在 σ_{11} 不为零的应力条件下定义的，因此有

$$h = 1 - \frac{c + \sigma\tan\varphi}{t} = 1 - \frac{c + \sigma_{11} n_1^2 \tan\varphi}{\sigma_{11} n_1 \sqrt{1 - n_1^2}} \tag{5.55}$$

代入模量式可见，当岩体结构一定时，弹性模量仅与结构面法线与作用力 σ_{11} 的夹角余弦有关。且可以证明，当结构面受拉时，主应变与主应力方向一致，符合弹性力学关于弹性模量定义的条件。但是当结构面受压时，主应变与主应力方向一般是不一致的，不严格符合弹性模量定义的条件，由此导致的弹性模量量值误差目前尚不能估计。

胡秀宏等（2011）根据结构面间距和迹长为双参数负指数分布，导出了受压条件下岩体的弹性模量计算公式

$$E_m = \frac{E}{1 + \frac{4(1-\nu^2)}{3\pi} \sum_{p=1}^{m} \lambda \bar{a}^3 \frac{\beta_0^4}{\alpha_0^2} h^2 (1 - n_1^2) n_1^2}, \quad \sigma < 0$$

四、岩体的泊松比与大、小泊松比效应

1. 泊松比

按照弹性理论，某一方向荷载作用引起与之垂直方向上正应变的现象称为泊松效应。泊松效应的强弱用泊松比表示。

为了讨论方便，我们考察在正应力 σ_{11} 作用下引起侧向应变 ε_{22} 的泊松比为

$$\nu_{21} = -\frac{\varepsilon_{22}}{\varepsilon_{11}}$$

其他方向的泊松比可以通过替换下标方便地得到。

由本构方程式（5.40），并考虑只有一个应力分量 σ_{11} 不为零，可得泊松比为

$$\nu_{21} = -\frac{\varepsilon_{22}}{\varepsilon_{11}} = -\frac{C_{1122} \cdot \sigma_{11}}{C_{1111} \cdot \sigma_{11}} = -\frac{C_{1122}}{C_{1111}}$$

并可写出

$$C_{1122} = -\frac{\nu}{E} + \frac{\alpha}{E}\sum_{p=1}^{m}\lambda\bar{a}(k^2 - \beta h^2)n_1^2 n_2^2$$

将上式和 C_{1111} 代入泊松比计算式，即可得到泊松比表达式，其具体形式可见后续介绍的泊松比定理。

2. "小泊松比效应"与"大泊松比效应"

下面我们分别考察岩体在受压应力和拉应力作用下的泊松比。

对于结构面受拉应力作用张开时，因为 $k = h = 1$，有

$$\nu_{21} = \nu \frac{2 + \alpha\beta\sum_{p=1}^{m}\lambda\bar{a}\cos^2\theta_1\cos^2\theta_2}{2 + \alpha\beta\sum_{p=1}^{m}\lambda\bar{a}(2 - \nu\cos^2\theta_1)\cos^2\theta_1} \tag{5.56a}$$

上式中考虑了，仅当时岩体和岩石泊松比相等，这也是显然的。这就是受拉裂隙岩体的"小泊松比效应"。这是由于裂隙面的张开抑制了岩块的横向收缩变形所造成的。

在受压结构面闭合的情况下，有 $k = 0$，而

$$\nu_{21} = \nu \frac{2 + \frac{2}{\nu}\alpha\beta\sum_{p=1}^{m}\lambda\bar{a}h^2\cos^2\theta_1\cos^2\theta_2}{2 + \alpha\beta\sum_{p=1}^{m}\lambda\bar{a}h^2\sin^2 2\theta_1} \tag{5.56b}$$

上式中考虑了一般情况下有 $8\cos^2\theta_2 \geqslant \nu\sin^2\theta_1$，仅当 $8\cos^2\theta_2 = \nu\sin^2\theta_1$ 时岩体和岩石泊松比相等。这就是所谓受压裂隙岩体的"大泊松比效应"。

图 5.13 可以直观给出"大泊松比效应"的几何解释。一个岩体单元在受压力作用下的侧向变形可分解为连续岩石的变形和结构面的变形。前者是连续变形，对于岩石来说一般是不大的；而结构面则视其产状及表面抗剪强度大小，可能发生刚性错动变形，这种错动将显著加大岩体单元的侧向变形，从而引起岩体单元远大于岩石的泊松效应。

上述各式还表明，岩体不仅拉压泊松比不同，而且泊松效应还与方向有关，即存在各向异性特征。

我们考察一个简单的例子，即含有一组结构面的情形，考虑仅有 $\sigma_{11} = 10\text{MPa}$ 单轴作用时在 ε_{22} 方向引起的泊松比效应。令岩石的参数为 $E = 10\text{GPa}$，$\nu = 0.3$，结构面组平均半径为 $a = 0.5\text{m}$，结构面黏聚力为 $c = 0\text{MPa}$、内摩擦角为 $\varphi = 30°$，结构面密度做适当变化。

图 5.14 为泊松比随结构面角度变化曲线，图中 $n = \lambda$ 为结构面法向密度（1 条/m），

对于受压情形取了 0.1、0.2、0.5、1、2，对于受拉情形取了 0.1、0.2。

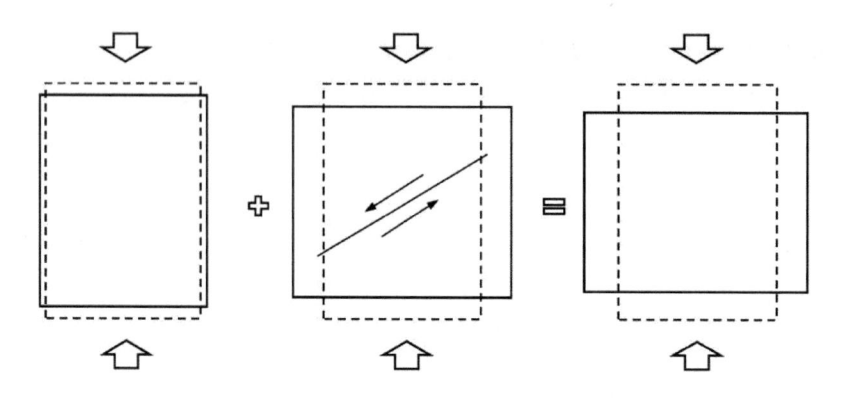

图 5.13　"大泊松比效应"的几何解释图示

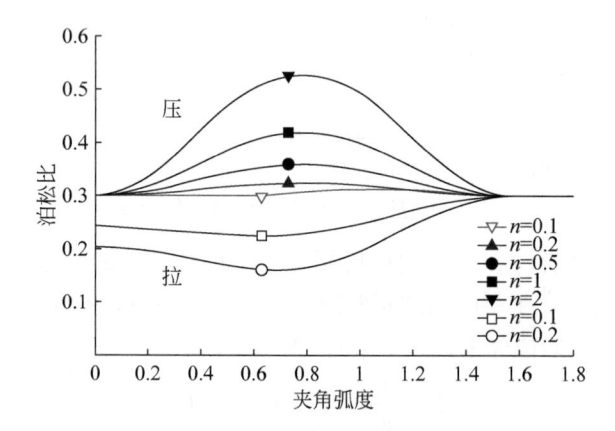

图 5.14　泊松比随结构面角度变化

一个有趣的现象是：在受压条件下，岩体的泊松比可能大于 0.5。

由上述分析，我们可以给出如下的定理：

定理 5.4　岩体的泊松比定理　若一个岩体单元含有 m 组结构面，各组结构面的法线方向余弦为 $n=(n_1, n_2, n_3)$，法向间距和半径均服从负指数分布，平均法向密度和平均半径分别为 λ 和 $\bar{a}$，则在三维应力作用下岩体在是 σ_{11} 作用下 ε_{22} 方向的泊松比可表述为

$$\nu_{21} = \nu \frac{1 - \dfrac{\alpha}{\nu} \sum_{p=1}^{m} \lambda \bar{a}(k^2 - \beta h^2) n_1^2 n_2^2}{1 + \alpha \sum_{p=1}^{m} \lambda \bar{a}[k^2 n_1^2 + \beta h^2 (1 - n_1^2)] n_1^2} \tag{5.57}$$

当岩体受压时具有"大泊松比效应"；当岩体受拉时具有"小泊松比效应"。

五、结构控制与应力控制及其转化条件

几十年来,岩体力学行为的"结构控制论"已经被广泛地接受,成为以地质为基础的岩体力学与以材料为对象的岩石力学的基本差别。

岩体力学理论强调,在通常情况下岩体的变形和破坏主要是其中结构面网络的变形与破坏,通过结构面的张开和剪切变形来实现。式(5.52)表明,当结构面存在并发生作用时,岩体的弹性模量将出现不同程度的降低,这就是岩体结构对岩体变形控制作用的体现。

但是在式(5.52)中,当岩体处于受压状态时,结构面闭合,$k=0$;而当结构面不能发生错动时,$h\to 0$,则有

$$\frac{E_\mathrm{m}}{E} = \frac{1}{1+0} = 1$$

这表明,环境应力对岩体的变形性质存在显著的影响。当结构面法向压应力足够大时,该面上的剩余剪应力降低到零,$h\to 0$。这种现象称为结构面的"应力锁固",裂隙岩体的变形性质趋向于完整岩块,由结构控制转变为应力控制。图5.12(d)直观地显示了这一转变。

因此,岩体结构控制与应力控制转化的条件可以表示为

$$h = \frac{\tau - (c + \sigma\tan\varphi)}{\tau} = 0 \tag{5.58}$$

第七节 等 效 应 力

由式(5.40)可知,裂隙岩体的弹性应力-应变关系在形式上与连续介质本构关系是一致的。因此,它是一种等效连续介质模型。本节我们将对这种等效介质的应变与应力做若干讨论。

一、应变构成

由式(5.39)有裂隙岩体应变为

$$\boldsymbol{\varepsilon} = \boldsymbol{C}_0 \cdot \boldsymbol{\sigma} + \boldsymbol{C}_\mathrm{c} \cdot \boldsymbol{\sigma} = \boldsymbol{\varepsilon}_0 + \boldsymbol{\varepsilon}_\mathrm{c}$$

式中,$\boldsymbol{\varepsilon}_0$ 和 $\boldsymbol{\varepsilon}_\mathrm{c}$ 分别为连续岩块部分与裂隙网络部分造成的应变。

作为一个例子,考察单向压应力 σ_{11} 作用的情形。由式(5.41)可以导得

$$\varepsilon_{11} = \varepsilon_{011} + \varepsilon_{\mathrm{c}11} = \frac{\sigma_{11}}{E} + \frac{\alpha\beta}{2E}\lambda\bar{a}h^2\sin^2 2\theta_1 \cdot \sigma_{11}$$

上式中第二项总为正，可见在同样的应力作用下，裂隙网络的存在使岩体单元应变增大了，而第二项的数值就是这个增量。这个总应变 ε_{11} 就是损伤力学中所说的等效应变。

二、等效应力概念

如上所述，裂隙网络的存在导致了岩体应变大于同等应力条件下完整岩块。如果按照损伤力学理论，把总应变等效为比名义应力 $\boldsymbol{\sigma}$ 更大的应力作用结果，则可以将这个应力称为"等效应力"，用 $\boldsymbol{\sigma}^*$ 表示，则可将应力-应变关系写成

$$\boldsymbol{\varepsilon} = \boldsymbol{C}_0 \cdot \boldsymbol{\sigma}^* \tag{5.59}$$

下面导出这个"等效应力张量" $\boldsymbol{\sigma}^*$。事实上，若令裂隙岩体应变能为

$$u = \frac{1}{2}\boldsymbol{\sigma} \cdot \boldsymbol{\varepsilon} = \frac{1}{2}\boldsymbol{\sigma}^* \cdot \boldsymbol{\varepsilon}_0$$

因 $\boldsymbol{\varepsilon} = \boldsymbol{C} \cdot \boldsymbol{\sigma}$，$\boldsymbol{\sigma} = \boldsymbol{D}_0 \cdot \boldsymbol{\varepsilon}_0$，其中 $\boldsymbol{D}_0$ 为岩块的弹性张量，则有

$$\boldsymbol{\sigma}^* \cdot \boldsymbol{\varepsilon}_0 = \boldsymbol{\sigma} \cdot \boldsymbol{\varepsilon} = \boldsymbol{\sigma} \cdot \boldsymbol{C} \cdot \boldsymbol{\sigma} = \boldsymbol{\sigma} \cdot \boldsymbol{C} \cdot \boldsymbol{D}_0 \cdot \boldsymbol{\varepsilon}_0$$

因此有

$$\boldsymbol{\sigma}^* = \boldsymbol{\sigma} \cdot \boldsymbol{C} \cdot \boldsymbol{D}_0 \tag{5.60}$$

这就是等效应力张量 $\boldsymbol{\sigma}^*$ 的表达式，同时也给出了等效应力的计算方法。

由于 $\boldsymbol{C} = \boldsymbol{C}_0 + \boldsymbol{C}_c$，而 $\boldsymbol{C}_0 \cdot \boldsymbol{D}_0 = \boldsymbol{I}$ 为单位张量，所以有

$$\boldsymbol{\sigma}^* = \boldsymbol{\sigma} \cdot \boldsymbol{C} \cdot \boldsymbol{D}_0 = \boldsymbol{\sigma} \cdot \boldsymbol{C}_0 \cdot \boldsymbol{D}_0 + \boldsymbol{\sigma} \cdot \boldsymbol{C}_c \cdot \boldsymbol{D}_0 = \boldsymbol{\sigma} + \boldsymbol{\sigma} \cdot \boldsymbol{C}_c \cdot \boldsymbol{D}_0$$

即

$$\boldsymbol{\sigma}^* = \boldsymbol{\sigma} + \boldsymbol{\sigma} \cdot \boldsymbol{C}_c \cdot \boldsymbol{D}_0 \tag{5.61}$$

将式（5.61）展开可得

$$\sigma_{st}^* = \sigma_{st} + \sigma_{ij} C_{cijkl} D_{0klst} \tag{5.62}$$

由此可见，等效应力张量 σ_{st}^* 实际上是在名义应力张量 σ_{st} 上增加了一个由结构面网络引起的应力增量 $\sigma_{ij} C_{cijkl} D_{0klst}$。

三、等效应力张量的对称性

损伤力学定义了一个与等效应力张量 σ_{st}^* 类似的应力张量，称为有效应力张量。但对于三维岩体模型，这个有效应力张量不具备对称性。这就意味着它不满足剪应力互等定律，不符合应力张量的基本条件。因此这个有效应力张量是不能用于力学分析和计算的，这也成为损伤力学的一个基本困难。为了使有效应力张量具备对称性，人们不得不对其进行修正，由此带入了许多人为因素，使其客观性降低。

考察式（5.62）表达的等效应力张量，由于右端第一项即名义应力张量 σ_{st} 是对称的，因此上式中等效应力张量 σ_{st}^* 的对称性仅取决于右端第二项。

事实上，σ_{st}^* 的对称性可以直接从式（5.62）第二项中观察出来，该式中只有 D_{0klst} 与

s、t 有关，而 D_{0klst} 是关于 s 和 t 对称的。因此，等效应力张量 σ_{st}^* 是对称的。

因为 σ_{st}^* 是对称张量，我们可以方便地求出它的三个主轴，并可证明三个应力主值均为实值，且三个特征矢量（即主方向矢量）相互正交。于是，过去用应力分析岩石变形与强度的一切方法均可以沿用于裂隙岩体中，不过此时要用等效应力张量 σ_{st}^* 代替通常的名义应力张量 σ_{st}，同时用岩石块体代替真实的裂隙岩体。

第八节 岩体变形的结构面刚度模型

在一些岩体数值计算方法，如离散单元法中，通常引入刚度参数来计算结构面的压缩和剪切变形。这里尝试通过引入结构面的刚度来分析岩体的变形。

一、结构面刚度系数

刚度是一个结构力学的概念。当外力作用在一个弹性体上并试图使它变形时，弹性体会产生阻力来抵抗外力，产生单位变形的阻力被称为刚度。可见刚度是反映结构的几何和材料特性的属性，其单位通常为 N/mm。

仿照上述定义，三维实体材料的刚度则是材料对应力作用下发生单位变形的抵抗能力，其量纲可写为 MPa/mm。由此，弹性材料单元的刚度系数可写为

$$k = \frac{\mathrm{d}\sigma}{\mathrm{d}s} \tag{5.63}$$

式中，σ（MPa）和 s（mm）分别为作用应力和在其作用方向上产生的变形。

1. 结构面法向刚度

孙广忠（1993）对岩体结构面进行了大量法向压缩试验，得到如下曲线拟合函数

$$\Delta v = v_0 (1 - \mathrm{e}^{-\frac{\sigma}{k_n}}) \tag{5.64}$$

其中，Δv 和 v_0 分别为结构面法向压缩位移变化量及其压缩位移起始值；σ 为结构面法向压力。或按隙宽（t）表示有

$$\mathrm{e}^{-\frac{\sigma}{k_n}} = \frac{1}{t_0}(t_0 - \Delta t) = \frac{t}{t_0}$$

其中，Δt、t 和 t_0 分别为结构面隙宽变化量、结构面隙宽和隙宽起始值。

由上式可得结构面法向刚度为

$$k_n = \frac{1}{\ln t_0 - \ln t}\sigma \tag{5.65a}$$

可见，按照定义这里取结构面法向刚度的单位与刚度定义一致，为 MPa/mm。

取 $\ln t_0 - \ln t = 1$，即 $t = t_0/\mathrm{e} = 0.37 t_0$ 时，有结构面法向刚度数值

$$k_n = \sigma \tag{5.65b}$$

Bandis 通过初始法向刚度（k_{ni}）、结构面最大法向闭合量（V_m）建立了如下法向刚度计算模型

$$k_n = k_{ni}/[1-\sigma/(k_{ni}V_m+\sigma)]^2$$

式中，k_{ni} 为结构面初始法向刚度，即结构面法向闭合量-法向应力曲线原点处的切线斜率。

包含等（2021）通过实验，提出只要在已知 JCS 的情况下即可确定 k_{ni} 与 V_m 的值，并以此为基础对 Bandis 模型进行了改进，结果为

$$k_n = 3.89\mathrm{e}^{0.0723\mathrm{JCS}}/\{1-\sigma/[3.89\mathrm{e}^{0.0723\mathrm{JCS}}(0.115-0.0012\mathrm{JCS})+\sigma]\} \tag{5.66}$$

2. 结构面剪切刚度

根据 Bandis 等（1983）的结构面剪切试验成果（图 5.15），结构面的剪切刚度（k_s）随法向应力（σ）呈近似线性关系，即

$$\lg k_s = a\lg\sigma + b$$

按照图中试验数据拟合，大致可得下述关系式

$$k_s = \sigma^{\frac{0.1}{L}} \tag{5.67a}$$

其中，法向应力（σ）和剪切刚度（k_s）的量纲分别取为 MPa 和 MPa/mm；L 为结构面规模，m。

取结构面尺度 $L=0.1\mathrm{m}$ 为基准值，有

$$k_s = \sigma \tag{5.67b}$$

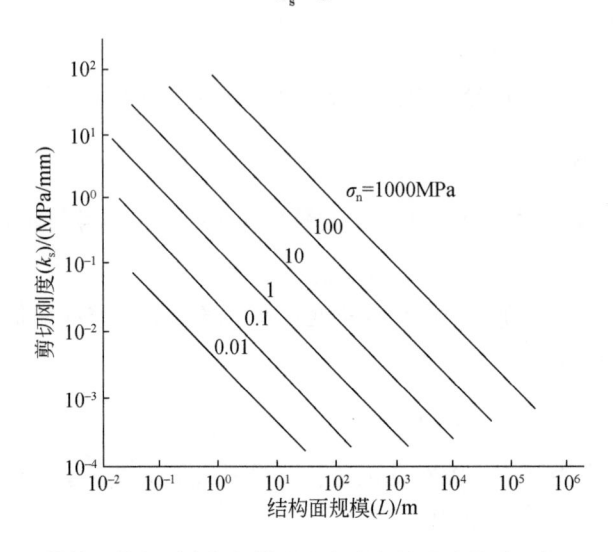

图 5.15 结构面剪切刚度与规模即法向应力的试验关系（据 Bandis 等）

包含等（2021）在结构面形貌量化的基础上，建立了结构面切向刚度（k_s）新的计算模型，具体的表达形式为

$$k_s = (0.02\text{JCS} - 0.11)\lambda^{0.70} \tag{5.68}$$

式中，$\lambda = \dfrac{\sigma(\text{JCS} \cdot G + \sigma)}{\text{JCS}}$，$G$ 为表示结构面形貌的参数。该剪切刚度因考虑了结构面形貌的各向异性，因此具有各向异性的表达特征。

二、基于结构面刚度的变形分析模型

结构面的刚度分为法向刚度（k_n）和切向刚度（k_s）。若结构面承受的法向应力（σ）和剪应力（τ）作用，分别产生法向相对位移（v）和剪切位移（s），则有

$$\sigma = k_n v, \quad \tau = k_s s \tag{5.69}$$

其分量形式为

$$\sigma_i = k_n v_i, \quad \tau_i = k_s s_i \tag{5.70}$$

将上述关系式代入结构面网络应变能密度公式，有

$$u_c = \frac{\alpha}{E}\sum_{p=1}^m \lambda \bar{a}(\sigma^2 + \beta\tau^2) = \frac{\alpha}{E}\sum_{p=1}^m \lambda \bar{a}(\sigma_i k_n v_i + \beta \tau_i k_s s_i)$$

又因为结构面应力分量为

$$\sigma_i = n_i n_s n_t \sigma_{st}, \quad \tau_i = n_s \delta_{it} \sigma_{st} - n_i n_s n_t \sigma_{st}$$

于是有

$$u_c = \frac{\alpha}{E}\sum_{p=1}^m \lambda \bar{a} n_i n_s [n_t k_n v_i + \beta k_s s_i(\delta_{it} - n_i n_t)]\sigma_{st} \tag{5.71}$$

仿照前面的分析思路，有岩块的应变能密度

$$u_0 = \frac{1}{2}\sigma_{st}\varepsilon_{0st} = \frac{1}{2}\sigma_{st}C_{0stij}\sigma_{ij} = \frac{1}{4E}\sigma_{st}[(1+v)(\delta_{is}\delta_{jt} + \delta_{it}\delta_{js}) - v\delta_{ij}\delta_{st}]\sigma_{ij}$$

将 u_0、u_c 代入应变能密度等式 $u = u_0 + u_c$，并令岩体单元的总应变能密度为

$$u = \frac{1}{2}\sigma_{st}\varepsilon_{st}$$

则有

$$\frac{1}{2}\sigma_{st}\varepsilon_{st} = \frac{1}{2}\sigma_{st}\varepsilon_{0st} + \frac{\alpha}{E}\sum_{p=1}^m \lambda \bar{a} n_i n_s[n_t k_n v_i + \beta k_s s_i(\delta_{it} - n_i n_t)]\sigma_{st}$$

两边消去 σ_{st} 可以得到

$$\varepsilon_{st} = C_{0stij}\sigma_{ij} + \frac{2\alpha}{E}\sum_{p=1}^m \lambda \bar{a} n_i n_s[n_t k_n v_i + \beta k_s s_i(\delta_{it} - n_i n_t)] \tag{5.72}$$

这就是用结构面刚度表示的岩体变形分析模型。

值得注意的是，上式中没有应力项，不符合应力-应变关系表述方式。另一方面，式（5.72）中的位移量 v 和 s 也是难于获得的。鉴于此，我们根据前述讨论替换上式中该两位移变量。

代入试验定律式（5.70），并考虑式（5.65b）和式（5.67b）得

$$\begin{cases} v_i = \dfrac{\sigma_i}{k_n} = \dfrac{\sigma_i}{\sigma_n} \\ s_i = \dfrac{\tau_i}{k_s} = \dfrac{\tau_i}{\sigma_n} \end{cases} \tag{5.73}$$

注意，前面已经指出，式（5.73）中 k_n 和 k_s 是特定条件下的刚度。代式（5.73）入式（5.72）可得

$$\varepsilon_{st} = C_{0stij}\sigma_{ij} + \frac{2\alpha}{E}\sum_{p=1}^{m}\lambda\bar{a}n_i n_s\left[n_i n_i k_n + \beta k_s \frac{\tau_i}{\sigma}(\delta_{it} - n_i n_t)\right] \tag{5.74}$$

式中，σ 和 τ_i 由式（5.41b）求得。

第九节　变形参数的计算与检验

岩体的变形参数通常采用原位测试方法获取，最为常用方法包括平板载荷试验、旁压试验、钻孔变形法等。这些测试方法相对复杂，成本较高，灵活性差，在工程应用中存在一定的限制。

岩体变形参数的理论计算方法以统计岩体力学应力–应变关系为基础，其所需的基础参数包括岩体结构参数、结构面摩擦角和黏聚力、岩石模量和泊松比等。这些基础参数可以通过结构面非接触测试方法、"背包实验室"现场测试等获取，相对传统的原位测试更加便捷和高效。

一、模量计算与检验

1. QBT 水电站坝址区边坡

QBT 水电站坝址区岩体以黑云母石英片岩为主，河谷切割深度为 600~800m，右岸坡度约 40°，左岸约 35°。岸坡浅部岩体普遍发生不同程度的松动卸荷现象，按照卸荷程度不同，可以划分为强卸荷带、弱卸荷带和微新带。

边坡岩体发育有四组结构面，其中一组结构面为片理面。研究团队采用精测线法，在两岸平硐内对弱卸荷带和微新带内发育的岩体结构进行了详细的调查统计，得到了各组结构面的迹长、间距、产状、摩擦角等参数。结合岩石的变形参数，对坝址区两岸边坡弱卸荷带和微新带岩体的弹性模量值进行计算。考虑到坝址区两岸边坡相对高度超过 400m，假设岩体所承受上覆岩体的自重应力为 10MPa，不考虑侧向束缚和侧压力系数，在岩石干燥的条件下，计算得到全空间范围内岩体的弹性模量值，并通过赤平投影表达为图 5.16 的形式。

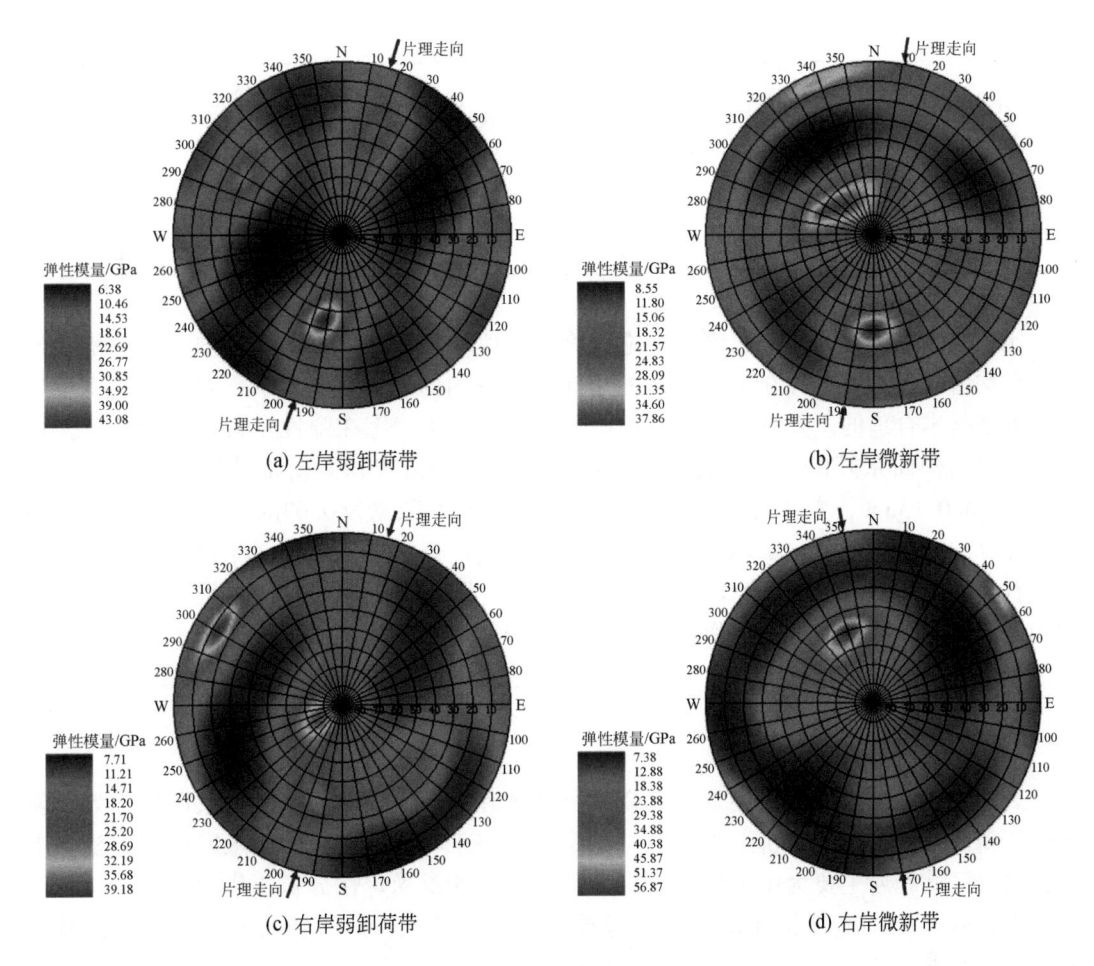

图 5.16　岩体弹性模量赤平投影图

可见，岩体弹性模量呈现出了明显弱化和各向异性特征。岩体弹性模量值的分布情况与结构面产状关系密切，弹性模量较大的区域多数出现在与片理面走向线近似平行或垂直的方向上，而相应的低值多数为与片理面斜交的方向。

采用长江科学院在两岸边坡平硐内所做原位变形试验验证岩体弹性模量的理论计算结果。原位变形试验为刚性承压板试验，承压板直径（Φ）50.5cm。试验点布置于平硐底板或硐壁，底板试验面水平、荷载方向铅直；硐壁试验面铅直、荷载方向水平。试验压力最大压力10MPa，采用五级逐级单循环方式施加，每级荷载稳定时间为10min。将原位测试的平均值与理论计算的平均值进行比较，结果如表5.2所示。

表5.2　岩体弹性模量理论计算值与试验值对比

分带	弹性模量理论计算值			弹性模量原位试验值	
	最小值/GPa	最大值/GPa	平均值/GPa	范围/GPa	平均值/GPa
左岸弱卸荷	6.38	43.08	12.15	2.51~18.56	9.76

续表

分带	弹性模量理论计算值			弹性模量原位试验值	
	最小值/GPa	最大值/GPa	平均值/GPa	范围/GPa	平均值/GPa
左岸微新	8.55	37.86	17.75	4.04~19.4	11.88
右岸弱卸荷	7.71	39.18	12.57	2.73~13	5.41
右岸微新	7.38	56.87	16.41	3.65~35.46	14.31

比较结果显示，岩体弹性模量理论计算平均值均在试验结果范围之内，但是稍大于试验平均值，但这种差异在工程上是处于允许范围内的。由此可说明，岩体弹性模量计算结果是基本合理的。分析产生差异的原因主要有三个：①在弹性模量的理论计算公式中未考虑结构面张开的压缩过程，而实际上左岸弱卸荷带和微新带结构面平均隙宽为0.43mm和0.13mm，右岸弱卸荷带和微新带结构面平均隙宽为0.63mm和0.13mm，这使得所计算的应变能密度比实际要小，造成弹性模量计算结果偏大；②原位试验只有水平和垂直两个方向的值，并且测试结果离散性很大，因此现有的测试结果很难代表整个岩体的变形行为，即岩体的实际弹性模量可能大于试验平均值；③理论计算所用岩石参数为烘干条件下的值，相比于原位岩石参数值要大，因此岩体弹性模量计算结果偏大。

2. 武两高速凤来特大桥

武两高速凤来特大桥连接重庆武隆区凤来镇和平桥镇，横跨武隆区大溪河，为武隆至两江新区高速公路（平桥至大顺段）的重要节点工程。拟建桥梁武隆岸位于平桥镇中村，拱座区域基岩主要为中风化泥岩。为给工程设计及稳定性分析提供设计参数，长江科学院在武隆岸拱座部位开挖平硐进行现场岩体力学试验，得到的岩体的平均模量为2.41GPa（表5.3）。

表5.3 重庆武两高速凤来特大桥拱座岩体模量

位置	模量/GPa			原位试验
	BQ	RMR	SMRM	
1	3.04	5.95	2.27	2.41
2	3.46	5.01	2.28	
3	3.46	5.62	2.26	
4	3.06	4.46	1.8	

采用采样窗法在武隆岸拱座部位平硐内开展岩体结构测量，获得四个区域的结构面参数。经过统计分析，发现结构面可以分为三组，三组结构面的法向密度分别为3.69条/m、0.58条/m、6.99条/m，同时也可以得到结构面的半径与产状等几何参数。结合便携式岩石点荷载仪和结构面摩擦仪可以获得岩石的变形参数和结构面的摩擦角，进而计算得到不同位置的岩体弹性模量。将统计岩体力学（SMRM）计算所得岩体弹性模量与BQ方

法、RMR 方法以及原位试验结果进行对比，发现 SMRM 所得模量值与原位测试结果最为接近。由此可进一步说明基于统计岩体力学所得岩体弹性模量计算值的可靠性。

二、刚度计算与检验

含结构面岩体在受力条件下的变形包括完整岩石变形和结构面变形两个部分。岩石的变形可通过其弹性模型直接计算，而结构面的变形则与其切向刚度和法向刚度密切相关。对于具有单条结构面的岩体，其受力状态如图 5.17 所示。其中，σ 为作用在含单条结构面岩体上的垂直应力，σ_n 以及 τ 分别为施加在结构面上的法向应力以及剪应力，θ 为加载方向与结构面外法向的夹角。当竖直方向的应力增量为 $\Delta\sigma$ 时，可分解为结构面法向和沿结构面方向，由此可得含单条结构面试样在垂向上应变增量 $\Delta\varepsilon$ 的计算表达式 [式 (5.75)]，并可依据式 (5.76) 计算获得含单一结构面岩体的模量 E_{mc}（Li, 2001）。

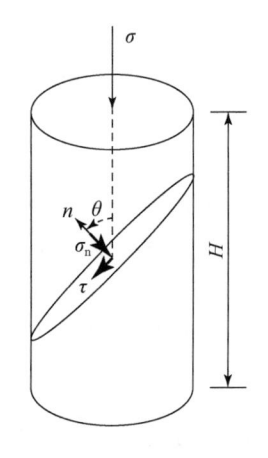

$$\Delta\varepsilon = \frac{\Delta d}{H} = \frac{\Delta\sigma}{E} + \frac{\Delta\sigma}{H}\cos\theta\left(\frac{1}{k_n}\cos^2\theta + \frac{1}{k_s}\sin^2\theta\right) \quad (5.75)$$

$$\frac{1}{E_{mc}} = \frac{\Delta\varepsilon}{\Delta\sigma} = \frac{1}{E} + \frac{1}{H}\cos\theta\left(\frac{1}{k_n}\cos^2\theta + \frac{1}{k_s}\sin^2\theta\right) \quad (5.76)$$

图 5.17 含单条结构面岩体受力状态示意图

式中，E 为完整岩石的弹性模量；Δd 表示含单一结构面圆柱试样在 $\Delta\sigma$ 条件下发生的位移（其中包括了试样完整块体部分的弹性压缩位移与结构面处的位移）；n 为结构面的法向；H 为圆柱试样高度。

基于式 (5.66) 和式 (5.68)，通过含单条结构面试样的压缩试验检验刚度计算模型的适用性。为了弱化结构面形貌不规则性对试验的影响，将结构面设计为锯齿状，试样按照 JCS = 10.48MPa、33.76MPa、54.37MPa 进行制备，共分为 a、b、c 三组，设置每组试样所含结构面倾角分别为 15°、30°、45° 和 60°，具体如图 5.18 所示，压缩过程曲线见图 5.19。

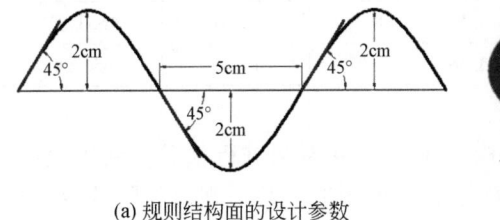

(a) 规则结构面的设计参数　　(b) 三维结构面模型　　(c) 拼装完成的结构面模具

图 5.18 圆柱试样的制作

图 5.19 中，可根据完整试样和含结构面试样的应力-应变曲线分别获取完整岩石和含不同倾角结构面岩石的模量 E、E_{mt}。计算得到四种不同倾角结构面所对应的形貌参数

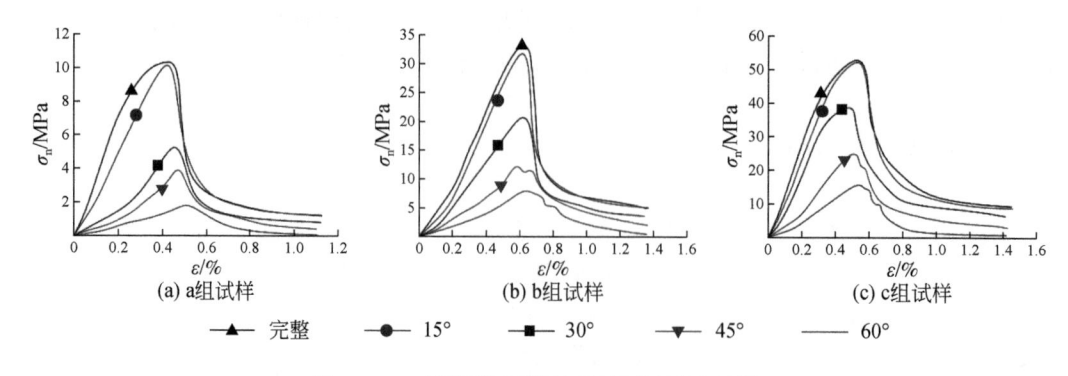

图 5.19　三组圆柱试样的单轴压缩试验结果

G，并通过式（5.66）和式（5.68）分别计算出各结构面的法向刚度（k_n）与切向刚度（k_s），所得各基本参数以及峰值状态下结构面上的法向应力值已列入表 5.4。由此，可依据式（5.76）计算获得含不同倾角结构面岩石的模量（E_{mt}）。对比试样的模量计算值和试验值，结果见图 5.20。

表 5.4　刚度计算模型检验相关计算参数

组别	E/GPa	JCS/MPa	结构面倾角/(°)	G	σ_n/MPa	k_s/(MPa/mm)	k_n/(MPa/mm)
a	4.02	10.48	15°	2.77	9.88	3.98	1323.46
			30°	2.96	2.75	1.47	148.99
			45°	3.10	2.00	1.20	93.38
			60°	3.36	0.97	0.74	38.08
b	6.82	33.76	15°	2.77	31.31	21.85	4847.74
			30°	2.96	18.09	14.31	1853.42
			45°	3.10	9.34	8.79	648.34
			60°	3.36	4.09	5.04	222.28
c	15.03	54.37	15°	2.77	51.56	47.44	7707.74
			30°	2.96	34.02	34.57	3933.79
			45°	3.10	18.16	21.61	1603.82
			60°	3.36	8.07	12.43	656.58

基于含单条结构面试样的力学试验，对结构面刚度计算模型进行检验。结果表明：随着结构面倾角的改变，模量计算值与试验值总体上表现相近，并呈现出相同的变化规律，体现了理论计算与实测之间的良好一致性。由此可以证明，本研究所建立的结构面刚度计算模型是合理可靠的，并且可适用于岩体变形参数的计算。

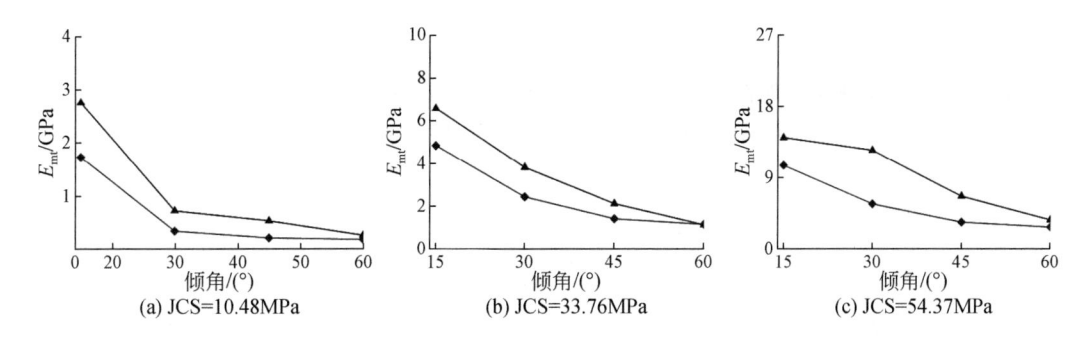

图 5.20　三组试样的模量试验值与计算值对比

第十节　岩体本构关系的损伤理论

损伤理论在岩石力学领域的应用是 20 世纪末期的事情。自 Kawamoto 等（1985，1988）将损伤力学的概念引入岩石力学后，我国的孙卫军、周维垣率先建立了裂隙岩体弹塑性损伤本构关系，张强勇等（1999）将弹塑性本构模型用于地下厂房工程，秦跃平等（2002、2003）先后进行了岩石损伤力学本构模型与损伤演化方程、节理岩体力学参数取值、岩石损伤力学等工程应用研究。

从总体上来看，裂隙岩体的损伤力学理论还存在一些较大的困难。凌建明（1994）曾指出节理裂隙岩体损伤力学研究中的若干问题，包括裂隙尺度效应与岩体损伤力学适应性、节理岩体损伤的数学物理描述与模型建立、节理岩体的损伤机理、损伤变量的定义、节理岩体的损伤与断裂的统一性与差异性等问题。

但是，损伤理论的思想方法，特别是"有效应力"和"等效应变"的概念，对我们有十分重要的启发性意义。从这一意义出发，我们在这里简要地介绍损伤理论的有关结论及其在岩石力学中应用的情况。

一、基本概念

损伤理论主要是在两位苏联学者提出的理论基础上建立的。1958 年，苏联塑性力学家 Kachanov 在研究拉伸蠕变断裂时给出了如下公式，来记述蠕变时微观裂隙发展引起的对材料宏观性质的影响：

$$\dot{\varphi} = B\left(\frac{\sigma}{\varphi}\right)^v$$

式中，σ 为拉伸应力；B、v 为材料常数；φ 是连续性因子；$\dot{\varphi}$ 是 φ 的时间变化率。

设 A_n 为初始受力面积，当蠕变中出现微裂隙及缩颈现象后，实际受力面积会减少，或称连续性降低。若剩下的连续受力面积为 A，则定义连续性因子（φ）为

$$\varphi = \frac{A}{A_n} \tag{5.77}$$

显然 $\varphi = 1$ 表示材料未受损伤，而 $\varphi = 0$ 则表示材料已断裂。

若 σ^* 为任一时刻实际受力面积上的净应力，显然在 σ 作用方向上有

$$A_n \sigma = A \sigma^* = \varphi A_n \sigma^*$$

于是有净应力为

$$\sigma^* = \frac{\sigma}{\varphi}$$

1963 年，苏联学者 Robotnov 推广了这一理论，引进了"损伤因子"的概念，令 A_f 为任一时刻由于微裂隙及其他原因导致的有效受力面积的减少，则有

$$A_f = A_n - A$$

定义 Ω 为损伤因子，即面积减少量与初始面积之比，则有

$$\Omega = \frac{A_f}{A_n} = 1 - \frac{A}{A_n} = 1 - \varphi$$

于是 σ^* 可写成

$$\sigma^* = \frac{\sigma}{1 - \Omega} \tag{5.78}$$

1971 年，法国第六大学的 Lemaitre 提出了等效应变假设，把由于损伤引起的应变增大等效为在原有连续介质条件下增大了的应力（σ^*）作用结果。例如，对于一维线弹性材料有

$$\varepsilon^* = \frac{\sigma^*}{E} = \frac{\sigma}{(1 - \Omega)E} \tag{5.79}$$

这一假设使我们可以方便地建立受损材料的本构关系。

同时，σ^* 也可以理解为受损材料较大的应变（ε^*），是应力对弹性模量为 $(1 - \Omega)E$ 的材料的作用结果。这就是说，材料受损实际上是对材料常数 E 的折减。因此，由 ε^* 也可知，当原有材料弹性模量为 E 时，可以测定应力（σ）下的"等效材料常数"$(1 - \Omega)E$，从而获得损伤因子的可能性。

上述理论对于材料一维受拉的情形是基本合理的，但工程实际中更常见的是二维和三维情形，此时的基本问题是如何定义损伤因子。

Murkami 和 Ohno 在金属蠕变损伤理论中提出了一个二阶损伤张量，用以描述金属蠕变过程中因损伤引起的材料各向异性。

取一个与坐标面平行的正六面体，三个正交面面积为 s_i（$i = 1, 2, 3$），各面上分别有裂隙面积率 Ω_i，则任一法向矢量为 $\boldsymbol{n}$ 的斜面上的连续面积为

$$\boldsymbol{S} = \boldsymbol{S}^* \boldsymbol{n} = (1 - \Omega_1) s_1 n_1 + (1 - \Omega_2) s_2 n_2 + (1 - \Omega_3) s_3 n_3$$

将上式表示为矩阵形式

$$S^*n = [s_1, s_2, s_3] \begin{bmatrix} 1-\Omega_1 & 0 & 0 \\ 0 & 1-\Omega_2 & 0 \\ 0 & 0 & 1-\Omega_3 \end{bmatrix} \begin{bmatrix} n_1 \\ n_2 \\ n_3 \end{bmatrix}$$
$$= S(1-\Omega)n$$

其中,

$$\Omega = \begin{bmatrix} \Omega_1 & 0 & 0 \\ 0 & \Omega_2 & 0 \\ 0 & 0 & \Omega_3 \end{bmatrix} \tag{5.80}$$

即为二阶损伤张量,而 $S^* = S(1-\Omega)$ 为连续面积张量。

二、损伤理论在岩体力学中的应用

Kawamoto 等（1985，1988）首先将损伤理论引入岩体力学，并对损伤张量做了重新定义。如图 5.21 所示，取一体积为 V 的裂隙岩体正六面体，将其分割为边长为 l 的基本单元 v，定义 V 的有效面积为

$$S = 3V^{\frac{2}{3}} \frac{V^{1/3}}{v^{1/3}} = 3\frac{V}{l}$$

设有任一方向矢量为 n 的斜面上有一裂隙，面积为 a，则该裂隙引起的损伤张量为

$$\omega = \frac{3}{S} ann$$

含 N（$i=1, 2, \cdots, N$）个裂隙的损伤张量为

$$\Omega = \frac{3}{S}\sum_{i=1}^{N} ann = \frac{l}{V}\sum_{i=1}^{N} ann$$

对于裂隙岩体，上式中 l 为裂隙最小间距。

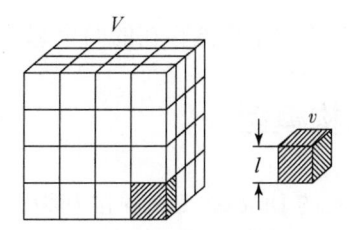

图 5.21 本征单元与有效表面积（据 Kawamoto et al., 1988）

孙卫军、周维垣（1990）定义了含 m 组裂隙的损伤张量为

$$\Omega = \sum_{i=1}^{m} \omega nn \tag{5.81}$$

其中，某组裂隙的面裂隙率为

$$\omega = 1 - \exp\left(-\frac{\pi}{4}\lambda d^2\right) \tag{5.82}$$

式中，λ 为裂隙面密度；d 为裂隙直径。

对于任一面积为 S 的斜面，Cauchy 应力张量（$\boldsymbol{\sigma}$）与斜面应力矢量（$\boldsymbol{P}$）之间有如下关系

$$S \cdot \boldsymbol{P} = \boldsymbol{\sigma} \cdot S \cdot \boldsymbol{n}$$

因为有 $S\boldsymbol{P} = S^*\boldsymbol{P}^*$，故

$$S^*\boldsymbol{P}^* = \boldsymbol{\sigma}^* S^* \boldsymbol{n} = \boldsymbol{\sigma}^* S(1-\boldsymbol{\Omega})\boldsymbol{n} = \boldsymbol{\sigma} S\boldsymbol{n}$$

所以有

$$\boldsymbol{\sigma} = (1-\boldsymbol{\Omega})\boldsymbol{\sigma}^*$$

或

$$\boldsymbol{\sigma}^* = \boldsymbol{\sigma}(1-\boldsymbol{\Omega})^{-1}$$

其分量形式为

$$\sigma^*_{ij} = \sigma_{ik}(\delta_{kj} - \Omega_{kj})^{-1} \tag{5.83}$$

据等效应变假设，写出裂隙岩体的线弹性本构关系为

$$\varepsilon^*_{st} = [D_{0ijst}(\delta_{kj} - \Omega_{kj})]^{-1}\sigma_{ik} \tag{5.84}$$

Murakami 等提出了下述对称的有效应力张量为

$$\boldsymbol{\sigma}^* = \frac{1}{2}(\boldsymbol{\sigma} \cdot \boldsymbol{\psi} + \boldsymbol{\psi} \cdot \boldsymbol{\sigma}),\ \boldsymbol{\psi} = (1-\boldsymbol{\Omega})^{-1}$$

孙卫军和周维垣（1990）指出，上述形式假定损伤不传力，在用于岩体力学问题研究时应当进行修正，使考虑裂隙传递部分压应力和剪应力，并给出了建议修正方法。

由上述可见，要使适合于一维受拉状态的损伤理论适合于三维岩体力学问题，至少需要解决两个问题：一是要对有效应力（$\boldsymbol{\sigma}^*$）做对称化处理。这是因为有效应力不具备对下标 i 和 j 的对称性；二是考虑结构面传力，对有效应力做出复杂修正。尽管这些修正在形式上保证了 $\boldsymbol{\sigma}^*$ 的对称性，但却比较复杂，而且引入了人为因素，降低了本构模型客观性。

这也是损伤力学在岩体力学应用中仍然存在的两个基本困难。

三、岩石的损伤软化本构模型

曹文贵等（2004）选取岩石的 Drucker-Prager 准则为

$$f(\boldsymbol{\sigma}^*) - k_0 = \alpha_0 I_1 + J_2^{1/2} - k_0 = 0$$

提出了反映岩石微元强度的损伤变量表示方法：

$$\Omega = \int_0^{f(\boldsymbol{\sigma}^*)} p(x)\,\mathrm{d}x$$

式中，α_0 为常数；k_0 为与材料黏聚力和内摩擦角有关的常数；I_1、J_2 为以有效应力表示的应力张量第一不变量和第二不变量；$F = f(\boldsymbol{\sigma}^*)$ 为岩石微元强度变量，并假定其服从 Weibull 分布，$p(x) = p[f(\boldsymbol{\sigma}^*)] = p(F)$ 为岩石微元破坏的 Weibull 分布概率密度函数。

根据 Weibull 分布的定义，可以求得其概率密度函数为

$$p(x) = \frac{m}{F_0}\left(\frac{F}{F_0}\right)^{m-1} e^{-\left(\frac{F}{F_0}\right)^m}$$

式中，m 和 F_0 为 Weibull 参数，则有

$$\Omega = \int_0^{f(\sigma^*)} p(F) dF = 1 - e^{-\left(\frac{F}{F_0}\right)^m}$$

在有效应力条件下，胡克定律可写为

$$\varepsilon_1 = \frac{\sigma_1^* - \nu(\sigma_2^* + \sigma_3^*)}{E}, \quad \sigma_3^* = \sigma_2^* = \frac{\sigma_3}{1-\Omega}, \quad \sigma_1^* = \frac{\sigma_1}{1-\Omega}$$

于是有

$$\sigma_1 = E\varepsilon_1(1-\Omega) + \nu(\sigma_2 + \sigma_3) = E\varepsilon_1 e^{-\left(\frac{F}{F_0}\right)^m} + \nu(\sigma_2 + \sigma_3) \tag{5.85}$$

他还通过对上式变形和线性拟合得到

$$\alpha = \left(\frac{1}{F_0}\right)^m, \quad F_0 = e^{-\frac{\ln\alpha}{m}} \tag{5.86}$$

而 $F = f(\sigma^*)$ 已在前面提到。这样就得到了岩石的损伤软化本构模型。

第十一节　裂隙岩体本构关系的结构张量法

Oda（1983，1984）在定义裂隙岩体的结构张量为

$$\boldsymbol{F} = \frac{\pi\rho}{4}\int_0^\infty \int_\Omega r^3 \boldsymbol{n} \otimes \boldsymbol{n} \otimes \cdots \otimes \boldsymbol{n} E(\boldsymbol{n},r) d\Omega dr$$

或其应用形式为

$$\boldsymbol{F} = \frac{\pi}{4V}\sum_{k=1}^m (r^{(k)})^3 \boldsymbol{n}^{(k)} \otimes \boldsymbol{n}^{(k)} \otimes \cdots \otimes \boldsymbol{n}^{(k)}$$

在上式基础上，提出了一个拉应力作用下的岩体本构模型，并于 1986 年给出了适用于压应力条件的新模型。这里先介绍后者，再简单介绍前者。

一、受压条件下裂隙岩体本构模型

Oda 假定岩体的应变张量（ε_{ij}）由岩块应变张量（ε_{0ij}）和裂隙应变张量（ε_{cij}）两部分组成，即有

$$\varepsilon_{ij} = \varepsilon_{0ij} + \varepsilon_{cij}$$

式中，ε_{0ij} 已有弹性力学表达式为

$$\varepsilon_{0ij} = C_{0ijst}\sigma_{st}$$

式中，C_{0ijst} 为岩块的柔度张量。因此，只要求得 ε_{cij}，即可确定 ε_{ij} 的表达式。

设有一圆形埋藏裂隙，直径为 r。Oda 按图 5.22 模型考虑结构面的力学效应。取结构面法向刚度的割线刚度值为 H，并有

$$H = \frac{h+c\sigma}{r} = \frac{h+c\sigma_{ij}n_i n_j}{r}$$

式中，h 为常数；c 为裂隙直径与隙宽的比值，即

$$c = \frac{r}{t_0}$$

取 H 在全空间角域的平均值为

$$\overline{H} = \int_\Omega H \cdot E(\boldsymbol{n})\,\mathrm{d}\Omega = \frac{h+c\sigma_{ij}N_{ij}}{r} = \frac{\overline{h}}{r}$$

式中，

$$\overline{h} = h + c\sigma_{ij}N_{ij}, \quad N_{ij} = \int_\Omega n_i n_j E(\boldsymbol{n})\,\mathrm{d}\Omega$$

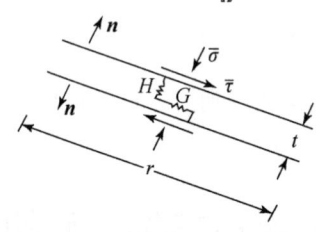

图 5.22 裂隙的 Oda 弹簧模型

考虑结构面的切向刚度为

$$G = \frac{100}{r}\sigma\tan\left(\mathrm{JRC}\cdot\lg\frac{\mathrm{JCS}}{\sigma}+\varphi_b\right) = \frac{g}{r}\sigma_{ij}n_i n_j$$

式中，g 为常数；其他符号意义同前。同样取 G 在全空间角域内的平均值，有

$$\overline{G} = \int_\Omega GE(\boldsymbol{n})\,\mathrm{d}\Omega = \frac{\overline{g}}{r}, \quad \overline{g} = g\sigma_{ij}N_{ij}$$

法向应力与切向应力为

$$\sigma_i = \sigma_{kl}n_k n_l n_i$$
$$\tau_i = (\sigma_{il}n_l - \sigma_{kl}n_k n_l n_i)$$

结构面的法向位移与切向位移为

$$\delta_{ni} = \frac{1}{H}\sigma_{kl}n_i n_k n_l$$

$$\delta_{ti} = \frac{1}{G}(\sigma_{ij}n_j - \sigma_{kj}n_j n_k n_i)$$

令坐标系 j 轴与测线重合（图 5.23），取测线长为 x^j，绕轴形成一个圆柱体，底面由一个 $(\boldsymbol{n},r,t)$ 裂隙面构成，则柱体横截面积为

$$s = \frac{\pi}{4}r^2 n_j$$

若柱面中结构面总数为 $\rho x^j s$，则 $(\boldsymbol{n}, r, t)$ 裂隙与测线交切的条数为

$$\Delta N^j = \frac{\pi}{4}\rho r^2 n_j 2E(\boldsymbol{n},r,t)\mathrm{d}\Omega \mathrm{d}r\mathrm{d}t$$

式中，$E(\boldsymbol{n}, r, t)$ 为结构面法向矢量（$\boldsymbol{n}$）、直径（r）及隙宽（t）在半空间角域的分布密度函数。

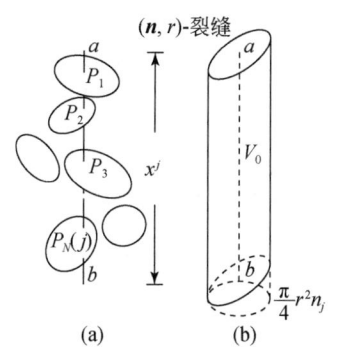

图 5.23 测线与圆柱体

将 ΔN^j 个裂隙的位移累加得

$$\Delta \delta_i = \frac{\pi}{4}x^i\rho\left\{\left(\frac{1}{h}-\frac{1}{g}\right)n_i n_j n_k n_l + \frac{1}{g}n_j n_i \delta_{lk}\right\}r^3 2E(\boldsymbol{n},r,t)\mathrm{d}\Omega \mathrm{d}r\mathrm{d}t \cdot \sigma_{kl}$$

在 $\boldsymbol{n}$ 的半空间角域、$r = 0 - r_\mathrm{m}$，$t = 0 - t_\mathrm{m}$ 积分 $\Delta\delta_i$，并注意到

$$F_{ijkl} = \frac{\pi}{4}\rho\int_0^{t_\mathrm{m}}\int_0^{r_\mathrm{m}}\int_\Omega r^3 n_i n_j n_k n_l E(\boldsymbol{n},r,t)\mathrm{d}\Omega \mathrm{d}r\mathrm{d}t$$

可得全部与测线交切的裂隙造成的位移为

$$\delta_i = \left\{\left(\frac{1}{h}-\frac{1}{g}\right)F_{ijkl} = \frac{1}{g}\delta_{ik}F_{jl}\right\}\sigma_{kl}x^i$$

因为

$$\varepsilon_{cij} = \frac{1}{2}(\delta_{ij}+\delta_{ji})$$

于是有

$$\varepsilon_{cij} = C_{cijkl}\sigma_{kl} \tag{5.87}$$

式中，

$$C_{cijkl} = \left(\frac{1}{h}-\frac{1}{g}\right)F_{ijkl} + \frac{1}{4g}(\delta_{ik}F_{jl}+\delta_{jk}F_{il}+\delta_{il}F_{jk}+\delta_{jl}F_{ik}) \tag{5.88}$$

C_{cijkl} 为四阶对称张量。

若有裂隙水压力为 p，则有效应力为

$$\sigma'_{ij} = \sigma_{ij} - p\delta_{ij}$$

$$\varepsilon_{ij} = C_{0ijkl}\sigma_{kl} + C_{cijkl}\sigma'_{kl} = C_{ijkl}\sigma_{kl} - C_{ij}p \tag{5.89a}$$

其中，

$$C_{ijkl} = C_{0ijkl} + C_{cijkl} , \quad C_{ij} = C_{cijkl}\delta_{kl} = \frac{1}{h}F_{ij} \tag{5.89b}$$

因为

$$C_{klmn}C_{mnij}^{-1} = \frac{1}{2}(\delta_{ki}\delta_{lj} + \delta_{kj}\delta_{li})$$

将式（5.89a）两边同乘 C_{mnij}^{-1}，可得

$$\sigma_{ij} = C_{ijkl}^{-1}\varepsilon_{kl} + C_{ijkl}^{-1}C_{kl}p \tag{5.90}$$

式（5.89）及式（5.90）便是受压条件下裂隙岩体的 Oda 本构模型。

二、受拉条件下裂隙岩体本构关系

对于受环境张应力的情形，Oda（1983）所做的推导简介如下。

结构面两壁的法向相对位移和切向相对位移为

$$\delta_n' = 2v_n = \frac{8(1-\nu^2)}{\pi E}\sigma\sqrt{\frac{r^2}{4}-a^2} , \quad \delta_t' = 2v_t = \frac{16(1-\nu^2)}{\pi E(2-\nu)}\tau\sqrt{\frac{r^2}{4}-a^2}$$

式中，a 为半径变量。对裂隙面面积 $\frac{\pi}{4}r^2$ 求均值并略去泊松比（ν），得

$$\overline{\delta_n'} = \frac{8}{3\pi E}r\sigma , \quad \overline{\delta_t'} = \frac{8}{3\pi E}r\tau$$

若结构面法向矢量为 $\boldsymbol{n} = \{n_i\}$，可将上两位移统一表成分量形式为

$$\overline{\delta_i} = \frac{8}{3\pi E}r\sigma_{ij}n_j = \frac{1}{D}r\sigma_{ij}n_j$$

同理，因有

$$\Delta N^j = \frac{\rho}{4}\pi r^2 n_j x^j 2E(\boldsymbol{n},r)\mathrm{d}\Omega\mathrm{d}r , \quad F_{kj} = \int_0^\infty\int_\Omega \frac{\rho}{4}\pi r^3 n_k n_j E(\boldsymbol{n},r)\mathrm{d}\Omega\mathrm{d}r$$

于是有

$$\delta_i = \frac{1}{D}x^j\sigma_{ik}F_{kj}$$

由此可得

$$\varepsilon_{cij} = \frac{1}{2D}(F_{jk}\sigma_{ik} + F_{ik}\sigma_{jk}) = C_{cijkl}\sigma_{kl}$$

取 C_{cijst} 为对称张量：

$$C_{cijst} = \frac{1}{4D}(\delta_{il}F_{jk} + \delta_{jl}F_{ik} + \delta_{jk}F_{il} + \delta_{ik}F_{jl})$$

由此可得本构方程为

$$\varepsilon_{ij} = C_{0ijkl}\sigma_{kl} + C_{cijkl}\sigma_{kl} = C_{ijkl}\sigma_{kl} \tag{5.91}$$

第六章

岩体的强度理论

岩体单元的破坏有两种方式：①沿某些结构面破坏；②部分沿结构面，而部分拉断或剪断岩块而破坏。实际破坏往往取决于结构面与岩块两者中破坏可能性较大的部分。

岩体结构面尺寸常常服从一定的统计分布。一方面，一组结构面的破坏总是沿该组中尺度最大的面先发生；另一方面，岩石强度具有随机性质，岩块的破坏总是沿强度最低的部位发生。综合上述可知，岩体单元的破坏总是沿力学上最薄弱的部位发生。这就是岩体强度"最弱环节"现象。

无论是岩块或是结构面，薄弱环节的分布也是一种随机行为。因此，岩体破坏是一种受弱环理论支配的随机行为，岩体的强度理论应该是一种以弱环理论为基础的可靠性理论。

作为岩体基本组成的岩石，其强度统计特性及测试技术已在第三章"岩石与结构面力学性质便捷测试"一章做了介绍。本章将以最弱环节原理为基础，建立结构面网络的破坏判据与破坏概率计算方法，然后讨论岩体的强度理论。

第一节　岩体的破坏判据与破坏概率

一般而论，岩体的破坏优先从结构面开始。当多组结构面共存时，破坏总是从力学上最弱的一组结构面开始。

通常认为，一组结构面是否发生破坏，取决于该组结构面是否满足破坏的力学条件，即破坏判据。但是，由于结构面几何与力学要素往往是随机量，结构面上的应力也随之变化，仅用一个确定的判据来判定一组结构面是否破坏是不科学的。合理的办法应是预测结构面组的破坏概率。

下面我们分别对单个结构面、一组结构面及结构面网络提出破坏判据和破坏概率。

一、单个结构面的失稳扩展判据

按照断裂力学理论，一个埋藏圆裂纹失稳破坏的应变能释放率判据可写为
$$G = G_c \tag{6.1}$$
我们已经得到了形成 I 型埋藏圆裂纹所需的应变能计算式（5.26），即
$$U_I = \frac{\pi\alpha}{3E}k^2\sigma^2 a^3$$
则形成上下两侧单位面积裂纹所需要的应变能，即应变能释放率为
$$G_I = \frac{\partial U_I}{2\partial s} = \frac{\partial U_I}{4\pi a \partial a} = \frac{\alpha}{4E}k^2\sigma^2 a$$
同理在有剪应力作用时，根据式（5.29），可得到 II、III 型裂纹应变能释放率为
$$G_{II+III} = \frac{\partial U_{II+III}}{4\pi a \partial a} = \frac{\alpha\beta}{4E}\tau_r^2 a$$

一个结构面的应变能释放率为其Ⅰ型和Ⅱ、Ⅲ型应变能释放率之和。因此，我们可以写出如下的定理：

定理6.1 埋藏型圆形结构面的应变能释放率 G 定理 对于一个半径为 a 的埋藏型圆裂纹，在一定的应力状态下，其应变能释放率为

$$G = G_\text{I} + G_{\text{II+III}} = \frac{\alpha}{4E} a(k^2\sigma^2 + \beta\tau_r^2) \tag{6.2}$$

式中，σ、τ_r（$= h\tau$，τ 为剪应力）分别为结构面上的法向应力、剩余剪应力；$\alpha = \frac{8(1-\nu^2)}{\pi}$，$\beta = \frac{2}{2-\nu}$ 为系数；k 为反映结构面闭合状况的应力状态系数，h 为结构面剩余剪应力比值系数。

式（6.1）中材料常数 G_c 可由Ⅰ型裂纹实验获得的Ⅰ型断裂韧度因子（K_{Ic}）计算得到

$$G_{Ic} = \frac{\pi\alpha}{16E} K_{Ic}^2 \tag{6.3}$$

将式（6.2）、式（6.3）代入式（6.1），我们可以得到如下的定理：

定理6.2 一个埋藏型圆形结构面的破坏判据定理 对于一个半径为 a 的埋藏型圆裂纹，在一定的应力状态下，其破坏判据为

$$K_{Ic}^2 = \frac{4}{\pi} a(k^2\sigma^2 + \beta\tau_r^2) \tag{6.4}$$

式中，各变量定义同式（6.2）。

式（6.4）是岩体结构面强度分析的基本公式，在以后的许多理论推导中会反复使用。

二、一组结构面的破坏判据

对于一组结构面，由于其产状大体一致，因此结构面上的应力基本相同。这使得我们可以通过分析单个结构面的应力反映一组结构面的受力状态。

根据断裂力学，裂纹的应力强度因子与裂纹半径的平方根成正比，即 a 越大的结构面，越容易发生破裂扩展。因此，一组结构面的破坏扩展总是会沿最大尺度的面优先发生。这就是结构面强度分析所遵从的最弱环节原理。

式（4.78）已经确定了一组结构面中最可能出现的最大结构面半径为 a_m。将 $a = a_m$ 代入式（6.4）即可得到

$$K_{Ic}^2 = \frac{4}{\pi} a_m (k^2\sigma^2 + \beta\tau_r^2), \quad a_m = \bar{a}\ln(\lambda_v \cdot V) \tag{6.5}$$

这就是一组结构面的破坏判据。

由于判据中含有体积变量 V 和体积密度 λ_v，可见一组结构面的强度具有尺寸效应和结构面密度效应，即试件体积 V 越大越容易破坏，强度越小；而结构面密度越大，岩体单元的强度越低。

三、一组结构面的破坏概率

由于一组结构面半径的极大值 a 服从分布式（4.80a），即

$$g(a) = \frac{1}{\bar{a}} \lambda_v V e^{-\frac{a}{\bar{a}}} \cdot [1 - e^{-\frac{a}{\bar{a}}}]^{\lambda_v V - 1} \tag{6.6}$$

而只有当 a 值大于临界尺度 a_c，该组结构面才会破坏，因此对上述密度函数在区间 $[a_c, \infty]$ 上积分，即可得到该组结构面的破坏概率（图 6.1），即

$$\begin{aligned} P_c &= \int_{a_c}^{\infty} g(x) \mathrm{d}x = \int_{a_c}^{\infty} \frac{1}{\bar{a}} \lambda_v V e^{-\frac{x}{\bar{a}}} \cdot (1 - e^{-\frac{x}{\bar{a}}})^{\lambda_v V - 1} \mathrm{d}x \\ &= \lambda_v V \int_{a_c}^{\infty} (1 - e^{-\frac{x}{\bar{a}}})^{\lambda_v V - 1} \mathrm{d}(1 - e^{-\frac{x}{\bar{a}}}) = (1 - e^{-\frac{x}{\bar{a}}}) \Big|_{a_c}^{\infty} \\ &= 1 - [1 - e^{-\frac{a_c}{\bar{a}}}]^{\lambda_v V} \end{aligned} \tag{6.7a}$$

由于结构面半径服从负指数分布式（4.27），即

$$f(a) = \frac{1}{\bar{a}} e^{-\frac{a}{\bar{a}}}, F(a) = 1 - e^{-\frac{a}{\bar{a}}}$$

而 $G(a_c) = [F(a_c)]^{\lambda_v V}$ 为不破坏概率，因此有该组结构面的破坏概率为

$$P_c = 1 - G(a_c) = 1 - [F(a_c)]^{\lambda_v V} = 1 - (1 - e^{-\frac{a_c}{\bar{a}}})^{\lambda_v V} \tag{6.7b}$$

由式（6.4）可以得到一定应力状态下任一结构面（也包括最大结构面半径为 a_m）的极限半径表达式，将其代入式（6.7b），即可得到一组结构面在所处应力条件下的破坏概率

$$P_c = 1 - \left[1 - \exp\left(-\frac{\pi K_{Ic}^2}{4\bar{a}(k^2 \sigma^2 + \beta \tau_r^2)}\right) \right]^{\lambda_v V} \tag{6.7c}$$

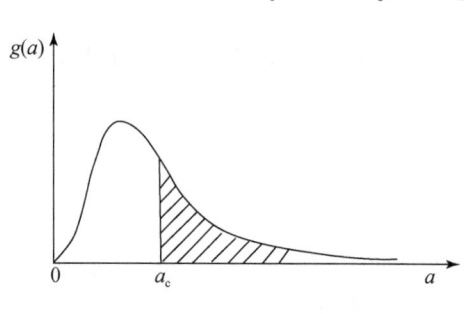

图 6.1 一组结构面的破坏概率

式（6.7c）反映出结构面组破坏概率的以下特点：

（1）随结构面上应力值增大而增大。注意，按照 k 和 h 的定义，当结构面上的法向应力（σ）为张应力时，$k = h = 1$，即在张剪状态下，结构面不仅承受拉张作用，其上全部剪应力也将全部变为剩余剪应力（τ_r），直接驱动结构面剪切破坏；而当 σ 为压应力而结构面闭合时，$k = 0$，则由剩余剪应力（τ_r）的量值决定结构面破坏概率大小；

（2）随岩石 I 型断裂韧度因子（K_{Ic}）增大而减小；

（3）随其平均半径增大而增大，这就是其对结构面的尺寸效应；

（4）随体积单元 V 内结构面总数 $\lambda_v V = n$ 增大而增大。这就是结构面组破坏概率的体积效应和结构面密度效应。

四、结构面网络的破坏判据与破坏概率

设有 N 组结构面,对第 i 组结构面,有式(6.5)的破坏判据

$$K_{Ic}^2 = \frac{4}{\pi} a_{mi}(k^2 \sigma_i^2 + \beta \tau_{ri}^2)$$

由于只要 N 组结构面中有一组满足上述判据式,则结构面网络发生破坏。于是,岩体结构面网络破坏判据为

$$\max\left[\frac{4}{\pi}(k_i^2 \sigma_i^2 + \beta \tau_{ri}^2) a_{mi}\right] = K_{Ic}^2 \tag{6.8}$$

又因为式(6.7b),第 i 组结构面的破坏概率为

$$P_{ci} = 1 - (1 - e^{-\frac{a_{ci}}{\bar{a}_i}})^{\lambda_{vi} V}$$

式中,a_{ci} 为第 i 组结构面的临界半径。按可靠性理论,N 组结构面的破坏概率应为 $P_c = 1 - \prod_{i=1}^{N}(1 - P_{ci})$,于是有 N 组结构面网络的破坏概率为

$$P_c = 1 - \prod_{i=1}^{N}(1 - e^{-\frac{a_{ci}}{\bar{a}_i}})^{\lambda_{vi} V} \tag{6.9}$$

五、岩体单元的破坏判据与破坏概率

根据弱环理论,一个岩体单元中,只要岩石或任一组结构面发生破坏,岩体单元即破坏。

岩石的强度判据可由下列库仑判据给出

$$\sigma_1 = \sigma_3 \tan^2\theta + \sigma_c, \theta = 45° + \frac{\varphi}{2}$$

而一组结构面的强度判据已在前面分别讨论。

根据可靠性理论,岩体单元的破坏概率应为

$$P = 1 - (1 - P_b)(1 - P_c)$$

式中,P_b 为岩石的破坏概率;P_c 为结构面系统的破坏概率;因此上式中右端后项各括号分别为岩石和结构面系统不发生破坏的概率 $1 - P_b$ 和 $1 - P_c$,二者的乘积为不同时发生破坏的概率。

根据前面的讨论,我们可以给出下面的定理:

定理 6.3 岩体的破坏判据与破坏概率定理 一个含 N 组结构面的岩体单元的强度判据为

$$\begin{cases} \sigma_1 = \sigma_3 \tan^2\theta + \sigma_c, \theta = 45° + \frac{\varphi}{2} \\ \frac{4}{\pi} a_{mi}(k_i^2 \sigma_i^2 + \beta \tau_{ri}^2) = K_{Ic}^2, i = 1, 2, \cdots, N \end{cases} \tag{6.10}$$

破坏概率为

$$P = 1 - e^{-kV\sigma_{cm}^m} \prod_{i=1}^{N} \left(1 - e^{-\frac{a_{ci}}{\bar{a}_i}}\right)^{\lambda_{vi}V}, a_{ci} = a_{mi} = \frac{\pi K_{Ic}^2}{4(k^2\sigma^2 + \beta\tau_r^2)} \quad (6.11)$$

式中，σ_c 为岩石的单轴抗压强度；a_{mi} 为第 i 组结构面最可能的最大半径；N 为结构面组数。

六、关于岩石的断裂韧度的讨论

我们已经看到，岩石的 I 型断裂韧度因子（K_{Ic}）是岩体结构面强度分析的基本指标。但是，K_{Ic} 的测试尚未纳入岩石的常规测试。因此从岩石的一些常规测试指标获取 K_{Ic} 成为一种重要途径。这里我们讨论岩石 I 型断裂韧度因子（K_{Ic}）与单轴抗压强度（σ_c）和抗拉强度（σ_t）的关系。

1. K_{Ic} 与岩石单轴抗压强度（σ_c）的经验关系

包含等（2017）统计了文献 99 组试验数据，涵盖了多种测试方法和岩石类型，得到如下岩石单轴抗压强度（σ_c）与 I 型断裂韧度因子（K_{Ic}）间的相关关系（表 6.1，图 6.2）：

$$K_{Ic} = \frac{1}{83.41}\sigma_c = 0.012\sigma_c \quad (6.12a)$$

对于不同的岩性，上述经验关系会略有差异。下列经验公式可供几种典型岩石 K_{Ic} 数值估算时采用：

$$K_{Ic} = \begin{cases} 0.0105\sigma_c, & \text{花岗岩} \\ 0.0110\sigma_c, & \text{砂岩} \\ 0.0108\sigma_c, & \text{碳酸盐岩} \\ 0.0151\sigma_c, & \text{大理岩} \end{cases} \quad (6.12b)$$

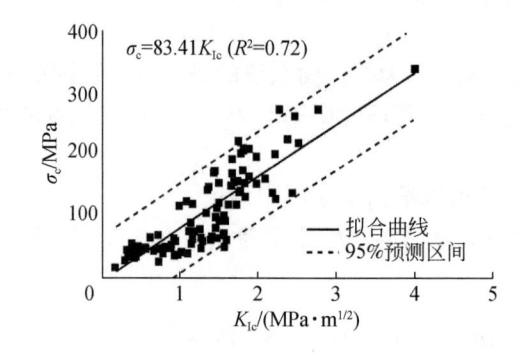

图 6.2 K_{Ic} 与 σ_c 的相关关系（据包含等，2017）

表6.1　部分岩石 K_{Ic} 测试数据表

岩石类型	样品数量	$K_{Ic}/(\text{MPa}\cdot\text{m}^{1/2})$ 区间值	平均值	岩石类型	样品数量	$K_{Ic}/(\text{MPa}\cdot\text{m}^{1/2})$ 区间值	平均值
砂岩	22	0.3~1.78	0.82	二辉橄榄岩	2	0.71~1.1	0.91
大理岩	23	0.78~2.21	1.29	混合岩	1	0.93	
花岗岩	12	1.13~2.53	1.61	安山岩	1	2.17	
白云岩	7	1.8~2.47	1.87	辉绿岩	1	4.00	
灰岩	6	0.78~1.99	1.30	花岗片麻岩	1	0.99	
玄武岩	2	0.88~2.27	1.58	凝灰岩	1	1.47	
片麻岩	2	1.1~1.5	1.30	苏长玢岩	1	1.45	

注：包含等（2017）根据文献数据整理。

2. K_{Ic} 与岩石单轴抗压强度（σ_c）关系的理论分析

考虑到经历同样应力过程的岩石微破裂结构与岩体宏观破裂结构是相近的，只是尺度不同而已。即是说，岩块可以等效为含有微观裂纹系统的岩体。因此可以在相同压力条件下，借用岩体强度分析方法考察岩石的单轴抗压强度，并讨论与岩石Ⅰ型断裂韧度因子（K_{Ic}）的关系。

我们讨论含有一组微裂纹岩石的抗压强度与 K_{Ic} 的理论关系。取单位体积单元，即体积为 $V=1$，考虑到一组结构面最大半径为 $a_m = \bar{a}\ln(\lambda_v V)$，其中 $\bar{a}$ 和 λ_v 分别为结构面组的平均半径和体积密度，则其破坏的断裂力学判据已由式（6.5）给出为

$$K_{Ic}^2 = \frac{4}{\pi}a_m(k^2\sigma^2+\beta\tau_r^2) = \frac{4}{\pi}\bar{a}\ln\lambda_v(k^2\sigma^2+\beta\tau_r^2) \tag{6.13a}$$

当单元受单轴压力 σ_1 作用，则对于任意结构面组都有 $k=0$，于是由式（6.13a）有

$$\frac{\pi K_{Ic}^2}{4\beta\,\bar{a}\ln\lambda_v} = \tau_r^2 \tag{6.13b}$$

其中，τ_r 为结构面剩余剪应力，即

$$\tau_r = \tau - f\sigma + c = \sigma_1 n_1 n_3 - f\sigma_1 n_1^2 - c$$

其中，$f=\tan\varphi$，引入了 $\sigma = n_1^2 \sigma_1$，$n_1 = \cos\delta$ 为结构面法线与 σ_1 夹角余弦，即结构面法线方向余弦。

从式（6.13b）解出荷载 σ_1，当 σ_1 达到结构面组的抗压强度，此处也就是岩石的单轴抗压强度，即 $\sigma_1 = \sigma_c$ 时，有

$$\sigma_c = \frac{1}{n_1 n_3 - f n_1^2}\left[\sqrt{\frac{\pi}{\beta\,\bar{a}\ln\lambda_v}}\frac{K_{Ic}}{2}+c\right] \tag{6.14a}$$

或

$$K_{Ic} = 2\sqrt{\frac{\beta\,\bar{a}\ln\lambda_v}{\pi}}\left[(n_1 n_3 - f n_1^2)\sigma_c - c\right] \tag{6.14b}$$

式（6.14b）即为使 K_{Ic} 与单轴抗压强度（σ_c）等效的理论关系。

另一方面,由 K_{Ic} 与单轴抗压强度 (σ_c) 的统计关系式 (6.12a)

$$K_{Ic} = \frac{1}{83.41}\sigma_c = 0.012\sigma_c$$

与式 (6.14b) 对比,考虑到微裂纹黏聚力 (c) 可以忽略,得

$$2\sqrt{\frac{\beta \overline{a}\ln\lambda_v}{\pi}}(n_1 n_3 - f n_1^2) \approx 0.012$$

其中, $\beta = \frac{2}{2-\nu}$,于是有

$$\overline{a}\ln\lambda_v \approx \frac{\pi}{\beta}\left[\frac{0.006}{(n_1 n_3 - f n_1^2)}\right]^2 \tag{6.15}$$

3. 岩石抗拉强度 (σ_t) 与 K_{Ic} 的关系

包含等 (2018) 还整理了文献中关于砂岩、碳酸盐岩、花岗岩和大理岩等四种岩石抗拉强度 (σ_t) 与 K_{Ic} 的统计关系,得出如下经验公式

$$K_{Ic} = \begin{cases} 0.1464\sigma_t, & \text{花岗岩} \\ 0.1538\sigma_t, & \text{砂岩} \\ 0.1368\sigma_t, & \text{碳酸盐岩} \\ 0.1815\sigma_t, & \text{大理岩} \end{cases} \tag{6.16a}$$

作为一般情形,其统计关系如下 (图 6.3):

$$K_{Ic} = 0.1449\sigma_t \tag{6.16b}$$

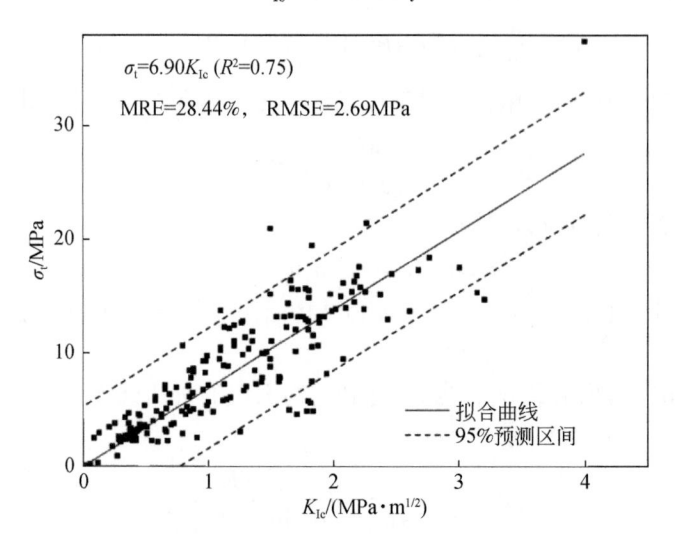

图 6.3 岩石的抗拉强度 (σ_t) 与 K_{Ic} 统计拟合曲线

4. 岩石抗压强度（σ_c）与抗拉强度（σ_t）的比例关系

比较式（6.12b）和式（6.16a）可得四种岩石的抗压强度与抗拉强度的比例关系

$$\sigma_c = \begin{cases} 13.94\sigma_t, & \text{花岗岩} \\ 13.98\sigma_t, & \text{砂岩} \\ 12.67\sigma_t, & \text{碳酸盐岩} \\ 12.02\sigma_t, & \text{大理岩} \end{cases} \tag{6.17}$$

因此，可得四种岩石的综合比值 σ_c/σ_t 为

$$\sigma_c = \frac{0.1449}{0.012}\sigma_t = 12.075\sigma_t \tag{6.18}$$

第二节 岩体库仑强度的主应力形式

本节将讨论岩体强度判据的主应力形式，而破坏概率则与前相同，不再赘述。

岩体的强度由结构面和连续岩石部分共同决定。岩体单元中岩块与各结构面组在荷载方向的抗压强度的平均值称为岩体单元的平均抗压强度；若取岩块和各组结构面的最低强度作为岩体单元强度，就是岩体的"弱环"抗压强度。

下面将先建立等围压（即通常所称的"准三轴"应力条件）下岩体抗压强度一般形式，然后讨论岩体的真三轴抗压强度。

一、岩体的准三轴抗压强度

1. 岩体准三轴抗压强度的一般形式

考察如图 6.4 所示的准三轴受力情形下岩体单元。单元受铅直方向 σ_1 和水平围压 $\sigma_2 = \sigma_3$ 作用；单元中存在一组结构面，其最大半径为 a_m，法线与 σ_1 的夹角为 δ；结构面黏聚力和摩擦角分别为 c 和 φ。

岩体的抗压强度遵从弱环原理，即在岩块和结构面的强度中，最低强度决定岩体强度，即有

$$\sigma_1 = \min(\sigma_{10}, \sigma_{1i}), \quad i = 0, 1, 2, \cdots, m \tag{6.19}$$

式中，下标 $i = 0$ 指岩石抗压强度，其他指第 i 组结构面在 σ_1 方向的抗压强度。

判据式（6.10）中连续岩块强度已是主应力形式，即

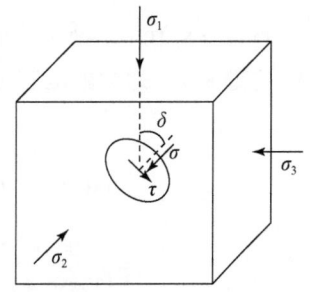

图 6.4 岩体单元受力图

$$\sigma_{10} = \sigma_3 \tan^2\theta + \sigma_c, \quad \theta = 45° + \frac{\varphi_0}{2} \tag{6.20}$$

对于图 6.4 中的一组结构面，在 $\sigma_2 = \sigma_3$ 的等围压情形下，命 δ 为结构面法线与 σ_1 夹角，注意到 $n_1 = \cos\delta$，且在 (σ_1, σ_3) 平面内有 $n_3 = \sqrt{1-n_1^2}$，则任意方向结构面组的正应力和剪应力分别为

$$\begin{cases} \sigma = \sigma_1 n_1^2 + \sigma_3(1-n_1^2) \\ \tau = (\sigma_1 - \sigma_3) n_1 n_3 \end{cases}$$

结构面的库仑抗剪强度 τ_f 为

$$\tau_f = c + f\sigma = c + f\sigma_1 n_1^2 + f\sigma_3(1-n_1^2)$$

其中，$f = \tan\varphi$ 为结构面摩擦系数。因此该组结构面上的剩余剪应力为

$$\tau_r = \tau - \tau_f = \sigma_1(n_1 n_3 - f n_1^2) - \sigma_3 [n_1 n_3 + f(1-n_1^2)] - c$$

对于受压岩体，$k = 0$，于是判据式 (6.10) 中结构面组的强度判据可变为

$$\tau_r = \frac{K_{\mathrm{Ic}}}{2}\sqrt{\frac{\pi}{\beta a_m}}$$

或写为

$$\sigma_1 = \frac{n_1 n_3 + f(1-n_1^2)}{n_1 n_3 - f n_1^2}\sigma_3 + \frac{a}{n_1 n_3 - f n_1^2} \tag{6.21a}$$

其中，a 为黏聚力的综合参数

$$a = \frac{K_{\mathrm{Ic}}}{2}\sqrt{\frac{\pi}{\beta a_m}} + c \tag{6.21b}$$

当 $\sigma_3 = 0$ 时，有结构面组的单轴抗压强度

$$\sigma_1 = \frac{a}{n_1 n_3 - f n_1^2} \tag{6.22a}$$

在式 (6.22a) 中考虑 $n_3 = \sqrt{1-n_1^2}$，且分子分母同时乘以因子 $(fn_1 + \sqrt{1-n_1^2})$，可得结构面组的单轴抗压强度

$$\sigma_1 = \frac{a(fn_1 + \sqrt{1-n_1^2})}{n_1 [1-(1+f^2) n_1^2]} \tag{6.22b}$$

将式 (6.19)、式 (6.20) 与式 (6.21a) 统一表述为如下的定理：

定理 6.4　岩体的准三轴抗压强度定理　含 m 组结构面岩体的准三轴抗压强度为

$$\sigma_1 = \min(T_i \sigma_3 + R_i), \quad i = 0, 1, 2, \cdots, m \tag{6.23a}$$

$$\begin{cases} T_0 = \tan^2\theta, \quad \theta = 45° + \dfrac{\varphi_0}{2}, \quad R_0 = \sigma_c \\ T_i = \dfrac{\tan\delta}{\tan(\delta-\varphi)}, \quad R_i = \dfrac{1+\tan^2\delta}{\tan\delta - \tan\varphi}\left(\dfrac{K_{\mathrm{Ic}}}{2}\sqrt{\dfrac{\pi}{\beta a_m}} + c\right), \quad i = 0,1,2,\cdots,m \end{cases} \tag{6.23b}$$

式中，δ 为任一组结构面法线与 σ_1 的夹角；下标 $i = 0$ 为岩块，$i = 1, 2, \cdots, m$ 为结构面组号。

需要注意的是，在式（6.23b）第二式中：

（1）当 $\delta<\varphi$ 时，结构面将被"锁固"而失去作用，式中 T_i 无意义，岩体强度等同于岩块，因而式（6.23b）第二式回归到第一式。

（2）当 $\delta-\varphi=0$，π 时，及 $\delta=\dfrac{\pi}{2}$，$\dfrac{3\pi}{2}$ 时，式（6.23b）出现奇点，考虑其物理意义的连续性，亦应按岩块强度处理。

上述两种情况都属于结构面力学效应消失，岩体强度受岩块和应力控制的情形。

2. 极限围压

极限围压是指为保证抗压强度式（6.23a）所需的临界围压。当满足 $\sigma_1>\sigma_2=\sigma_3$ 时，对于岩体中的结构面和岩块单元，保证各单元不发生破坏的临界 σ_3 的最大值即为极限围压。

一般来说，由于岩石的单轴抗压强度较高，所需极限围压比结构面小。因此，岩体单元的极限围压往往取决于结构面极限围压的最大值。

对于一组结构面而言，极限围压的求取并不困难，在式（6.21a）中解出 σ_3 即可得到

$$\sigma_3=\dfrac{n_1 n_3-f n_1^2}{n_1 n_3+f(1-n_1^2)}\sigma_1-\dfrac{a}{n_1 n_3+f(1-n_1^2)}$$

由此我们可以写出下面的定理：

定理 6.5　岩体的准三轴极限围压定理　含 m 组结构面岩体的准三轴极限围压为

$$\sigma_3=\max(K_i\sigma_1+H_i),\ i=0,1,2,\cdots,m \qquad (6.24a)$$

$$\begin{cases} K_0=\dfrac{1}{\tan^2\theta},\ \theta=45°+\dfrac{\varphi_0}{2},\ H_0=\dfrac{\sigma_c}{\tan^2\theta} \\ K_i=\dfrac{n_1 n_3-f n_1^2}{n_1 n_3+f(1-n_1^2)},\ H_i=\dfrac{a}{n_1 n_3+f(1-n_1^2)},\ a=\dfrac{K_{Ic}}{2}\sqrt{\dfrac{\pi}{\beta a_m}}+c,\ i=0,1,2,\cdots,m \end{cases} \qquad (6.24b)$$

式中，$n_1=\cos\delta$，$n_3=\sin\delta$，$n_1^2+n_3^2=1$；δ 为任一组结构面法线与 σ_1 的夹角；下标 $i=0$ 为岩块，$i=1,2,\cdots,m$ 为结构面组号。

二、结构面应力锁固与岩体结构控制失效

在三轴应力作用下，岩石的抗压强度一般高于结构面在 σ_1 方向的抗压强度，此时的岩体强度受岩体结构控制。但是，当结构面发生应力锁固时，岩体的强度将受应力控制。

1. 结构面应力锁固条件

我们所说的结构面应力锁固是指结构面的抗剪强度大于剪应力，无法产生滑移的情形。此时的岩体强度应按不存在该组结构面的情形判断。

由式（6.21a）可见，结构面锁固与否实际上取决于其分母项是否为 0，即当某组结

构面被锁固时，该判据失去意义。显然，当

$$n_1 n_3 - f n_1^2 = 0, \quad f = \frac{n_3}{n_1}$$

$\sigma_1 \to \infty$，即结构面抗压强度高于岩石，结构面力学效应丧失。

事实上，对于等围压情形，有 $n_3 = \sin\delta$，而 $n_1 = \cos\delta$，所以

$$f = \tan\varphi \geqslant \frac{n_3}{n_1} = \tan\delta \tag{6.25a}$$

这表明结构面锁固需满足条件 $\delta \leqslant \varphi$，即要求荷载 σ_1 方向线落在以结构面法线为对称轴的摩擦锥内。

另一方面，在结构面受压应力条件下有 $k=0$，由一组结构面破坏判据式（6.5）有

$$K_{Ic}^2 = \frac{4}{\pi} a_m (k^2 \sigma^2 + \beta h^2 \tau^2) = \frac{4\beta}{\pi} a_m h^2 \tau^2$$

而当同时有 $h=0$ 时，则上述判据失去意义，这表明结构面力学效应消失。因此，结构面锁固条件的另一种表述为

$$h = \frac{\tau_r}{\tau} = 0 \tag{6.25b}$$

2. 岩体结构控制与应力控制转化的应力条件

岩体强度的结构控制与应力控制转化的应力条件，实际上发生在荷载方向上结构面抗压强度与岩石抗压强度相等的交点上。当结构面强度曲线斜率大于岩石强度曲线斜率，即 $T_i > T_0$ 时，由式（6.23a）、式（6.23b）可得交点条件

$$T_i \sigma_3 + R_i = T_0 \sigma_3 + R_0 \quad (T_i > T_0), \quad \sigma_3 = \frac{R_i - R_0}{T_0 - T_i}$$

于是得到岩体强度由结构面控制向应力控制转化的应力条件［图6.5（a）］：

$$\begin{cases} \sigma_{1i} = \dfrac{R_i - R_0}{T_0 - T_i} T_i + R_i \\ \sigma_3 = \dfrac{R_i - R_0}{T_0 - T_i} \end{cases} (T_i > T_0) \tag{6.26}$$

另一方面，考察式（6.23b），满足 $T_i > T_0$ 的条件应为

$$\frac{\tan\delta}{\tan(\delta-\varphi)} > \tan^2\theta = \tan^2\left(45° + \frac{\varphi_0}{2}\right) \tag{6.27}$$

式（6.27）左端分母中，$0 \leqslant \delta \leqslant 90°$，而 $\varphi > 0$，只要 δ 足够接近 φ 但 $\delta - \varphi \geqslant 0$，即荷载方向接近但不落入结构面摩擦锥时，式（6.27）是能够满足的［图6.5（b）］。

三、岩体的真三轴抗压强度

考察如图6.4所示的岩体单元。岩体的三轴抗压强度仍遵从弱环假说，为岩石和各组

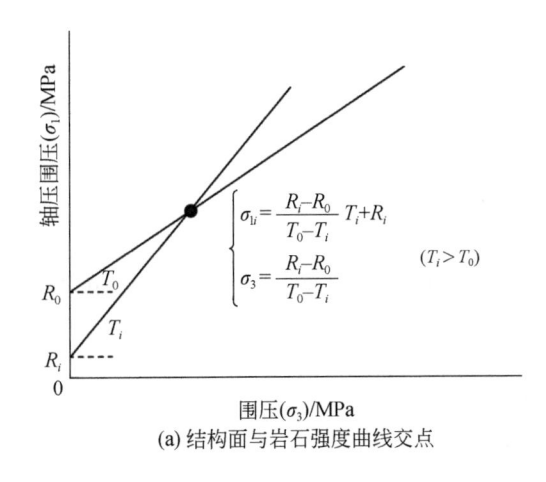

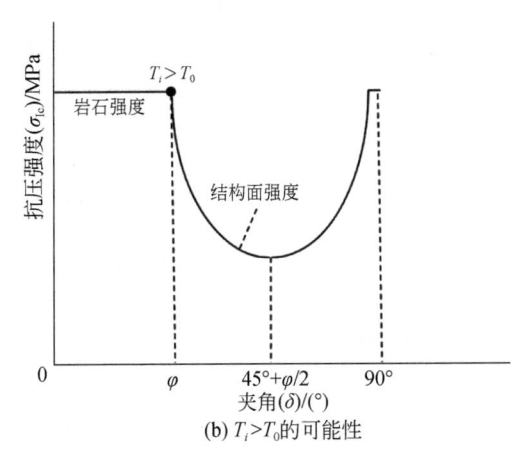

图 6.5 岩体强度由结构面控制向应力控制转化的应力条件

结构面最小抗压强度决定,其中岩石的三轴抗压强度仍由式(6.20)计算。

对于岩体结构面,第 i 组结构面在 σ_1 方向的 SMRM 库仑抗压强度可由下述方法求得。

由结构面强度判据式(6.5)

$$\frac{\pi K_{Ic}^2}{4a_m} = k^2\sigma^2 + \beta h^2 \tau_r^2$$

当岩体单元三向受压时,结构面必为受压状态,此时 $k=0$,因此有

$$\frac{\pi K_{Ic}^2}{4a_m} = \beta h^2 \tau_r^2 = \beta \left[\frac{\tau_r - (c+f\sigma)}{\tau_r}\right]^2 \tau_r^2 = \beta [\tau_r - (c+f\sigma)]^2$$

式中,参数 c 和 f 意义同前,为结构面的黏聚力和摩擦系数。

因此有

$$\tau_r = a_c + f\sigma, \quad a_c = \frac{K_{Ic}}{2}\sqrt{\frac{\pi}{\beta a_m}} + c \tag{6.28a}$$

对于结构面受拉张开的情形,因为 $k=1$,$h=1$,有

$$a_t^2 = \sigma^2 + \beta\tau_r^2, \quad a_t = \frac{K_{Ic}}{2}\sqrt{\frac{\pi}{\beta a_m}} \tag{6.28b}$$

由应力分析可知

$$\begin{cases} \sigma = n_1^2\sigma_1 + n_2^2\sigma_2 + n_3^2\sigma_3 \\ p^2 = n_1^2\sigma_1^2 + n_2^2\sigma_2^2 + n_3^2\sigma_3^2 \\ \tau_r^2 = p^2 - \sigma^2 \end{cases}$$

将上述应力参数代入式(6.28),可得关于 σ_1 的二次方程

$$A\sigma_1^2 + B\sigma_1 + C = 0$$

其中,A、B、C 为与应力、结构面几何与力学参数有关的系数。解上述二次方程,即可得结构面的真三轴抗压强度。

根据上述，我们可以得到如下的定理：

定理 6.6　岩体的真三轴抗压强度定理　含 m 组结构面岩体的真三轴抗压强度为

$$\sigma_1 = \min(\sigma_{1i}), \quad i=0,1,2,\cdots,m \tag{6.29a}$$

式中，

$$\sigma_{10} = \sigma_3 \tan^2\theta + \sigma_c, \quad \theta = 45° + \frac{\varphi_0}{2} \tag{6.29b}$$

$$\sigma_{1i} = -\frac{1}{2A}(B+\sqrt{B^2-4AC}), \quad i=0,1,2,\cdots,m \tag{6.29c}$$

对于结构面受压情形

$$\begin{cases} A = [(1+f^2)n_1^2 - 1]n_1^2 \\ B = 2[a_c f + (1+f^2)(n_2^2\sigma_2 + n_3^2\sigma_3)]n_1^2 \\ C = a_c^2 + 2a_c f(n_2^2\sigma_2 + n_3^2\sigma_3) \\ \quad + (1+f^2)(n_2^2\sigma_2 + n_3^2\sigma_3)^2 \\ \quad - (n_2^2\sigma_2^2 + n_3^2\sigma_3^2), \quad a_c = \frac{K_{Ic}}{2}\sqrt{\frac{\pi}{\beta a_m}} + c \end{cases} \tag{6.29d}$$

对于结构面受拉情形

$$\begin{cases} A = [(1-\beta)n_1^2 - 1]n_1^2 \\ B = 2(1-\beta)(n_2^2\sigma_2 + n_3^2\sigma_3)n_1^2 \\ C = 2(1-\beta)(n_2^2\sigma_2 + n_3^2\sigma_3)^2 \\ \quad + \beta(n_2^2\sigma_2^2 + n_3^2\sigma_3^2) - a_t^2, \quad a_t = \frac{K_{Ic}}{2}\sqrt{\frac{\pi}{\beta a_m}} \end{cases} \tag{6.29e}$$

式中，下标 $i=0$ 为岩块，$i=1,2,\cdots,m$ 为结构面组号；K_{Ic}、φ_0 和 σ_c 分别为岩石的 I 型断裂韧度因子、内摩擦角和单轴抗压强度；n_j ($j=1,2,3$) 和 a_m 分别为任一组结构面法线与 σ_1 的夹角余弦、最大半径；f 和 c 为结构面摩擦系数和黏聚力。

这就是岩体的真三轴抗压强度定理。

当 $\sigma_2 = \sigma_3$ 时，考虑到 $n_2^2 + n_3^2 = 1 - n_1^2$，代入式（6.29d），可求得结构面的准三维抗压强度。

作为计算实例，设定图 6.6（a）的基础数据，采用 SMRM Calculation 参数计算平台，可以计算出岩体单元的准三轴和真三轴抗压强度如图 6.6（a）、（b）所示。

比较图 6.6 的计算结果可以看出，在相同的计算条件下，准三轴与真三轴抗压强度在岩体强度取值和方向分布上虽然粗略相近，但仍然存在显著差别。因此用准三轴强度代表岩体强度，常常是难以准确刻画岩体强度空间分布特征的。

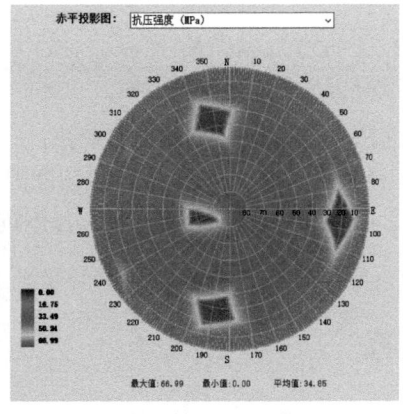

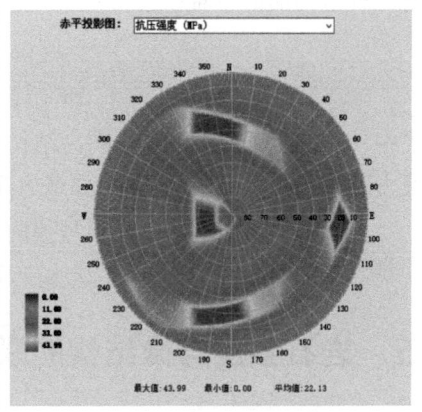

(a) 计算基础数据　　(b) 准三轴$\sigma_2=\sigma_3=10$MPa　　(c) 真三轴$\sigma_2=10$MPa, $\sigma_3=5$MPa

图 6.6　岩体的三轴抗压强度

四、岩体抗拉强度与单轴抗压强度

1. 岩体的抗拉强度

岩体单元的抗拉强度实际上决定于其中强度较低的一组结构面的抗拉强度，且轴向荷载以外的应力影响可以忽略。在结构面强度判据式（6.5）中，由于结构面受拉有 $k=1$，$\tau_r=\tau$，可得

$$K_{Ic}^2 = \frac{4}{\pi} a_m (\sigma^2 + \beta\tau^2)$$

代入 $\sigma = \sigma_{11} n_1^2$，$t = \sigma_{11} n_1 \sqrt{1-n_1}$，$\beta = \dfrac{2}{2-\nu}$，得

$$\sigma_t = \frac{K_{Ic}}{n_1} \sqrt{\frac{\pi}{2\beta a_m (2-\nu n_1^2)}} = \frac{K_{Ic}}{\cos\theta} \sqrt{\frac{\pi}{2\beta a_m (2-\nu\cos^2\theta)}} \tag{6.30}$$

2. 岩体的单轴抗压强度

在式（6.29）中，当 $\sigma_2 = \sigma_3 = 0$，可求得岩体的单轴抗压强度，其中结构面强度系数可以简化为

$$\begin{cases} A = [(1+f^2)n_1^2 - 1] n_1^2 \\ B = 2afn_1^2 \\ C = a^2 \end{cases}$$

由于

$$B^2 - 4AC = 4n_1^2 a^2 (1 - n_1^2)$$

因此有结构面的单轴抗压强度为

$$\sigma_1 = \frac{a(fn_1 + \sqrt{1-n_1^2})}{n_1[1-(1+f^2)n_1^2]}, \quad a = \frac{K_{Ic}}{2}\sqrt{\frac{\pi}{\beta a_m}} + c \tag{6.31}$$

式中，$n_1 = \cos\theta$ 和 $\sqrt{1-n_1^2}$ 分别为结构面法线与 σ_1 夹角的方向余弦；c、f 分别为结构面黏聚力和摩擦系数；a_m 为结构面最大半径；K_{Ic} 为岩石的 I 型断裂韧度因子。

上述解与式（6.22b）完全相同。这表明，在单轴条件下，岩体抗压强度的准三轴解和真三轴解是一致的。

五、岩石强度与微结构的联系

岩石形成以后，多数接受过后期构造作用的改造，因此岩石中一般也会有微破裂结构，而且受应力环境影响，微结构的方向性与宏观岩体结构有一致性。可以说，岩石微结构是岩体结构的缩影。因此，研究岩体强度的方法也可以用来研究岩块的强度。

前面在"关于岩石断裂韧度的讨论"中，我们得到关系式（6.15），即

$$a_m = \bar{a}\ln\lambda_v \approx \frac{\pi}{\beta}\left[\frac{0.006}{(n_1n_3 - fn_1^2)\sigma_c}\right]^2, \quad \beta = \frac{2}{2-\nu}$$

事实上，按式（4.78），上式左端为单位体积岩体中最可能的最大结构面半径（a_m），为结构面平均半径（$\bar{a}$）与体积密度（λ_v）的自然对数之积，它综合表现了岩体的破碎程度。

考察含一组微破裂的情形，设该面摩擦角为 30°，按最危险破裂角 $\delta = 45° + \frac{\varphi}{2}$ 考虑，而 $n_1 = \cos\delta = 0.5$，$n_3 = \sqrt{1-n_1^2} = 0.866$；取岩石泊松比为 $\nu = 0.2$，则 $\beta = 1.11$，取岩石单轴抗压强度 $\sigma_c = 100$MPa，可得微结构面最大半径为

$$a_m = 1.22 \times 10^{-7} \quad (m) \tag{6.32}$$

即约 $0.122\mu m$。这说明当取岩体结构面亚微米级时，岩体与岩块强度相同。

考虑到 $a_m = \bar{a}\ln(\lambda_v)$，式（6.32）也可变为

$$\bar{a} = \frac{a_m}{\ln\lambda_v} = \frac{1.22 \times 10^{-7}}{\ln\lambda_v} \quad (m) \tag{6.33}$$

将式（6.33）做成曲线如图 6.7 所示，可以直观看出岩块中结构面体积密度与平均半径的关系。

将式（6.32）代入式（6.22a），可以得到上述结构条件下岩石的单轴抗压强度与岩体强度相同，即

$$\sigma_c = \sigma_1 = \frac{a}{n_1n_3 - fn_1^2} = \frac{1}{n_1n_3 - fn_1^2}\left(\frac{K_{Ic}}{2}\sqrt{\frac{\pi}{\beta a_m}} + c\right) = \frac{0.24 \times 10^3 K_{Ic} + c}{n_1n_3 - fn_1^2} \tag{6.34}$$

但存在多组微结构面时，岩石的单轴抗压强度，取小值。

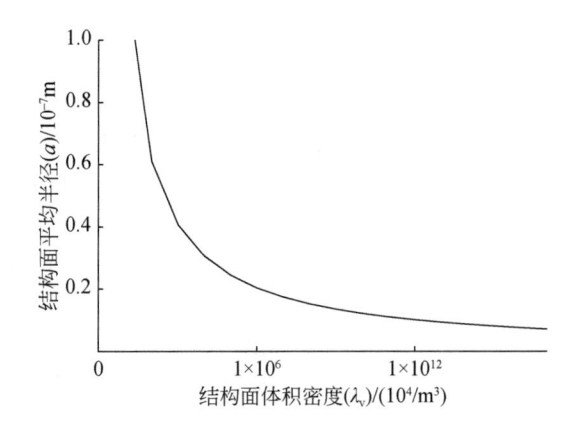

图 6.7　岩块单轴抗压强度等效的微结构条件

第三节　岩体的库仑抗剪强度

库仑抗剪强度是岩体强度的另一种表现形式。对于各向同性岩石材料，可以从强度的主应力形式通过简单的推导求得库仑抗剪强度。

但对于岩体，由于结构面的影响，其库仑强度求取将变得相对复杂一些。在生产实践中，常常通过若干组大型原位剪切试验获得岩体的库仑强度参数和曲线。但一般来说，由于试验选点的代表性、岩体破坏形式的不确定性等因素影响，岩体抗剪强度测试结果远比载荷试验更为分散，更为不确定。

特别值得强调的是，在实际大剪试验中，剪切方向与结构面方向夹角不同，常常是导致岩体抗剪强度巨大差异的主要原因。由于这一问题未能在理论上清晰诠释，因此常常只能用试验成果的不确定性来解释。

本节将讨论岩体的二维和三维抗剪强度。

一、岩体抗剪强度的二维模型

考虑一个岩体平面单元如图 6.8 所示，单元中含一组结构面，其走向垂直穿过纸面，结构面组最大半径为 a_m。若水平加载面上的法向荷载与剪应力为 σ 和 τ，结构面法线与法向荷载 σ 夹角为 δ，法线方向余弦为 $n_1 = \cos\delta$，$n_3 = \sin\delta$。根据剪切方向（τ 的指向）与结构面倾向的关系，方向相反者为逆向剪切，相同者为顺向剪切。

结构面上的法向应力（σ_n）与法向剪应力（τ_n）取值可分解为

$$\begin{cases} \sigma_n = \sigma n_1^2 \pm \tau n_1 n_3 \\ \tau_n = \tau n_1^2 \mp \sigma n_1 n_3 \end{cases} \tag{6.35}$$

图 6.8 结构面剪切受力图
（图示为顺剪）

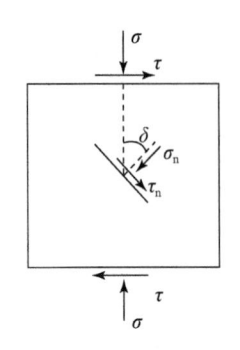

式中，符号 $\pm$、$\mp$，逆剪取第一种，顺剪取第二种。

由于结构面受拉或受压时力学行为的差异性，将结构面剪切变形行为分为逆向压剪、顺向压剪和顺向张剪三种情形。在两种压剪情形中，无论结构面剪切运动方向为顺向或逆向，法向应力（σ_n）均为压应力状态；而张剪情形则指法向应力为张应力。

按照统计岩体力学理论，压剪和张剪结构面强度方程分别为

$$\begin{cases} K_{\mathrm{Ic}}^2 = \dfrac{4\beta}{\pi} a_m \tau_n^2, & \text{压剪（顺向、逆向）} \\ K_{\mathrm{Ic}}^2 = \dfrac{4}{\pi} a_m (\sigma_n^2 + \beta \tau_n^2), & \text{张剪（顺向）} \end{cases} \qquad (6.36)$$

其中，$\beta = \dfrac{\nu}{2-\nu}$，$a_m$ 为该组结构面最可能的最大半径。

1. 结构面压剪情形

在图 6.8 中，结构面压剪包括逆向压剪、顺向压剪，结构面上的应力由式（6.35）给出。结构面的抗剪强度和剩余剪应力为

$$\begin{cases} \tau_f = c + f\sigma_n = c + f\sigma n_1^2 \pm f\tau n_1 n_3 \\ \tau_r = \tau_n - \tau_f = \tau n_1^2 (1 \mp f f_\delta) - \sigma n_1^2 (f \pm f_\delta) - c \end{cases} \qquad (6.37)$$

其中，$f_\delta = \dfrac{n_3}{n_1} = \tan\delta$；$f = \tan\varphi$ 为结构面摩擦系数；c 为结构面黏聚力。

将式（6.37）第二式代入式（6.36）第一式得结构面受压剪切抗剪强度方程

$$\tau_f = \frac{f \pm f_\delta}{1 \mp f_\delta f} \sigma + \frac{1}{n_1^2 (1 \mp f_\delta f)} \left(c + \frac{K_{\mathrm{Ic}}}{2} \sqrt{\frac{\pi}{\beta a_m}} \right) \qquad (6.38\mathrm{a})$$

或

$$\tau_f = \tan(\varphi \pm \delta)\sigma + \frac{1}{\cos^2\delta (1 \mp \tan\delta \tan\varphi)} \left(c + \frac{K_{\mathrm{Ic}}}{2} \sqrt{\frac{\pi}{\beta a_m}} \right) \qquad (6.38\mathrm{b})$$

式中，符号 $\pm$、$\mp$，逆剪取第一种，第二种相反。

作为检验，当 $\delta = 0$，以及对于贯通结构面（$K_{\mathrm{Ic}} = 0$）时，回到经典的库仑抗剪强度方程

$$\tau_f = c + \sigma \tan\varphi$$

2. 结构面张剪情形

这里考察判据式（6.36）第二式。由于使结构面张开只有顺剪才会发生，因此式（6.35）的应力取第二种情况，即

$$\begin{cases} \sigma_n = \sigma n_1^2 - \tau n_1 n_3 \\ \tau_n = \tau n_1^2 + \sigma n_1 n_3 \end{cases}$$

将结构面应力代入抗剪强度判据，即得关于剪应力（τ）的二次方程

$$A\tau^2 + B\tau + C = 0, \quad \begin{cases} A = n_1^2(n_3^2 + \beta n_1^2) \\ B = -2(1-\beta)n_1^3 n_3 \sigma \\ C = (n_1^2 + \beta n_3^2)n_1^2\sigma^2 - \dfrac{\pi}{4a_m}K_{Ic}^2 \end{cases} \quad (6.39)$$

解二次方程式（6.39），其中判别式为

$$B^2 - 4AC = \left[\dfrac{\pi K_{Ic}^2}{a_m}(n_3^2 + \beta n_1^2) - 4\beta n_1^2 \sigma^2\right]n_1^2$$

当 $B^2 - 4AC \geq 0$ 时，可得顺向张剪情形下的结构面抗剪强度

$$\tau = -\left[\dfrac{(1-\beta)\tan\delta}{\beta + \tan^2\delta}\cdot\sigma + \dfrac{1+\tan^2\delta}{\beta+\tan^2\delta}\sqrt{\dfrac{\pi K_{Ic}^2}{4a_m}(\beta+\tan^2\delta) - \beta\sigma^2}\right] \quad (6.40)$$

值得注意的是，判别式 $B^2 - 4AC \geq 0$ 的条件即是要求

$$\left(\dfrac{n_3}{n_1}\right)^2 = \tan^2\delta \geq \beta\left(\dfrac{4a_m\sigma^2}{\pi K_{Ic}^2} - 1\right), \quad \sigma \geq \dfrac{K_{Ic}}{2}\sqrt{\dfrac{\pi}{a_m}} \quad (6.41)$$

这表明，当法向应力（σ）增大时，结构面法线与 σ 的夹角将增大，即结构面倾角变陡，才可能出现结构面顺向张剪破坏的情形。

二、岩体抗剪强度的三维模型

设岩体单元受铅直应力 σ_1 以及水平围压 σ_2、σ_3 作用（图 6.9）。我们考察岩体单元在水平剪切面（法向指向 x_1）上向 x_3 方向的抗剪强度 τ_{13}。单元中存在一组结构面，其最大半径为 a_m，法线与 σ_1 的夹角为 δ，结构面法线方向余弦为 $n = (n_1, n_2, n_3)$；结构面黏聚力和摩擦角分别为 c 和 φ。

假定岩体的抗剪强度仍然符合莫尔-库仑抗剪强度理论和弱环假说，岩体单元中岩块和各结构面组的最小抗剪强度决定单元的抗剪强度，即

$$\tau_{13} = \min(\tau_{13i}), \quad i = 0, 1, 2, \cdots, m \quad (6.42)$$

式中，τ_{13} 为剪切面上的抗剪强度；τ_{13i} 为岩块（$i=0$）和第 i（$i>0$）组结构面在剪切面方向的抗剪强度。

1. 岩块的抗剪强度

岩块的抗剪强度由下式给出

$$\tau_{130} = \sigma_1 \tan\varphi_r + c_r \quad (6.43)$$

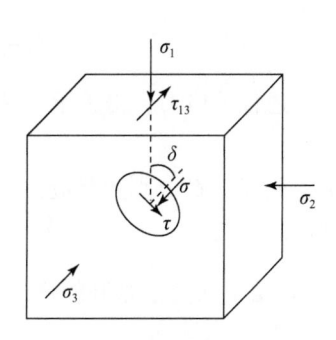

图 6.9 岩体剪切受力示意图

其中，φ_r、c_r 为岩块的内摩擦角和黏聚力。

2. 结构面在剪切方向的抗剪强度

由于在岩体单元上作用如下有效应力

$$\boldsymbol{\sigma}_{ij} = \begin{bmatrix} \sigma_1 & 0 & \tau_{13} \\ 0 & \sigma_2 & 0 \\ \tau_{13} & 0 & \sigma_3 \end{bmatrix}$$

若存在裂隙水压力，则上矩阵的对角线元素减去水压力，即得有效应力矩阵。

结构面上的应力可分解为

$$\boldsymbol{\sigma} = \begin{bmatrix} n_1 \\ n_2 \\ n_3 \end{bmatrix}^T \left(\begin{bmatrix} n_1\sigma_1 \\ n_2\sigma_2 \\ n_3\sigma_3 \end{bmatrix} + \begin{bmatrix} n_3\tau_{13} \\ 0 \\ n_1\tau_{13} \end{bmatrix} \right), \quad \begin{bmatrix} p_1 \\ p_2 \\ p_3 \end{bmatrix} = \begin{bmatrix} n_1\sigma_1 \\ n_2\sigma_2 \\ n_3\sigma_3 \end{bmatrix} + \begin{bmatrix} n_3\tau_{13} \\ 0 \\ n_1\tau_{13} \end{bmatrix} \tag{6.44}$$

$$p^2 = p_1^2 + p_3^2, \quad \tau^2 = p^2 - \sigma^2$$

进一步令

$$\begin{cases} p_\sigma^2 = n_1^2\sigma_1^2 + n_2^2\sigma_2^2 + n_3^2\sigma_3^2 \\ \sigma_\sigma = n_1^2\sigma_1 + n_2^2\sigma_2 + n_3^2\sigma_3 \\ \sigma_t = 2n_1 n_3 \tau_{13} \end{cases} \tag{6.45}$$

可得

$$\begin{cases} \sigma = \sigma_\sigma + \sigma_t \\ \tau^2 = (n_1^2 + n_3^2 - 4n_1^2 n_3^2)\tau_{13}^2 \\ \quad + 2(\sigma_{11} + \sigma_{33} - 2\sigma_\sigma)n_1 n_3 \tau_{13} + p_\sigma^2 - \sigma_\sigma^2 \end{cases} \tag{6.46}$$

1) 结构面受压的情形

因 $k=0$，结构面组在 τ_{13} 方向的抗剪强度判据变为

$$\tau - f\sigma = a, \quad a = \frac{K_{\mathrm{Ic}}}{2}\sqrt{\frac{\pi}{\beta a_{\mathrm{m}}}} + c, \quad f = \tan\varphi \tag{6.47}$$

代入上述各项应力，得关于 τ_{13} 的二次方程

$$A\tau_{13}^2 + B\tau_{13} + C = 0 \tag{6.48}$$

其中，A、B、C 分别为与应力、结构面几何与力学参数有关的系数，我们将在定理 6.7 中列出。

2) 结构面受拉张开的情形

因 $k=h=1$ 的情形，结构面组在 τ_{13} 方向的抗剪强度判据变为

$$a^2 = \sigma^2 + \beta\tau^2, \quad a = \frac{K_{\mathrm{Ic}}}{2}\sqrt{\frac{\pi}{a_{\mathrm{m}}}} \tag{6.49}$$

代入式（6.46）的各项应力，同样可以导出关于 τ_{13} 的二次方程，其形式与式（6.48）一致，只是系数 A、B、C 不同。

综合上述，我们给出如下的定理：

定理 6.7 岩体的抗剪强度定理 若岩体中存在 m 组结构面，在水平面上作用法向荷载 σ_1，则沿该面上任意水平方向的抗剪强度为

$$\tau_{13} = \min(\tau_{13i}), \quad i=0,1,2,\cdots,m \tag{6.50a}$$

式（6.50a）中岩块的抗剪强度为

$$\tau_{130} = \sigma_1 \tan\varphi_r + c_r \tag{6.50b}$$

任一组结构面的抗剪强度为

$$\tau_{13i} = -\frac{1}{2A}(B+\sqrt{B^2-4AC}), \quad i=0,1,2,\cdots,m \tag{6.50c}$$

对于结构面受压闭合情形取

$$\begin{cases} A = n_1^2 + n_3^2 - 4(1+f^2)n_1^2 n_3^2 \\ B = 2[\sigma_2 + \sigma_3 - 2(1+f^2)\sigma_\sigma - 2af]n_1 n_3 \\ C = p_\sigma^2 - \sigma_\sigma^2 - (a+f\sigma_\sigma)^2, \quad a = \frac{K_{Ic}}{2}\sqrt{\frac{\pi}{\beta a_m}} + c \end{cases} \tag{6.50d}$$

对于结构面受拉张开的情形取

$$\begin{cases} A = 4(1-\beta)n_1^2 n_3^2 + \beta(n_1^2 + n_3^2) \\ B = 2[2\sigma_\sigma + \beta(\sigma_1 + \sigma_3 - 2\sigma_\sigma)]n_1 n_3 \\ C = (1-\beta)\sigma_\sigma^2 + \beta p_\sigma^2 - a^2, \quad a = \frac{K_{Ic}}{2}\sqrt{\frac{\pi}{\beta a_m}} \end{cases} \tag{6.50e}$$

上述各式中，K_{Ic}、φ_r、c_r 为岩块的 I 型断裂韧度因子、内摩擦角和黏聚力；c 和 φ 分别为结构面黏聚力和摩擦角；$n=(n_1, n_2, n_3)$ 为结构面法线方向余弦；a_m 为一组结构面最大半径；下标 $i=0$ 为岩块，$i=1,2,\cdots,m$ 为结构面组号；

$$\begin{cases} \sigma_\sigma = n_1^2\sigma_1 + n_2^2\sigma_2 + n_3^2\sigma_3 \\ p_\sigma^2 = n_1^2\sigma_1^2 + n_2^2\sigma_2^2 + n_3^2\sigma_3^2 \end{cases} \tag{6.50f}$$

由于岩体的三维抗剪强度显式解相对复杂，这里对式（6.50c）的解不做展开。我们按照上面的解析思路，采用数据面板提供的基础参数，将抗剪强度按照 0~360° 剪切方向做出玫瑰曲线簇如图 6.10 所示。图中不同的法向荷载 σ_z 对应不同的曲线；每条曲线中不同方位对应不同的强度数值，其中圆弧段说明在对应的方位上去岩石的抗剪强度，完整圆弧则表明各组结构面均被应力锁固；各曲线在相反的方位取值差异显著，较大的数值为结构面受压状态下的抗剪强度，较小的数值则对应结构面处于受拉状态。

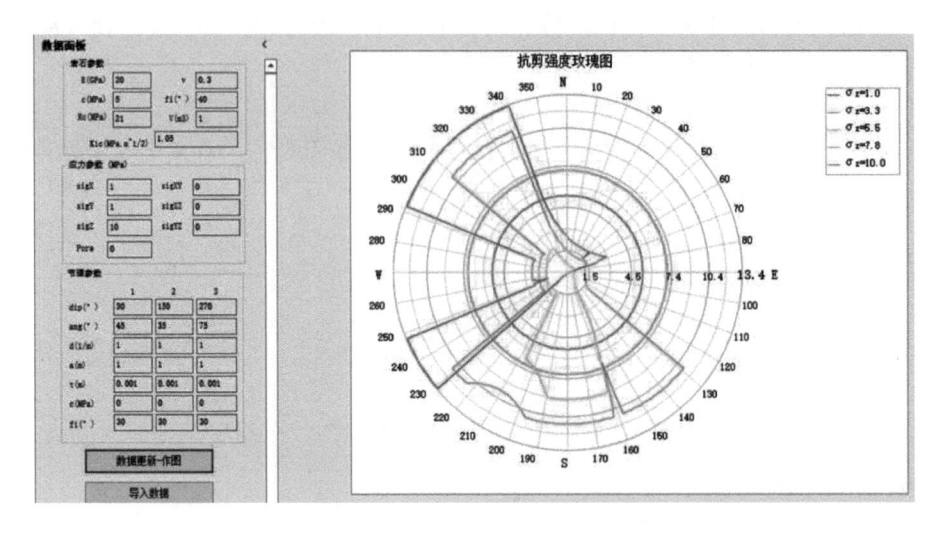

图6.10 岩体抗剪强度玫瑰曲线簇

第四节 强度理论的校验与应用

裂隙岩体强度理论以弱环假定为基础,理论获得的岩体强度是否能代表岩体的真实性质需要靠力学检验为支撑。

为了评价统计岩体力学强度理论的可靠性,分别以室内单裂隙岩体力学测试和原位力学试验为依托,对岩体的强度特性进行分析,并与强度理论计算值做比较,对统计岩体力学强度理论进行检验。

一、含单裂隙岩体强度

以粉砂岩试样为例,在粉砂岩 Φ 50mm×100mm 标准试样制作的基础上,采用高压水刀切割完整试样制作裂隙岩体,预制裂隙沿试样直径方向贯穿,宽度约为 1.5~2mm,布置在试样中心。裂隙的倾角共设置五种角度:0°、30°、45°、60°和90°,裂隙的长度固定为25mm。单裂隙粉砂岩试样如图6.11所示。

为了获得粉砂岩试样的强度等参数,分别对完整及单裂隙粉砂岩试样进行单轴压缩试验和常规三轴压缩试验,围压分别设置为5MPa、10MPa、20MPa三个等级。通过试验,可以获得完整及单裂隙粉砂岩试样在不同围压下的强度值。

为了计算含裂隙岩体的强度值,需要获取岩石与结构面的基本力学参数。首先,使用结构面摩擦角仪器测得裂隙试样的结构面内摩擦角 φ_j 为 27.1°,Ⅰ型断裂韧度因子 K_{Ic} 取 0.82MPa·m$^{1/2}$。由于裂隙粉砂岩试样仅含单条裂隙,因此试件法向密度取 1/0.1cosδ,

图 6.11 单裂隙粉砂岩试样

结构面半径取 0.025m。试件的岩石力学参数及裂隙相关参数如表 6.2 和表 6.3 所示。

表 6.2 岩石力学参数

单轴抗压强度/MPa	弹性模量/GPa	泊松比	内摩擦角/(°)	黏聚力/MPa	密度/(g/cm³)
73.93	9.15	0.26	42.84	16.5	2.414

表 6.3 裂隙相关参数

倾角/(°)	法向密度/(条/m)	平均半径/m	Ⅰ 型断裂韧度因子/(MPa·m^{1/2})	内摩擦角/(°)	黏聚力/MPa
0、30、45、60、90	10、8.66、7.07、5（N/A）	0.025	0.82	27.1	0

把表 6.2 与表 6.3 中的参数代入统计岩体力学强度理论公式［式（6.23a）和式（6.23b）］，经计算得到单裂隙粉砂岩试样的理论抗压强度值。将抗压强度理论计算结果与试验结果进行对比，如图 6.12 所示。

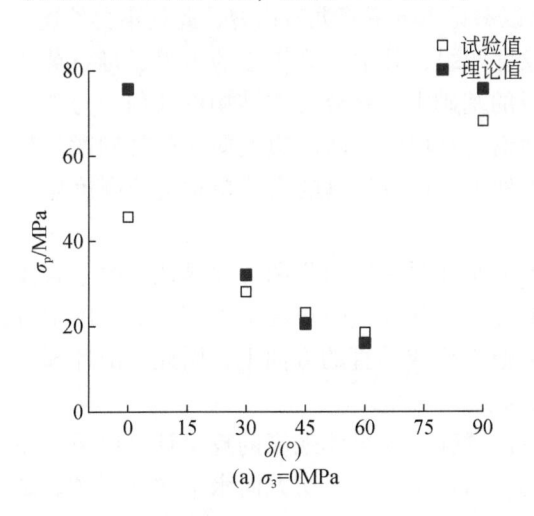

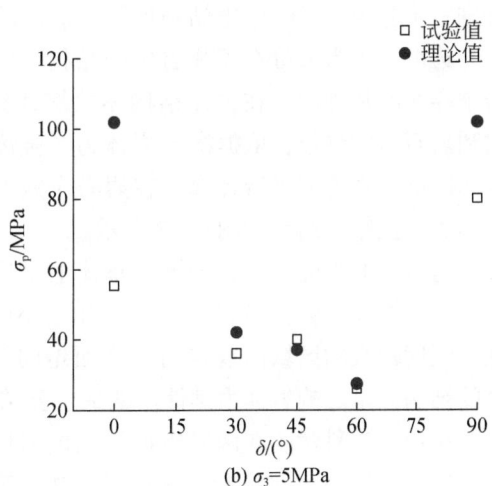

(c) σ_3=10MPa

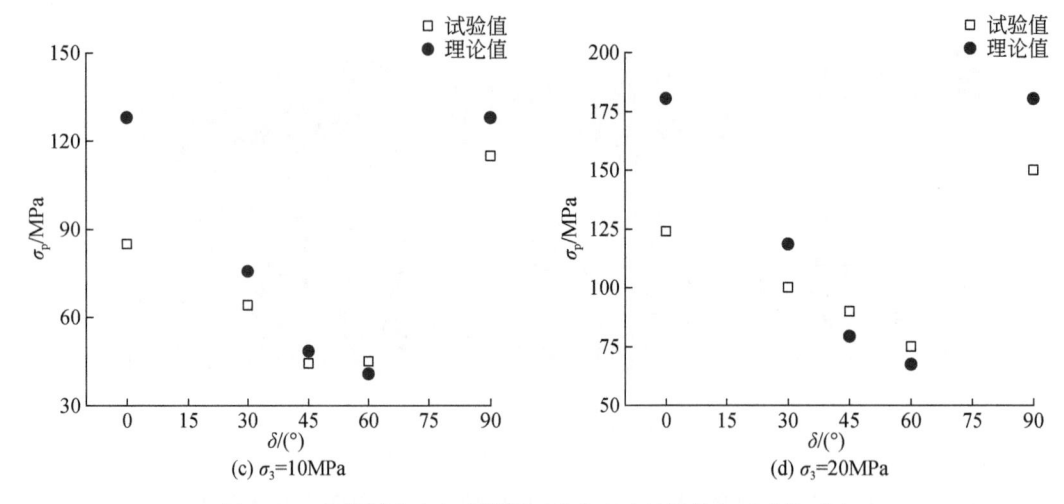

(d) σ_3=20MPa

图 6.12　含单裂隙砂岩试样抗压强度理论计算值与试验值对比

从图 6.12 可以看出：在不同围压下，当裂隙倾角增大时，单裂隙砂岩试样的抗压强度理论值均呈现先减小后增大的各向异性趋势，表现为强度的"U 型"包络线，与室内试验得出的规律曲线趋势保持一致，证实了用统计岩体力学强度准则公式来计算裂隙试样的单轴抗压强度的可靠程度；强度的计算值与试验值在数值上具有较好的统一性，尤其是在"U 型"包络线的谷底位置，强度计算值和试验值几乎相同，进一步说明了理论方法的可靠性。

二、含复杂裂隙岩体强度

统计岩体力学强度理论对含复杂裂隙岩体抗压强度的适用性可通过原位大型力学测试的方法来检验。在此仍以 QBT 水电站坝址区边坡岩体为例对统计岩体力学强度理论进行进一步验证。QBT 水电站坝址区背景资料可以参见第五章第九节内容，此处不再赘述。

边坡岩体黑云母石英片岩中的结构面共发育四组，其中最为核心的为黑云母石英片岩中存在的片理面。在岩体结构参数统计分析的基础上，综合考虑结构面几何、力学参数和岩石力学参数，依据统计岩体力学强度理论，对坝址区两岸边坡弱卸荷带和微新带岩体的抗压强度值进行计算。在岩石干燥的条件下，将所计算的岩体单轴抗压强度做全空间赤平投影，结果如图 6.13 所示。

与岩石的强度相比，岩体在整体上呈现出了非常明显的弱化和各向异性。由于岩体中含有结构面组数比较多，因此除几个小区域外，大部分空间角度上强度近似。图中可见，强度较大的区域出现在与片理面走向线近似平行或垂直的方向上，因此，沿片理发育的结构面是影响岩体力学性质的最主要结构面。

采用长江科学院在两岸边坡平硐内所做原位试验验证岩体强度的理论计算结果。原位试验为岩体的直剪试验，采用平推法，剪切面为水平面，剪切方向水平向河下游。试

(a) 左岸弱卸荷带

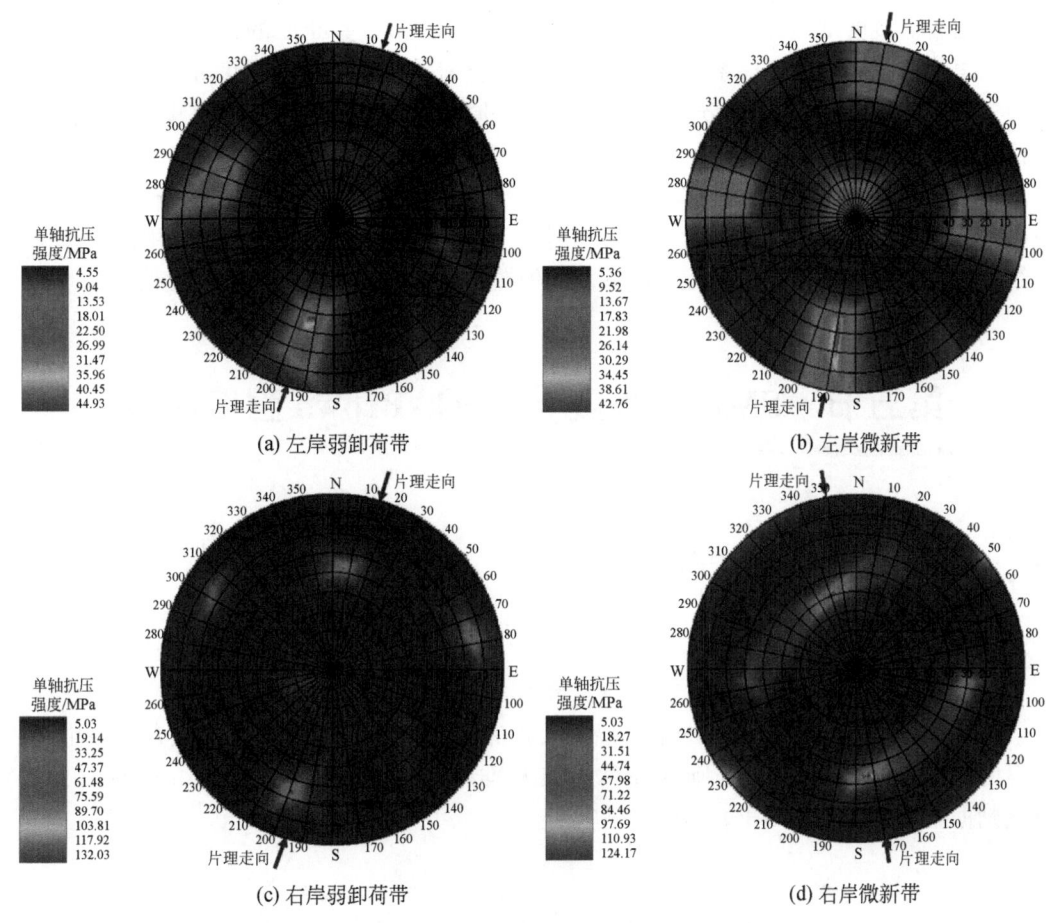

(b) 左岸微新带

(c) 右岸弱卸荷带

(d) 右岸微新带

图 6.13　岩体单轴抗压强度赤平投影图

验布置于平硐底板，试件为方柱体，试件尺寸为长 50cm×宽 50cm×高 35cm。直剪试验结束后，继续进行抗剪（摩擦）试验。试验位置和所得岩体力学参数见表 6.4。

表 6.4　岩体强度理论计算值与试验值对比

试验位置	直剪试验			摩擦试验			理论计算值
	摩擦系数	黏聚力/MPa	σ_s/MPa	摩擦系数	黏聚力/MPa	σ_f/MPa	平均强度/MPa
左岸弱风化带	1.36	1.66	10.12	1.01	1.18	5.74	6.36
左岸微新带	1.8	1.83	14.12	1.17	1.35	7.31	8.54
	1.31	1.75	10.35	0.98	1.21	5.76	
	1.35	1.86	11.27	1.05	1.15	5.75	
右岸弱风化带	—	—	—	—	—	—	7.36
右岸微新带	1.56	1.8	12.29	1.1	1.23	6.36	7.81
	1.31	1.5	8.88	0.93	1.22	5.60	

根据岩体直剪试验和摩擦试验，可以分别得到岩体和剪断面的摩擦系数和黏聚力，并依据岩体和剪断面的摩擦系数和黏聚力分别计算岩体的单轴抗压强度 σ_s 和 σ_f。那么岩体的实际强度应该介于 σ_s 和 σ_f 之间，基于这一原则，对岩体强度理论计算结果的合理性进行检验。

结果显示，理论计算的岩体单轴抗压强度平均值均介于各试验位置的 σ_s 和 σ_f 之间，说明基于统计岩体力学理论所计算的岩体强度值具有合理性。与原位测试相比，理论计算结果更能反映岩体的力学特性，能够简单便捷的获得不同方向的岩体强度值。

第五节　SMRM 强度与 Hoek-Brown 强度比较

一、Hoek-Brown 强度判据解析

1. Hoek-Brown 强度准则

Hoek 和 Brown（1980a，1980b）根据大量完整岩样的三轴试验数据拟合，提出了岩石强度的 Hoek-Brown 经验准则（简称为 H-B 准则）。Hoek（1994）和 Hoek 等（1995）将该判据拓展为下式，用于岩体强度估算。

$$\sigma_1 = \sigma_3 + \sigma_c \left(m \frac{\sigma_3}{\sigma_c} + s \right)^a , \quad \begin{cases} m = m_0 e^{\frac{GSI-100}{28-14D}} \\ s = e^{\frac{GSI-100}{9-3D}} \\ a = \frac{1}{2} + \frac{1}{6}\left(e^{-\frac{GSI}{15}} - e^{-\frac{20}{3}} \right) \end{cases}$$

式中，GSI 和 D 分别为 GSI 分值和岩体扰动系数，D 取值 0 为无扰动，1 为强烈扰动；$m_0 = 1.23\left(\dfrac{\sigma_c}{\sigma_t} - 7\right)$，由 Hoek 和 Brown（2019）根据 Ramsey 和 Chester（2004）及 Bobich（2005）所做的部分试验（包括直接拉伸试验）数据拟合提出。上式的原始形式是 $\sigma_c/\sigma_t = 0.81 m_0 + 7$。

令 $a = 1/2$，可得 H-B 经验判据的常用形式

$$\sigma_1 = \sigma_3 + \sqrt{m\sigma_c\sigma_3 + s\sigma_c^2}, \quad \begin{cases} m = 1.23\left(\dfrac{\sigma_c}{\sigma_t} - 7\right) e^{\frac{GSI-100}{28-14D}} \\ s = e^{\frac{GSI-100}{9-3D}} \end{cases} \tag{6.51}$$

式中，σ_c 为岩块的单轴抗压强度，m、s 可由表 6.5 查得。

由上式可以导出岩体的单轴抗压强度和抗拉强度为

$$\begin{cases} \sigma_{cm} = \sqrt{s}\,\sigma_c \\ \sigma_{tm} = \dfrac{1}{2}\sigma_c(m - \sqrt{m^2+4s}) \end{cases} \tag{6.52}$$

根据上述 H-B 准则可以导出其剪应力形式

$$\tau = A\sigma_c\left(\dfrac{\sigma}{\sigma_c} - T\right)^B, \quad T = \dfrac{1}{2}(m - \sqrt{m^2+4s})$$

同时可以导出岩体的黏聚力和内摩擦角，如

$$\begin{cases} c_m = \tau_{\sigma=0} = A(-T)^B \sigma_c \\ \varphi_m = \arctan\dfrac{\partial \tau}{\partial \sigma} = \arctan\left[AB\left(\dfrac{\sigma}{\sigma_c} - T\right)^{B-1}\right] \end{cases} \tag{6.53}$$

表 6.5　H-B 岩体质量与经验参数关系（据 Hoek and Brown，1980a，1980b）

岩体状况	具有很好结晶解理的碳酸盐类岩石，如白云岩、灰岩、大理岩	成岩的黏土质岩石，如泥岩、粉砂岩、页岩、板岩（垂直于板理）	强烈结晶，结晶解理不发育的砂质岩石，如砂岩、石英岩	细粒、多矿物、结晶岩浆岩，如安山岩、辉绿岩、玄武岩、流纹岩	粗粒、多矿物结晶岩浆岩和变质岩，如角闪岩、辉长岩、片麻岩、花岗岩、石英闪长岩等
完整岩块试件，实验室试件尺寸，无节理，RMR=100，Q=500	m=7.0 s=1.0 A=0.816 B=0.658 T=−0.140	m=10.0 s=1.0 A=0.918 B=0.677 T=−0.099	m=15.0 s=1.0 A=1.044 B=0.692 T=−0.067	m=17.0 s=1.0 A=1.089 B=0.696 T=−0.059	m=25.0 s=1.0 A=1.220 B=0.705 T=−0.040
非常好质量岩体，紧密互锁，未扰动，未风化岩体，节理间距 3m 左右，RMR=85，Q=100	m=3.5 s=0.1 A=0.651 B=0.679 T=−0.028	m=5.0 s=0.1 A=0.739 B=0.692 T=−0.020	m=7.5 s=0.1 A=0.848 B=0.702 T=−0.013	m=8.5 s=0.1 A=0.883 B=0.705 T=−0.012	m=12.5 s=0.1 A=0.998 B=0.712 T=−0.008
好的质量岩体，新鲜至轻微风化，轻微构造变化岩体，节理间距 1～3m 左右，RMR=65，Q=10	m=0.7 s=0.004 A=0.369 B=0.669 T=−0.006	m=1.0 s=0.004 A=0.427 B=0.683 T=−0.004	m=1.5 s=0.004 A=0.501 B=0.695 T=−0.003	m=1.7 s=0.004 A=0.525 B=0.698 T=−0.002	m=2.5 s=0.004 A=0.603 B=0.707 T=−0.002
中等质量岩体，中等风化，岩体中发育有几组节理间距为 0.3～1m 左右，RMR=44，Q=1.0	m=0.14 s=0.0001 A=0.198 B=0.662 T=−0.0007	m=0.20 s=0.0001 A=0.234 B=0.675 T=−0.0005	m=0.30 s=0.0001 A=0.280 B=0.688 T=−0.0003	m=0.34 s=0.0001 A=0.295 B=0.691 T=−0.0003	m=0.50 s=0.0001 A=0.346 B=0.700 T=−0.0002
坏质量岩体，大量风化节理，间距 30～500mm，并含有一些夹泥，RMR=23，Q=0.1	m=0.04 s=0.00001 A=0.115 B=0.646 T=−0.0002	m=0.05 s=0.00001 A=0.129 B=0.655 T=−0.0002	m=0.08 s=0.00001 A=0.162 B=0.672 T=−0.0001	m=0.09 s=0.00001 A=0.172 B=0.676 T=−0.0001	m=0.13 s=0.00001 A=0.203 B=0.686 T=−0.0001

续表

岩体状况	具有很好结晶解理的碳酸盐类岩石，如白云岩、灰岩、大理岩	成岩的黏土质岩石，如泥岩、粉砂岩、页岩、板岩（垂直于板理）	强烈结晶，结晶解理不发育的砂质岩石，如砂岩、石英岩	细粒、多矿物结晶岩浆岩，如安山岩、辉绿岩、玄武岩、流纹岩	粗粒、多矿物结晶岩浆岩和变质岩，如角闪岩、辉长岩、片麻岩、花岗岩、石英闪长岩等
非常坏质量岩体，具大量严重风化节理，间距小于50mm充填夹泥，RMR=3，$Q=0.01$	$m=0.007$ $s=0$ $A=0.042$ $B=0.534$ $T=0$	$m=0.010$ $s=0$ $A=0.050$ $B=0.539$ $T=0$	$m=0.015$ $s=0$ $A=0.061$ $B=0.546$ $T=0$	$m=0.017$ $s=0$ $A=0.065$ $B=0.548$ $T=0$	$m=0.025$ $s=0$ $A=0.078$ $B=0.556$ $T=0$

2. Hoek-Brown 强度准则的优势

H-B强度准则式（6.51）是目前世界各国普遍采用的岩体强度准则。它具有如下优势，使得该强度准则在理论研究和工程实践中广受欢迎。

（1）H-B强度准则是以碎裂岩体材料的压缩试验为基础的拟合公式，因此不仅考虑了岩石基质的力学性质，也考虑了材料破碎程度的影响。计算参数 m、s、A、B 等的确定具有试验基础，尽可能考虑岩类及其力学性质差异性、岩体结构完整性（破碎程度）及岩体质量等因素，也有明确的统计公式可供遵循。

（2）具有确切的强度 σ_1 与围压 σ_3 的二次函数形式，在低围压或张性围压，以及高围压条件下比莫尔–库仑强度理论更符合岩石力学试验研究结果和人们的基本认识。

H-B强度准则表明，抗压强度 σ_1 受围压 σ_3、单轴抗压强度 σ_c 及其乘积 $m\sigma_c$ 影响。σ_3 的影响不仅有线性成分，也与 $m\sigma_c$ 相关，$m\sigma_c$ 越大，σ_3 贡献越大，成为变系数影响项，由此可以区分不同岩性的 σ_1-σ_3 曲线斜率；而岩石的单轴抗压强度（σ_c）则通过 $\sqrt{s}\sigma_c$ 影响 σ_1-σ_3 曲线的截距。

H-B准则中参数 m 主要反映岩石单轴抗压强度的影响，指数项 $e^{\frac{GSI-100}{28-14D}}$ 反映岩体质量 GSI 和扰动程度 D 的影响，为小于1.0的弱化系数；考虑到岩石脆性系数 $\sigma_c/\sigma_t=8\sim12$，一般 m 取值为 $0\sim6.15$；但若要求上限达到 H-B 强度参数表 6.2 中的 $m=25$，需要 $\sigma_c/\sigma_t=27$。s 主要反映岩体完整性的影响，其值一般为 $0\sim1.0$，计算 s 的指数项同样反映了岩体质量和扰动程度。

（3）采用H-B准则，整个计算过程可操作性较好，计算成果确切，物理意义相对明确。

3. H-B 准则的适用性

该准则也存在如下适用性问题。

（1）H-B强度准则本质上是一个关于材料强度的实验准则，虽然尽可能体现了主要地质因素对岩体强度的影响，但这种体现仍然是定性的，粗略的。

（2）该准则仍然是二维应力状态下的强度准则，未计入中间主应力的影响，本质上还是莫尔-库仑强度准则的力学原理。

（3）准则研究的对象是各向同性粒状（或碎裂）材料，由于没有考虑材料结构和破坏的方向性特征，因此所获得的 H-B 强度是各向同性的材料强度，难于刻画多数岩体的各向异性强度特性，对于广泛分布的层状、片状岩体尤其如此。

二、SMRM 强度理论的特点

与 H-B 强度准则比较，SMRM 强度理论有如下特点：

（1）SMRM 强度理论本质上是莫尔-库仑强度理论在岩体力学中的应用。它以岩石强度、结构面表面抗剪强度或抗拉强度分析为基础，以弱环假说为原则确定岩体的弱环强度，强度行为过程可解析，结构控制与应力控制转换条件（即结构面应力锁固条件）是明确的。

但是，弱环假说虽然能客观反映岩体强度的本质，岩体抗压强度在形式上也可以统一表述，但由于岩石和结构面组分别采用不同的强度判据，实际操作中还需要通过比较找出小值。这使得我们不能通过连续函数方法从岩块和结构面组中获得岩体强度，也使得 SMRM 判据难以纳入数值模拟中的塑性模型。

（2）强度理论建立在岩体地质结构基础上，可以合理反映不同结构类型如块状、碎裂、层状、片状结构岩体在多种地质因素如地应力、地下水作用下的强度行为规律。因此该强度理论是各向异性强度理论，对于真实岩体具有更广泛的适用性。

三、SMRM 准则与 H-B 准则等价条件

在 SMRM 强度理论中，各类地质因素的力学效应是通过解析解形式表述的，因此影响规律是清晰的；而在 H-B 强度理论中，各类地质因素对岩体强度的影响是通过 m、s、A、B 等参数综合反映的。因此，对两种强度理论做粗略比较是可以的，但试图通过参数对比进行两种强度理论的精细比较是困难的。

下面尝试对两个强度模型进行比较。

1. 二维 SMRM 强度与 H-B 强度比较的前提条件

比较两种强度的前提条件至少应当包括：

1）准三维应力状态

由于 Hoek-Brown（H-B）强度是在准三维应力条件下表述的，即为 $\sigma_2 = \sigma_3$ 条件下的强度，因此只能采用相同应力条件下的 SMRM 强度做对比，这就是由式（6.23a）表述的强度判据。

2）介质横观各向同性

Hoek-Brown（H-B）强度模型的介质是各向同性的；而 SMRM 强度考虑结构面产状的力学效应，并以弱环假说为基础，取岩石与各组结构面中的最小强度为岩体强度，因此表现为完全各向异性强度。

为了方便比较，令岩体结构面倾向 σ_3 方向，法线与 σ_1 夹角为 δ，因此有 $n_1 = \cos\delta$。由于围压 $\sigma_2 = \sigma_3$，因此在与 σ_1 垂直的任意方向围压相等，对任意产状的结构面均有 $n_3 = \sqrt{1-n_1^2}$。这一条件意味着不考虑中间主应力 σ_2 的影响，使得岩体结构适应于准三维应力状态下宏观各向同性介质的力学分析。

2. 二维 SMRM 强度与 H-B 强度的比较

将两类需要比较的强度准则列在一起，有

$$\begin{cases} \sigma_1 = \sigma_3 + \sqrt{m\sigma_c\sigma_3 + s\sigma_c^2} & \text{(H-B)} \\ \sigma_{1i} = T_i\sigma_3 + R_i, \quad i = 0,1,2,\cdots,m & \text{(SMRM)} \end{cases} \tag{6.54a}$$

其中对于 SMRM 准则有

$$T_i = \frac{\tan\delta}{\tan(\delta-\varphi)}, \quad R_i = \frac{1+\tan^2\delta}{\tan\delta-\tan\varphi}a, \quad a = \left(\frac{K_{Ic}}{2}\sqrt{\frac{\pi}{\beta a_m}} + c\right) \tag{6.54b}$$

下面将从两种准则的 σ_1-σ_3 曲线斜率和截距着手比较。

1）斜率比较

对式（6.54a）中 H-B 准则求导，并令其等于 T_i，即

$$T_i = \frac{\tan\delta}{\tan(\delta-\varphi)} = \frac{d\sigma_1}{d\sigma_3} = 1 + A, \quad A = \frac{m\sigma_c}{2\sqrt{m\sigma_c\sigma_3 + s\sigma_c^2}} = \frac{m\sigma_c}{2(\sigma_1-\sigma_3)} \tag{6.55}$$

式（6.55）中代入 A 得

$$m = 2(T_i-1)\frac{\sigma_1-\sigma_3}{\sigma_c} \tag{6.56}$$

2）截距比较

抗压强度曲线的截距实际上是单轴抗压强度。由于 $\sigma_3 = 0$，由 H-B 准则有单轴抗压强度 $\sqrt{s}\sigma_c$，与式（6.54a）第二式对比可得

$$R_i = \sqrt{s}\sigma_c \quad \text{或} \quad s = \frac{R_i^2}{\sigma_c^2} \tag{6.57}$$

3）两准则等价的条件

综合上述分析可得 H-B 准则与 SMRM 准则等价的条件是

$$\begin{cases} R_i = \sqrt{s}\,\sigma_c \\ T_i = 1 + \dfrac{m\sigma_c}{2(\sigma_1-\sigma_3)} \end{cases} \text{或} \begin{cases} s = \dfrac{R_i^2}{\sigma_c^2} \\ m = 2(T_i-1)\dfrac{\sigma_1-\sigma_3}{\sigma_c} \end{cases} \quad (6.58)$$

上式说明，使 SMRM 准则与 H-B 准则等价时，曲线斜率 T_i 应与差应力有关。

4）两准则等价的结构面夹角条件

由式（6.58）和式（6.54b）可以看出，当要求两个准则等价时，由于 R_i 和 T_i 与结构面产状和抗剪强度参数 c、φ 有关，因此 H-B 准则中的 s 和 m 应与岩体结构相关。下面我们进一步考察两者等价时对夹角 δ 的约束条件。

由式（6.55）即

$$T_i = \frac{\tan\delta}{\tan(\delta-\varphi)} = 1 + A$$

可导得

$$\tan\varphi\,\tan^2\delta - A\tan\delta + \tan\varphi + A\tan\varphi = 0$$

解上述二次方程可得

$$\tan\delta = \frac{m\sigma_c}{4\tan\varphi(\sigma_1-\sigma_3)}\left[1+\sqrt{1-\frac{8\tan^2\varphi}{m^2\sigma_c^2}(\sigma_1-\sigma_3)(2(\sigma_1-\sigma_3)+m\sigma_c)}\right] \quad (6.59)$$

由此可见，若要 SMRM 准则与 H-B 准则等价，则在一定的应力条件下，夹角 δ、岩石单轴抗压强度、结构面摩擦角等因素需要满足确定的制约关系。

反过来看，这也说明 H-B 准则只能在特定岩体结构条件下符合岩体的实际情况。这就是各向同性的 H-B 强度准则的局限性。

为了比较两种强度准则曲线，选择如表 6.6 所示的结构面、岩石参数及 H-B 参数。由图 6.14（a）可见，当几组结构面具备适当的几何与力学参数时，岩体的 SMRM 强度是可以逼近 H-B 强度的，虽然 SMRM 强度具有显著的各向异性 [图 6.14（b）]。

表 6.6 岩体 SMRM 强度计算基础参数

结构面组号	$\varphi/(°)$	$\delta/(°)$	a_m/m	c/MPa	$K_{Ic}/(\text{MPa}\cdot\text{m}^{1/2})$	σ_c/MPa	m	s
1	30	32	1	1.1	1.0	100	25	0.3
2	31	34	2	2.8				
3	38.5	40	0.5	0.1				
4	37	88	2	1.2				

值得注意的是，由图 6.14（b）可以直观地发现，$\delta = 45° + \varphi/2$ 是结构面强度的最低点，以此为基础增减相同的 $\Delta\delta$ 得到的强度相等，因此对于结构面的 SMRM 强度，有

$$\sigma_{1i}\left(45°+\frac{\varphi}{2}+\Delta\delta\right) = \sigma_{1i}\left(45°+\frac{\varphi}{2}-\Delta\delta\right)$$

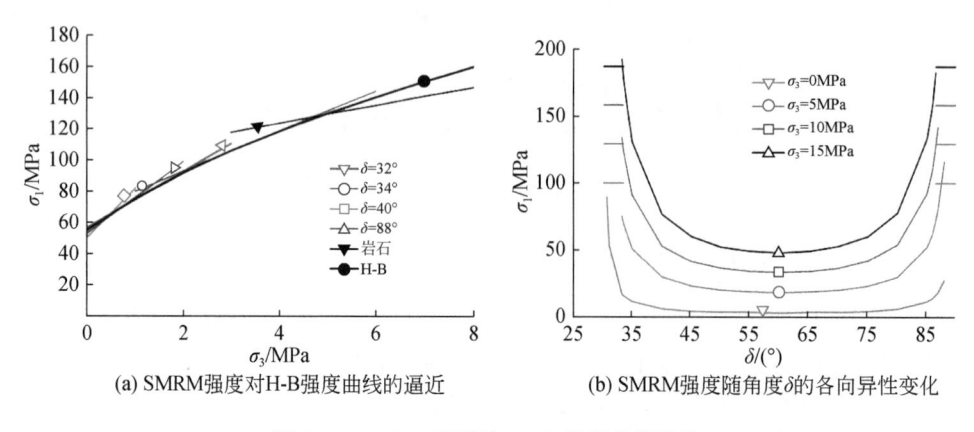

(a) SMRM强度对H-B强度曲线的逼近　　(b) SMRM强度随角度δ的各向异性变化

图6.14　SMRM强度与H-B强度曲线比较

例如，当 $\varphi=30°$ 时，取 $\Delta\delta=10°$，有 $\sigma_{1i}(70°)=\sigma_{1i}(50°)$。这在不同结构面夹角 δ 下分析岩体强度是有意义的。

另外，设定表6.7的数据，其中 s、m 为 H-B 准则参数，σ_c 为岩石单轴抗压强度，φ 为结构面摩擦角。由式（6.58）可以考察 SMRM 强度与 H-B 强度等效条件下曲线斜率 T_i 随围压 σ_3 的变化特征，由式（6.59）考察结构面法线与荷载 σ_1 夹角（δ）的约束规律[图6.15（a）]，以及由式（6.54a）和式（6.58）考察三轴抗压强度 σ_1 与 R_i 的曲线特征 [图6.15（b）]。

表6.7　SMRM 强度与 H-B 强度等效比较基础数据

s	m	σ_c/MPa	$\tan\varphi$
0.8	15	50	0.58

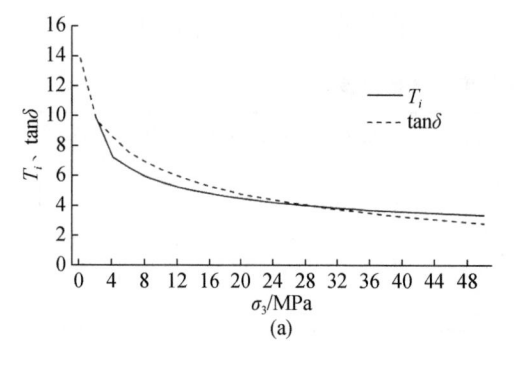

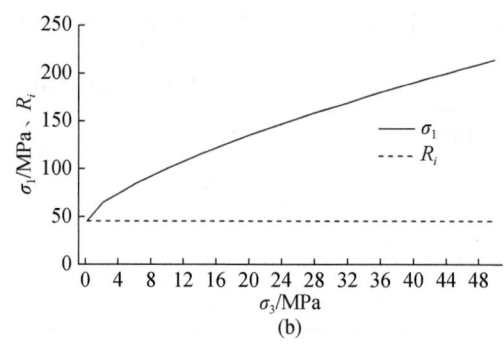

图6.15　与 SMRM 准则、H-B 准则等价相关的曲线

第七章

岩体水力学理论

岩体水力学是岩体力学的一个分支，它主要研究岩体中渗流、水压力分布及固液两相耦合作用下岩体的变形响应规律。岩体水力学理论的核心问题是岩体渗透系数或渗透张量与岩体水力学模型的确定。

由于岩石块体的渗透性能远比裂隙弱，因此，岩体水力学本质上是岩体裂隙网络水力学。本章将以岩体的几何结构为基础，讨论岩体渗透张量、岩体的方向渗透率，以及岩体中应力与渗流耦合作用等问题。

第一节 经典的单裂隙水力特征

单个裂隙中的水流运动规律是研究裂隙岩体中地下水渗流的基础，而平行平面流模型又是裂隙水流模型建立的依据。

一、无限大光滑平面裂隙的水力特征

Hele-Shaw 建立了无限大光滑平行板之间水流的水力学模型。假定两平行板之间隙宽为 t，取如图 7.1 所示的坐标系。考察图 7.1（a）中任一水流单元体如图 7.1（b），其边长分别为 Δx、Δy、Δz，可得如下水力平衡方程：

$$\frac{\partial \tau}{\partial z} = \frac{\partial p}{\partial y} \tag{7.1}$$

式中，p 为静水压力；τ 为各水流层之间的剪应力。

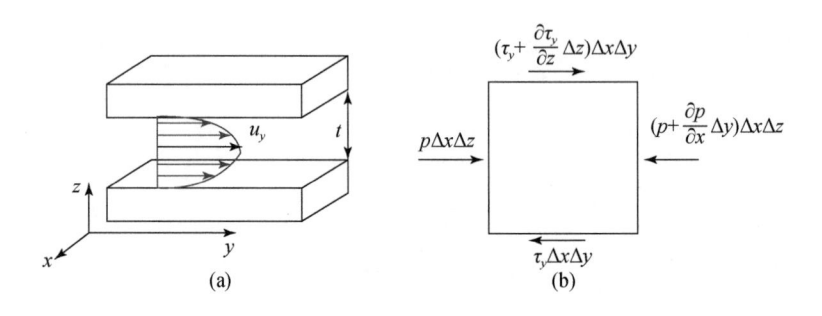

图 7.1 平面裂隙水力学模型

由水流阻尼理论有，各水流微层之间的剪应力为

$$\tau_y = \mu \frac{\partial u_y}{\partial z} \tag{7.2}$$

式中，μ 为水的动力黏滞系数，Pa·s；u_y 为 y 方向水流速度。将式（7.2）代入式（7.1）有

$$\frac{\partial^2 u_y}{\partial z^2} = \frac{1}{\mu}\frac{\partial p}{\partial y}$$

忽略水压力 p 在 z 方向上的变化，对上式在 $0 \sim \pm \frac{t}{2}$ 积分，并注意到对称性及边界条件为

$$\begin{cases} \dfrac{\partial u_y}{\partial z} = 0, & \text{当 } z = 0 \\ u_y = 0, & \text{当 } z = \pm \dfrac{t}{2} \end{cases}$$

有

$$u_y = \iint \frac{\partial^2 u_y}{\partial z^2}\mathrm{d}z = -\frac{1}{2\mu}\frac{\partial p}{\partial y}\left(\frac{t^2}{4} - z^2\right)$$

可见水流速度在断面上是二次抛物线分布，在中性面上取极大值。由上式可求得断面平均流速为

$$u_y = -\frac{t^2}{12\mu}\frac{\partial p}{\partial y} \tag{7.3}$$

同理，我们也可以得到在 x 方向上的断面平均流速为

$$u_x = -\frac{t^2}{12\mu}\frac{\partial p}{\partial x} \tag{7.4}$$

注意到如下水力学公式：

$$p = \rho_w g h, \quad \frac{\partial h}{\partial y} = J \tag{7.5}$$

于是有断面平均流速为

$$\bar{u} = -\frac{\rho_w g t^2}{12\mu}J = -K_\mathrm{f} J \tag{7.6}$$

这就是单平面裂隙流的达西定律，其中沿裂面的渗透系数为

$$K_\mathrm{f} = \frac{\rho_w g t^2}{12\mu} = \frac{g t^2}{12\nu} \tag{7.7}$$

式中，$\nu = 0.0101 \times 10^{-4}\,\mathrm{m}^2/\mathrm{s}$，为运动黏滞系数。由于 K_f 为一标量，因此流速矢量与水力梯度矢量（$\boldsymbol{J}$）共线同向。

若水力梯度矢量（$\boldsymbol{J}$）与裂隙面不平行（图7.2），设裂面法向矢量为 $\boldsymbol{n} = \{n_i\}$，则可将 $\boldsymbol{J}$ 向裂面方向投影，得到裂隙方向水力梯度为

$$\boldsymbol{J}_\mathrm{f} = \boldsymbol{J} - \boldsymbol{J}_\mathrm{n} = \boldsymbol{J} - (\boldsymbol{J} \cdot \boldsymbol{n})\boldsymbol{n} = \boldsymbol{J}(\boldsymbol{I} - \boldsymbol{nn})$$

式中，$\boldsymbol{I}$ 为单位张量。

于是沿裂面方向的渗透流速为

$$\boldsymbol{u}_\mathrm{f} = -K_\mathrm{f}\boldsymbol{J}_\mathrm{f} = -K_\mathrm{f}\boldsymbol{J}(\boldsymbol{I} - \boldsymbol{nn}) \tag{7.8}$$

写成分量形式为

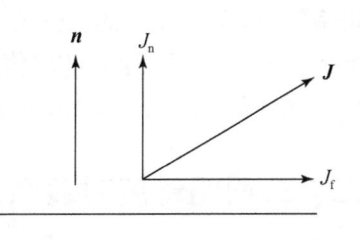

图7.2 水力梯度矢量分解

$$J_{fi} = J_j(\delta_{ij} - n_i n_j)$$
$$u_{fi} = -K_f J_i(\delta_{ij} - n_i n_j)$$

令渗透张量为

$$K_{0ij} = K_f(\delta_{ij} - n_i n_j) = \frac{gt^2}{12\nu}(\delta_{ij} - n_i n_j)$$

它是一个二阶矩阵。于是 Darcy 定律式（7.6）可以写为

$$u_{fi} = -K_{0ij} J_j \tag{7.9}$$

其坐标分量形式可写成

$$\begin{bmatrix} u_{f1} \\ u_{f2} \\ u_{f3} \end{bmatrix} = -\frac{gt^2}{12\nu} \begin{bmatrix} 1-n_1^2 & n_1 n_2 & n_1 n_3 \\ n_2 n_1 & 1-n_2^2 & n_2 n_3 \\ n_3 n_1 & n_3 n_2 & 1-n_3^2 \end{bmatrix} \begin{bmatrix} J_1 \\ J_2 \\ J_3 \end{bmatrix} \tag{7.10}$$

可见渗透张量（K_{0ij}）包含了岩体结构面张开状态与产状，实际上它是通过裂隙系统将水力梯度矢量（J）转换为渗透流速矢量（u）的变换矩阵。

式（7.8）中 J_j 为水力梯度矢量（J）的坐标分量，而 u_{fi} 是沿裂隙面方向上流速的坐标分量。流速（u_f）与水力梯度矢量（J）并不平行，原因是 u_f 为 J 经过张量 K_{0ij} 作用后的结果。

如果水力梯度矢量（J）的方向余弦为 $m_i(i=1,2,3)$，则流速矢量在水力梯度矢量（J）方向的投影，即 J 方向上的流速为

$$u = u_{fi} m_i = -K_{0ij} J_j m_i = -K_f J_i(\delta_{ij} - n_i n_j) m_i$$

又因有达西定律

$$u = -K_g J = -K_g J_j m_j \tag{7.11}$$

式中，K_g 为 J 方向的渗透系数。比较上两式得

$$K_{0ij} m_i = K_g m_j$$

两边点乘 m_j，并因 $m_j m_j = 1$，可得

$$K_g = K_{0ij} m_i m_j = K_f(\delta_{ij} - n_i n_j) m_i m_j = K_f(1 - n_i n_j m_i m_j) \tag{7.12}$$

这里考虑了 $\delta_{ij} = \begin{cases} 1, & \text{当 } i=j \\ 0, & \text{当 } i \neq j \end{cases}$ 的下标替换作用和爱因斯坦求和约定，有 $m_j m_j = 1$。

对于各向异性介质，一般来说水力梯度方向上的渗透系数（K_g）与流速方向上的渗透系数（K_f）是不同的。由式（7.10）可知，当裂面法向矢量 n 与水力坡度单位矢量 m 平行，得 K_g 在垂直裂面方向值为零；当 n 与 m 垂直，则 K_g 为平行裂面的值 K_f，其为 K_g 的最大值。这也是显然的事实。

二、裂面粗糙度对裂隙水力特征的影响

裂面粗糙度的一个直接的水力学意义就是减小两壁面之间的水流有效断面面积，即降低有效隙宽。

罗米捷和路易斯等通过实验研究，具粗糙度的裂隙水力学性质可以用水流立方定律表示为

$$\frac{Q}{\Delta h} = \frac{c}{f} t^3 \tag{7.13}$$

式中，$c = \frac{W}{L}\frac{g}{12\nu}$，$W$ 为水流宽度，L 为水流长度；Δh 为水头损失；Q 为流量；f 为裂面相对粗糙度修正系数；他们分别得出 f 的表达式为

$$\text{罗米捷：} f = 1 + 12\left(\frac{e}{2t}\right)^{1.5}$$

$$\text{路易斯：} f = 1 + 8.8\left(\frac{e}{2t}\right)^{1.5}$$

式中，t 为隙宽；e 为凸起高度。并认为当 $\frac{e}{2t} \leq 0.003$ 时可取 $f = 1$。

因为，$Q = u \cdot W \cdot t$，其中 u 为流速，将 Q、c 代入式（7.13），并注意 $J = \frac{\Delta h}{L}$，可得

$$u = -\frac{g}{12\nu} t^2 \frac{1}{f} J = -K_f \frac{1}{f} J$$

此即达西定律，式中，$\frac{1}{f} K_f$ 即为有粗糙度结构面的渗透系数，即

$$K = \frac{1}{f} K_f = \frac{g}{12\nu} \frac{t^2}{f} = \frac{g}{12\nu}\left(\frac{t}{\sqrt{f}}\right)^2 = \frac{g}{12\nu} t_e^2$$

其中，t_e 为等效隙宽。这就是说，我们可以把有粗糙度的结构面等效为一个隙宽 $t_e \leq t$ 的裂隙来计算其水力特性。

第二节　岩体的渗透张量

上面讨论的是单个无限大平面裂隙的水力特性。实际上，在自然界中并不存在无限大的裂隙，结构面往往不仅为有限尺度，而且尺度还服从一定的分布。现在考察含有限尺度圆形结构面岩体的渗透张量。

一、含一组被连通结构面岩体的渗透张量

设岩体含一组结构面，平均半径为 $\bar{a}$，平均张开隙宽为 $\bar{t}$，结构面体积密度为 λ_v。当该组结构面被其他方向结构面连通时，由该组结构面引起的岩体渗透流速（$\bar{v}$）与裂隙流速（$\bar{u}_f$）间满足下述关系：

$$\bar{v} \cdot V = \bar{u}_f \cdot V_j \tag{7.14}$$

式中，V 为岩体单元体积；V_j 为单元 V 中被连通裂隙体积，于是有

$$\bar{v} = \frac{V_j}{V} \cdot \bar{u}_f = \eta \cdot \bar{u}_f \tag{7.15}$$

式中，η 为该组面的连通裂隙率，由式（4.84）给出。

将式（7.7）和式（4.84）代入式（7.15）得

$$\bar{v} = -K_f J_f \eta = -\frac{\pi g}{12\nu} \lambda_v \bar{t}^3 (\bar{a}+r)^2 e^{-\frac{3r}{\bar{a}}} J_f \tag{7.16}$$

式中，

$$r = \min\left(\frac{1}{\lambda_i \sin\theta}\right) \Big/ 2$$

r 为第 i 组结构面的视平均间距最小值，即连通坐标，计算方法见第四章第七节。

将式（7.16）与达西定律 $\bar{v} = -KJ_f$ 比较可知，岩体在该组裂面方向上渗透系数为

$$K = \frac{\pi g}{12\nu} \lambda_v \bar{t}^3 (\bar{a}+r)^2 e^{-\frac{3r}{\bar{a}}} \tag{7.17a}$$

当 $r \ll \bar{a}$ 即第 i 组结构面足够密集时，可忽略 r，考虑到 $\lambda_v = \frac{\lambda}{2\pi \bar{a}^2}$ 有

$$K \approx \frac{\pi g}{12\nu} \lambda_v \bar{t}^3 \bar{a}^2 = \frac{g}{24\nu} \lambda \bar{t}^3 \tag{7.17b}$$

式中，K 的单位为 m/s；ν 为水的运动黏滞系数，

$$\nu = 0.0101 \times 10^{-4} \mathrm{m}^2/\mathrm{s} \tag{7.18}$$

因此粗略地有

$$K \approx 4 \times 10^5 \lambda \bar{t}^3$$

例如，当结构面法向密度为 $\lambda = 1/\mathrm{m}$，裂隙张开度为 $t = 10^{-2}\mathrm{m}$ 时，$K \approx 0.4\mathrm{m/s}$。注意，这里的 K 是岩体的平均断面渗透系数，而不是裂隙的渗透系数。

据式（7.17a），可将含一组有限尺寸结构面岩体的渗透张量写为

$$K_{ij} = K(\delta_{ij} - n_i n_j) = \frac{\pi g}{12\nu} \lambda_v \bar{t}^3 (\bar{a}+r)^2 e^{-\frac{3r}{\bar{a}}} (\delta_{ij} - n_i n_j) \tag{7.19a}$$

其矩阵形式为

$$K_{ij} = \frac{\pi g}{12\nu} \lambda_v \bar{t}^3 (\bar{a}+r)^2 e^{-\frac{3r}{\bar{a}}} \begin{bmatrix} 1-n_1^2 & -n_1 n_2 & -n_1 n_3 \\ -n_2 n_1 & 1-n_2^2 & -n_2 n_3 \\ -n_3 n_1 & -n_3 n_2 & 1-n_3^2 \end{bmatrix} \tag{7.19b}$$

二、含多组结构面岩体的渗透张量

当岩体中存在 N 组结构面时，各组面间的相互连通应不存在困难。因此，我们认为每组面都通过其他组面得到连通。

Romm（1966）、Snow（1969）先后提出了渗透性可叠加的假设，认为由不同方向裂隙组相交的裂隙网络中，其中某一组裂隙的水流可不受其他水流的干扰。因而可将各组

裂隙的渗透张量叠加构成岩体裂隙网络的渗透张量，对于岩体有

$$K_{ij} = \sum_{p=1}^{N} K_{ijp}$$

按照这一思想，代式（7.19a）入上式，可以得到岩体裂隙网络的渗透张量。由此，我们给出下面的

定理 7.1　裂隙岩体的渗透张量定理　若岩体中存在 N 组结构面，则岩体的渗透张量可表示为

$$K_{ij} = \frac{\pi g}{12\nu} \sum_{p=1}^{N} \lambda_v \bar{t}^3 (\bar{a}+r)^2 e^{-\frac{3r}{\bar{a}}} (\delta_{ij} - n_i n_j) \tag{7.20}$$

式中，λ、λ_v、$\bar{a}$、$\bar{t}$ 分别为一组结构面的法向密度、体积密度、平均半径和平均隙宽；θ、$r = \min\left(\frac{1}{\lambda_i \sin\theta}\right)$ 分别为两组结构面的夹角和连通半径。

当各组结构面均被完全连通，即对各组面均有 $r \ll \bar{a}$ 时，考虑到 $e^{-\frac{3r_j}{\bar{a}_j}} \approx 1$，$\lambda_v = \frac{\lambda}{2\pi \bar{a}^2}$，式（7.20）变为

$$K_{ij} \approx \frac{g}{24\nu} \sum_{p=1}^{N} \lambda \bar{t}^3 (\delta_{ij} - n_i n_j)$$

表 7.1 列出了大渡河瀑布沟水电站经变形松动的变质玄武岩三个测段的渗透系数，计算公式为式（7.20）。由于岩体结构的各向异性，渗透性也表现出方向性，即顺主结构面的南北向与上下向 K 值显著大于东西向（垂直主结构面）。

表 7.1　瀑布沟水电站玄武岩渗透系数　　（单位：10^{-2} cm/s）

位置	南北向（K_{11}）	东西向（K_{22}）	上下向（K_{33}）
硐口段	1.70	0.53	1.23
中 1 段	5.33	3.22	4.69
中 2 段	3.92	2.46	4.22
综合三段	4.77	2.91	4.36

三、方向渗透系数与渗透性椭球

方向渗透系数包括两种通常的情形，即沿水力梯度方向上的渗透系数和流速方向上的渗透系数。这里我们仅考察前者。

对于裂隙岩体，在水力梯度矢量（$\boldsymbol{J}$）作用下水流渗透速度为

$$v = v_i m_i = -K_{ij} m_i J_j \tag{7.21}$$

式中，m_i 为 $\boldsymbol{J}$ 的单位矢量坐标分量；K_{ij} 为岩体渗透张量，令 K_g 为 $\boldsymbol{J}$ 方向的方向渗透系数，则该方向上达西定律形式为

$$v = -K_g J = -K_g J_j m_j \tag{7.22}$$

比较式（7.21）和式（7.22），得

$$K_g m_j = K_{ij} m_i$$

两边乘以 m_j 并注意 $m_j m_j = m_1^2 + m_2^2 + m_3^2 = 1$，得

$$K_g = K_{ij} m_i m_j \tag{7.23}$$

变换 J 的方向，即在式（7.23）中变换 m_i、m_j 的值，可以做出 K_g 随空间方向变化曲面。

令做图点坐标为 X_i，并令

$$X_i = m_i \sqrt{K_g}$$

则有

$$X_i X_j = m_i m_j K_g = K_{ij} \tag{7.24}$$

式中，后一等号只要对式（7.23）两边乘以 $m_i m_j$ 即可证明成立，其中 $m_i m_i = m_j m_j = 1$。

由式（7.24）可见，式（7.23）是一个椭球面方程。即是说，对于一定结构的岩体，渗透系数的量值随方向是变化的，在全空间角中的分布构成一个椭球面；渗透系数有极大值、极小值和中间值，且三者相互垂直。

用 K_{ij} 值椭球的主轴形式表示式（7.24），有

$$\begin{bmatrix} X_1 X_1 & 0 & 0 \\ 0 & X_2 X_2 & 0 \\ 0 & 0 & X_3 X_3 \end{bmatrix} = \begin{bmatrix} K_{11} & 0 & 0 \\ 0 & K_{22} & 0 \\ 0 & 0 & K_{33} \end{bmatrix}$$

两边同乘 K_{ij}^{-1} 可得

$$\begin{bmatrix} \dfrac{X_1^2}{K_{11}} & 0 & 0 \\ 0 & \dfrac{X_2^2}{K_{22}} & 0 \\ 0 & 0 & \dfrac{X_3^2}{K_{33}} \end{bmatrix} = \begin{bmatrix} 1 & 0 & 0 \\ 0 & 1 & 0 \\ 0 & 0 & 1 \end{bmatrix} \tag{7.25}$$

可见式（7.25）所描写的方向渗透系数椭球有半轴

$$X_1 = \sqrt{K_{11}}, \quad X_2 = \sqrt{K_{22}}, \quad X_3 = \sqrt{K_{33}} \tag{7.26}$$

第三节　岩体渗透系数的立方率与尺寸效应

一、岩体渗透系数的立方率

由式（7.20）可知，岩体的渗透系数与结构面平均隙宽的三次方成正比，这就是岩

体渗透系数的立方率。

岩体渗透系数的立方率有着特殊的意义。它告诉我们，当结构面的隙宽增大时，岩体的渗透性能将以隙宽的三次方速度急剧增大。特别是当不同方向的结构面平均隙宽存在差别时，将导致岩体渗透性能强烈的各向异性。

另一方面，尽管我们采用了一组结构面的平均隙宽来分析岩体的渗透性能，但实际上在该组结构面中，由于各个结构面的隙宽也存在差异性，渗透水流将高度集中在大隙宽的结构面中。对此我们做如下对比分析：

设岩体中一组结构面的体积密度为 $\lambda_v = 10$ 条/m³，平均半径为 $\bar{a} = 1.0$ m，平均隙宽 $\bar{t} = 0.01$ m，将上述参数代入式（7.17b）可得

$$K = \frac{\pi g}{12\nu} \lambda_v \bar{a}^2 \bar{t}^3 = 12.7 \text{ (m/s)}$$

如果考虑该组结构面中一条最大隙宽结构面对渗透系数的贡献，因 $t_m = \bar{t}\ln(\lambda_v V) = 0.023$ m，其他参数同上，则得到

$$K_f = \frac{g}{12\nu} t^2 = 213.88 \text{ (m/s)}$$

这个值显然远远大于前面计算出的平均渗透系数。可见一组裂隙中最可能最大隙宽的裂隙对渗流的贡献是超出想象的。

另一方面，根据隙宽的分布 $f(t) = \eta e^{-\eta t}\left(\eta = \frac{1}{\bar{t}}\right)$，$t < t_m$ 的概率为

$$F(t) = 1 - e^{-\eta t_m} = 90\%$$

而 $t < t_m$ 部分的平均隙宽为

$$\bar{t}' = \int_0^{t_m} \tau \eta e^{-\eta \tau} d\tau = 0.0067 \text{ (m)}$$

平均渗透系数为

$$K = \frac{\pi g}{12\nu} \lambda_v \bar{a}^2 \bar{t}'^3 = 3.818 \text{ (m/s)}$$

这说明最大裂隙（t_m）的渗透系数将远大于一般隙宽的裂隙。

下面将顺便我们讨论差异岩溶的形成机理。

可溶岩体中由于存在裂隙而发生渗流，且因为裂隙张开度不同而渗流速度不同。设其单位宽度可过水断面面积为 $A = t$，流量按下式计算

$$Q = vA = KJt$$

由于溶蚀速率与渗流量有关，则过水断面面积增大的速率（单位：cm²/a）为（张倬元等，1993，490 页）

$$\dot{A} = \frac{31.56}{\rho_r} \cdot Q \cdot \frac{dC}{dL} = \alpha A^4 J \frac{dC}{dL} = \alpha t^4 J \frac{dC}{dL}$$

式中，α 为反映方解石密度（ρ_r）、水的黏滞性及节理形态和密度的系数；$\frac{dC}{dL}$ 为单位渗透途径上被溶蚀的碳酸盐浓度增量，mg/cm，反映水流的溶蚀能力。

这表明，岩溶通道的断面面积增加的速率与水力梯度和水的溶蚀能力成正比，与现有断面面积的四次方成正比。这就是岩溶通过强烈差异溶蚀快速形成集中通道的物理基础。

对于沿裂隙交线形成溶洞的情形，可以圆管作为模型进行分析。对于圆管渗流，设管截面半径为 r，$A = \pi r^2$，$Q = vA = \dfrac{2\pi g}{3\nu} r^2 J \cdot \pi r^2$ 则有

$$\dot{A} = \alpha' \cdot 2\pi r^4 J \dfrac{dC}{dL}$$

而溶洞半径增加速率为

$$\dot{r} = \alpha' \cdot r^3 J \dfrac{dC}{dL}$$

二、岩体渗透系数的尺寸效应

取样范围对岩体渗透性能稳定性具有显著的影响。图 7.3 表明当取样范围小于 V_r 时，则岩体渗透系数 K 值波动显著；当 $V > V_r$ 时，则 K 趋于稳定值，才能与真实的岩体 K 值一致。他们把这个 V_r 值称为代表性单元体积。

上述这种 K 值的波动性是由于取样段中不同隙宽裂隙的随机间隔出现和断面平均渗透系数计算方法导致的波动。随着测量尺度增大，再大的裂隙渗流引起的波动也会因平均化而使渗透系数趋于平稳。

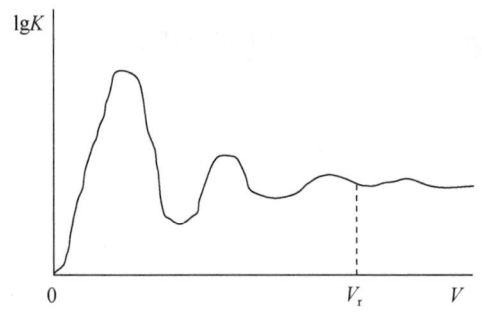

图 7.3 渗透性代表性体积单元

另一方面，式（7.20）告诉我们，岩体渗透张量与各组结构面密度成正比。只有研究范围足够大，才能获得稳定的密度数值。由此可见，不能用过小尺寸研究结果代替岩体真实的渗透性能。

第四节 渗流场与应力场的耦合作用

渗流场与应力场之间的耦合作用，也称"水–岩耦合作用"，已经不是一个新概念。水–岩耦合作用通常是指：①地下水渗流在岩体中引起渗流体积力，包括动水压力与静水压力，这种体积力将改变岩体中原始存在的应力状态；②岩体中应力状态的变化将改变岩体的渗透性能，从而改变岩体的水力学状态。这两种相互作用通过岩体的渗透性能及其改变而联系起来。当有渗流发生时，这两种作用将通过反复耦合作用而达到稳定平衡状态。

研究渗流场与应力场的这种复杂的耦合作用是岩体力学的一个基本课题。但是迄今对这种耦合作用的规律性认识总体上还嫌较为粗浅。这里对此略做讨论。

一、渗流体积力

根据伯努利定律，不可压缩流体在重力作用下的恒定有势流总水头 h 为

$$h = z + \frac{p}{\rho_w g} + \frac{u^2}{2g}$$

式中，z 为位置水头；p 为静水压力；$p/(\rho_w g)$ 为压力水头；u 为水流速度；$u^2/(2g)$ 为速度水头。岩体中裂隙水流速（u）是很小的。因此，由 u 引起的速度水头相比压力水头和位置水头可以忽略，于是有

$$p = \rho_w g (h - z) \tag{7.27}$$

根据流体力学平衡原理，透水单元体两侧的压力差即为该单元受到的渗流体积力，于是有渗流引起的体积力

$$X_i = -\frac{\partial p}{\partial x_i} = \rho_w g \frac{\partial h}{\partial x_i} + \rho_w g \delta_{3i}, \quad i = 1, 2, 3 \tag{7.28a}$$

式（7.28a）也可以写为

$$X = -\frac{\partial p}{\partial x} = -\rho_w g \frac{\partial h}{\partial x} = -\rho_w g J_x, \quad Y = -\rho_w g J_y, \quad Z = -\rho_w g (J_z - 1) \tag{7.28b}$$

可见渗流引起的体积力由两部分组成，第一部分为动水压力，即 $-\rho_w g \frac{\partial h}{\partial x_i}$，$\frac{\partial h}{\partial x_i} = J_i$ 为水力梯度的坐标分量；第二部分为浮力，即 $\rho_w g$，它在渗流空间中是一常量。

式（7.28a）表明，只要求出岩体中各点的水头值 h，便可完全确定渗流场中各点的体积力 X_i，进而由式（7.27）求得相应各点的静水压力 p。

二、渗流场分析

由于渗透流速为

$$v_i = -K_{ij} J_j = -\left(K_{i1} \frac{\partial h}{\partial x_1} + K_{i2} \frac{\partial h}{\partial x_2} + K_{i3} \frac{\partial h}{\partial x_3} \right)$$

两边对 x_i 微分，并考虑到水流连续性方程 $\frac{\partial v_1}{\partial x_1} + \frac{\partial v_2}{\partial x_2} + \frac{\partial v_3}{\partial x_3} = 0$，有渗流场偏微分方程

$$v_{i,i} = -K_{ij} h_{ij} = 0 \tag{7.29}$$

或

$$\frac{\partial v_i}{\partial x_i} = -K_{ij} \frac{\partial^2 h}{\partial x_i \partial x_j}$$

求解上式的边值问题，即可得到 $h(x_i)$，从而得到渗流体积力（X）和静水压力（p）。

三、应力对岩体渗流的耦合作用

这里先考察岩体应力和变形状态对地下水渗流的影响。

当岩体中存在应力时，裂隙张开度（t）将发生变化。而由前述可知，t 的变化将显著影响岩体的渗透性能。不少学者对结构面上法向应力变化导致岩体渗透系数的改变做过研究。

Snow 提出如下经验公式

$$K = K_0 + \frac{k_n (2t)^2}{x}(p - p_0)$$

式中，K 为压力 p 时的裂隙渗透系数；K_0 为初始压力 p_0 时的渗透系数；k_n 为裂隙法向刚度；x、t 为裂隙间距与隙宽。

Jones（1975）的经验公式（适用于碳酸盐岩）为

$$K = K_0 \left(\ln \frac{p_n}{p} \right)^3$$

式中，K_0 为常数；p_n 为裂隙闭合（$K=0$）时的有效压力。

马克西莫夫经验公式为

$$K = K_0 e^{\alpha_k (p_0 - p)}$$

式中，α_k 为系数；K_0 为地表渗透系数。

若 p_0 为大气压，$p = \gamma h$，h 为埋深，$\gamma = \rho g$ 为岩石单位体积重力，则上式可写为

$$K = K_0 e^{-\alpha_k \rho g h}$$

马克西莫夫经验公式目前已被广泛接受，用于把地表资料向深部外推预测。

Louis 也根据一坝址钻孔抽水试验资料提出了如下经验公式，其形式与上两式相近：

$$K = K_0 e^{-a\sigma_0}$$

式中，a 为系数；σ_0 为有效应力。

下面我们给出一个理论表达式。

第四章式（4.45）已经给出了裂隙在不同法向应力或埋深条件下隙宽变化规律，有

$$t = t_0 e^{-\frac{\sigma}{k_n}} = t_0 e^{-\beta h} \tag{7.30}$$

式中，t_0 为某组裂隙在地表的隙宽；k_n 为裂面法向刚度；σ 为裂面所受法向应力。

将式（7.30）代入式（7.20）可得不同埋深岩体的渗透张量为

$$K_{ij} = \frac{\pi g}{12\nu} \sum_{p=1}^{N} \lambda_v \bar{t}_0^3 (\bar{a} + r)^2 e^{-\frac{3r}{a}} (\delta_{ij} - n_i n_j) e^{-\beta h} = K_{0ij} e^{-\beta h} \tag{7.31}$$

这就是岩体渗透张量随深度变化的负指数公式，其中 K_{0ij} 为地表岩体渗透张量。这说明，随着埋深的增加，岩体应力增高，其渗透性能将以负指数规律迅速衰减，直至为零。深部岩体渗透性低，以至于岩体常常处于干燥状态，就是这个原因。

岩体渗透性能的这种负指数规律已被大量实际资料所证实。图 7.4 为法国马尔帕塞坝区片麻岩的岩体应力与渗透系数（K）之间的试验关系曲线。图 7.5 为长江三峡三斗坪坝区花岗岩体埋深与 K 之间的关系。

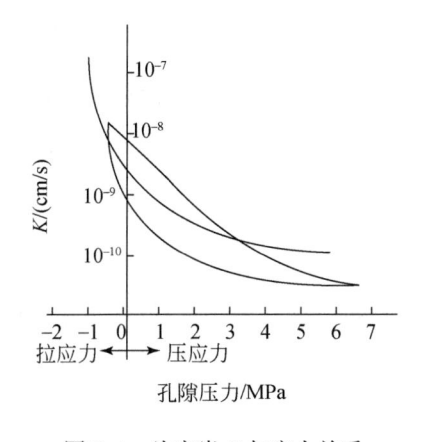

图 7.4　片麻岩 K 与应力关系
（据 Rissler，1978）

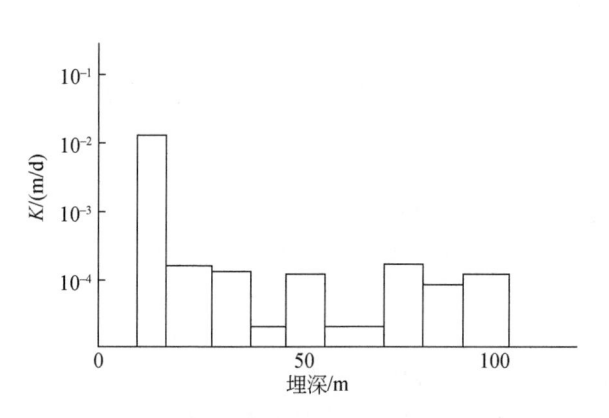

图 7.5　花岗岩体 K 与埋深关系
（据吴旭军，1988）

四、渗流场对应力场的耦合作用

地下水渗流对岩体应力状态也存在影响。

我们知道，当岩体中存在渗流应力 $X_i = -\dfrac{\partial p}{\partial x_i} = \rho_w g \dfrac{\partial h}{\partial x_i} + \rho_w g \delta_{3i}$ 时，岩体的应力场将发生改变。静水压力（p）的作用较为直观，由于它的存在，岩体任一点的应力（σ_{ij}）将变为有效应力：

$$\sigma_{eij} = \sigma_{ij} - \delta_{ij} p$$

表现在结构面受拉状态上，其正应力将降低为有效应力 $\sigma_e = \sigma - p$，而剪应力却不会变化。这就告诉我们，岩体中同一点上的应力状态会因为水压力的出现而发生改变。

当裂隙水压力（p）以场的形式做空间变化时，它将导致应力场以相应规律发生变化。这就是渗流场对应力场的耦合作用结果。

渗流应力的存在也会改变岩体的变形和强度性质。以岩体变形为例：

$$\varepsilon_{ij} = \varepsilon_{0ij} + \frac{\alpha}{E} \sum_{p=1}^{m} \lambda \bar{a} n_1^2 [k^2 n_1^2 + \beta h^2 (1 - n_1^2)] \sigma_{st}$$

静水压力（p）的存在不仅直接改变了结构面的抗剪强度，从而导致剩余剪应力比值（h）增大；当结构面法向应力变为张应力时，有 k 从 0 变为 1，这些变化都将使岩体变形增大。

库仑强度理论已经表明，这个变化还将直接引起岩体的强度行为的变化，这里不做赘述。

第五节　Oda 渗透张量法

Oda（1985，1986）将他提出的岩体结构张量应用于岩体力学理论，发展了我们所称的 Oda 渗透张量法，并用于研究应力-渗流耦合分析（Oda et al., 1987）。本节介绍他的理论。

如果岩体被多组裂隙切割，则岩体可视为多孔介质，其地下水运移遵从达西定律

$$v_i = -\frac{g}{\nu}k_{ij}J_j = -\frac{g}{\nu}\left(k_{i1}\frac{\partial h}{\partial x_1}+k_{i2}\frac{\partial h}{\partial x_2}+k_{i3}\frac{\partial h}{\partial x_3}\right), \quad i=1,2,3 \tag{7.32}$$

式中，k_{ij} 为渗透率张量。

在一定体积 V 内，平均渗透流速为

$$\bar{v}_i = \frac{1}{V}\int_V v_i dV = \frac{1}{V}\int_{V^{(c)}} v_i^{(c)} dV^{(c)} \tag{7.33}$$

式中，$v_i^{(c)}$ 为裂隙中的流速；$V^{(c)}$ 为裂隙体积。

在体积 V 内介入通道的裂隙数（dN）为

$$dN = 2mE(\boldsymbol{n},r,t)d\Omega dr dt$$

式中，m 为裂隙总数。则裂隙体积为

$$dV^{(c)} = \frac{\pi}{4}r^2 t dN = \frac{\pi}{2}mr^2 E(\boldsymbol{n},r,t)d\Omega dr dt \tag{7.34}$$

式中，r 为裂隙直径；t 为裂隙张开度。

因为水力梯度矢量（$\boldsymbol{J}$）在裂面方向的分量为

$$J_i^{(c)} = (\delta_{ij}-n_i n_j)J_j \tag{7.35}$$

于是有

$$v_i^{(c)} = \frac{\lambda g}{\nu}t^2 J_i^{(c)} \tag{7.36}$$

式中，用 λ 代替了 $\frac{1}{12}$，作为比例因子。当裂隙足够大以至于可以形成完全通道时有 $\lambda \to \frac{1}{12}$，对有限尺寸的裂隙 $\lambda < \frac{1}{12}$。

将式（7.34）~式（7.36）代入式（7.33）可得

$$\bar{v}_i = \frac{\lambda g}{\nu}\left[\frac{\pi\rho}{4}\int_0^{t_m}\int_0^{r_m}\int_\Omega r^2 t^3(\delta_{ij}-n_i n_j)E(\boldsymbol{n},r,t)d\Omega dr dt\right]J_j \tag{7.37}$$

比较式（7.37）与式（7.33）可得等效渗透率张量为

$$k_{ij} = \lambda_v(P_{kk}\delta_{ij}-P_{ij}) \tag{7.38}$$

而

$$P_{ij} = \frac{\pi\rho}{4}\int_0^{t_m}\int_0^{r_m}\int_\Omega r^2 t^3 n_i n_j E(\boldsymbol{n},r,t)d\Omega dr dt \tag{7.39}$$

式中，λ_v 为裂隙体积密度，即 $\lambda_v = \frac{m}{V}$。

Robinson 基于统计考虑提出，与每个裂隙交切的裂隙数（ξ）正比于 ρr^3，即

$$\xi = x\rho r^3 \tag{7.40}$$

式中，x 为依赖于裂隙系统类型的比例系数。如由边长为 r 的正方形裂隙组成的方位随机

分布的裂隙系统，$x=2$，而对于三组正交正方形裂隙，$x=\dfrac{4}{3}$。

由于 $n_i n_i = n_1^2 + n_2^2 + n_3^2 = 1$，于是零阶裂隙张量为

$$F_0 = \frac{\pi\rho}{4}\int_0^{r_m} r^3 f(r)\,\mathrm{d}r = \frac{\pi\rho}{4}<r^3> \tag{7.41}$$

式中，$f(r)$ 为裂隙直径（r）的分布密度函数。

Oda 认为式（7.40）与式（7.41）在形式上相似，因此，有理由假想二阶张量 F_{ij} 是式（7.40）的推广，它可能指示了包括各向异性裂隙系统在内的更一般的裂隙连通性。考虑到表征了裂隙的连通性，而当裂隙数目增多时也会使连通性提高，于是可假定

$$\lambda = \lambda(F_{ij}) \tag{7.42}$$

令 F'_{II} 和 F'_{III} 为偏斜张量 $F'_{ij} = F_{ij} - F_0 \delta_{ij}/3$ 的第二和第三不变量，忽略对连通性的影响，式（7.42）为

$$\lambda = \lambda(F_0, A^F)$$

式中，

$$A^F = (3F'_{ij}F'_{ij})^{\frac{1}{2}}/F_0 = (6F'_{II})^{\frac{1}{2}}/F_0$$

是一个表征由裂隙组合引起的各向异性的指标。

Oda 通过数值实验，运用迹长、间距、产状及裂隙的多种分布，模拟出结构面网络，在定水头情形下计算出 P_{ij}、F_{ij} 及 K_{ij}，讨论了 λ 与 F_0 的关系，认为当 $F_0 = 6 \sim 15$ 时，λ 与 F_0 呈线性关系，当 $F_0 > 15$ 时，$\lambda \to 1/16$。

至于应力与渗透张量的耦合作用，Oda 做了如下讨论：

任意法向应力 $\overline{\sigma_n}$ 下的隙宽为

$$t = t_0 - \overline{\sigma'_n}/H = r(1/c - \overline{\sigma'_{ij}}n_i n_j)/\overline{h}$$

代入式（7.39）得

$$P_{ij} = \frac{1}{c^3}F_{ij} - \frac{3}{c^2\overline{h}}F_{ijkl}\overline{\sigma'_{kl}} + \frac{3}{c\overline{h}^2}F_{ijklmn}\overline{\sigma'_{kl}}\,\overline{\sigma'_{mn}} - \frac{1}{\overline{h}^3}F_{ijklmnop}\overline{\sigma'_{kl}}\,\overline{\sigma'_{mn}}\,\overline{\sigma'_{op}} \tag{7.43}$$

式中，

$$F_{ij\cdots k} = \frac{\pi\rho}{4}\int_0^{t_m}\int_0^{r_m}\int_\Omega r^5 n_i n_j \cdots n_k E(\boldsymbol{n},r,t)\,\mathrm{d}\Omega\mathrm{d}r\mathrm{d}t$$

它是一个仅依赖于裂隙几何特征的张量，与 $F_{ij\cdots k}$ 十分相似，只是以 r^5 代替了 r^3。

Oda 在各向同性应力张量 $\overline{\sigma_{ij}} = \overline{\sigma'}\delta_{ij}$ 的条件下对上述分析做了野外验证，此时

$$P_{ij} = \frac{1}{3}F_0\left(\frac{1}{c} - \frac{\overline{\sigma'}}{h^3}\right)^3 \delta_{ij} \tag{7.44}$$

式中，

$$F_0 = F_{ij} = \frac{\pi\rho}{4}\int_0^{r_m} r^5 f(r)\,\mathrm{d}r$$

而

$$\bar{h}=h+c\,\overline{\sigma'_{ij}}N_{ij}=h+c\,\overline{\sigma'}$$

$$K_{ij}=\frac{2\lambda}{3c^3}F_0\left(1-\frac{c\,\overline{\sigma'}}{h+c\,\overline{\sigma'}}\right)^3\delta_{ij} \tag{7.45}$$

可以写出

$$Q=Q_0\left(1-\frac{c\,\overline{\sigma'}}{h+c\,\overline{\sigma'}}\right)^3 \tag{7.46}$$

这里 Q 是相当于 $aK_{ij}/(3v)$ 的水力传导性，Q_0 是当 $\overline{\sigma'}=0$ 时的 Q 值。当在深度为 z，地壳应力为静水压力状态 $\overline{\sigma'}=\gamma'z$，$\gamma'$ 为水下容重时：

$$Q=Q_0\left(1-\frac{c\gamma'z}{h+c\gamma'z}\right)^3 \tag{7.47}$$

Bianchi 和 Snow（1969）运用宏观照相和荧光流体外显方法得到了如图 7.6 所示的 t-z 关系。Oda 用该曲线推证式（7.45）~式（7.47）的合理性。

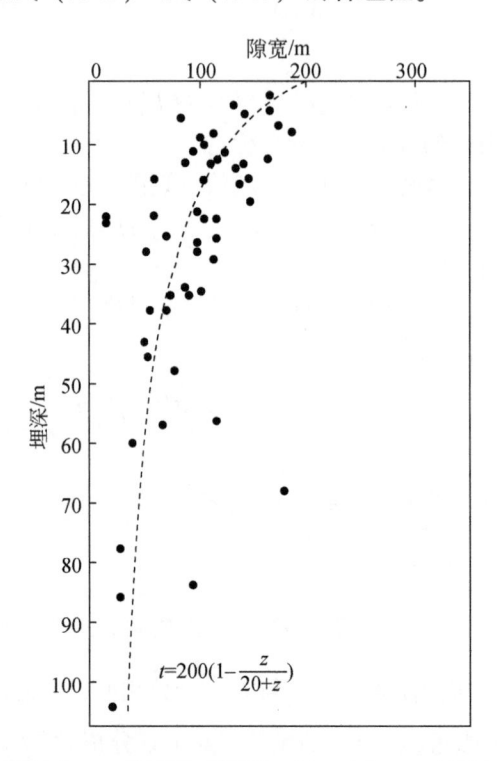

图 7.6　t-z 关系图（据 Bianchi and Snow，1969）

在应力–水流耦合问题求解基本方程中，列入了以下三个方程

$$\sigma_{ij}=T^{-1}_{ijkl}\varepsilon_{kl}+T^{-1}_{ijkl}C_{kl}p \tag{7.48a}$$

$$K_{ij}=\lambda(P_{kk}\delta_{ij}-P_{ij}) \tag{7.48b}$$

$$-\rho_w \frac{\partial}{\partial t}\left(\frac{\sigma_{ij}-p\delta_{ij}}{\bar{h}}F_{ij}\right) = \left[\frac{1}{v}K_{ij}(p+\rho_w az)_{,j}\right]_{,i} \qquad (7.48c)$$

式 (7.48c) 为水流连续性条件。

此外,Pan 等 (2010) 对裂隙岩体渗透张量模型应用进行了研究。

第八章

岩体变形过程分析

目前，人们还很少通过实验方法获取岩体全过程变形曲线，因为使岩体试件发生破坏需要较大的荷载。但岩石力学界已经认识到，裂隙岩体的结构与岩石具有相似性，只是考察尺度不同而已。因此，岩体变形的全过程特性可以类比岩石全过程变形曲线进行分析。

前面讨论了裂隙岩体的弹性应力-应变关系和强度特性，其中已经包括了岩体受压和受拉情况下的模型，本章将概略讨论岩体的受拉变形、受压变形、破坏的全过程特征。

第一节 岩体变形过程分析的基本思想

一、岩体的连续变形和非连续变形

广义地讲，材料变形可以分为两种类型，即连续变形和非连续变形。连续变形一般由应力-应变关系描述；而非连续变形则是材料的破裂行为，或沿已有破裂面的变形行为，受强度理论控制。

在连续介质理论中，弹塑性力学将介质的微观非连续变形描述为塑性流动变形，采用流动法则纳入本构模型统一表述；而损伤力学则将材料的微观破坏称为损伤演化，采用损伤演化模型一并描述。这些描述方法对于多数非脆性材料是恰当的，也是有效的。

但是，一方面，裂隙岩体在常温常压下多数为脆性介质，破裂方式并非流动变形；另一方面，岩体破裂是宏观过程，存在显著的断裂力学效应，而损伤力学却忽略了这个效应。

我们认为，裂隙岩体的变形与破坏力学行为受岩体结构随机特性、结构面变形的断裂力学效应，以及应力环境的影响，是一种统计断裂力学行为。裂隙岩体的变形与破坏行为应该采用统计岩体力学应力-应变关系和强度理论描述。

二、岩体变形过程分析的基本思想

岩体的变形过程是其连续变形和破坏突变的协同行为和相互转化过程。两种变形模式的转化表现为岩体变形过程曲线分段的转化。如果不考虑受拉变形阶段，裂隙岩体的全过程变形曲线应当包括如图 8.1 所示的几个阶段：①弹性压密变形阶段（O—A 段），主要由压应力下岩石和结构面压缩变形构成，岩体弹性模量逐渐增大；②线弹性变形阶段（A—B 段），由压应力下岩体的应力-应变关系决定，主要为结构面压缩和剪切变形的贡献；③弹塑性变形阶段（B—C 段），当结构面组逐一达到抗压强度时，由结构面滑移引起塑性应变增量，为岩体弹塑性模量逐步降低的阶段；以及④峰后变形阶段（C 点后），是岩石破坏之后由结构面剪切变形控制的残余强度阶段。

岩体变形过程分析的基本思想是：在一定的围压应力作用下，岩体单元实际承受的轴向应力由其轴向压缩变形应力和轴向压缩强度应力的小值决定，服从"弱环假说"的力学规律。就是说，随着岩体单元轴向应变的增加，轴向压缩变形应力将按应力-应变关系增加；当变形应力小于轴向压缩强度时，岩体单元实际承受的是变形应力；当变形应力达到抗压强度时，岩体实际承受的是抗压强度应力。因此，单元实际承受的应力上限是岩体抗压强度应力。我们知道，岩体的应力-应变关系和强度都是按"弱环假说"规律，由岩石和结构面的变形与强度力学效应决定的，因此岩体变形工程也是两者的协同力学行为。

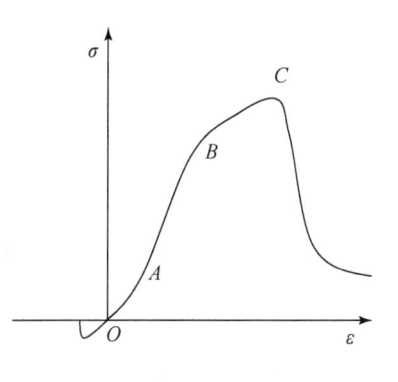

图 8.1 岩体全过程变形曲线

图 8.2 显示了按照上述思想计算出的不同围压下岩体全过程应力-应变曲线。下面我们将按照这一思想解析岩体的变形过程。

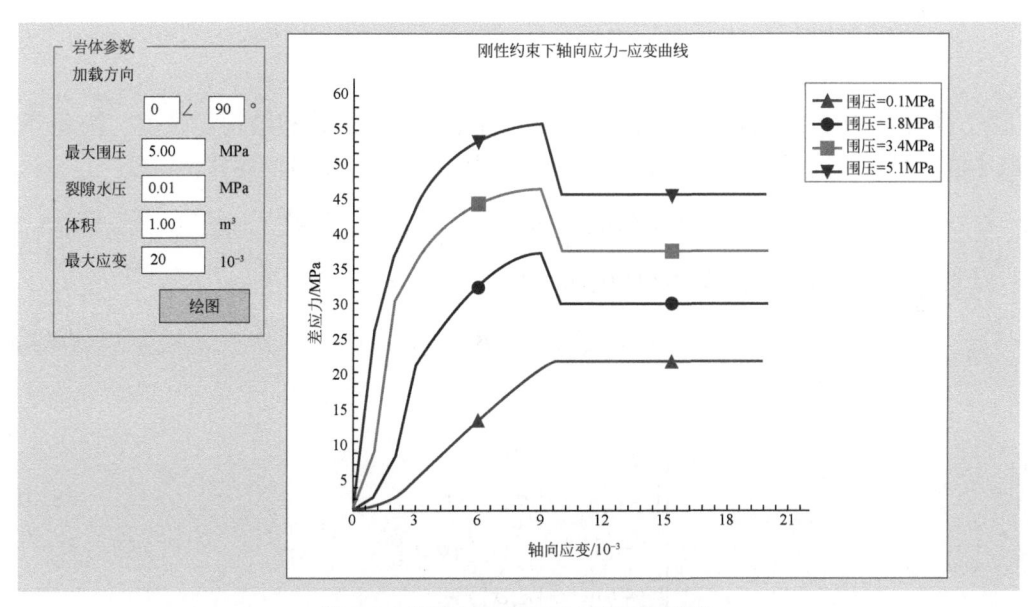

图 8.2 岩体的 SMRM 全过程变形曲线

第二节 岩体的轴向压缩本构模型

按照连续介质力学的思维模式，岩体的本构模型是完整描述岩体等效连续变形应力-应变关系的模型，由弹性应力-应变关系和强度模型（屈服面）构成。由"岩体的应力-应变关系理论"和"岩体的强度理论"两章讨论可知，岩体在主应力 σ_1 方向的压缩本构

模型可以写为

$$\begin{cases} \varepsilon_1 = \varepsilon_{10} + \dfrac{\alpha}{E}\sum_{p=1}^{m}\lambda\bar{a}(k^2\sigma n_1+\beta h^2\tau_1)n_1 \\ \sigma_{1c} = \min(\sigma_{10},\sigma_{1i}), \quad i=0,1,2,\cdots,m \end{cases} \quad (8.1\text{a})$$

其中，岩石部分的应变可由弹性理论（图 6.4）得到

$$\varepsilon_{10} = \frac{1}{E}[\sigma_1-\nu(\sigma_2+\sigma_3)] \quad (8.1\text{b})$$

式中，各量解释同前。

式（8.1a）第一式为应力-应变关系，由岩石和结构面变形组成；第二式为强度判据，$i=0$ 为岩块，$i=1,2,\cdots,m$ 为各组结构面。结构面上的正应力 σ 和剪应力 τ_1 则由下列各式计算

$$\begin{cases} \sigma = \sigma_1 n_1^2+\sigma_2 n_2^2+\sigma_3 n_3^2 \\ p_1 = \sigma_1 n_1 \\ \tau_1 = p_1-\sigma n_1 \\ \quad = \sigma_1 n_1(1-n_1^2)-(\sigma_2 n_2^2+\sigma_3 n_3^2)n_1 \end{cases} \quad (8.2)$$

式（8.1a）中第二式岩体抗压强度由两部分组成，即岩石和结构面强度，按弱环理论取小值。岩石的抗压强度只能由准三轴库仑准则，即式（6.20）计算

$$\sigma_{10}=\sigma_3\tan^2\theta+\sigma_c, \quad \sigma_c=\frac{2c\cos\varphi}{1-\sin\varphi}, \quad \theta=\frac{\pi}{4}+\frac{\varphi}{2} \quad (8.3)$$

对于三轴主应力状态，结构面抗压强度由式（6.29c）计算

$$\sigma_{1i} = -\frac{1}{2A}(B+\sqrt{B^2-4AC}) \quad (8.4\text{a})$$

$$\begin{cases} A = [(1+f^2)n_1^2-1]n_1^2 \\ B = 2[af+(1+f^2)\sigma]n_1^2 \\ C = a^2+2af(\sigma_2 n_2^2+\sigma_3 n_3^2) \\ \quad +(1+f^2)(\sigma_2 n_2^2+\sigma_3 n_3^2)^2 \\ \quad -(n_2^2\sigma_2^2+n_3^2\sigma_3^2) \end{cases} \quad (8.4\text{b})$$

其中，各量解释同前，$f=\tan\varphi$，σ 见式（8.2）。对于准三维应力状态，结构面抗压强度由式（6.23a）和式（6.23b）计算得

$$\sigma_{1i} = T_i\sigma_3+R_i \quad (8.5\text{a})$$

$$T_i = \frac{\tan\delta}{\tan(\delta-\varphi)}, \quad R_i = \frac{1+\tan^2\delta}{\tan\delta-\tan\varphi}\left(\frac{K_{Ic}}{2}\sqrt{\frac{\pi}{\beta a_m}}+c\right), \quad i=0,1,2,\cdots,m \quad (8.5\text{b})$$

第三节 岩体的压密变形与轴向压缩变形

裂隙岩体在受到压缩荷载作用下将首先产生压密变形，然后转入弹性变形，两阶段变形均包含岩块和结构面两部分的变形。岩块的变形已经包含在其弹性变形模型中，本节将重点考察结构面对岩体变形的贡献。

一、岩体的压密变形

岩体在压密变形阶段的应力–应变曲线斜率增加，对应于图 8.1 曲线 O—A 段。

岩体的压密变形由三个部分组成，一是岩石的弹性压密变形 ε_{10}，可由弹性理论计算，不在此讨论；二是结构面的弹塑性压密变形（主要是塑性压密变形）ε_{1k}，由结构面的法向压缩构成；三是结构面的弹性错动变形和塑性错动变形。由于结构面厚度有限，其弹性错动可以忽略，而塑性错动我们将在下面"结构面滑移变形的贡献"部分专门讨论。由此可以将式（8.1a）再次分解为

$$\varepsilon_1 = \varepsilon_{10} + \varepsilon_{1k} + \varepsilon_{1h} = \varepsilon_{10} + \frac{\alpha}{E}\sum_{p=1}^{m}\lambda \bar{a}n_1^2 k^2\sigma + \frac{\alpha\beta}{E}\sum_{p=1}^{m}\lambda \bar{a}n_1 h^2\tau_1 \tag{8.6}$$

式中，结构面的法向压缩应变（ε_{1k}）主要是不可逆累积变形，因此 ε_{1k} 是压密变形的积分。考虑到 k 的取值式（5.46），即 $k(\sigma) = e^{-10\frac{\sigma}{\sigma_c}}$，有

$$\int_0^\sigma k^2\sigma\mathrm{d}\sigma = \int_0^\sigma e^{-20\frac{\sigma}{\sigma_c}}\sigma\mathrm{d}\sigma = \left(\frac{\sigma_c}{20}\right)^2\left[1-\left(1+\frac{20}{\sigma_c}\sigma\right)e^{-\frac{20}{\sigma_c}\sigma}\right]$$

根据何鹏等（2011）对沉积岩的研究，以及该文章介绍唐大雄等的统计分析，岩石的弹性模量与单轴抗压强度有如下关系

$$E = (345 \sim 350)\sigma_c$$

式中，E 和 σ_c 的单位均为 MPa。

代上两式入式（8.6），有结构面的弹塑性压密变形为

$$\varepsilon_{1k} = \frac{\alpha}{E}\sum_{p=1}^{m}\lambda \bar{a}n_1^2\int_0^\sigma k^2\sigma\mathrm{d}\sigma = \frac{\alpha}{350\sigma_c}\sum_{p=1}^{m}\lambda \bar{a}n_1^2\left(\frac{\sigma_c}{20}\right)^2\left[1-\left(1+\frac{20}{\sigma_c}\sigma\right)e^{-\frac{20}{\sigma_c}\sigma}\right]$$

$$= 7.14\times 10^{-6}\alpha\sigma_c\sum_{p=1}^{m}\lambda \bar{a}n_1^2\left[1-\left(1+\frac{20}{\sigma_c}\sigma\right)e^{-\frac{20}{\sigma_c}\sigma}\right] \tag{8.7a}$$

式中，令 $\sigma_c = 60\mathrm{MPa}$，做出结构面法向应力（$\sigma$）与计算系数的关系曲线如图 8.3 所示，可见结构面在 $\sigma > \frac{1}{3}\sigma_c$ 之后的弹性压密增量是可以忽略的，即有结构面最大压密应变为

$$\varepsilon_{1k} \approx 7\times 10^{-6}\alpha\sigma_c\sum_{p=1}^{m}\lambda \bar{a}n_1^2,\ \sigma > \frac{1}{3}\sigma_c \tag{8.7b}$$

因此，式（8.7b）基本上可作为结构面的全部压密变形。

二、结构面滑移变形的贡献

根据第五章"岩体的应力-应变关系理论"对系数 k 和 h 的讨论，当结构面剪应力小于抗剪强度即 $\tau<\tau_f=f\sigma+c$ 时，$h=1-\dfrac{f\sigma+(1-e^{-10\frac{\sigma}{\sigma_c}})c}{\tau}$，结构面发生弹性剪切变形；而结构面的塑性滑移变形发生在剪应力大于抗剪强度阶段，此时 $h\rightarrow 1-\dfrac{f\sigma+c}{\tau}$。按式（8.1），这两部分变形由下式计算

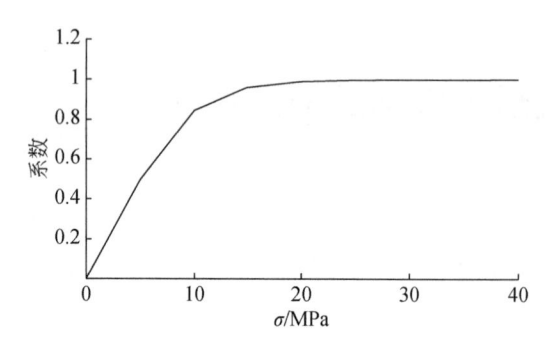

图 8.3　法向应力对计算系数的影响

$$\varepsilon_{1h}=\frac{\alpha\beta}{E}\sum_{p=1}^{m}\lambda\bar{a}n_1h^2\tau_1,\quad\begin{cases}\tau<\tau_f=f\sigma+c,&\text{弹性变形}\\ \tau\geqslant\tau_f=f\sigma+c,&\text{塑性变形}\end{cases} \quad(8.8)$$

其中，τ_1 按式（5.41b）计算。

三、岩体的轴向压缩变形

在轴向荷载作用下，岩体发生轴向变形，包括弹性变形和塑性变形。按照式（8.6）岩体在等围压下的轴向压缩变形可写为

$$\varepsilon_1=\frac{1}{E}(\sigma_1-2\nu\sigma_3)+7.14\times10^{-6}\alpha\sigma_c\sum_{p=1}^{m}\lambda\bar{a}n_1^2\left[1-\left(1+\frac{20}{\sigma_c}\sigma\right)e^{-\frac{20}{\sigma_c}\sigma}\right]$$
$$+\frac{\alpha\beta}{E}\sum_{p=1}^{m}\lambda\bar{a}n_1\left[1-\frac{f\sigma+\left(1-e^{-10\frac{\sigma}{\sigma_c}}\right)c}{\tau}\right]^2\tau_1 \quad(8.9a)$$

其中，各应力由式（5.41b）求得，在压应力较大时，考虑 $n_3^2=1-n_1^2$，有

$$\begin{cases}\varepsilon_{01}=\dfrac{1}{E}(\sigma_1-2\nu\sigma_3)\\ \varepsilon_{1k}\approx 7\times10^{-6}\alpha\sigma_c\sum_{p=1}^{m}\lambda\bar{a}n_1^2\left[1-\left(1+\dfrac{20}{\sigma_c}\sigma\right)e^{-\frac{20}{\sigma_c}\sigma}\right]\\ \varepsilon_{1h}=\dfrac{\alpha\beta}{E}\sum_{p=1}^{m}\lambda\bar{a}n_1h^2\tau_1\end{cases},\begin{cases}\sigma=n_1^2\sigma_1+(1-n_1^2)\sigma_3\\ \tau=(\sigma_1-\sigma_3)n_1\sqrt{1-n_1^2}\\ \tau_1=\tau m_1=\tau\sqrt{1-n_1^2}\end{cases}$$

(8.9b)

式（8.9a）可做成轴向应力-应变曲线如图 8.4 所示。

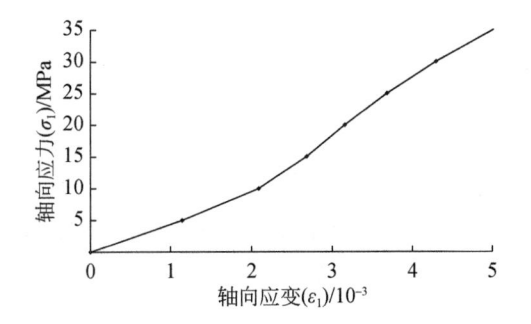

E/MPa	v	α	β
21000	0.25	2.39	1.14
σ_c/MPa	φ_0/(°)	c/MPa	$f(\varphi=30°)$
60	40	1	0.577
λ/(1/m³)	a/m	$n_1(40°)$	σ_3/MPa
10	5	0.766	4

图 8.4　岩体轴向应力–应变曲线

第四节　岩体的峰后变形行为

一、岩体轴向压缩变形的峰值行为

岩体的轴向变形应当发生在轴向抗压强度应力范围内。在变形过程中，时刻存在轴向压缩变形应力与轴向抗压强度应力的比较，两种应力中较小者即为实际存在的轴向应力，这就是弱环理论在岩体力学行为中的体现。

我们知道，对于准三轴轴压应力（$\sigma_2 = \sigma_3$）条件，当结构面闭合变形完成后，岩石和各结构面组的岩体变形压力、岩石和结构面的库仑三轴抗压强度可由下式给出

$$\begin{cases} \varepsilon_1 = \varepsilon_{01} + 7 \times 10^{-6} \alpha \sigma_c \sum_{p=1}^{m} \lambda \bar{a} n_1^2 + \dfrac{\alpha \beta}{E} \sum_{p=1}^{m} \lambda \bar{a} n_1 h^2 \tau_1 \\ \sigma_{1i} = T_i \sigma_1 - R_i, \quad i = 0, 1, 2, \cdots, m \end{cases} \quad (8.10a)$$

其中，

$$\begin{cases} T_0 = \tan^2 \theta, \theta = 45° + \dfrac{\varphi_0}{2}, R_0 = \sigma_c \\ T_i = \dfrac{\tan \delta}{\tan(\delta - \varphi)}, \quad R_i = \dfrac{1 + \tan^2 \delta}{\tan \delta - \tan \varphi} \left(\dfrac{K_{Ic}}{2} \sqrt{\dfrac{\pi}{\beta a_m}} + c \right) \end{cases} \quad (8.10b)$$

式中，$i=0$ 对应岩块，$i=1, 2, \cdots, m$ 对应各组结构面。

随着应变步增加，岩体变形应力将不断增加，当变形应力大于岩块的三轴抗压强度时，岩块将被压坏，导致其单轴抗压强度值 R_0 丧失，发生轴向应力突降。岩块破坏时的抗压强度即为岩体变形曲线的应力峰值。

二、岩体轴向压缩变形的峰后行为

岩块破坏后，岩体的状态将发生两方面的变化：一是岩石单轴抗压强度 R_0 丧失，式（8.11）中岩体的三轴抗压强度将降低；二是由于增加了新的破裂面，岩体的弹性模量也将降低，使岩体抵抗变形的能力降低。由此，岩体的峰后强度是由结构面系统决定的残余强度。

1. 岩体抗压强度降低

一般来说，岩块破坏后，其单轴抗压强度丧失，即有 $R_0 = 0$，并产生一个新的破裂面，其破裂角（即破裂面法线与 σ_1 夹角）为 $\theta = 45° + \dfrac{\varphi_0}{2}$，破裂面摩擦角可以按岩石内摩擦角计算，而不计黏聚力。由于岩石破裂面角度是最低强度方向，因此这个破裂面将是岩体强度最低的面。于是岩体的抗压强度变为

$$\sigma_{1i} = T_i \sigma_3 + R_i, \quad i = 0, 1, 2, \cdots, m, m+1 \tag{8.11a}$$

其中，

$$\begin{cases} T_0 = \tan^2\theta, \theta = 45° + \dfrac{\varphi_0}{2}, \quad R_0 = 0 \\ T_i = \dfrac{\tan\delta}{\tan(\delta-\varphi)}, \quad R_i = \dfrac{1+\tan^2\delta}{\tan\delta-\tan\varphi}\left(\dfrac{K_{Ic}}{2}\sqrt{\dfrac{\pi}{\beta a_m}} + c\right) \\ T_{m+1} = \dfrac{\tan\theta}{\tan(\theta-\varphi_0)}, \quad R_{m+1} = \dfrac{1+\tan^2\theta}{\tan\theta-\tan\varphi_0}c \end{cases} \tag{8.11b}$$

2. 岩体弹性模量的降低

如前所述，由于岩石破坏增加了一个破裂面，且为强度最低的面，因此岩体抵抗变形的能力，即弹性模量也将降低。此时岩体的应力-应变关系变为

$$\varepsilon_1 = \varepsilon_{01} + 7 \times 10^{-6} \alpha \sigma_c \sum_{p=1}^{m} \lambda \bar{a} n_1^2 + \dfrac{\alpha\beta}{E}\sum_{p=1}^{m}\lambda \bar{a} n_1 h^2 \tau_1 + \dfrac{\alpha\beta}{E} n_1 h^2 \tau_1 \tag{8.12}$$

这里在方程末尾增加了岩石新破裂面的变形项，破裂面法线与 σ_1 的夹角为 $\theta = 45° + \dfrac{\varphi_0}{2}$，按这个角度可以计算出破裂面法线方向余弦为 $n_1 = \cos\theta$，而对于等围压情形，结构面上剪应力方向余弦则为 $m_1 = \sqrt{1-n_1^2}$，由此可以计算 h 和 $\tau_1 = m_1\tau$ 等。

岩体的全过程变形曲线可由上述各阶段的应力-应变关系讨论集中体现，可做如图 8.5 所示的曲线。

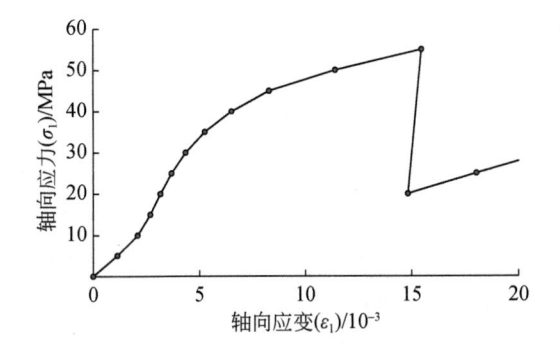

E/MPa	v	α	β
21000	0.25	2.39	1.14
σ_c/MPa	φ_0/(°)	c/MPa	$f(\varphi=30°)$
60	40	1	0.577
λ/(1/m³)	a/m	$n_1(40°)$	σ_3/MPa
10	5	0.766	4

图 8.5　岩体的全过程变形曲线（含一组结构面情形）

第九章

岩体质量分级

当今岩体工程约占世界基础设施建设项目的一半以上。岩体工程设计的基本依据是岩体的工程参数，但岩体工程参数获取常常是困难的。这不仅因为大型原位试验耗时、耗力、耗资，试验点的代表性和数据的可靠性也是较为突出的问题。于是20世纪后半叶，在世界范围内兴起了岩体质量分级方法的探索，并以大量工程案例为基础，寻求岩体质量与岩体工程参数的关联性。

目前，国内外关于岩块与岩体的分类和质量分级方案已有数十种之多。这些分类方案中，应用较广的要数 RQD 分级、RMR 分级、Q 分级和 GSI 分级。在国内则较多采用国家标准《工程岩体分级标准》（GBT 50218—2014）方法及各行业制定的岩体质量分级标准。

本节将简要介绍目前常用的岩体质量分级系统、分级指标与岩体工程参数的经验关系，并建立基于统计岩体力学的岩体质量分级方法。各分级系统在工程应用中的修正方法可查阅相关文献，本书不做详细介绍。

第一节 常用的岩体质量分级方法

一、RQD 分级方法

RQD（rock quality designation）分级方法是由美国伊利诺斯大学的 Deere 于 1964 年提出来的，是利用 5.4cm 直径钻孔岩心来评判岩体的质量优劣，其原始方法是

$$\mathrm{RQD} = \frac{L_\mathrm{p}}{L_\mathrm{t}} \times 100(\%) \tag{9.1}$$

式中，L_p 为钻孔获得的大于 10cm 的岩心段总长度；L_t 为钻孔进尺总长度。

按照 RQD 参数值将岩体质量等间隔分为很差、差、一般、好和很好五类（表9.1）。

表9.1 岩石质量指标（RQD）

分类	很差	差	一般	好	很好
RQD/%	<25	25~50	50~75	75~90	>90

RQD 方法的优点是简单实用，因而获得了广泛使用。但岩体的质量不仅受结构状态的影响，还受岩石力学性质、结构面充填、地应力和水等多种因素影响，而这些是 RQD 分类所不能恰当反映的。

二、谷德振岩体的结构分类与 Z 分级系统

中国科学院地质研究所谷德振（1979）提出了依据岩体结构划分工程岩体类型的方

案,将岩体结构分为整体块状、块状、层状、碎裂状和散体状五类,各类岩体的地质力学性能递减。由于这一方案充分考虑了岩体结构的地质成因与结构效应,突出体现了岩体的地质特性,受到广泛重视,成为迄今我国许多技术规范的岩体分类依据之一。

谷德振发现,三个内在因素决定了岩体质量的优劣程度。它们是岩体的完整性、结构面的摩擦性能和岩块的坚强性。用它们的乘积来表达各类结构岩体的质量优劣,并将这个函数值称为岩体质量系数(Z):

$$Z = I \cdot f \cdot S \tag{9.2}$$

式中,$I = \dfrac{V_m^2}{V_r^2}$ 为岩体的完整性系数;$f = \tan\varphi$ 为结构面摩擦系数;$S = \dfrac{R_c}{100}$ 为岩块的坚强系数,R_c 为岩块的饱和单轴抗压强度。

由于通常认为岩体完整性系数 $I \leqslant 1.0$;一般结构面摩擦系数 $f \leqslant 1.0$;多数情况下岩块的坚固系数 $S \leqslant 3.0$,因此岩体的质量系数取值范围一般为 $0 < Z < 3.0$,极少数情况大于 3.0。

Z 分级系统按图 9.1 划分岩体质量级别,并列出了不同岩体结构类型对应的岩体质量系数区间。

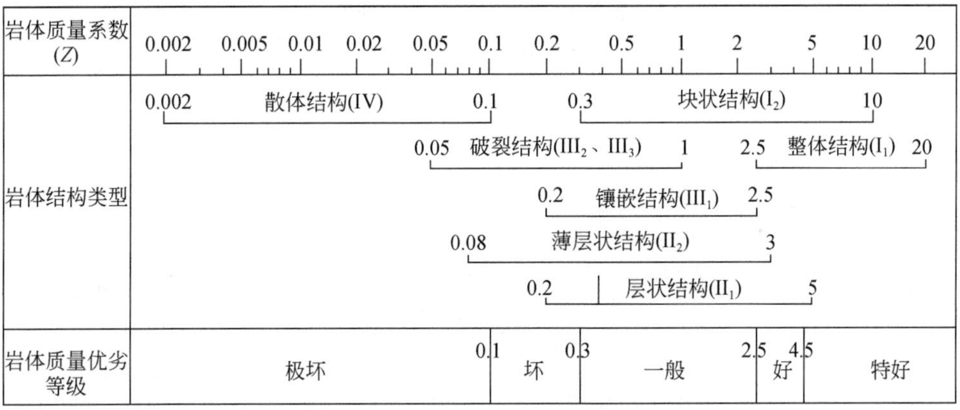

图 9.1 Z 分级系统岩体质量级别划分标准

Z 分级系统的特色在于:①抓住影响岩体质量的三个基本要素,除岩石的坚强系数和岩体的完整性系数外,特别强调了结构面摩擦系数的重要性;②将岩体结构类型与岩体质量级别挂钩,使岩体质量分级客观反映了岩体的地质特征。

三、中国工程岩体分级系统

长江科学院曾牵头编写了国家标准《工程岩体分级标准》(GBT 50218—94)和修订版《工程岩体分级标准》(GBT 50218—2014)(邬爱清和柳赋铮,2014)。我国铁路、公路、矿山、水利水电、工民建等行业也都制定了自己的行业规范和岩体质量分级系统。

我国的工程岩体质量分级方法大体分为两个步骤。第一步按照岩石的坚硬程度和岩体结构完整性提出岩体的基本质量级别；第二步根据各类岩体工程的具体特点，考虑结构面产状、地下水及地应力等，对基本质量级别进行修正，得到工程岩体分级。

岩石的坚硬程度一般按表 9.2 的单轴抗压强度（R_c）划分为硬岩和软岩两类，五个亚类。

表 9.2　岩石的坚硬程度等级表

定性值		单轴抗压强度（R_c）/MPa
硬岩	极硬岩	$R_c > 60$
	硬岩	$30 < R_c \leq 60$
软岩	较软岩	$15 < R_c \leq 30$
	软岩	$5 < R_c \leq 15$
	极软岩	$R_c \leq 5$

岩体结构的完整性一般按表 9.3 中的岩体完整性指数（K_v）划分为五个等级。

表 9.3　岩体的完整性划分表

定性值	结构面发育程度		岩体完整性指数（K_v）
	结构面组数	平均间距/m	
完整	1～2	>1.0	$K_v > 0.75$
较完整	1～2	>1.0	$0.75 > K_v > 0.55$
	2～3	1.0～0.4	
较破碎	2～3	1.0～0.4	$0.55 > K_v > 0.35$
	>3	0.4～0.2	
破碎	>3	0.4～0.2	$0.35 > K_v > 0.15$
		<0.2	
极破碎			$K_v > 0.15$

国家标准《工程岩体分级标准》（GBT 50218—2014）中按下式求取岩体的基本质量指标（BQ）：

$$BQ = 100 + 3R_c + 250K_v \tag{9.3}$$

由式（9.3）可见，按多数岩石的单轴抗压强度为 $R_c = 10 \sim 300$MPa 考虑，岩体完整性指数 $K_v \leq 1.0$，岩体的基本质量指标 BQ 取值范围大致为 130～1250，多数可取为 130～650。

岩体的基本质量级别根据 BQ 值采用基本等间隔五级制确定，如表 9.4 所示。

表9.4 岩体基本质量级别划分标准

岩体基本质量级别	岩体基本质量的定性特征	岩体基本质量指标（BQ）
Ⅰ	坚硬岩，岩体完整	>550
Ⅱ	坚硬岩，岩体较完整；较坚硬岩，岩体完整	550~451
Ⅲ	坚硬岩，岩体较破碎；较坚硬岩，岩体较完整；较软岩，岩体完整	450~351
Ⅳ	坚硬岩，岩体破碎；较坚硬岩，岩体较破碎-破碎；较软岩，岩体较完整-较破碎；软岩，岩体完整-较完整	350~251
Ⅴ	较软岩，岩体破碎；软岩，岩体较破碎-破碎；全部极软岩及全部及全部极破碎岩	≤250

在得到 BQ 基本值后，将按照下式进行工程岩体详细定级，即修正后的岩体质量分为

$$BQ' = BQ - 100(K_1 + K_2 + K_3) \tag{9.4}$$

式中，K_1、K_2、K_3 分别为地下水、主要结构面产状、初始地应力状态影响的修正系数。各修正系数取值见表9.5~表9.7，可见各修正系数的取值区间为 $0<K_1<1.0$，$0<K_2<0.6$，$0.5<K_3<1.5$，按修正值取值大小（即因素重要性）排序有软弱结构面>地下水>地应力。按照式（9.4），三项修正最大减扣分值为310。

表9.5 地下水影响修正系数（K_1）

地下水出水状态	K_1				
	BQ>550	BQ=451~550	BQ=351~450	BQ=251~350	BQ≤250
潮湿或点滴状出水，$p ≤ 0.1$ 或 $Q ≤ 25$	0	0	0~0.1	0.2~0.3	0.4~0.6
淋雨状或线流状出水，$0.1<p≤0.5$ 或 $25<Q≤125$	0~0.1	0.1~0.2	0.2~0.3	0.4~0.6	0.7~0.9
涌流状出水，$p>0.5$ 或 $Q>125$	0.1~0.2	0.2~0.3	0.4~0.6	0.7~0.9	1.0

注：p 为地下工程围岩裂隙水压，MPa；Q 为每10m洞长出水量，L/（min·10m）。

表9.6 主要结构面产状影响修正系数（K_2）

结构面产状及其与洞轴线的组合关系	结构面走向与洞轴线夹角<30°结构面倾角30°~75°	结构面走向与洞轴线夹角>60°结构面倾角>75°	其他组合
K_2	0.4~0.6	0~0.2	0.2~0.4

表9.7 初始地应力状态影响修正系数（K_3）

围岩强度应力比 (R_c/σ_{max})	K_3				
	BQ>550	BQ=451~550	BQ=351~450	BQ=251~350	BQ≤250
<4	1.0	1.0	1.0~1.5	1.0~1.5	1.0
4~7	0.5	0.5	0.5	0.5~1.0	0.5~1.0

四、岩体地质力学分级方法（RMR 分级）

RMR（rock mass rating）分级又称 CSIR 分级，它是 1974 年由南非科学和工业委员会（CSIR）的 Bieniawski 提出的适用坚硬节理化岩体的分类方案。该方法自提出后经历了四次修正，最终于 1989 年提出了修订版岩体地质力学 RMR 分级方法，被称为 RMR_{89}。RMR 分级方法，操作简便，具有较为广泛的适用性。但是对于相对软弱的岩体，使用会受到一些限制。

RMR 分类中主要考虑以下五个基本参数：岩块单轴抗压强度（R_1）、RQD（R_2）、结构面间距（R_3）、结构面状况（R_4）和地下水状况（R_5），将五种因素的赋值求和，再扣除节理修正值（R_6），得到 RMR 评分值。

$$RMR = R_1 + R_2 + R_3 + R_4 + R_5 - R_6 \tag{9.5}$$

该方法给出了五个主要参数对应的评分值，各自对应的取值范围如表 9.8 所示。由此可见，岩体质量分值取值范围为 8<RMR≤100，即 RMR 分级评分采用百分制，并采用五级制等间隔划分岩体质量级别。分值百分制和分级五级制相对更适应人们的习惯思维模式。

值得注意的是，由表 9.8 可见，一方面，在参与分级的五个因素中，与节理和岩体完整性相关的因素有三项，即 R_2、R_3、R_4，总体取值区间占比为 70%~80%，而岩石强度和地下水各占比 0~15%，这反映出该分级方法对岩体结构影响的高度重视。另一方面，RMR 方法未考虑地应力的影响，可见 RMR 分级方法更适合于非高地应力条件下相对坚硬岩体的一般工程。

表 9.8　RMR 分级主要参数对应的评分值范围

参数	岩石单轴抗压强度（R_1）	RQD（R_2）	结构面间距（R_3）	结构面状态（R_4）	地下水状态（R_5）
分值区间	0~15	3~20	5~20	0~30	0~15

RMR 方法对节理方向的影响给予了高度重视。表 9.9 分别针对隧道、地基、边坡给出了各五个档次的评分修正值，可以看出，修正的幅度依次为隧道<地基<边坡，总体符合工程实际规律。

表 9.9　按节理方向的评分修正值

节理走向和倾角		非常有利	有利	一般	有利	非常不利
评分修正值	隧道	0	-2	-5	-10	-12
	地基	0	-2	-7	-15	-25
	边坡	0	-5	-25	-50	-60

按式（9.5）求和并修正后的 RMR 分值，以 20、40、60、80 为界限将岩体等间隔地分为五个级别（表 9.10）。

表 9.10　RMR 岩体质量级别划分标准

评分值	81~100	61~80	41~60	21~40	<20
分类级	I	II	III	IV	V
质量描述	很好的岩体	好岩体	中等岩体	差的岩体	很差的岩体
平均稳定时间	20 年（15m 跨度）	1 年（10m 跨度）	7 天（5m 跨度）	10 小时（2.5m 跨度）	30min（1m 跨度）
岩体黏聚力/kPa	>400	300~400	200~300	100~200	<100
岩体内摩擦角/(°)	>45	35~45	25~35	15~25	<15

RMR 分级系统提出后，有很多扩展，如结合采矿工程，Laubscher（1977，1984，1990）提出了 MRMR（modified rock mass rating）系统，在 RMR 的基础上考虑了初始应力和应力场的变化，而且考虑了爆破和风化的影响。Kendorski 等（1983）提出了 MBR（modified basic RMR）系统。针对边坡岩体，提出了 SMR（slope mass rating）分级方法，重点突出了结构面方向与开挖方式对边坡稳定的影响。SMR 分级是比较有代表性的边坡工程岩体分级方法。

五、巴顿岩体质量分级（Q 分级）

挪威岩土工程研究所（NGI）Barton 等（1974）提出了 Q 分类。该分类方案是根据 200 多座已建隧道的实测资料分析做出的，适用于隧道围岩支护设计。

Q 分类方法的评分值按下式计算：

$$Q = \left(\frac{\text{RQD}}{J_n}\right)\left(\frac{J_r}{J_a}\right)\left(\frac{J_w}{\text{SRF}}\right) \tag{9.6}$$

式中，J_n、J_r、J_a、J_w 分别为节理组数、节理粗糙度系数、节理蚀变系数和水压力系数；SRF 为应力折减系数。式（9.6）中各参数的取值范围如表 9.11 所示。

表 9.11　Q 分级方法参数取值范围

参数	RQD	节理组数（J_n）	节理粗糙度系数（J_r）	节理蚀变系数（J_a）	水压力系数（J_w）	应力折减系数（SRF）
取值范围	0~100	0.5~20	1~4	0.75~20	0.05~1	1~20

对于应力折减系数（SRF），Barton 方法给出了如表 9.12 所示的数值区间。

Q 值变化范围为 0.01~1000，将岩体质量分为九个质量等级，相当于从糜棱化岩体一直到完整坚硬的岩体（表 9.13）。Barton 还给出了 Q 质量指标与无支护隧道的自稳当量尺寸 D_e 的对应关系，以指导隧道支护设计。

表 9.12　Q 分级方法应力折减系数 SRF 的取值范围

岩体类型	软弱岩石	坚固岩石	挤压性岩石	膨胀性岩石
取值范围	1~7.5	0.5~20	5~20	5~20

表 9.13　Q 分级系统岩体质量级别表

Q 值	<0.01	0.01~0.1	0.1~1	1~5	5~10	10~50	50~100	100~500	>500
围岩质量	异常差	极差	很差	差	一般	好	很好	极好	异常好

六、地质强度指标 GSI 分级

地质强度指标（geological strength index，GSI）分级由 Hoek 等（1995）提出，以适用于节理化岩体，是目前广泛应用的一种分级方法（Hoek，1994）。

Sonmez 和 Ulusay 于 1999 年也曾对 GSI 系统进行了修订，引入了两个参数用以描述岩体结构状态：岩体结构指标 SR 和结构面条件指标 SCR（图 9.2）。这两个指标 SR 和 SCR 突出了岩体结构的作用。

Hoek 等（1998）重新绘制了 GSI 分级系统图。Marinos 是国际工程地质与环境协会（IAEG）的前主席，他的合作研究使 GSI 分级体现了工程地质特色，因此受到更广泛的欢迎。

此后，他们还于 2001~2018 年对各种扰动岩体的 GSI 分级图进行了扩展，主要考虑了应力释放和爆破等因素对岩体结构的扰动，使之适用于各种工程扰动岩体。扩展方案中定义了扰动因子（D）来表征扰动作用。D 按下列情形取值。

$D=0$：非常好质量岩体中掘进机开挖、差质量岩体中机械与人工开挖，扰动极小的情形；

$D=0.5$：无仰拱挤压底板隆起、民用工程边坡小尺度预裂爆破或光面爆破等，岩体损伤中等的情形；

$D=0.7$：弱岩体中采用机械开挖导致应力降低引起损伤的情形；

$D=1.0$：对于硬岩隧道中因不良爆破导致围岩严重损伤，无控制爆破可能导致岩面显著损伤，超大型露天矿边坡因大爆破和覆盖层开挖应力释放而导致的显著损伤。

Hoek 和 Brown 指出，对于较高质量岩体（GSI>25），GSI 与 RMR'_{89} 指标存在以下经验关系：

$$GSI = RMR'_{89} - 5 \tag{9.7}$$

其中，RMR'_{89} 为依据 1989 年修订版、地下水条件系数取 15、结构面修正系数取 0 时的 RMR 值。

GSI 方法更多考虑了岩体的地质特性；取值区间一般为 0~100，分级方式与 RMR 系统基本一致，也符号人们的思维习惯。

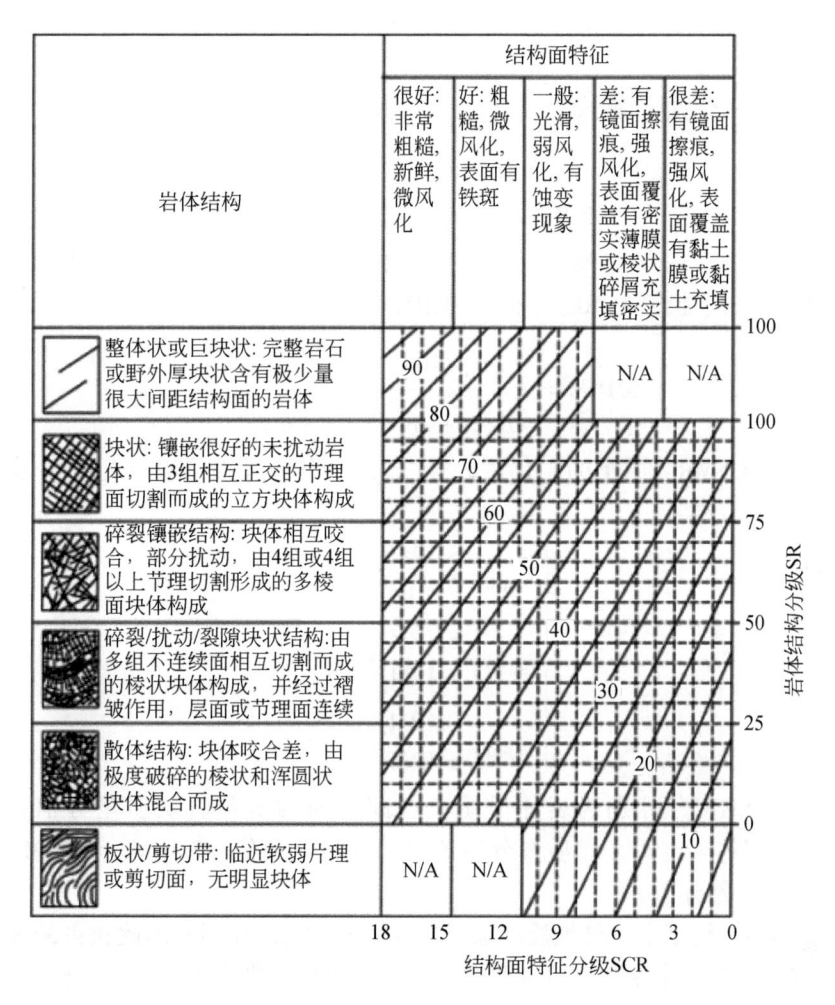

图 9.2　GSI 分级系统

斜线表示 GSI 值等值线，斜线上数字表示 GSI 值；N/A 表示不适用

第二节　工程岩体质量分级的 SMRM 方法

一、SMRM 变形性质分级方法

统计岩体力学提出了自己的岩体质量分级方法，可简称为 SMRM 方法。与现有以强度性质为基础的岩体质量分级思想不同，SMRM 方法以岩体变形性质为基础。

SMRM 分级方法的基本思路是：以统计岩体力学理论计算出岩体的全空间方向变形模

量，采用经验公式计算对应方向上的 SMRM 分值，由此确定全空间方向的岩体质量级别。与人们的习惯思维方式一致，SMRM 分级方法采用 100 分制计分，五级制分级。

岩体全空间变形模量计算式为式（5.52），即

$$E_\mathrm{m} = \frac{E}{1 + \alpha_m \sum_{p=1}^{m} \lambda \bar{a} [k^2 n_1^2 + \beta_m h^2 (1 - n_1^2)] n_1^2} \tag{9.8}$$

借用 Serafim 和 Pereira（1983）提出的 RMR-E_m 经验关系，可将计算出的任意空间方向的岩体变形模量 E_m 换算为 100 分制的 SMRM 分值

$$\mathrm{SMRM} = \begin{cases} \frac{1}{2}(E_\mathrm{m}+100) & (E_\mathrm{m}>10\mathrm{GPa}) \\ 40\lg E_\mathrm{m}+10 \end{cases} \tag{9.9}$$

我们可以定义 SMRM 质量的弱化系数（ζ_SMRM）、各向异性指数（ξ_SMRM）及拉压质量比（ς_SMRM）为

$$\begin{cases} \zeta_\mathrm{SMRM} = \dfrac{\mathrm{SMRM}_\mathrm{m}}{\mathrm{SMRM}_\mathrm{r}} \times 100\% \\[6pt] \xi_\mathrm{SMRM} = \dfrac{\mathrm{SMRM}_\mathrm{min}}{\mathrm{SMRM}_\mathrm{max}} \\[6pt] \varsigma_\mathrm{SMRM} = \dfrac{\mathrm{SMRM}_\mathrm{t}}{\mathrm{SMRM}_\mathrm{c}} \end{cases} \tag{9.10}$$

式中，SMRM_m、SMRM_r 分别为岩体质量全空间方向均值与岩块质量分值；$\mathrm{SMRM}_\mathrm{min}$、$\mathrm{SMRM}_\mathrm{max}$ 分别为岩体全空间方向质量分值的最小和最大分值；SMRM_t、SMRM_c 分别为岩体的张性和压性质量分值。

由于式（9.8）包括了各种地质因素对岩体变形模量的作用，由此获得的 SMRM 质量分级自然反映了这些因素影响，也因此体现出更多的客观性优势。这些影响因素包括：

（1）岩石变形性质：通过岩石的弹性模量（E）与泊松比（ν）反映，显然坚硬岩石的岩体质量较好；

（2）岩体结构状态：通过结构面组数（m），法向密度（λ）、平均半径（$\bar{a}$）体现。这些参数比通常的体积节理数（J_v）更全面反映了岩体完整性；

（3）结构面力学性质：结构面剩余剪应力比值系数 h 反映了结构面的黏聚力（c）和摩擦角（φ）及其库仑强度特性，其大小直接影响岩体变形行为；

（4）应力环境：通过应力系数 k 和 h 反映结构面受力状态（σ，τ）的影响。一方面通过结构面拉、压应力的转换体现岩体拉压变形性质的显著差异性；同时也通过结构面应力锁固与解锁反映了岩体的应力增强与弱化效应；

（5）裂隙水压力：考虑水岩耦合作用，当结构面有效应力出现拉、压状态变化时，系数 k 分别取 1 和 0；

（6）各向异性：由结构面产状组合决定。岩体中各组结构面产状 n_i 是客观存在的，变换加载方向即可得到任意空间方向的岩体变形模量及其质量分级。

图 9.3 显示了含三组结构面时岩体的全方向质量级别赤平投影分布，图中也显示了质量的最高、最低级别、平均级别，以及各向异性指数。图中黑色点为任意方向质量级别的点查询结果，并显示于左侧数据区。

考虑到 SMRM 方法与 RMR′$_{89}$ 方法的一致性，由式（9.7）Hoek-Brown 关系式换算指出 GSI 与 RMR 的分值存在如下关系：

$$\text{GSI} = \text{RMR}'_{89} - 5 = \text{SMRM} - 5 \quad (\text{SMRM} > 30) \tag{9.11}$$

借用 RMR 与 Q 值的 Bieniawski（1976）相关关系，可由式（9.9）可以换算出相应方向的 Q 评分值

$$Q = e^{\frac{\text{RMR}_{74}-44}{9}} = e^{\frac{\text{SMRM}-49}{9}} \tag{9.12}$$

根据比较，我们还可以由下式换算出 BQ 分值

$$\text{BQ} = 5\text{SMRM} + 150 \tag{9.13}$$

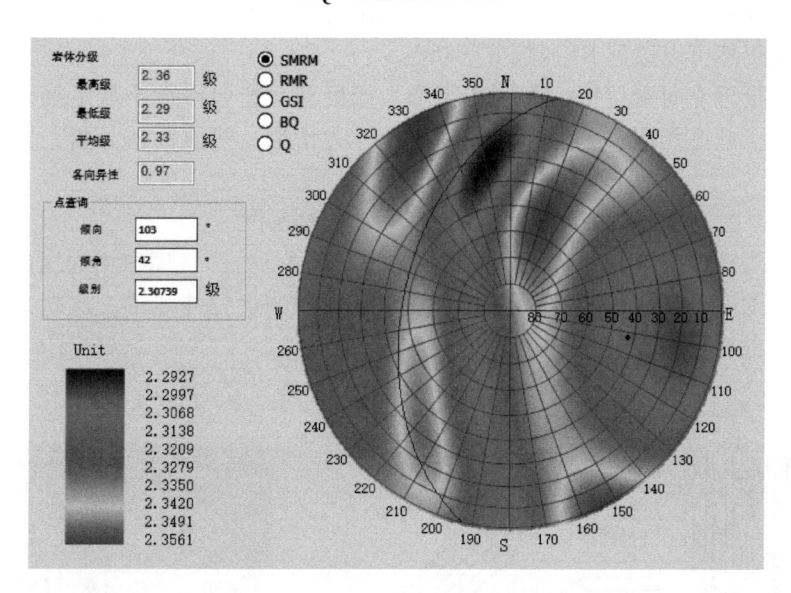

图 9.3 全方向 SMRM 岩体质量分级的赤平投影

二、SMRM 变形性质分级方法的特点

岩体质量分级的 SMRM 方法具有如下显著特征：

（1）以岩体的变形性质为基础，以严格的理论形式综合计入了各类地质因素对岩体抵抗变形能力的影响；

（2）能够较好地反映岩体力学性质和质量的各向异性特性，这是目前各类岩体质量分级方法难以实现，但又希望通过各种修正实现的功能；

（3）通过结构面的应力锁固和解锁效应，以及裂隙水的有效应力效应，反映岩体应力环境及地下水作用对岩体质量的影响，免去了因地应力和地下水作用对岩体质量的

修正；

(4) 自然反映岩体开挖中的应力调整、岩体结构扰动裂解对岩体质量分级的影响，免去了因工程开挖对岩体质量的修正。

我们仍然考察前述板片岩的情形。板岩岩块试件所测得的弹性模量区间值为 17～21GPa，取中值为 $E=19$GPa。将岩块的 E 值代入式（9.9）第一式，可得 SMRM = 59.5。就是说，板岩最高的岩体质量级别为 III 级偏好。

但由于开挖扰动，板理裂开，黏聚力丧失，且板理面因碳质薄膜接触而摩擦角较小，岩体的变形模量最小可以降低到岩块模量的 3.5%。即岩体最小弹性模量为

$$E_m = 0.035E = 0.665 \text{（GPa）}$$

代入式（9.9）第二式可得

$$\text{SMRM} = 40\lg 0.665 + 10 = 2.91$$

其所对应的岩体质量级别为 V 级偏弱。当然这是对于最不利方向而言的，在垂直板理方向则变形模量仍然可以达到 III 级偏好的状态。

对于垂直板理方向受拉应力作用的情形，如板理面走向平行于隧道轴线的情形，这种情况常对应于开挖作用下硐壁产生的次生拉应力情形。按照前述分析，岩体的受拉弹性模量为

$$E_{mt} = 0.02E = 0.38 \text{（GPa）}$$

由于此时岩体顺板理方向的受压模量仅有岩块的 3.5%，在硐壁周向压应力集中下容易产生顺层压缩变形；而同时在垂直板理方向又极易产生拉伸变形，这就是硐壁易产生向硐内空间收敛变形的原因（图 9.4）。

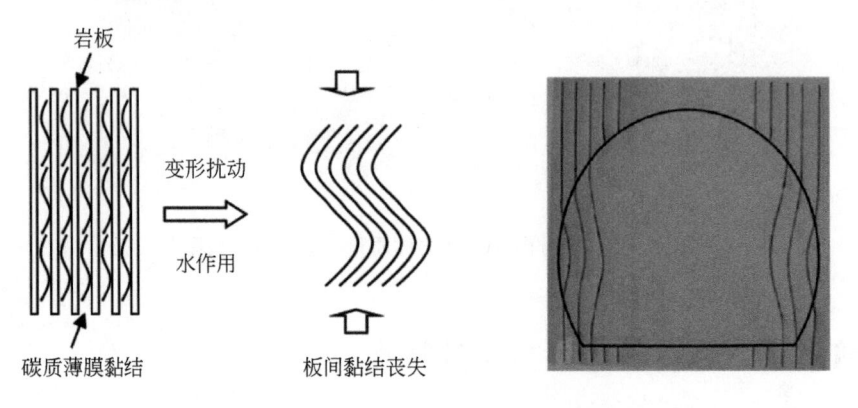

图 9.4　碳质板岩扰动结构裂解与力学性质弱化

由上述分析可见，岩体力学性质存在各向异性，现有的岩体分类及由此获得的工程参数是不能反映这种特性的。

三、SMRM 强度性质分级方法

1. 岩体的 RMR 质量与 H-B 单轴抗压强度关系

由式（6.51），可得岩体的 H-B 单轴抗压强度为

$$\sigma_{cm} = \sqrt{s}\,\sigma_c = e^{\frac{GSI-100}{18}}\sigma_c = e^{\frac{RMR'_{89}-105}{18}}\sigma_c \tag{9.14}$$

因此，有岩体单轴抗压强度与岩体质量 RMR 分值的关系

$$RMR'_{89} = 18\ln\frac{\sigma_{cm}}{\sigma_c} + 105 \tag{9.15}$$

由于 RMR 按百分制计分，式（9.15）适用于以下范围

$$\frac{\sigma_{cm}}{\sigma_c} = 0.003 \sim 0.757$$

2. 岩体的 SMRM 单轴抗压强度质量分级

根据式（6.23a）和式（6.23b），岩体的准三轴 SMRM 单轴抗压强度为岩块和结构面强度取小值确定，即

$$\sigma_{cm} = \min(\sigma_c, R_i), \quad R_i = \frac{1+\tan^2\delta}{\tan\delta-\tan\varphi}\left(\frac{K_{Ic}}{2}\sqrt{\frac{\pi}{\beta a_m}} + c\right), \quad i = 0,1,2,\cdots,m \tag{9.16}$$

将式（9.16）代入式（9.15），即可构建 SMRM 强度性质分级方法。SMRM 分级方法仍可借用通常的 100 分制计分和五级制分级思路。

实际上，我们还可以探索按岩体的 SMRM 三轴抗压强度建立岩体质量分级系统，以考虑应力状态对岩体质量的影响，免去后期的应力状态修正。

第三节　各类工程岩体质量分级方法的比较

一、岩体质量分级方法的关联性

为了对比现有各类岩体质量分级方法的分级结果，不少学者通过统计分析建立了数十个经验关系式。现对几种常用分级方法的相关性略做介绍。

1. RMR 分级与 GSI 分级之间的相关性

为了将 RMR 分级和 GSI 两者的优势结合起来，研究人员尝试建立起一系列相关关系，这些关系式多数为一次线性关系，其中具有代表性的是 Hoek 和 Brown（1997）年提

出的经验转换关系：

$$\text{GSI} = \text{RMR}_{89} - 5 \quad (\text{RMR}_{89} > 23) \qquad (9.17a)$$

目前其他的相关研究成果也多为如下的线性形式：

$$\text{GSI} = (0.42 \sim 0.99)\text{RMR}_{89} - (4.3 \sim 23) \qquad (9.17b)$$

2. RMR 分级与 Q 分级之间的相关性

且 RMR 分级和 Q 分级两种分类指标中都考虑了 RQD、结构面性状和地下水的影响，随着两种分级方法在隧道工程和地下基坑支护工程的广泛应用，不少学者尝试将两种分级指标建立起诸多经验关系。较有代表性的有 Bieniawski（1976）关系式

$$\text{RMR} = 9\ln Q + 44 \qquad (9.18a)$$

以及 Barton（2002）关系式

$$\text{RMR} = 15\ln Q + 50 \qquad (9.18b)$$

据对比研究，这些关系式多数是自然对数关系。线性系数项多在 2~15 波动，80% 在 5~10，常数项 80% 在 40~50。

3. GSI 分级与 Q 分级之间的相关性

对于 GSI 分级与 Q 分级之间的相关性，Barton 等（1974）提出了较为常用的经验转换式：

$$\text{GSI} = 9\log Q + 44 \qquad (9.19)$$

并在 1995 年、2000 年提出针对 GSI 与 RQD、节理组数、节理粗糙度系数、节理蚀变影响系数等参数之间的相关性，提出了

$$\text{GSI} = 9\ln\left(\frac{\text{RQD}}{J_n} \frac{J_r}{J_a}\right) + 44 \qquad (9.20)$$

Heok 等（2013）也做了相应的分析工作。

4. BQ 分类与 RMR 分类之间的相关性

在国内，也有部分学者在 BQ 分级和 RMR 分级间寻找相关性，提出了如下线性关系式：

$$\text{BQ} = 80.786 + 6.0943\text{RMR} \quad (R = 0.81) \quad (\text{邬爱清和柳赋铮，2012}) \qquad (9.21a)$$

$$\text{BQ} = 132.4 + 5.0\text{RMR} \quad (\text{姜平等，2004}) \qquad (9.21b)$$

二、各类岩体质量分级方法的特征

岩体质量分级是一种支撑岩体工程设计的方便快捷途径。现有的分级系统普遍具有较为充分的工程经验支撑，在通常工程条件下被证明是基本成功的。

1. 各分级系统的共性特征

伍劼对各分级系统纳入的因素做了对比分析，表 9.14 列出了各分级系统所考虑的地

质因素，可看出各系统具有如下共性特征：

（1）各分级系统都高度重视岩体完整性与岩体结构面状态。描述岩体完整性的指标 RQD、节理组数、结构面间距或密度、半径、完整性系数成为一些分级系统的必备指标；除了中国国家标准 BQ 以外，一般都考虑了节理表面状态，Q 分级还将节理状态分解更细；有的分级系统还对节理方向的影响进行专门修正。这表明大家已经形成共识，即岩体结构与完整性是决定岩体质量的第一要素。

（2）RMR、BQ、Z、SMRM 等通用分级系统都考虑了岩石的力学性能影响，将岩石单轴抗压强度或弹性模量作为基本指标。这表明大家都看到岩石性质对岩体质量的基础性意义。

（3）多数分级系统计入地下水、地应力的影响或进行专门修正，这体现了人们对岩体赋存环境因素影响的共性认识。

在 Q 分级中，应力折减系数（SRF）按围岩性质类型确定，作为比值分母，数值越大，折减幅度越大。由表 9.12 可知，对于挤压性岩石和膨胀性岩石 SRF 取 5~20，软弱岩石 SRF 取 1~7.5，坚固岩石 SRF 取 0.5~20，总体体现了围岩变形、破坏（包括岩爆）越严重，应力折减幅度越大的思想。对应坚固岩石，当围岩压力有利于岩体结构压密的情形，取 SRF<1，如此围岩质量分数有所提升。

而在 BQ 分级方法中，按围压强度应力比 R_c/σ_{max} 为依据减扣岩体质量分值（表 9.7），总体体现了较弱的岩体减扣较多。应力修正减扣分值的占比可按 $100K_3/650 = 7.7\%\sim23\%$ 估计（$K_3=0.5\sim1.5$）。

表9.14 各分级系统考虑因素表（据伍劼）

分级类型	岩石性能	岩体完整性	节理面状态			地下水	节理方向	地应力
RMR	$R_c(R_1)$	RQD(R_2)、$x(R_3)$	结构面状态(R_4)			R_5	R_6 修正	
GSI		SR	结构面条件指标（SCR）					
Q		RQD/J_n	粗糙度(J_r)	胶结状况	风化程度(J_a)	J_w		SRF
BQ	R_c	K_v				出水状态修正	节理组合修正	R_c/σ_{max} 修正
Z	R_c	I	摩擦系数(f)					
SMRM	弹性模量(E)	节理密度(λ)、节理半径(a)	剩余剪应力(τ_r)（节理面强度、应力）			裂隙水压力(p)	方向余弦(n_i)	σ_{ij}应力状态

SMRM 分级方法通过岩体弹性模量的理论模型合理反映了地下水压力 p 和结构面应力状态系数 k 以及结构面剩余剪应力比值系数 h 对岩体质量的力学效应。

（4）各分级方法多采用因素分值加和或乘积的方式计算质量分值，意义明确，操作也简便。SMRM 分级方法则通过岩体弹性模量建立了与各地质因素之间明确的力学关系，这是该方法较传统分级方法的优势所在。

2. 各分级系统的不足

岩体质量分级方法始终是一种经验方法，基于分级的参数估算和工程设计也都只能是粗略的。由考察表9.14可见，现有各种分级方法的主要不足在于：

(1) 不同的分级系统适用对象不同，计分和分级思想不同，导致现有分级系统较多，通用性不强。

多数系统采用因素分值加和方法，百分制计分、五级制分级，而部分系统则采用乘积的方法，非百分制计分、非五级制分级，由此导致各种分级结果不易对比使用。

无论是要素分值加和方法，还是乘积方法，各要素的分值取值区间或权重大小都带有严重的统计属性和个人偏好，缺少严格的理论支撑，这也是不同方法之间的分级结果不好对比的重要原因之一。

(2) 各分级方法考虑因素的侧重点略有差异，有些方法中过分强调岩体结构的影响。

例如，RMR、BQ、Z、SMRM作为通用型分级方法，列入岩石力学性质作为分级指标，RMR分级中岩石单轴抗压强度分值占比上限为15%；而在BQ分级中，岩石单轴抗压强度（R_c）和岩体完整性（K_v）的分值占比上限大致可由式（$100+3R_c+250K_v$）/650计算，分别为46%（R_c取0~100MPa，更大则占比更高；$K_v=0$~1）和38%；而其他方法如Q、GSI分级则未将其直接纳入计分，这实际上并不符合岩体质量的实际情况。

另一方面，有些分级方法则过度强调的岩体结构的影响。例如，RMR方法中，RQD、节理间距、节理状态分值区间占比上限达到70%，并且还要根据工程类型进行节理方向修正，减扣分值达到0~60%。值得指出的是，边坡的节理方向修正最大幅度达到-60，对于基本质量（R_1~R_5之和）较差的岩体，修正后的RMR分值将可能为负值，难于解释，因此后期研究中，已将此值删除。

GSI方法基本承袭了RMR的思想，且在早期引入了两个新参数，即岩体结构指标SR和结构面条件指标SCR进行岩体质量分级，却忽略了岩石强度影响。

而在Q分级的六个基本要素中，RQD、J_n、J_r、J_a等四个因素为反映岩体完整性和节理状态的指标，其所构成的两个分式组合$\dfrac{RQD}{J_n}\dfrac{J_r}{J_a}$在极端情况下的分值占比达到111.1%。

(3) 关于地应力的影响与修正。

随着岩体工程向高地应力地区和深部推进，地应力越来越成为影响岩体质量和变形破坏的重要因素。在Q、BQ分级方法中都涉及岩体质量分级的地应力修正问题，SMRM方法已通过地应力的结构面力学效应纳入计算；但在广泛使用的RMR和GSI分级中，地应力并未被列为重要因素予以考虑，使得这两类分级方法在高地应力环境下的适用性降低。

(4) 现有岩体质量分级方法对各向异性岩体与复杂应力岩体的适用性问题。

现有分级方法给出的岩体质量一般会遇到两个问题：

一是岩体质量的各向同性，即岩体质量不随方向变化，这对于广泛分布的层状沉积岩、强烈片理化的区域变质岩等各向异性岩体是不适用的。强各向异性岩体中隧道围岩往往会发生非对称变形，而按各向同性岩体质量设计的支护系统常常难以抵抗和控制这类非对称变形。

二是岩体质量的空间变化性，许多情况下对于一个隧道断面，或者一个边坡，都只提出一个岩体质量级别。但实际上对于任何工程岩体，由于几何和力学边界条件的改变，应力场分布总是不均匀的，因此岩体质量也将随空间点位置变化。一般来说，发生应力高度集中引起岩爆，或者出现次生张应力发生松弛的部位，岩体质量都会降低，应该是岩体加固的重点部位，也是现有质量分级容易不适用的部位。

三、常用分级方法的各向异性修正

人们已经注意到现有岩体质量分级方法对各向异性岩体的不适应性，因此有部分学者开始考虑对这些分级方法进行各向异性修正。修正方法多数是根据岩体中控制性结构面的产状引入方向修正系数，郭松峰等则从岩石强度各向异性、岩体完整性各向异性、岩体应力状态着手，对 BQ 系统进行修正，提出了 A-BQ 方法（Guo et al., 2020）。

统计岩体力学尝试对 RMR、Q 等常用分级方法进行了修正，并称作 RMR-M、Q-M 方法。事实上，根据岩体工程地质力学思想，岩体质量和力学性质的各向异性主要受岩体结构的控制，而上述两类分级方法也较多强调岩体结构的作用。因此，从岩体结构角度对它们进行各向异性修正应是恰当的途径。

描述岩体完整性的指标 RQD 在 Q 分级系统中被作为重要指标使用，而 RQD 和结构面间距 (x) 则同时出现在 RMR 分级基本指标系统中。我们知道，RQD 和 x 都是具有方向性的自然属性指标，而且已有成熟的方法计算其方向分布特征。在第四章"岩体结构的几何概率理论"中，我们已经讨论了全方向 RQD 值的计算方法。而任意方向的结构面平均间距则可由式（4.72a）计算

$$\bar{x} = \frac{1}{\lambda} = \frac{1}{\sum_{i=1}^{m} \lambda_i |\cos\delta_{si}|} \tag{9.22}$$

以 RMR-M 修正方法为例，把上述计算获得的各向异性指标 RQD 和节理间距 x 代入分级系统，叠加上岩石强度、节理条件、地下水等常数项分值之和，即可获得各向异性修正的 RMR 分级基本分值和基本分级的方向分布（图9.5）。在此基础上，考虑节理方向修正即可得到工程岩体质量分值和分级分布。

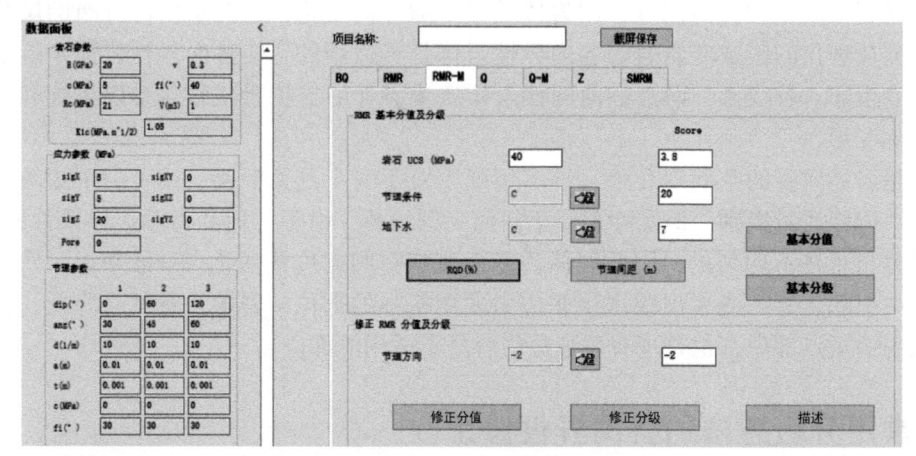

(a) RMR-M 分级操作界面

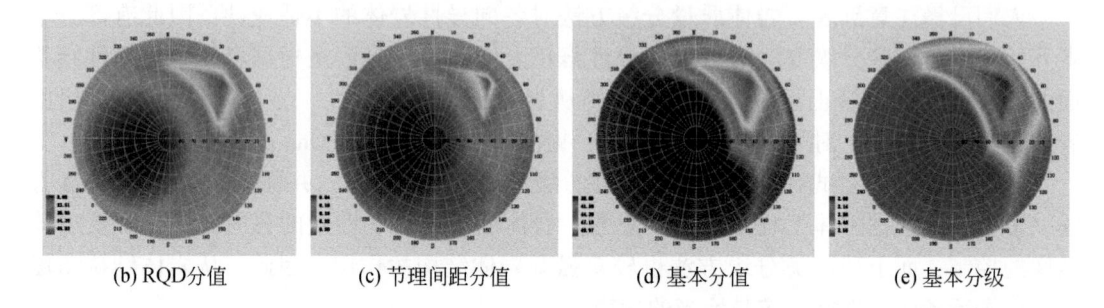

(b) RQD 分值   (c) 节理间距分值   (d) 基本分值   (e) 基本分级

图 9.5　各向异性修正 RMR 基本分级操作步骤

第十章

高地应力岩体与岩爆

在地壳动力学作用下，地壳表层一些部位形成高地应力分布带；而局部地形的变化、工程开挖都会导致应力的重分布和应力集中。这些地质作用和过程导致了岩体的高地应力赋存环境。

高地应力环境会导致岩体的工程性质与力学行为发生一系列重大变化，其突出特点是结构压密、储存高应变能、结构控制失效、岩体承载能力自适应调整、硬岩的脆性破裂即"岩爆"，以及软岩的大变形等。

本章我们主要讨论高地应力下岩体的力学性态、岩爆的机理与岩爆的判据。对于岩爆的防护及地下工程围岩大变形等内容将在后续章节讨论。

第一节 地应力估算

对于岩体工程，人们关注开挖前岩体中存在的初始应力，它是岩体开挖重分布应力的背景条件。因此，获得岩体初始地应力是岩体工程的基础性工作。

按照连续介质力学的理解，地应力也可以用两个概念描述：一是应力状态，它是指受力介质中任一点处应力随方向变化特征，通常用一点的应力张量表述；二是应力场，它是指应力随空间位置变化而变化的表述。事实上，两者有着紧密联系，应力场反映的是应力状态的空间变化规律。

地应力场可以分为铅直地应力场和倾斜地应力场。铅直应力场是指三个主应力中有一个铅直的应力场；倾向应力场通常是受到倾斜构造应力、地形改造及工程开挖影响的应力场，这类应力场的三个主应力均为倾斜状态。

岩体地应力测试方法已有较多研究，可以参见教科书中的专门论述。我们仅讨论几种简便易行地应力估算方法。

一、铅直地应力场

铅直应力场通常包括自重应力场和有水平构造应力参与的铅直应力场。

1. 自重应力场

对于纯粹的自重应力场，在均匀介质和水平地面情况下，自重应力（σ_v）的方向铅直并与埋深（z）呈线性关系，水平应力（σ_h）一般按水平侧应力系数（ξ_0）计算

$$\begin{cases} \sigma_v = \rho g z \\ \sigma_h = \xi_0 \sigma_v, \xi_0 = \dfrac{\nu}{1-\nu} \end{cases} \quad (10.1)$$

值得注意的是，通常认为泊松比（ν）为常数，因此任意埋深条件下的 σ_h 与 σ_v 之比，即 ξ_0 为定值。

2. 有水平构造应力参与的铅直应力场

当存在水平构造应力（σ_0）时，有

$$\begin{cases} \sigma_v = \rho g z \\ \sigma_h = \xi_0 \sigma_v + \sigma_0 = \left(\xi_0 + \dfrac{\sigma_0}{\rho g z}\right)\sigma_v, \quad \xi = \xi_0 + \dfrac{\sigma_0}{\rho g z} \end{cases} \tag{10.2}$$

式（10.2）表明，在有构造应力参与的情况下，尽管铅直应力仍可以按随埋深（z）线性增加的模式估算，但水平方向上应力按非线性规律变化。此时侧应力系数（ξ）成为埋深的减函数。这与已有实测数据的统计规律一致。图10.1（a）为以 Hoek-Brown 的统计结果为基础做出的 ξ 随深度（H）变化的散点图（赵德安等，2007）。

(a) Hoek-Brown的统计结果

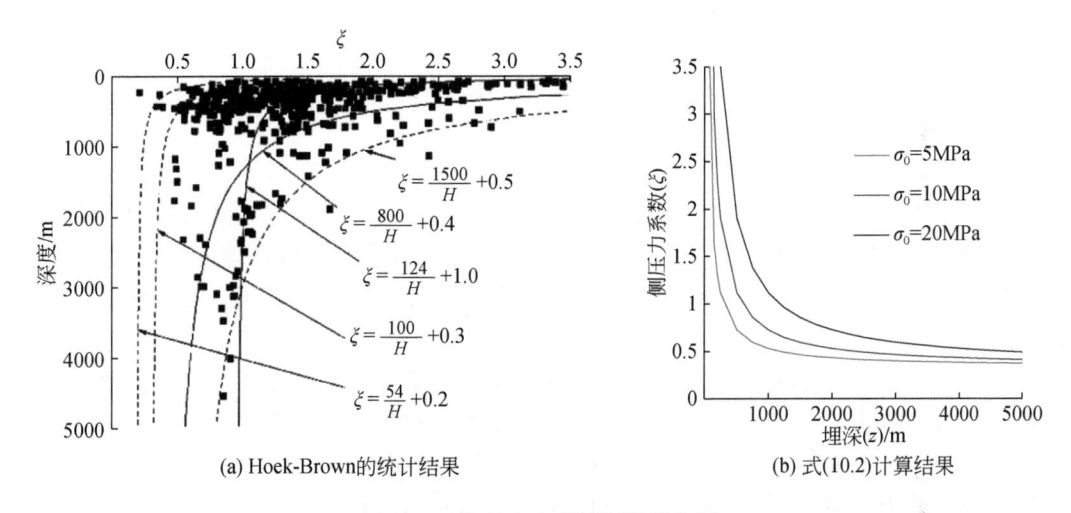

(b) 式(10.2)计算结果

图 10.1　水平应力随埋深的变化图

按照式（10.2），可以计算出不同水平构造应力条件下侧压力系数的系列曲线如图10.1（b）所示，比较可知两图具有很好的一致性。因此，采用式（10.2）可以很好地研究有水平构造应力参与时的铅直应力场。

若实测得到某点的三向主应力量值 σ_v、σ_H 和 σ_h，其中 σ_H 和 σ_h 分别为最大和最小水平主应力，则可换算得到构造应力的水平分量 σ_{0H} 和 σ_{0h}。由于实测数值包含了自重应力场的侧向压力分量 $\xi_0 \sigma_v$，则可推算出构造应力的两向水平分量，即水平构造应力背景值为

$$\begin{cases} \sigma_{0H} = \sigma_H - \xi_0 \sigma_v \\ \sigma_{0h} = \sigma_h - \xi_0 \sigma_v \end{cases} \tag{10.3}$$

因此，在地形起伏不大的条件下有三向应力量值：

$$\begin{cases} \sigma_v = \rho g h \\ \sigma_H = \sigma_{0H} + \xi_0 \sigma_v \\ \sigma_h = \sigma_{0h} + \xi_0 \sigma_v \end{cases} \quad (10.4)$$

上述三个主应力量值的相对顺序可能随着埋深发生变化。按量值大小，可依次确定为 σ_1、σ_2 和 σ_3。

按照地应力三个主分量的空间组合关系，可以划分地应力状态类型如下：

$$\begin{cases} 正断型：\sigma_1 = \sigma_v, \ \sigma_1 = \sigma_H, \ \sigma_1 = \sigma_h \\ 逆断型：\sigma_1 = \sigma_H, \ \sigma_1 = \sigma_h, \ \sigma_1 = \sigma_v \\ 走滑型：\sigma_1 = \sigma_H, \ \sigma_1 = \sigma_v, \ \sigma_1 = \sigma_h \end{cases} \quad (10.5)$$

3. 地形对地应力场的影响

由于地应力随埋深按式（10.1）线性增大，因此地形起伏将直接影响地应力的量值，当然也会影响应力的方向，这已是人们的常识。

但是人们测量地应力只能在地表以下一定范围内进行，如在斜坡中或在斜坡下硐室内测量，由此测得的地应力通常是受到地表形态影响的地应力。这样测得的地应力只能反映某种地形条件下岩体中一定点位的应力状态，并不能作为区域性地应力使用。因此，在区域应力场的分布图中，通常不能直接采用岩体工程中测得的数值，而应该采用深孔测量得到的地应力状态，以尽量滤除地形的影响。

在岩体工程应力场的数值分析中，我们一方面要考察自重应力场，另一方面也要考虑构造应力的影响。在设置边界条件时，常常需要在岩体的自重应力场条件下加设构造应力背景值。这种背景值通常需要通过地应力回归分析来获得，即不断调整构造应力背景值，采用最小二乘法寻找岩体中实测点应力状态与计算值的最佳吻合，由此获得背景值。

二、地应力量值平移推断

由于构造活动具有区域尺度，因此在工程尺度范围内相对均匀的岩体中，构造应力场具有一定的可外推范围。如果我们在点 1 测得地应力数值 σ_{v1}、σ_{H1} 和 σ_{h1}，则可以在一定的尺度范围内平移推断点 2 的应力状态。由于地应力量值受地形影响，在进行地应力量值平移推断中，应当排除地形的影响。

地应力量值平移推断（图 10.2）的具体步骤：

（1）采用式（10.3）求得实测点 1 的水平构造应力分量为

$$\begin{cases} \sigma_{0H} = \sigma_{H1} - \xi_0 \sigma_{v1} \\ \sigma_{0h} = \sigma_{h1} - \xi_0 \sigma_{v1} \end{cases} \quad (10.6)$$

（2）通过式（10.1）估算点 2 的自重应力分量为

$$\begin{cases} \sigma_{v2} = \rho g h_2 \\ \sigma_{v2h} = \sigma_{v2H} = \xi_0 \sigma_{v2} \end{cases} \quad (10.7)$$

(3) 将式（10.6）代入式（10.7），即可得到点 2 的三个地应力分量推断值为

$$\begin{cases} \sigma_{v2} = \rho g h_2 \\ \sigma_{H2} = \sigma_{0H} + \sigma_{v2H} = \sigma_{H1} + \xi_0 \rho g (h_2 - h_1) \\ \sigma_{h2} = \sigma_{0h} + \sigma_{v2h} = \sigma_{h1} + \xi_0 \rho g (h_2 - h_1) \end{cases} \quad (10.8)$$

通过上述平移推断后的三个应力分量的相对大小可能发生变化，应按照变化后的量值大小重新确定推断点的地应力状态类型。

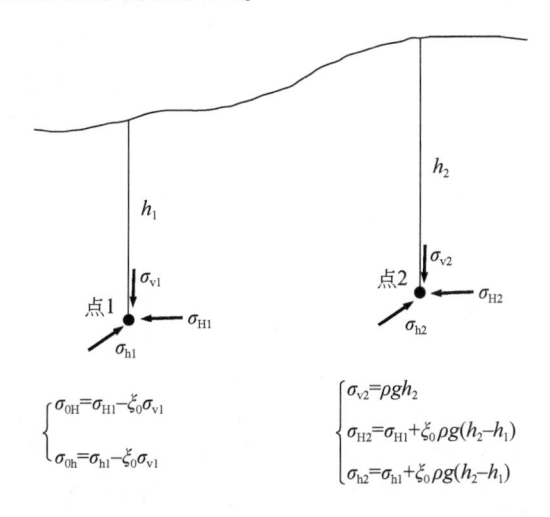

图 10.2　地应力量值平移推断图

以天水—平凉铁路关山隧道为例，勘察阶段曾在硐线某部位采用水力压裂法测得如下地应力数据：$\sigma_{H1} = 23\text{MPa}$，方位为 NE61°；$\sigma_{h1} = 14.5\text{MPa}$；实测点埋深为 512m，地层密度为 $\rho = 2.65\text{g/cm}^3$，于是有 $\sigma_{v1} = 13.3\text{MPa}$。现需要推断与原测点水平距离 500m 处一点的地应力。该点埋深为 650m。取 $\nu = 0.3$，可知 $\sigma_{0H} = 21.9\text{MPa}$，$\sigma_{0h} = 13.4\text{MPa}$。将上述数据代入式（10.8），可得到 $\sigma_{v2} = 16.9\text{MPa}$，$\sigma_{H2} = 24.5\text{MPa}$，$\sigma_{h2} = 16\text{MPa}$。可见此处 σ_1 为水平，指向 NE61°；σ_2 铅直；σ_3 水平，方位 SE151°。

第二节　高应力岩体性态与应变能

一、"波速异常"与岩体完整性

在我国的工程岩体质量分级体系中，提出用指标

$$K_{v}=\left(\frac{v_{\text{Pm}}}{v_{\text{Pr}}}\right)^{2}$$

来刻画岩体工程性质的好坏，称为岩体"完整性系数"，其中 v_P 为声波纵波速度值，下标 m 和 r 分别表示岩体和完整岩块。

提出这一指标是因为在常应力下，测试结果证实了结构面的存在会降低岩体的声波传播速度，岩体越破碎则波速值越低。于是显然应有 $0 \leqslant K_v \leqslant 1$。另一方面弹性动力学也已证明，纵波速度与介质弹性模量存在正相关关系，即 $v_P^2 \propto \dfrac{E}{\rho}$，式中，$\rho$ 为介质密度。于是人们有充分理由根据岩体的 K_v 取值来确定岩体的质量级别。

国内外也大量采用体积节理数（J_v）来刻画岩体完整性，并建立了 J_v 与 K_v 的对应关系。这表明 J_v 反映了与 K_v 同样的物理意义。

但是，在高地应力环境下发现"波速异常"现象，打破了这个被普遍接受的规律。测试表明，高地应力区岩体的波速值显著大于取样岩心的波速值，甚至可以增大 40% 以上（图 10.3）。这一现象导致了对岩体完整性评价中波速的取值出现疑惑，人们往往把大于岩块的岩体波速值当作异常值予以舍弃，以保证 K_v 数值小于 1.0。

事实上，这一现象反映出两个问题：

一是，两种波速测量条件的不一致。在常应力条件下，岩体波速小于岩块波速，是因为岩块在原位和取心状态下的性态相差较小，而差别仅仅由岩体结构面引起。但在高地应力条件下，岩块处于压密和高应变能状态，而取心后则产生了卸荷松弛，因此两者的波速不同。

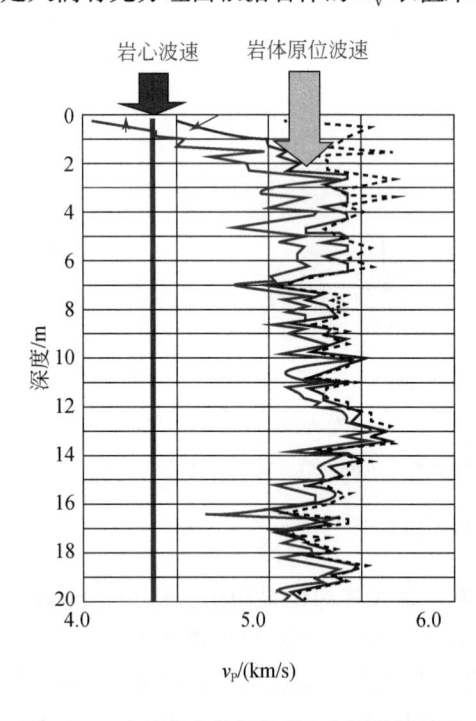

图 10.3 小湾水电站坝基岩心与岩体波速比

二是，"波速异常"现象的实质是岩体受压而结构面力学效应消失，岩体连续性增强。这个现象告诉我们，现有岩体质量分级方法中对高地应力作用一律进行降级折减的方法是不合理的。

二、岩体的应变能

在较高的地应力环境中，岩体将储存一定的应变能。人们对这个问题的认识是从岩体开挖中回弹变形和岩爆现象感受到的。

按照弹性理论，单位体积岩块所储存的应变能即应变能密度为

$$u_0 = \frac{1}{2E}\left[\sigma_1^2+\sigma_2^2+\sigma_3^2-2\nu(\sigma_1\sigma_2+\sigma_1\sigma_3+\sigma_2\sigma_3)\right] \quad (10.9\text{a})$$

由于弹性应变能密度函数是正定函数，环境应力越高，储存的应变能就越高。

应变能密度可以分解为两个部分，即体积改变能密度为

$$u_{0v} = \frac{1-2\nu}{6E}(\sigma_1+\sigma_2+\sigma_3)^2 \quad (10.9\text{b})$$

以及形状改变能（即畸变能）密度为

$$u_{0d} = \frac{1+\nu}{6E}\left[(\sigma_1-\sigma_2)^2+(\sigma_2-\sigma_3)^2+(\sigma_3-\sigma_1)^2\right] \quad (10.9\text{c})$$

前者导致单元的体积压缩，后者导致单元的形状改变。

岩体开挖应力调整往往使差应力增大，由此引起畸变能密度的增加。而畸变能密度常常是导致单元破坏的主要因素。

对于含结构面网络的裂隙岩体，我们已经给出岩体单元的应变能形式为

$$u = u_0 + \frac{\alpha}{E}\sum_{p=1}^{m}\lambda\bar{a}(k^2\sigma^2+\beta\tau^2) \quad (10.10)$$

同理由于式（10.10）各项的正定性，岩体中的应力越高，储存的应变能就越高。一般来说，式（10.10）中 u_0 反映岩石的压密变形，$k^2\sigma^2+\beta\tau^2$ 的前项反映结构面的压密变形，而后项反映结构面的剪切变形。

三、岩体结构的应力锁固

常应力条件下，结构面的抗剪强度可以用库仑判据判断：

$$\tau_f = c+\sigma\tan\varphi \quad (10.11)$$

也可以用结构面剩余剪应力比值系数式（5.20a）表述为

$$h = \frac{\tau-(c+\sigma\tan\varphi)}{\tau} \quad (10.12)$$

当结构面上的剪应力大于抗剪强度，即当 $\tau>\tau_f$ 时，$0<h<1$，将发生沿结构面的剪切滑动，在宏观上表现为岩体变形或岩体滑动破坏。这就是岩体力学性质的结构面控制，或者称为结构控制论。

在较高的法向应力作用下，当结构面上剪应力小于抗剪强度的状态，即 $\tau<\tau_f$ 时，结构面处于"应力锁固"状态，按照牛顿第三定律，此时结构面实际发挥出来的抗剪强度与剪应力相等，因此有 $h=0$。此时岩体的变形破坏受应力控制。这个现象就是岩体结构控制的"失效"。

因此，判据式（10.12）实际上是岩体力学行为的"结构控制与应力控制转换条件"，可称为"h 判据"。我们曾经把这个转换条件表述为式（5.48），它对于认识高地应力环境下岩体的力学行为具有重要的意义。

岩体中环境应力的增高，实际上是提高了岩体的潜在抗剪强度，也就是提高了应力对结构面变形破坏控制的范围。而岩体的工程开挖卸荷，则是一个逆过程，即由于环境

应力降低导致的结构控制恢复。

这一现象也提示我们，在岩体质量分级中，地应力在一定范围内增加可能提升岩体质量，只有在可能导致岩体破坏的情况下才需要做出折减。

四、岩体承载能力的自适应调整

高地应力下的岩体开挖中，岩体发生变形或破坏，应力场将做出重分布调整。这种调整是岩体对其承载能力的一种自适应调整。这种现象在地下工程围岩中更为显见，也研究得较为充分。新奥地利隧道施工方法在这方面已经做出有益的探索。

我们借用地下工程围岩为例做简要说明，暂不涉及岩体结构面的影响，但原理是一致的。

我们知道，岩体在某一方向上抗变形能力和强度都会因侧向压应力增强而增强，这种规律可以用胡克定律和库仑强度模型表述为

$$\varepsilon_1 = \frac{1}{E}[\sigma_1 - \nu(\sigma_2 + \sigma_3)] \tag{10.13}$$

$$\sigma_1 = \sigma_3 \tan^2\left(45° + \frac{\varphi}{2}\right) + \sigma_c \tag{10.14}$$

一方面，当硐室开挖使径向应力（σ_3）降低时，围岩将通过回弹或松弛变形做出响应；而如式（10.13），σ_3 的降低也使周向应变增大；如式（10.14），松弛变形还将使表层围岩抗压强度降低，导致围岩表面发生破裂变形，降低围岩的承载能力，并降低围岩周向应力（σ_1）。

另一方面，径向应力（σ_3）向围岩内部的增加，使岩承受周向应力（σ_1）的能力以大于 $\sigma_3 \tan^2\left(45° + \frac{\varphi}{2}\right) > 3\sigma_3$ 的倍数提高，从而使周向应力集中带自然向围岩内部移动。

岩体正是通过这种自我调节过程寻求其抵抗变形破坏能力与应力场的新平衡，并且在强度极限范围内使自承能力达到最佳配置。

岩体正是通过这种自我调节过程寻求保持抵抗能力的新平衡，并且在强度极限范围内使自承能力达到最佳配置。

在地质安全控制过程中，任何工程措施都只能是对岩体自承能力的一个补充。充分发挥围岩自承能力，恰当运用工程结构来辅助围岩控制变形破坏，达到"四两拨千斤"的目的，是工程防灾的一条重要思路。

认识高地应力下岩体自适应调整能力的意义在于两个方面：

一是容许这一过程发生和发展，对于恰当选择支护时机和方式，有效发挥和调动岩体的能动性，具有积极的意义。我们可以将此称为工程灾害"主动"调控思想。

二是有利于把握支护力度。岩体开挖可能引起破碎松动圈或次生张应力，使表面围岩承载力降低，但是内移的强度增高带会自动发挥支撑作用。因此可以容许表面一定范围内的岩体带伤工作，而将支护力度控制在确保围岩强度增高带正常工作的状态。

第三节 岩爆机理

岩爆是岩体的一种快速破裂和能量快速释放现象，常常造成灾害性损失。岩爆在高地应力地区或深埋条件下岩体开挖工程中十分常见，近几十年来，由于基础设施建设向山区和深部推进，岩爆问题已经成为广泛关注的世界性难题。

较早的岩爆事故报道于1738年英国南史塔福煤田的莱比锡煤矿和1908年南非金矿，阿尔卑斯山区、日本、德国、苏联、美国、加拿大、智利、瑞典等的矿山、隧道、引水隧洞等都出现强度不等的岩爆事件。

在中国抚顺胜利煤矿等矿山，1949～1997年发生过2000多起煤爆事件。岷江渔子溪一级水电站和南盘江天生桥二级水电站引水隧洞、川藏公路二郎山隧道、秦岭铁路隧道、瀑布沟水电站地下厂房和锦屏二级水电站辅助洞等，都曾是岩爆强烈发生的工程。

自人类首次发现岩爆灾害以来，对它的研究工作就未停止过。特别是20世纪70年代以来，在岩石脆性特征、岩爆形成机理、岩爆判据、岩爆预测与监测预报、岩爆防护等方面开展了大量的研究工作。

一、岩爆发生的地质条件

岩爆是岩石的脆性破裂过程。为了寻求岩爆预测判据，人们对岩石脆性特征和发生脆性破裂的应力与岩体结构条件进行了大量的试验测试和理论研究。

1. 岩石的脆性

格里菲斯（Griffith）理论提出脆性材料的单轴抗压强度与抗拉强度（压-拉强度）的关系，即 $\sigma_c = 8\sigma_t$。Heard（1966）把破裂前应变不超过3%的破裂视为脆性破裂。Singh（1970）则认为，岩石的脆性破坏是岩爆发生的必要条件之一，并提出由下列两个式子确定岩石的脆性：

$$B_1 = \frac{\sigma_c - \sigma_t}{\sigma_c + \sigma_t}, \quad B_2 = \sin\varphi_r$$

式中，B_1、B_2 为岩石的脆性指数；φ_r 为岩石的内摩擦角。这就是说，岩石的脆性特性不仅与其压-拉强度的相对关系有关，也与它的内摩擦角有关。

通过整理中国水利水电工程部门大量岩石力学试验成果发现，Griffith倍数并不是一个常数，对于多数坚硬岩石有 $\frac{\sigma_c}{\sigma_t} = 8 \sim 12$，大约94%岩石为 $\frac{\sigma_c}{\sigma_t} > 8$，75%为 $\frac{\sigma_c}{\sigma_t} > 10$，31%为 $\frac{\sigma_c}{\sigma_t} > 11$。

因此，我们可以大致写出岩石单轴抗压强度与抗拉强度的如下关系

$$\sigma_c = a\sigma_t \quad (a>8) \tag{10.15}$$

式中，a 为压-拉强度比（图 10.4）。并认为满足上述压-拉强度关系的岩石具有脆性性质。

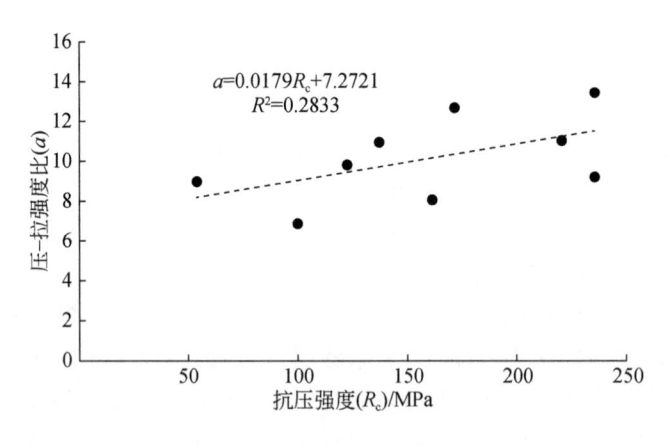

图 10.4 岩石的压-拉强度比

2. 应力条件

Hoek 和 Brown 研究了白云岩、灰岩和大理岩的破坏准则，提出以下式作为判断岩石脆性和延性破坏的应力界线（图 10.5）：

$$\sigma_1 = 3.14\sigma_3$$

显然式（10.15）与上式具有不同意义，前者反映的是材料性质，而后者反映的是岩石发生脆性破裂的应力条件。

Schwartz（1964）根据 Indiana 灰岩的三轴压缩实验提出了岩石剪切和延性破坏转换的大致界限为

$$\sigma_1 = 4.0\sigma_3$$

Mogi（1966）考察了广泛岩石类型的剪切和延性破坏转换界限为

$$\sigma_1 = 3.4\sigma_3$$

综合考虑岩石的压拉强度比和应力条件，我们可以写出岩石发生脆性破坏的条件为

$$\begin{cases} \sigma_c > 8\sigma_t, & \text{材料条件} \\ \sigma_1 > 3.14\sigma_3, & \text{应力条件} \end{cases} \tag{10.16}$$

3. 岩体结构面锁固

人们常常把地下硐室围岩的破坏，特别是塌方当作岩爆来认识，这是一种误解。受结构面控制的多数围岩滑塌、坍落只是围岩的某种自重应力破坏方式，不能划归岩爆范畴。因为岩爆应当是岩体的应变能释放过程，具备应变能快速释放和突发性破坏的特征，

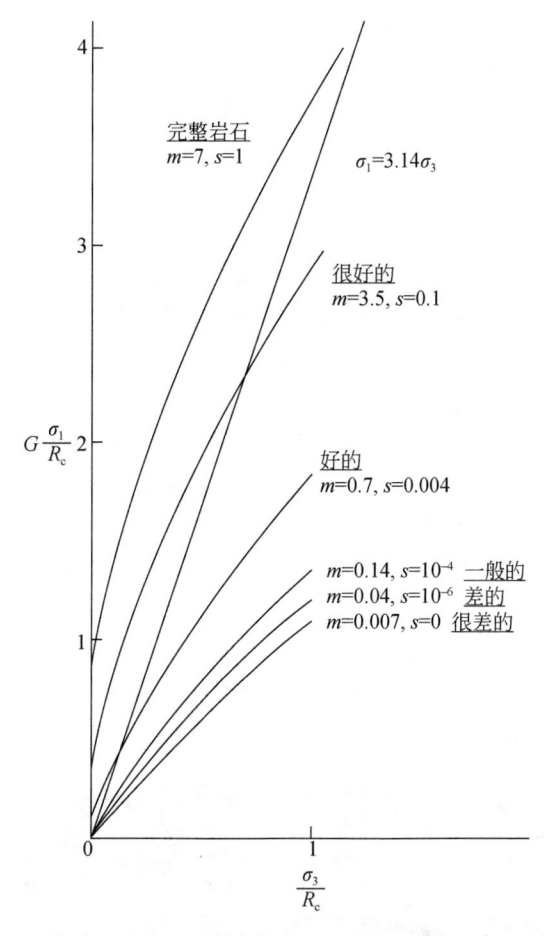

图 10.5　岩石脆性破裂的应力条件（据 Hoek）

而结构面能够发生滑移破坏时，岩体难以储存较高的应变能。

岩爆通常是切过完整岩石形成新生破裂面，或者沿被应力锁固的硬性结构面发生剪切或啃断破坏。这就是说，岩爆发生的岩体结构条件是完整岩石或结构面被应力锁固而形成的准连续岩体。

二、岩爆破裂模式

根据锦屏一级水电站地下厂房、锦屏二级水电站辅助洞和小湾水电站坝基岩体开挖中观察到的岩爆破裂现象，我们对岩石脆性破裂特征与岩爆成因做过初步研究（马艾阳等，2014）。

1. 岩石脆性特征

锦屏一、二级水电站岩体为大理岩，单轴抗压强度为 50~129MPa，黏聚力为 9~

11MPa。分析得到 $\sigma_c = 8.95c$，$\sigma_c = 14.9\sigma_t$。小湾水电站岩体为混合花岗岩，单轴抗压强度一般为 133.2～173.61MPa，黏聚力为 10.07～16.3MPa，抗拉强度为 6.73～8.72，并有 $c = 1.71\sigma_t$，$\sigma_c = 11.6c = 19.85\sigma_t$。可见两类岩石的 σ_c 与 σ_t 倍数关系均显示出强烈的脆性性质。

2. 岩爆破裂的现象特征

小湾水电站是中国西南澜沧江上的一座坝高 292m 的双曲拱坝。坝基岩体为混合花岗岩，实测最大主压应力在岸坡为 20～35MPa，河谷底部 50m 深度达到 57.37MPa，钻孔岩心强烈饼化。坝基开挖最大铅直厚度达到 90m。

在大坝建基面开挖中可见一系列岩体破裂现象：①开挖面岩体挤压上拱折断，伴随剧烈能量释放 [图 10.6（a）]；②刀口状剪出，破裂角一般小于 10°，常为 3°～5°，并伴随一定的张开和剪出位移 [图 10.6（b）]；③与开挖面平行的大型薄板状破裂，在钻孔中可见破裂面张开数厘米，并错断钻孔的现象 [图 10.6（c）]；④在爆破面出现"葱剥皮"现象，即在两个爆破孔之间，出现一系列叠瓦状的曲面破裂现象，瓦片厚度一般仅为几个厘米 [图 10.6（d）]。

锦屏一级水电站是中国西南部雅砻江上的一座大型水电站，坝高为 305m。地下厂房硐室群由主厂房、主变室、尾水洞和一系列隧洞组成，主厂房高度为 73m、跨度为 28.9m、长度为 238m。硐室群布置在巨厚层大理岩中，实测围岩初始最大主压应力达到

(a) 坝基岩体拱裂形态与张性位移

(b) 坝基岩体剪切破裂与张剪性位移

(c) 坝基岩体钻孔内张破裂面

(d) 坝基岩体葱剥皮现象

(e) 隧道顶部岩体片状剥离与张性特征　　　　(f) 地下厂房边墙脚步片状剥离形态

图 10.6　开挖岩体岩爆和张性剪切破裂现象

35.7MPa。锦屏二级水电站与锦屏一级相邻，是一截取河湾的隧洞引水式发电站。引水隧洞最大埋深达到 2525m，估算地应力最大可达到 70MPa 以上。

锦屏一、二级水电站地下硐室开挖面出现一系列岩现象，主要表现为拱脚、拱顶等部位刀口状张剪性剥离［图 10.6（e）］、直墙部位平行于开挖面的薄板状劈裂，以及墙脚部位的不规则薄片状剥离破坏［图 10.6（f）］。

上述围岩岩爆现象具有如下共同特点：

（1）破裂方式为刀口状薄片剪出、薄板状剥离，以及挤压拱裂，破裂角小至 3°~5°；
（2）破裂碎片多具有张开位移和剪切位移，反映出破裂的张性剪裂特征；
（3）多为突发性破裂，伴随一定的能量释放。

第四节　岩 爆 判 据

岩爆判据是进行岩爆预测和防护的基础，一直是人们广泛关注的一个基本问题。目前采用的岩爆判据多数都是岩石强度判据的不同表述形式。

一、压破裂判据

目前，岩爆主流判据大致有三种类型，即压剪判据、能量判据和复合判据。

E. Hoek 和 E. T. Brown 通过对岩石地下工程的系统研究，1980 年出版了 *Underground Excavations in Rock*，提出了围岩破裂机制的认识，认为岩爆是高地应力区洞室围岩剪切破坏作用的产物。这个认识具体表述为如下的岩爆判据和分级：

$$\frac{\sigma_{max}}{\sigma_c} = \begin{cases} 0.34, & 少量片帮，Ⅰ级 \\ 0.42, & 严重片帮，Ⅱ级 \\ 0.56, & 需重型支护，Ⅲ级 \\ >0.70, & 严重岩爆，Ⅳ级 \end{cases} \quad (10.17)$$

式中，σ_{max}为隧道断面最大周向压应力；σ_c为岩石单轴抗压强度。H-B判据反映了一个基本思想，即岩爆是岩石的压剪破坏，岩爆发生的可能性可采用应力-强度比来判断。

在中国，陆家佑、王兰生、侯发亮等先后对岩爆的机理进行了地质力学研究。徐林生、王兰生根据二郎山公路隧道施工中记录的200多次岩爆资料，提出如下改进的岩爆判据：

$$\begin{cases} \frac{\sigma_\theta}{\sigma_c} < 0.3, & 无岩爆 \\ \frac{\sigma_\theta}{\sigma_c} = 0.3 \sim 0.5, & 轻微岩爆 \\ \frac{\sigma_\theta}{\sigma_c} = 0.5 \sim 0.7, & 中等岩爆 \\ \frac{\sigma_\theta}{\sigma_c} > 0.7, & 强烈岩爆 \end{cases}$$

陶振宇在Barton、Russense和Turchaninov等研究的基础上，提出了岩爆发生的判据：

$$\frac{\sigma_c}{\sigma_1} \leq 14.5$$

并做出了岩爆分级表。

除了上述反映压剪破坏认识的岩爆判据外，也有不少根据岩爆能量提出的判据，其基本思想是根据岩块加卸载过程中弹性应变能（φ_{sp}）和耗损应变能（φ_{st}）的比值，即弹性能量指数 $W_{et} = \frac{\varphi_{sp}}{\varphi_{st}}$ 来判断岩爆发生的可能性与强烈程度。谷明成基于秦岭隧道的研究提出了以下综合判据：

$$\begin{cases} \sigma_c \geq 15\sigma_t \\ W_{et} \geq 2.0 \\ \sigma_\theta \geq 0.3R_c \\ K_v > 0.55 \end{cases}$$

式中，K_v为岩体的完整性系数。上式第一项是岩石脆性条件，第二项是岩爆能量条件，第三项是岩爆应力-强度条件，第四项是岩体完整性条件。

综合上述可见，目前常用的岩爆判据本质是Mohr-Coulomb强度理论的一种体现。

我们知道，Mohr-Coulomb判据（M-C判据，图10.7）

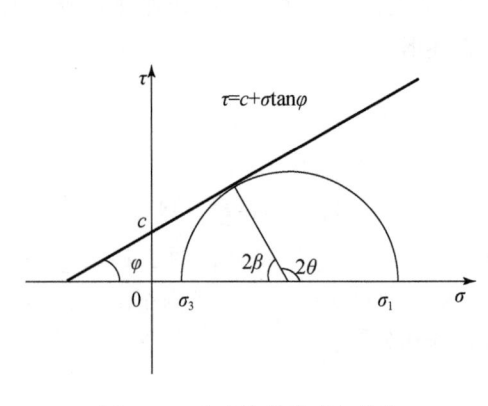

图10.7 库仑抗剪强度包络线

$$\tau = c + \sigma \tan\varphi$$

或

$$\sigma_1 = \sigma_3 \tan^2\theta + \sigma_c$$

的一个重要推论是岩石的破裂角，即破裂面与最大主压应力的夹角

$$\beta = \frac{\pi}{4} - \frac{\varphi}{2} \tag{10.18}$$

二、Griffith 判据（G 判据）

Griffith 较早研究了玻璃材料的破坏。他认为材料的破裂是从微裂纹开始的，当裂纹尖端周向拉应力达到岩石的抗拉强度时破裂过程启动。

1. Griffith 判论理论的二维形式

Griffith 平面问题的破裂判据表述为下述的主应力形式（图 10.8）：

$$\begin{cases} \sigma_3 = -\sigma_t, & 3\sigma_3 + \sigma_1 \leq 0 \\ \dfrac{(\sigma_1 - \sigma_3)^2}{\sigma_1 + \sigma_3} = 8\sigma_t, & 3\sigma_3 + \sigma_1 > 0 \end{cases} \tag{10.19}$$

式中，σ_t 为岩石的抗拉强度，取正值。式（10.19）中第一式为纯张性破裂；而第二式则以 $\sigma_3 = 0$ 为界，从张剪性过渡到压剪性破裂。

一般来说，式（10.19）第一式的纯张破裂岩爆是少见的，第二式中，当 $\sigma_3 = 0$ 时有

$$\sigma_1 = \sigma_c = 8\sigma_t \tag{10.20}$$

这就是前面提到的岩石脆性的压-拉强度 Griffith 倍数。

由图 10.8 可见，当存在张应力时，岩石可以在最大主压应力（σ_1）小于单轴抗压强度（σ_c）的条件下发生破坏。

式（10.19）也可以转化为抗剪强度曲线形式：

$$\tau^2 = 4\sigma_t(\sigma_t + \sigma) \tag{10.21}$$

式中，σ 和 τ 为破坏面上的正应力和剪应力，强度曲线如图 10.9 所示。由上述判据可知，当 $\sigma = 0$ 时有

$$\tau = c = 2\sigma_t \tag{10.22}$$

也就是说，Griffith 意义下岩石的黏聚力为抗拉强度的二倍。

由式（10.21）可以求得剪切破裂角的表达式：

$$\beta = \frac{1}{2}\arccos\frac{4\sigma_t}{\sigma_1 - \sigma_3} \tag{10.23}$$

将这个角度示意在图 10.9 中。可见随着相切应力圆左移，即 σ_3 趋向于张应力，岩石的破裂角将减小。当 $\sigma_3 \rightarrow -\sigma_t$ 的纯张破坏时，破裂角减小到 0°，这就是拉断破裂面垂直于拉张作用力的力学解释。

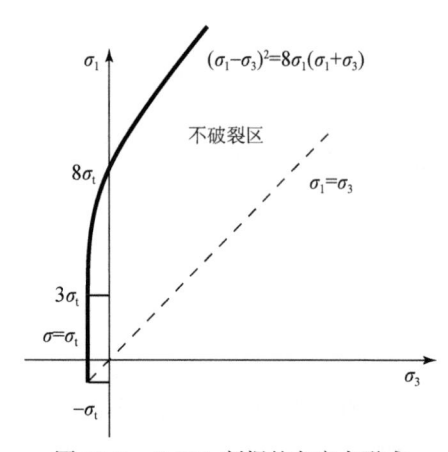

图 10.8　Griffith 判据的主应力形式 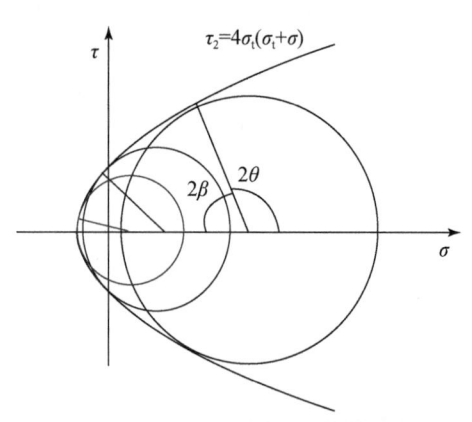　　　　图 10.9　Griffith 剪切强度曲线

2. Griffith 判据理论的三维推广

Murrell（1963）对平面 Griffith 理论进行了三维推广，得到三维破裂判据：

$$(\sigma_1+\sigma_t)(\sigma_2+\sigma_t)(\sigma_3+\sigma_t)=0 \tag{10.24a}$$

$$(\sigma_1-\sigma_2)^2+(\sigma_1-\sigma_3)^2+(\sigma_2-\sigma_3)^2=24\sigma_t(\sigma_1+\sigma_2+\sigma_3) \tag{10.24b}$$

在几何上，这是由三棱锥面［式（10.24a）］和一个抛物面［式（10.24b）］联合构成的 Griffith 强度曲面。棱锥面中三个平面分别为三个纯张破裂强度面，而抛物面则为张剪-压剪强度曲面。抛物面与三个平面的切点坐标为 $(5\sigma_t, -\sigma_t, -\sigma_t)$、$(-\sigma_t, 5\sigma_t, -\sigma_t)$、$(-\sigma_t, -\sigma_t, 5\sigma_t)$。

由式（10.24a）棱锥面的任一平面都可写出张破裂能量判据：

$$u_t=\frac{\sigma_t^2}{2E} \tag{10.25}$$

式（10.24b）也可以改写成能量判据：

$$u_s=\frac{4\sqrt{6}(1+\nu)}{\sqrt{(1-2\nu)E}}\sigma_t\sqrt{u_v} \tag{10.26}$$

其中，

$$u_s=\frac{1+\nu}{6E}[(\sigma_1-\sigma_2)^2+(\sigma_1-\sigma_3)^2+(\sigma_2-\sigma_3)^2]$$

$$u_v=\frac{3(1-2\nu)}{2E}(\sigma_1+\sigma_2+\sigma_3)^2=12(1+\nu)\frac{\sigma_t}{E}\bar{\sigma}$$

分别为畸变能和体变能。因此式（10.24b）实际上是张剪-压剪性破裂的畸变能判据。

可见，Griffith 判据实际上既是应力判据，又是能量判据。当任一主张应力引起的应变能达到张破裂应变能时，岩体优先发生张性破裂，采用能量判据［式（10.24a）］；对于其他情形，采用畸变能判据［式（10.24b）］。

三、岩爆潜势

我们知道，岩爆是岩体弹性应变能的快速释放过程。但是，岩爆本身是一种客观现象，与采用什么理论与判据的解释无关。因此，我们可以计算出岩体的应变能密度（u），由各类破坏判据对岩爆发生可能性进行判断，并对各判据机制的可能性做出排序。

1. 三类强度判据的等价条件

为了相互比较，以 Griffith 判据为基础，我们将 M-C、Griffith、H-B 三个判据在单轴即 $\sigma_3=0$ 条件下，统一基本参数。

首先，由 Griffith 判据有

$$\sigma_c = 8\sigma_t \tag{10.27}$$

且由 Griffith 判据式（10.19）第二式有

$$(\sigma_1-\sigma_3)^2 = 8\sigma_t(\sigma_1+\sigma_3) = \sigma_c(\sigma_1+\sigma_3) \tag{10.28}$$

另一方面，对于 H-B 判据 $\sigma_1 = \sigma_3 + \sqrt{m\sigma_c\sigma_3 + s\sigma_c^2}$，有

$$(\sigma_1-\sigma_3)^2 = \sigma_c(m\sigma_3 + s\sigma_c) \tag{10.29}$$

可见，Griffith 判据与 H-B 判据具有相似的形式，因式（10.28）和式（10.29）两式右端相等，有

$$\sigma_c(m\sigma_3 + s\sigma_c) = \sigma_c(\sigma_1 + \sigma_3)$$
$$\sigma_1 = (m-1)\sigma_3 + s\sigma_c \tag{10.30a}$$

当 $\sigma_3=0$ 时，有

$$s = \frac{\sigma_{1m}}{\sigma_c} \tag{10.30b}$$

这与 H-B 判据中计算岩体单轴抗压强度的形式相似，只是在那里 $s = \left(\dfrac{\sigma_{1m}}{\sigma_c}\right)^2$。其中 $s=1$ 时岩体单轴抗压强度与岩块相同。由此也可见 s 反映了岩体的完整性。

由 H-B 判据还可以得到抗拉强度为

$$\sigma_t = \frac{1}{2}(m - \sqrt{m^2+4s})\sigma_c \tag{10.31}$$

由上述可见，H-B 判据与 Griffith 判据本质上是一致的，只是基本出发点有所不同而已。

将 M-C 判据 $\sigma_1 = \sigma_3 \tan^2\theta + \sigma_c$ 与式（10.29）比较，得

$$m = 1 + \tan^2\theta + (1-s)\frac{\sigma_c}{\sigma_3} \tag{10.32a}$$

对于完整岩石，$s=1$，有

$$m = 1 + \tan^2\theta = \sec^2\left(45°+\frac{\varphi}{2}\right) \tag{10.32b}$$

可见在 H-B 判据中，m 反映了其与岩石的摩擦角或破裂角的关系，这里的破裂角指结构面法向与最大主应力夹角。

2. 相同应力状态下三类判据的应变能密度

三类判据可集中表述为

$$\begin{cases} \sigma_{1m} = \sigma_3 \tan^2\theta + \sigma_c & \text{(M-C)} \\ \sigma_{1m} = \sigma_3 + \sqrt{m\sigma_c\sigma_3 + s\sigma_c^2} & \text{(H-B)} \\ \sigma_{1m} = \sigma_3 + \dfrac{1}{2}\left[\sigma_c + \sqrt{\sigma_c(\sigma_c + 8\sigma_3)}\right] & \text{(Griffith)} \end{cases}, \quad \begin{cases} \theta = 45° + \dfrac{\varphi}{2} \\ s = \left(\dfrac{\sigma_{cm}}{\sigma_c}\right)^2 \\ m = \sec^2\theta \end{cases} \quad (10.33)$$

在上述三判据参数等价处理基础上，有表 10.1 的数据，可计算出三类判据的曲线如图 10.10（a）所示。

表 10.1　三类判据等价参数取值表

类型	参数	取值	依据
岩石参数	弹性模量（E）/GPa	10	赋值
	泊松比（ν）	0.3	赋值
M-C 参数	内摩擦角（φ）/(°)	50.00	赋值
	破裂角（θ）/(°)	70.00	$\theta = 45° + \dfrac{\varphi}{2}$
	单轴抗压强度（σ_c）/MPa	50.00	赋值
Griffith 参数	抗拉强度（σ_t）/MPa	6.25	$\sigma_t = \dfrac{\sigma_c}{8}$
H-B 参数	抗拉强度（σ_t）/MPa	5.77	$\sigma_t = \dfrac{1}{2}(m - \sqrt{m^2 + 4s})\sigma_c$
	岩体抗压强度（σ_{cm}）/MPa	50.00	赋值
	s	1.00	$s = \left(\dfrac{\sigma_{cm}}{\sigma_c}\right)^2$
	m	8.55	$m = \sec^2\theta$

由弹性理论，在平面应变状态下岩体单元应变能密度为

$$u = \frac{1-\nu^2}{2E}\left(\sigma_1^2 + \sigma_3^2 - 2\frac{\nu}{1-\nu}\sigma_1\sigma_3\right) \quad (10.34)$$

将三类判据式中的强度计算值代入式（10.34），可分别得到按各类判据计算出的极限应变能密度 [图 10.10（c）]。值得注意的是，上述各类应变能密度并不是真实发生的数值，而是基于不同判据计算出来的虚拟值。

(a) 三类判据曲线　　(b) 各判据适用区间　　(c) 按各类判据的应变能密度曲线

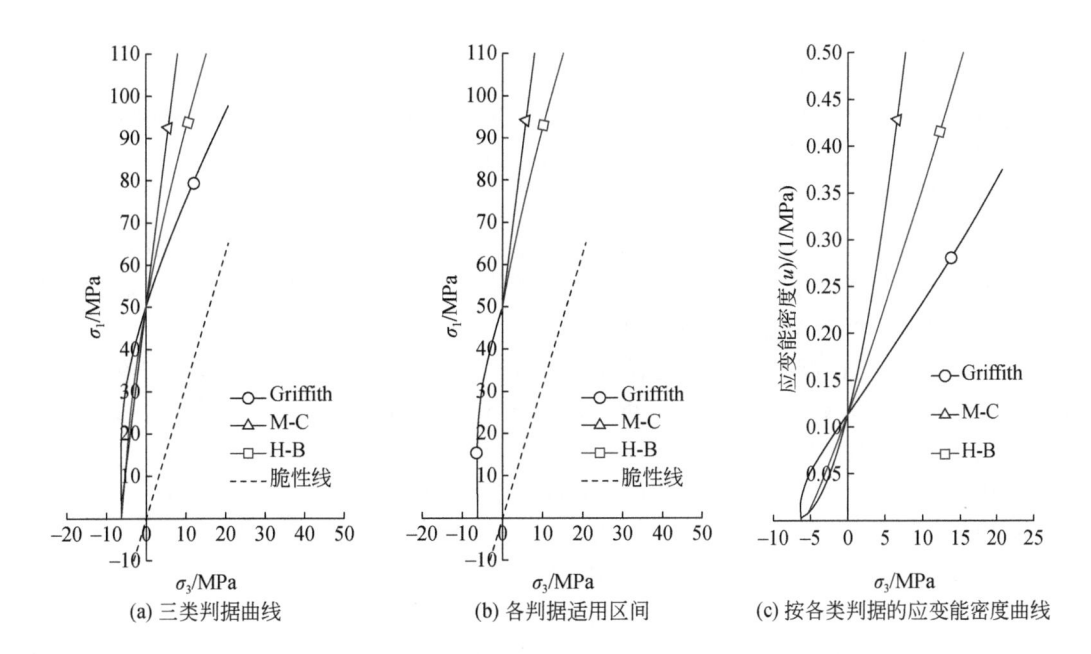

图 10.10　基于应变能密度的各类判据适用区间

3. 岩爆的张剪性优先破裂模式

由于岩体总是趋向于通过破坏释放更多的应变能，而使自身处于最小势能状态，因此较大的应变能反映的是更不稳定的状态，也是优先破坏的状态。由此，可以根据图 10.10（c）判断哪种判据的状态是优先破坏状态。据此可以确定各类判据的适用区间，如图 10.10（b）所示，或即

$$\begin{cases} \sigma_{1m} = \sigma_3 \tan^2\theta + \sigma_c & (\sigma_3 > 0) \\ \sigma_{1m} = \sigma_3 + \sqrt{m\sigma_c\sigma_3 + s\sigma_c^2} & (\sigma_3 > 0) \\ \sigma_{1m} = \sigma_3 + \dfrac{1}{2}[\sigma_c + \sqrt{\sigma_c(\sigma_c + 8\sigma_3)}] & (\sigma_3 \leq 0) \end{cases} \quad (10.35\text{a})$$

这里，我们并未对 $\sigma_3 > 0$ 条件下 M-C 判据和 H-B 判据的优先级做出区分。

我们知道，岩爆多发生在开挖面及其表层岩体中，而开挖面附近常为较低或次生张性围压（$\sigma_3 \leq 0$），发生的岩爆多数应为张剪性破裂模式。

综上所述，我们可以得到一个基本判断，岩爆破坏的优先序列为

$$\text{张剪性破裂} > \text{压剪性破裂} \quad (10.35\text{b})$$

这也告诉我们，Griffith 强度判据对岩爆研究具有更为重要的价值。

4. 张剪性岩爆优先模式的研究状况

事实上，关于岩爆的破裂模式已有大量研究。例如，Mastin（1988）对打有圆孔的砂岩板的单向压缩模拟试验真实地再现了孔壁崩落现象，并指出它是由于孔壁应力集中导

致的张性破裂。Hajiabdolmajid（2002）通过实验观测了岩石脆性破裂起始、生长和聚集的微观过程和"V"形剥离破裂现象，指出 H-B 判据和 M-C 判据不能成功预测岩石脆性破裂的范围和深度。Kaiser 等（2011）指出高地应力岩石在临近和远离开挖面部位分别为剥落和剪切破坏，认为用于隧道和支护设计的剪切破坏模型不适合剥离破裂过程。可见，人们逐渐开始质疑岩爆的单一压剪破坏模式。

大量数值模拟也显示，在开挖面曲率半径较大的部位常常可能出现次生张应力。虽然其量值不大，但导致了岩体应力状态的根本变化，即从单元体六面受压状态转变为其中一向受拉状态。而岩爆正是发生在受拉面上。

另一方面，岩石材料的强度具有显著的拉-压不对称性。由于岩石块体中存在众多的微裂纹，虽然可以承受较高的抗压强度，却只能承受较小拉应力的作用。这已被无数试验和 Griffith 强度理论证明。

上述两方面就构成了地下工程开挖面附近岩爆发生的应力与材料特性条件。

从理论角度，我们对岩石的压剪、张剪和纯张破裂能量做出粗略的比较。按照弹性理论，当岩石在受压缩和拉伸破坏时，极限应变能密度分别应当达到

$$u_c = \frac{\sigma_c^2}{2E}, \ u_t = \frac{\sigma_t^2}{2E} \tag{10.36}$$

由于一般有 $\sigma_c > 8\sigma_t$，因此有 $u_c > 64 u_t$。可以证明，张剪性岩爆的破裂能量介于上述二者之间。

5. Diederichs 强度包络线与岩爆类型转换

Diederichs（2003）提出了用于预测脆性岩体破坏的强度包络线。该曲线是一条以现场观察为基础的概念曲线，它定性地说明：岩石在低围压条件下破裂时的轴向压应力远小于室内试验单轴抗压强度和 H-B 判据预测的强度；在相对较高的围压条件下遵从 M-C 判据的剪切破坏；而在两者的过渡阶段则可能沿劈裂界限破坏，由此形成了一条"S"型强度包络线（图 10.11）。

按照这条曲线，岩体在较低围压条件下的岩爆破坏主要为拉张破坏和劈裂破坏，而在较高围压条件下的岩爆则为压剪破坏。

这一现象可以用 Griffith 强度曲线、H-B 脆性-韧性界线［即式（10.35a）第二式］和 M-C 强度曲线之间的转换来解释。如图 10.12 所示，我们取岩石的抗拉强度 $\sigma_t = 7.5\text{MPa}$，内摩擦角 $\varphi = 40°$，黏聚力 $c = 2\sigma_t$，做出了三条曲线。图 10.12 中蓝色曲线为 Griffith 强度曲线，橙色直线为 M-C 强度曲线，而绿色曲线为 H-B 强度曲线。在低围压条件下岩石常常为张性或张剪性破裂，遵从 Griffith 强度曲线；在一定围压条件下沿 M-C 强度曲线发生压剪性破坏，两者之间有一段则可能发生张剪性或劈裂破坏；而在较高围压条件下则遵循类似 H-B 强度曲线的非线性破坏准则。

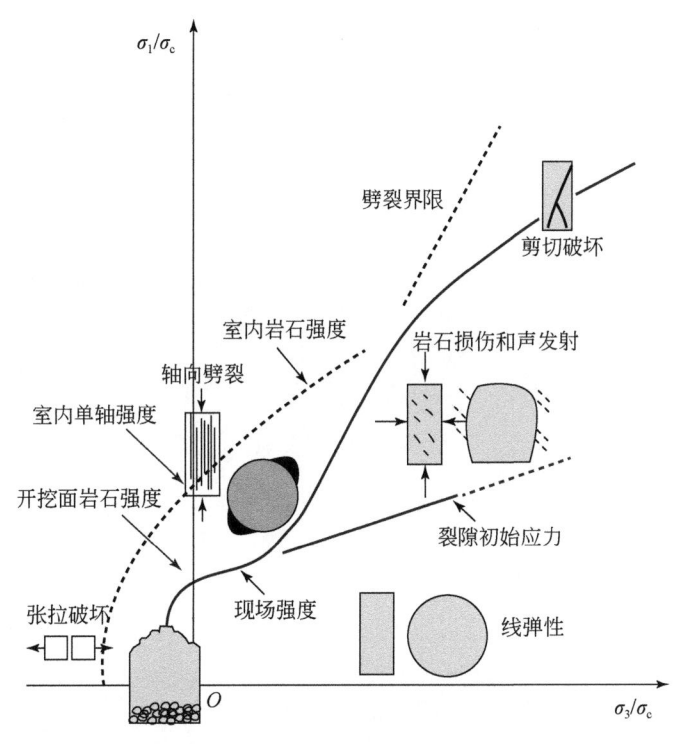

图 10.11　岩石强度的 Diederichs 曲线

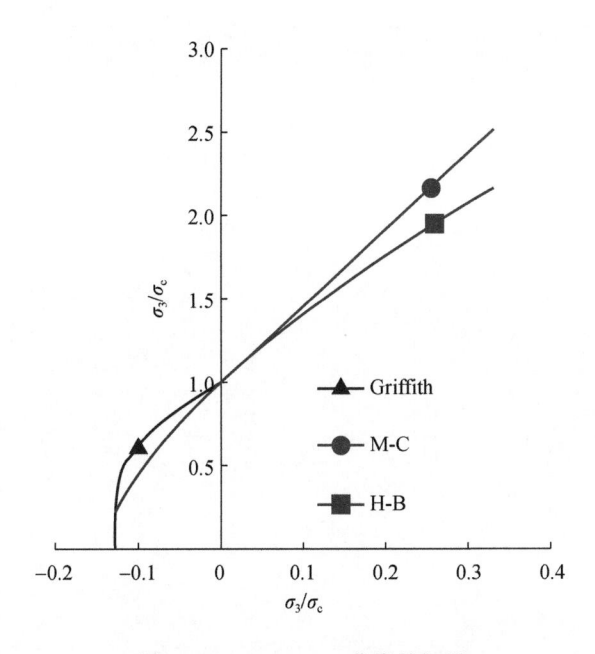

图 10.12　Diederichs 曲线的解释

第十一章

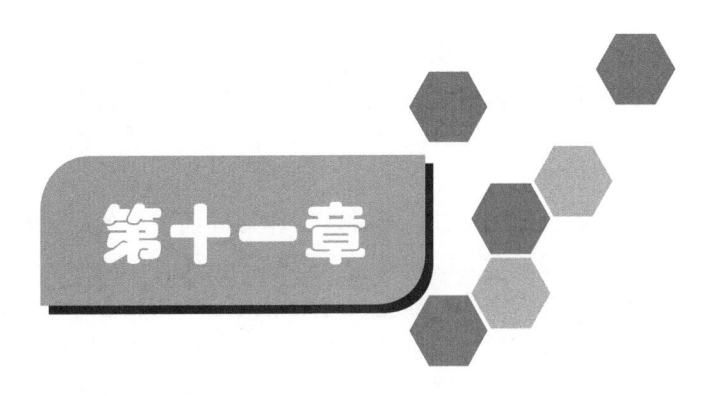

工程岩体的主动加固

岩体的工程开挖改变了岩体应力场的自然平衡状态，常常可能导致岩体发生过大的附加变形和破坏失稳。因此，工程岩体通常需要进行加固处理。岩体的工程加固一方面要挽回开挖卸荷引起的岩体稳定性降低，维护其原始稳定状态；另一方面也要保证岩体在遭遇可能的工况时仍保持稳定，因此要有适当的安全余度，即按照一定的安全系数进行工程加固。

现有岩体加固方法通常以岩体加固前、后的稳定性分析为基础，按照技术规范指定的刚体极限平衡方法和安全系数要求，计算出所需提供的加固力，进行工程措施设计和施工。这种方法的基本理念是采用人工结构物控制岩体的灾变行为，更多地关注了岩体灾害的消极作用，却忽视了岩体具有自承能力的积极作用，因此防护设计常常过于保守，耗资过大。我们把这类方法称为"被动加固"方法。

对于岩土体的主动加固方法，人们也做出了积极的探索。例如，在隧道工程中，新奥法允许围岩一定程度地变形让压，实时支护，有效利用岩体抵抗变形的能力。在边坡工程中，李忠探索了用锚固应力补偿开挖导致的应力卸载，保持岩土体原有稳定性状态的分析方法。

本章将从有效利用岩体强度的角度，讨论工程岩体主动加固的原理和设计方法。我们还将在后续边坡工程与地下工程相关内容中讨论岩体主动加固方法的应用。

第一节 岩体自稳潜力

一、岩体自稳潜力的概念

常识告诉我们，一定坡度和坡高的岩体边坡，可以长期保持其稳定状态而不发生破坏滑动；一些质量级别较好的隧道围岩，无需支护也可以长期保持稳定，这些都反映出岩体自身强度的支撑作用。

按照库仑强度理论，岩体强度完全发挥的条件是满足库仑强度判据的状态，即

$$\begin{cases} \sigma_1 = \sigma_3 \tan^2\theta + \sigma_c, & \theta = 45° + \dfrac{\varphi}{2} \\ \tau_f = c + \sigma\tan\varphi \end{cases} \quad (11.1)$$

式中，各参数都是指岩体的参数。式（11.1）表述的状态通常称为岩体强度的极限状态。

岩体的自稳潜力就是指岩体在极限状态下保持自身稳定性的能力。

一般来说，在岩体不出现显著变形和失稳破坏的情况下，这种自稳潜力是难以界定和区分的；仅当岩体达到失稳破坏状态时，其自稳能力才能得到充分发挥。这就是我们曾经提到的岩体强度的饱和现象，也是为什么我们称岩体的极限自稳能力为自稳潜力的缘故。

二、岩体自稳潜力的影响因素

由于岩体自稳潜力是一种潜在能力，因此同样的岩体在不同的赋存环境中，自稳潜力也将不同。岩体的自稳潜力主要决定于岩体的地质结构和应力场，以及两者的共同作用。

1. 岩体地质结构的影响

岩体地质结构对其自稳潜力的影响主要表现在岩体的介质特性和控制性结构面与边坡临空面的组合关系。

1）岩体介质特性的影响

岩体介质特性主要指作为其基质的岩石的成因、分布与力学性质。介质特性对自稳潜力及其差异性的影响实际上已经成为工程地质工作者和设计人员共同的认知。可见，根据岩体介质特性建立岩体自稳潜力的评价有明确的意义。

例如，在边坡介质结构中常见如下四种情形（图11.1）：均质坚硬岩体、上软下硬结构、上硬下软结构，以及均质软弱岩体或土体。其中，第1类常常出现在火成岩类岩体中；第2、3类常常出现在厚层沉积岩或根据岩性状态划分的工程地质岩组中；第4类常出现在厚层软弱沉积岩或相对均匀的软弱工程地质岩组中。

通常情况下，同等坡形和坡高的边坡，其自稳潜力存在如图11.1所示的序列，即均质坚硬岩体边坡＞上软下硬结构边坡＞上硬下软结构边坡＞均质软弱岩体或土体边坡。

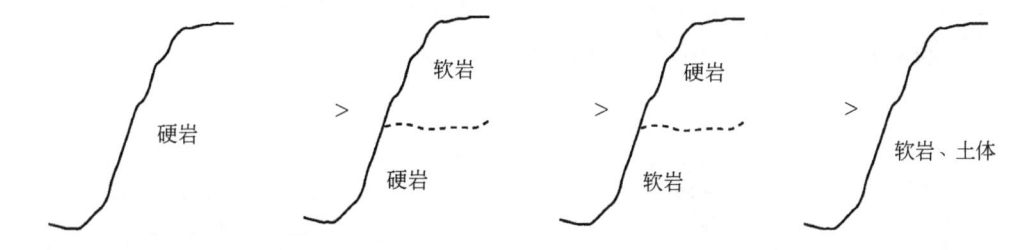

图 11.1　边坡介质结构对边坡自稳潜力的影响序列

2）控制性结构面与边坡临空面组合关系的作用

控制性结构面是指具有较大尺度、胶结不好的地层层面、不同岩性的接触带、断层带或挤压带等力学性质不连续的面或带，它们的存在可能引起工程岩体的滑动破坏。控制性结构面与临空面的不同组合可能导致边坡岩体不同的自稳潜力。

例如，当结构面不能直接控制边坡破坏时，岩体可能相对稳定；当结构面可以直接作为边坡失稳滑移面时，边坡自稳潜力将最弱。图11.2列出控制性低强度结构面与边坡临空面的几种典型组合关系及相关边坡自稳潜力的排序。

图 11.2　含控制性结构面边坡的自稳潜力序列

2. 应力对自稳潜力的贡献

边坡的应力场，一方面是驱动边坡变形破坏的原动力，同时又影响着岩体自身的强度特性，即抵抗破坏的能力。后者就是边坡应力场对边坡自稳潜力的贡献。

按照库仑强度准则式（11.1），任意岩体单元的抗压强度（σ_1）与其侧向压力（σ_3）呈正线性关系。这就是说，岩体的内摩擦角（φ）、单轴抗压强度（σ_c），以及侧向应力（σ_3）增加均会对边坡在该点的强度，即自稳潜力 σ_1 做出贡献。

作为粗略估计，考虑到岩体内摩擦角多数会有 $60°>\varphi>30°$，因此 $13.9>\tan^2\theta>3.0$，由式（11.1）可知，σ_3 的增加将以其 3～14 倍的比例提升岩体的自稳潜力。即有

$$\sigma_1 = \sigma_3 \tan^2\theta + \sigma_c = (3\sim14)\sigma_3 + \sigma_c \tag{11.2}$$

将式（11.1）第一式绘成如图 11.3 所示的岩体抗压强度（自稳潜力）与内摩擦角的关系曲线。可见，由于越坚硬的岩体内摩擦角越大，这种由侧向应力（σ_3）对岩体自稳潜力的增强效应将越突出。

这也提示我们，对于坚硬的岩体，围压将可能在较大范围内提升岩体的质量，因此不能简单地进行岩体质量分级的折减处理。

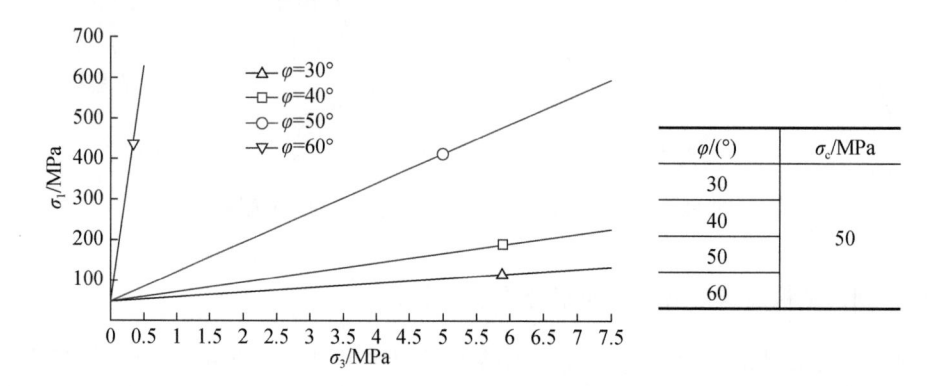

$\varphi/(°)$	σ_c/MPa
30	50
40	
50	
60	

图 11.3　岩体抗压强度与内摩擦角的关系

三、岩体自稳潜力的自组织调整

岩体的自稳潜力具有自组织特性，在一定的工程结构物支持下，岩体会将其自承能力自行调整到最佳的平衡状态。

地下空间围岩应力场的重分布是岩体自稳潜力自组织调整的典型现象。这里考察均匀连续各向同性岩体中圆形硐室围岩应力的调整过程。

我们知道，在远程各向等压为 σ_0 的条件下，圆形硐室围岩的重分布弹性应力场如下 [图 11.4 (a)]：

$$\begin{cases} \sigma_r = \sigma_0 \left(1 - \dfrac{R^2}{r^2}\right) \\ \sigma_\theta = \sigma_0 \left(1 + \dfrac{R^2}{r^2}\right) \end{cases} \quad (11.3)$$

在硐壁，径向应力（σ_r）减小为 0，而周向应力则增加至平均应力的二倍，即 $\sigma_\theta = 2\sigma_0$。因此，若按照库仑强度准则，即不考虑硐轴向应力的影响，硐壁岩体实际上处于单轴受压状态。当硐壁围岩周向应力大于单轴抗压强度，即 $\sigma_\theta > \sigma_c$ 时，荷载超出围岩自稳潜力，此时硐壁围岩将发生破裂或产生塑性变形。

硐壁围岩的破裂或塑性变形将显著降低岩体强度，其所不能承受的周向应力将向围岩内部转移。这种转移增大了内部 r>R 点上的周向应力，同时径向应力也随 r 增大，由此形成了新的应力-强度关系。当这种组合仍打破强度准则时，这一过程将继续向围岩内部转移，直至形成所说的"塑性圈"。如图 11.4（b）所示，围岩塑性圈内的应力将按塑性力学规律分布，而之外的弹性岩体应力按调整结果分布。

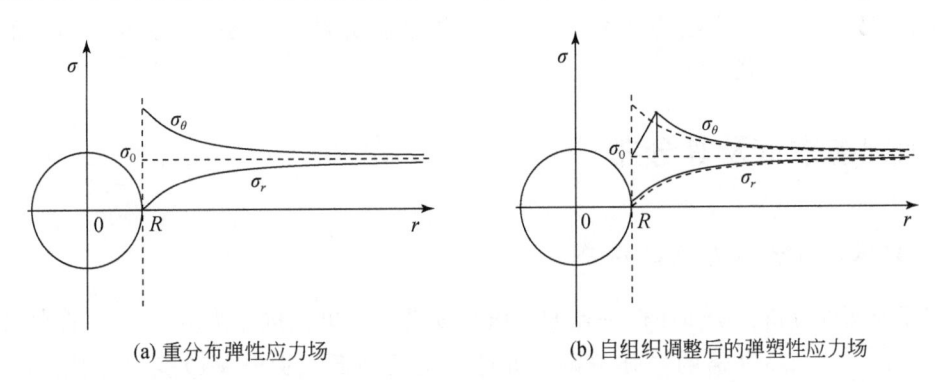

(a) 重分布弹性应力场　　　　　　(b) 自组织调整后的弹塑性应力场

图 11.4　隧道围岩自稳潜力自组织调整示意图

由此可见，隧道围岩以强度准则为约束条件，完成了岩体自稳潜力的自组织调整过程，以最大限度地发挥其自稳潜力。

自稳潜力的自组织调整机制在边坡岩体中也同样发挥作用。在边坡的任何部位开挖，由于坡高或坡度的改变，都会导致岩体应力场的调整。例如，产生岩体卸荷回弹与倾倒变形，引发主应力轨迹偏转，坡顶拉张应力区和坡脚剪应力集中区的尺度和形状改变，以及应力量值的改变等。这种调整将使边坡趋向一个新的稳定状态，或在超出自稳潜力的情况下发生破坏失稳。

第二节　岩体主动加固基本原理

一、工程岩体主动加固理念

由上述分析可见，岩体的自稳潜力受赋存环境的影响。因此，调整岩体赋存环境，可以不同程度地激活和最大限度地发挥岩体的自稳潜力。

从强度角度看，岩体的自稳潜力是岩体自身力学性质与应力环境共同作用的产物。岩体工程灾害防治本质上也是依靠岩体与工程结构物的协同作用，最大限度调动岩体自稳潜力的防护体系。

因此，工程岩体主动加固方法的基本理念是：基于岩体自稳潜力的自组织调整机制，寻求以轻量人工结构物和经济成本，有效激发和利用岩体自稳潜力，保障岩体稳定的加固方法。

从广义角度看，任何改变岩体性质，或改善应力条件的措施都属于岩体主动加固的范畴。通过施加外力维持或增大岩体围压，正是改善岩体应力条件，也同时提升岩体的自稳潜力的综合措施。

工程岩体主动加固方法的基本内容包括，恰当确定岩体加固的需求度及其分布，寻求有效的加固工程措施，评价加固效果。

二、加固需求度及其分布

1. 岩体加固需求度及其分布

根据前面的分析，岩体在任一点的抗压强度受岩体单轴抗压强度（σ_c）的影响，并与围压（σ_3）呈 $\tan^2\theta$ 倍的增强关系。可见围压的降低与提升是改变岩体强度的敏感因素。

莫尔-库仑强度准则式（11.1）描述了保障岩体强度的极限围压（σ_{3c}），即

$$\sigma_{3c}=\frac{\sigma_1-\sigma_c}{\tan^2\theta}, \quad \theta=45°+\frac{\varphi}{2} \tag{11.4}$$

当岩体中任一点处的强度达不到该强度值，则需要提供加固，其直接方式就是增大围压（σ_3）的数值。

按照上述理论，我们定义岩体中某点破坏极限围压（σ_{3c}）与该点实际存在围压（σ_3）之间的差值

$$\Delta\sigma_3 = \sigma_{3c} - \sigma_3 = \frac{\sigma_1 - \sigma_c}{\tan^2\theta} - \sigma_3 \tag{11.5}$$

为该点的"加固需求度"。

由于工程岩体应力场中 σ_3 是变化的，因此加固需求度 $\Delta\sigma_3$ 也随空间位置而变化，见图 11.5。加固需求度最大的部位就是最危险，也是最需要加固的部位。下面将在后续边坡和地下空间应用部分讨论这一问题。

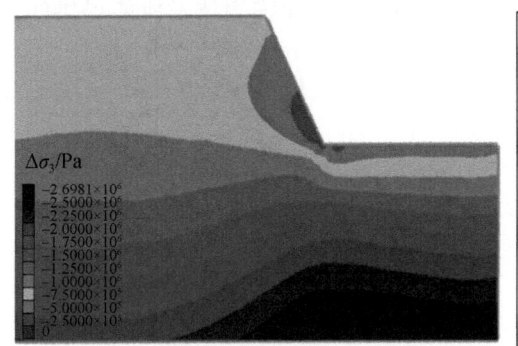

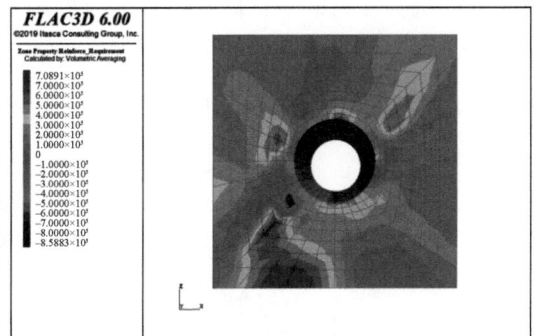

(a) 边坡的加固需求   (b) 地下硐室的加固需求

图 11.5   边坡加固需求的空间差异性

2. 不同强度准则确定加固需求度

工程中常常不仅采用莫尔-库仑强度准则，还会采用其他准则进行对比设计计算，如 Hoek-Brown（H-B）准则和 Griffith 准则。式（11.5）已经给出了基于库仑强度判据的岩体加固需求度计算式。为了方便使用，我们列出其他两种强度准则确定加固需求度的方法。

对于 H-B 判据，由 $\sigma_1 = \sigma_3 + \sqrt{m\sigma_c\sigma_3 + s\sigma_c^2}$ 可以解出极限围压为

$$\sigma_{3c} = \frac{1}{2}\left\{2\sigma_1 + m\sigma_c - \sqrt{[4m\sigma_1 + (m^2+4s)\sigma_c]\sigma_c}\right\}$$

因此有岩体任一点上的加固需求度为

$$\Delta\sigma_3 = \sigma_{3c} - \sigma_3 = \frac{1}{2}\left\{2\sigma_1 + m\sigma_c - \sqrt{[4m\sigma_1 + (m^2+4s)\sigma_c]\sigma_c}\right\} - \sigma_3 \tag{11.6}$$

对应 Griffith 判据，因 $(\sigma_1 - \sigma_3)^2 = 8\sigma_t(\sigma_1 + \sigma_3)$ 考虑到 $\sigma_c = 8\sigma_t$，可以导出任一点上的加固需求度

$$\Delta\sigma_3 = \sigma_1 + \frac{1}{2}\left[\sigma_c - \sqrt{\sigma_c(\sigma_c + 8\sigma_1)}\right] - \sigma_3 \tag{11.7}$$

将按莫尔-库仑（M-C）准则、H-B 准则和 Griffith 准则计算的加固需求度做成曲线如

图 11.6 所示。这里取中等强度的碳酸盐岩石的经验数据，且考虑了 $\sigma_c=8\sigma_t$，应力条件取开挖面，即 $\sigma_3=0$。比较三个准则的计算结果可以看出：

（1）在开挖面处，按三种强度准则计算出的抗压强度和加固需求度相等；

（2）H-B 判据与 M-C 判据计算的加固需求度较为接近，与 Griffith 判据有一定的差别。当荷载 $\sigma_1<\sigma_c$（或 $\sigma_3<0$）时，按照 H-B 判据与 M-C 判据计算的结果小于 Griffith 判据，但应注意 Griffith 判据更适合于低–张性围压的岩体破坏，而 M-C 判据在负半轴适用性通常不太好；对于 $\sigma_1>\sigma_c$（或 $\sigma_3>0$）的情形，Griffith 判据计算结果偏小，表明存在一定风险；

（3）应当注意的是，目前人工措施加固岩体的能力有限，如锚固技术所能提供的加固应力一般小于 1MPa。

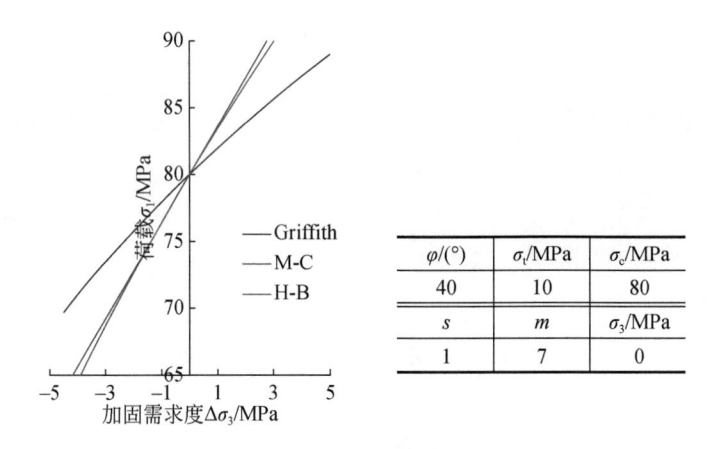

$\varphi/(°)$	σ_t/MPa	σ_c/MPa
40	10	80
s	m	σ_3/MPa
1	7	0

图 11.6　不同强度准则的加固需求度曲线对比

三、锚固力计算与稳定性控制

岩体加固的目的是提升岩体的稳定性。加固前岩体的稳定性状态是加固工程设计的基础；而加固工程是在现有基础上，通过人工措施介入，使岩体的稳定性状态达到"安全系数"的要求。

1. 岩体的点稳定性系数及其分布

由于岩体中的应力状态是随空间位置变化的，因此岩体稳定性状态应该用点的稳定性系数描述。

根据莫尔–库仑强度理论，岩体通常按剪破裂角 $\theta=45°+\dfrac{\varphi}{2}$ 破坏，由于有

$$\tau=\dfrac{\sigma_1-\sigma_3}{2}\sin2\theta,\quad \tau_f=\dfrac{\sigma_1-\sigma_{3c}}{2}\sin2\theta$$

按照极限平衡分析的思想，岩体任一点上的稳定性系数（K）可定义为

$$K = \frac{\tau f}{\tau} = \frac{\sigma_1 - \sigma_{3c}}{\sigma_1 - \sigma_3} \tag{11.8}$$

图 11.7（a）为由此计算出的边坡岩体稳定性系数分布图。比较图 11.5 和图 11.7（a）可以看出，岩体的加固需求度与稳定性系数分布是一致的，即加固需求度越高的部位，点上稳定性系数越低。

2. 锚固力计算与岩体稳定性控制

根据前面介绍的岩体点上加固需求度即锚固应力 $\Delta\sigma_3$ 和稳定性系数计算方法，按照安全系数的设计要求，单根锚索（杆）的锚固力应为

$$F = K_f \cdot \Delta\sigma_3 \cdot A = K_f \cdot A \cdot \left(\frac{\sigma_1 - \sigma_c}{\tan^2\theta} - \sigma_3\right) \tag{11.9}$$

式中，K_f 为技术规范规定的设计安全系数；A 为该锚索（杆）覆盖的面积。例如，单锚固的行和列间距分别为 3m 和 2m 时，单锚覆盖面积为 $A = 6\text{m}^2$。

根据岩体稳定性系数的分布图 11.7（a），可以确定锚固深度，即锚索（杆）长度。例如，如果规范要求边坡安全系数 $K_f = 1.25$，则可将锚索伸入到计算稳定性系数大于 1.25 的区域内一定深度 [图 11.7（b）]。

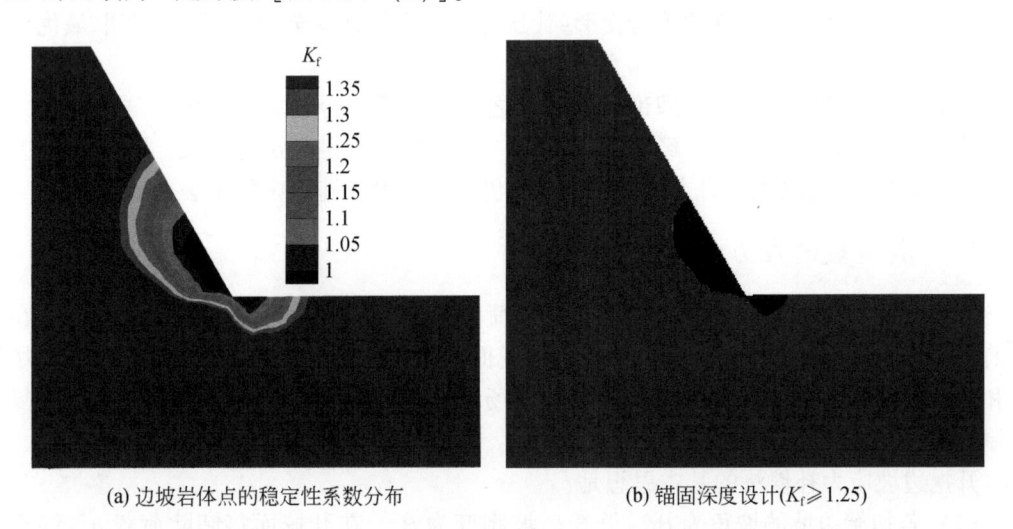

(a) 边坡岩体点的稳定性系数分布　　　　(b) 锚固深度设计 ($K_f \geqslant 1.25$)

图 11.7　边坡岩体稳定性系数分布与锚固计算

第三节　岩体主动加固技术

任何改变岩体性质，或改善应力条件的措施都属于岩体主动加固的范畴。一方面，

通过施加外力维持或增大岩体围压，是改善岩体应力条件，同时也是提升岩体自稳潜力的综合措施；另一方面，一些通过局部降低岩体强度，调整全局应力平衡条件的方法也属于灵活运用的主动加固方法。

实际上，从工程角度对岩体主动加固技术已有不少探索性实践，其中不乏以理论分析为基础的设计施工工法和以经验试错为基础的工程措施。

一、常用岩土体主动加固方法

1. 隧道工程新奥法

20 世纪 50 年代，奥地利学者拉布维兹（L. V. Rabcewicz）提出新奥地利隧道施工方法，即新奥法（new Austrian tunnelling methed，NATM），是对围岩主动支护方法成功的探索。新奥法的基本特点是：

（1）承认隧道围岩具有一定的自稳潜力，并且按照围岩应力场有规律的分布；

（2）施加柔性支护，适度提供预应力，以控制围岩强度的过渡损失；容许围岩发生一定的变形，适度转移围岩荷载；允许围岩进行应力场和自稳潜力的自组织调整；

（3）适时支护，在允许的围岩变形-让压范围内和保证安全的前提下，获取最优化投资效益。

由于新奥法建立在深入的理论分析基础之上，广泛适合软弱破碎围岩隧道工程，可操作性好，经济效益显著，一经提出就受到广泛欢迎，并得到迅速发展。在此基础上建立起来的初支-二衬隧道围岩支护方法，至今仍是隧道设计施工中的工法基础。

2. 开挖边坡的应力补偿法

李忠等（2008）提出了土体边坡开挖卸荷的应力补偿方法。该方法认为，边坡在开挖前可能处于天然稳定状态，由于开挖在开挖面卸除了原有的荷载 q，导致边坡应力场调整和稳定性降低。如果按照原有的边坡应力场，补偿开挖面卸除的荷载，应可以恢复边坡原有的稳定性状态。

开挖边坡应力补偿法的基本思想是：

（1）若初始边坡的坡角为 β_0，开挖后坡脚变为 β_1，在开挖面将卸除荷载 q。卸除荷载将引起坡内 P 点的应力变化［图 11.8 (a)］。补偿这一变化将可能使边坡的稳定性恢复到开挖前的状态。

（2）开挖边坡应力补偿修正值，如 q'，可按各控制点 P 开挖前后等效应力差最小进行数值回归分析［图 11.8 (b)］获得。按此计算结果进行支护力设计，可使坡内任意 P 点的应力状态还原为开挖前应力状态。

此外，在隧道岩爆防护中采用的降低岩体强度方法、应力状态改善方法、各类支护措施都可归为岩体主动加固方法范畴。对此，我们将在第十四章"岩体地下工程应用"部分做出介绍。

(a) 边坡开挖卸荷示意图

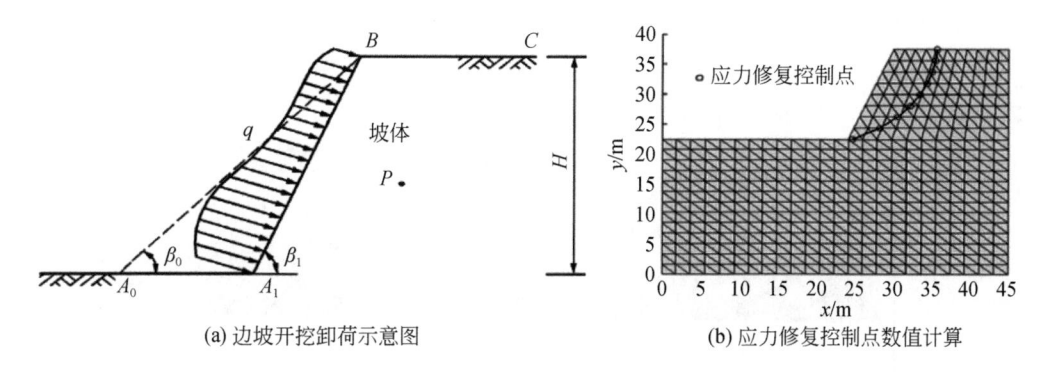

(b) 应力修复控制点数值计算

图 11.8 开挖边坡应力补偿法图示

二、预锚-速锚法

课题组曾应澜沧江水电开发公司和中国水电建设集团昆明院邀请，合作进行小湾水电站坝基开挖岩体特性研究。本书已在第十章"高地应力岩体与岩爆"部分介绍了坝基岩体开挖中大量出现的跟进开挖岩爆破坏及卸荷现象。因为这些破坏现象导致坝基开挖面始终达不到建坝对岩体连续、完整性要求，不得不寻求相应的变形破坏控制措施。

刘彤、晏长根、庄华泽、苏天明、祝介旺、和海方等结合研究工作，在中国科学院地质与地球物理所研究报告"工程岩体变载分析方法研究"中，提出了开挖岩体的"预锚"与"速锚"技术。这两项技术适用于高地应力岩体开挖变形破坏的预先控制，其基本思想包括以下两点。

1. 开挖岩体的预锚技术

在坝基岩体分层开挖中，预先对将要开挖层位下部的岩体进行注浆预应力锚固，改善岩体的应力状态，限制变形，使其在表层挖除后通过锚固系统维持原有法向应力，由此减小岩体的自稳潜力损失。这就是开挖岩体的预锚技术。

采用 FLAC3D 数值计算软件对开挖前、后的坝基岩体应力场进行了模拟，图 11.9 (a)、(b) 分别为预锚开挖面附近的初始最小主应力和开挖后的最小主应力。比较两图可见，开挖引起的最小主应力（σ_3）改变并不显著，因此岩体强度的变化几乎可以忽略。

但是，要在开挖前对下部层位实施预锚，施工会有一定的难度。

2. 开挖岩体的速锚技术

所谓速锚，就是逐段开挖，及时实施锚固。由于加固紧跟开挖进程，使每步开挖引起的应力状态改变最小，充分减少开挖对岩体质量的影响，限制岩体的变形（图 11.10）。如果少挖快锚，效果与预锚接近，但锚固工程可操作性更强。

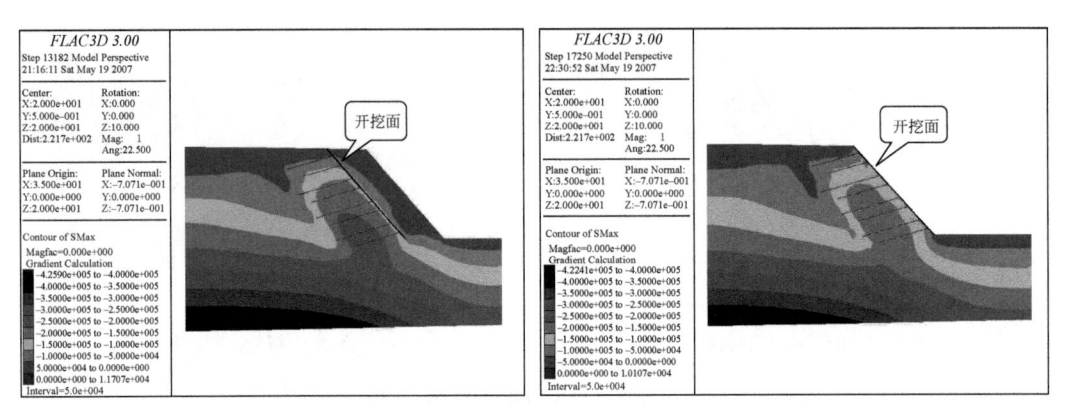

(a) 开挖前实施预锚　　　　　　　　　　　　(b) 开挖后

图 11.9　预锚法岩体开挖前后最小主应力（σ_3）比较

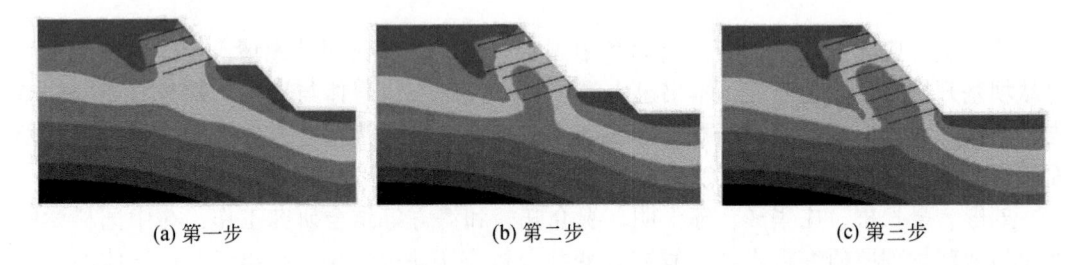

(a) 第一步　　　　　　　　(b) 第二步　　　　　　　　(c) 第三步

图 11.10　速锚法岩体开挖最小主应力（σ_3）的分步变化过程

第十二章

统计岩体力学计算平台与数值分析

数值分析方法经过几十年的发展已经相对成熟，在岩土工程领域体现出比刚体极限平衡法更多的灵活性和优越性。岩土工程数值分析方法的重要特点是，能高精度模拟并展示工程岩土体中各类"场"过程和规律，因此数值分析方法受到欢迎并已被广泛应用于各类岩土工程计算中。

但是迄今为止，数值分析仍主要活跃在软件行业和研究人员的项目延伸应用，在工程部门则多用作"定量分析定性使用"的佐证手段，很少纳入国内外技术规范作为基本的计算设计工具。这一方面是因为计算理论门槛稍高，建模与计算环节相对繁琐，不易把握；另一方面也由于数值计算的边界条件和初始条件设置和取值易受人为因素影响，业界难于控制。

因此，从工程视角改进数值计算技术，使它更具有"工程观念"，使数值计算能为工程师提供更实用的成果，成为工程设计必备工具。可见，面向工程实用的数值计算方法和软件开发已成为一个更切实际的需求。

本章首先讨论统计岩体力学对数值分析方法范畴的拓展，介绍工程岩体中点的"参数状态"、空间"参数场"和"数字化岩体"的概念；然后介绍岩体各类参数的计算方法；最后介绍 SMRM 工程岩体数值模拟模块。

第一节 工程岩体数字化的概念

近年来，研究团队伍劼等提出了工程岩体数字化的概念和基本思路，即以统计岩体力学的基本理论为基础，发展工程岩体参数计算方法，拓展岩体工程数值模拟技术的应用范围，并为此做出了持续努力。

一、数值计算及其应用拓展

工程应用领域中，"数值计算"是指采用线性方程组的直接法和迭代法、矩阵特征值和特征向量计算等方法，求解工程问题的偏微分方程数值解的方法。几十年来，人们发展了多种数值计算方法和软件系统，并各自形成了从几何建模、边界条件与初始条件赋值、计算求解及成果展示的一套完整的、可视化效果良好的工作流程。

但是另一方面，工程勘察和设计往往更需要数值计算提供若干参数指标来综合评价岩体性质和质量，而这些参数却难以直接从数值计算中得到。因此，从"工程观念"角度，需要拓展数值计算的应用功能。

二、岩体的参数状态与参数场

岩土工程数值计算的任务是为工程师提供实用设计参数，并展示空间分布规律。所谓实用参数，是指工程师在综合评价岩体时所依据的参数；而参数分布是指在工程总体评价时对参数分布规律的认识。

仿照连续介质力学的说法，我们可以定义岩体的参数状态与参数场。

岩体参数，包括性质参数、质量分级、应变能密度，以及行为参数。岩体参数在某一点上随方向变化的特征可称为岩体的参数状态；而岩体参数场则描述该参数所表现出的时间-空间变化规律。

三、数字化岩体

统计岩体力学已经表明，岩体的各类工程参数都与岩体的物质组成、应力场及地下水渗流场有关。无论是边坡、地下硐室还是岩体地基，开挖都可能引起应力场的重分布调整，局部出现张应力区和剪应力集中区。这些变化不仅改变了岩体参数、岩体质量、岩体应变能密度及行为特性，也增强了岩体性质的各向异性，导致岩体参数状态和参数场的变化。

"数字化岩体"是岩体参数状态与参数场的表现形式。显然，数字化岩体既反映了岩体各类参数的方向性变化特征，也反映了这些参数的空间变化；在考虑应力和地下水等活跃的因素时，也可以反映岩体参数场的动态变化。

岩体参数状态和参数场计算可以分为两个部分：一是参数状态计算，二是参数场计算。由于工程岩体空间形态和力学边界条件千变万化，岩体参数场通常需要采用数值计算方法获得，而岩体参数状态则可以根据统计岩体力学理论计算得到。

岩体力学参数和岩体质量都是岩体自稳潜力的体现，因此了解它们的空间分布与变化对动态认识和评价岩体自稳潜力、指导工程设计具有重要的工程意义。而数字化岩体可以为开挖和防护工程设计提供了近距离的参数背景。

图 12.1 展示了刚果（金）宗果 II 水电站右岸边坡岩体水平方向的弹性模量与 SMRM 岩体质量分布云图。

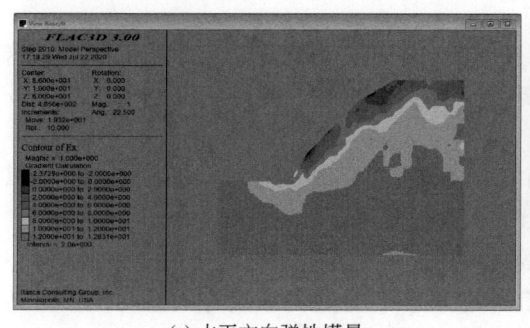

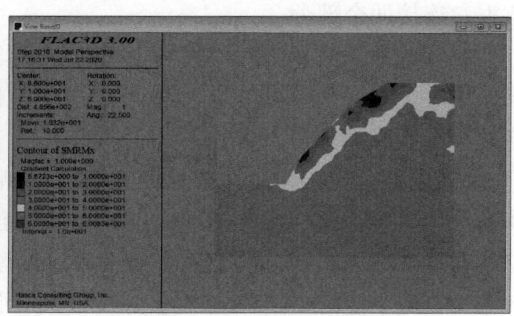

(a) 水平方向弹性模量　　　　　　(b) 水平方向岩体的SMRM质量

图 12.1　边坡岩体参数场分布图

第二节 岩体参数计算平台解析

一、岩体工程地质智能工作平台

"岩体工程地质智能工作平台"是浙江岩创科技有限公司和绍兴文理学院联合开发的软硬件一体化系统（图12.2）。该平台根据岩体工程地质工作的流程特点，将现场测试与数据采集、数据记录与无线传输、岩体工程参数和工程地质问题分析云计算系统联系起来，实现岩体工程地质"一站式"服务的工作平台。这是岩体工程地质行业的一次技术变革，平台的宗旨是使岩体工程地质工作更便捷、更智能。

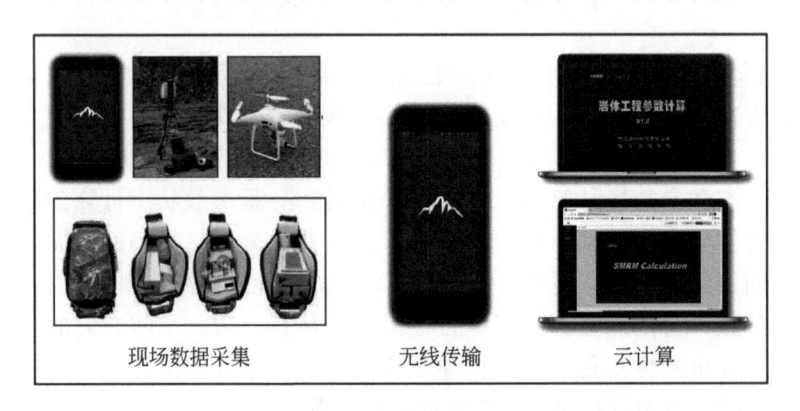

图12.2 岩体工程地质智能工作平台

平台主要由两部分组成，即"现场数据采集"和"云计算系统"，通过手机无线收发数据，连接两个部分。

现场数据采集系统由"背包实验室"、非接触测量系统，以及手机电子野簿组成。这部分研发工作得到了绍兴文理学院乔磊、白忠喜、伍劼、梁伟、陈坤、张芳、管圣功等老师的长期技术支持。

"背包实验室"包括便携式点荷载仪、结构面摩擦仪、单轴试验仪、三轴试验仪，以及岩性取样和切磨样机。试验仪器具备数据自动采集和蓝牙、WiFi无线数据传输功能。

非接触测量系统包括无人机摄像、三维激光扫描，以及手机三维点云扫描功能。

手机电子野簿由照相机、录音机及语音识别系统、卫星定位系统等内置功能、自行开发的手机罗盘软件，以及数据库功能组成。手机自动接收来自各类测试测量仪器的数字信号并无线传输至云计算平台。

云计算平台具备无线数据接收、存储和发射功能，上下游分别连接手机和云终端。云服务器搭载SMRM云计算平台，可实现大数据存储积累，实现点云数据的岩体结构智能识别，支撑大数据共享、数据挖掘和各类分析计算功能。

二、SMRM 云计算系统

SMRM 云计算系统，包括岩体参数计算系统和依托几种数值计算软件二次开发的 SMRM 本构计算模块。系统以统计岩体力学理论为基础，实现岩体各类工程参数计算与工程地质问题分析功能。

岩体工程参数计算方法的研究与软件开发起始与 20 世纪 90 年代初。在中国科学院、国务院三峡工程建设委员会办公室、中国电建集团成都勘测设计研究院有限公司、中国电建集团昆明勘测设计研究院有限公司、水利部黄河水利委员会勘测规划设计研究院、中铁第一勘察设计院集团有限公司等单位的支持下，研究者有机会接触了三峡工程、锦屏一级和小湾水电站，以及兰渝铁路等国家重大工程建设。在解决岩体工程难题的同时，也深刻体会了岩体工程对岩体力学理论和计算分析技术的需求。

自 2011 年起，软件研发以功能模块为单元，围绕统计岩体力学的岩体工程参数计算和岩体质量分级方法等相关内容，用 C#语言编制了七款独立软件，并申请登记了软件著作权。

2015 年后，由伍劼牵头组建了浙江岩创科技有限公司和绍兴文理学院联合研发团队，启动了"SMRM Caculation 平台"的研发工程。迄今为止，参与本系统软件研发工作的有伍劼、伍法权、戴振中、叶晓彤、包含、孔德珩、郗鹏程、张恺等。

本软件相关的方法已经编制发布中国岩石力学与工程学会团体标准《工程岩体参数计算与岩体质量分级技术规程》（T/CSRME 011—2021），并被列入全国建设行业科技成果推广项目，获中国岩石力学与工程学会科技进步奖特等奖和国家科技进步奖二等奖。

岩体工程参数计算系统目前主要实现了岩石力学与岩体结构的原始数据接收、处理和岩体工程参数计算功能，功能界面如图 12.3 所示。

(a) 岩体工程参数计算（SMRM Calculation）欢迎界面

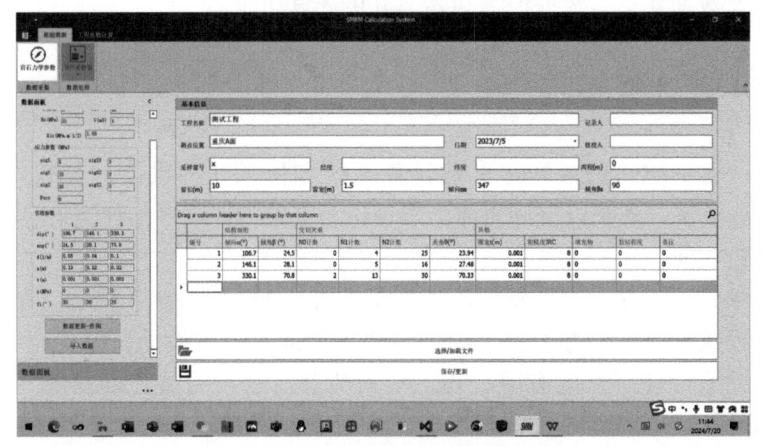

(b) 节理采样窗数据处理界面

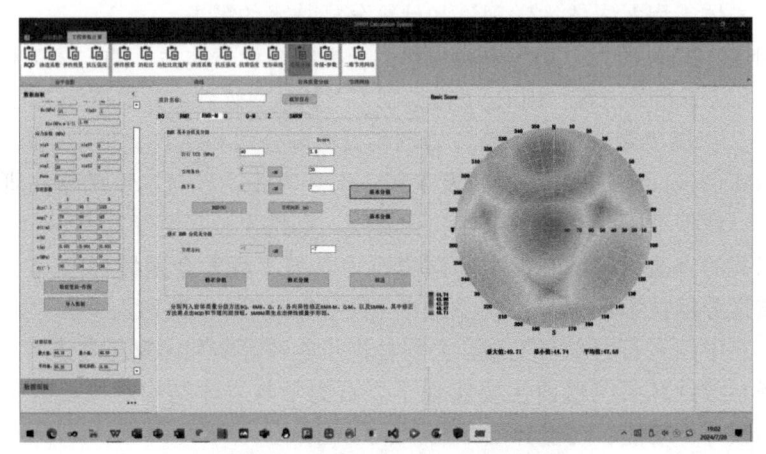

(c) 岩体工程参数云计算系统功能分区

图 12.3 岩体工程参数计算系统

  岩石力学与岩体结构原始数据包括岩石力学"背包实验室"测试数据和各种采集方法获得的岩体结构数据。岩石力学数据包括岩石的点荷载、单轴与三轴，以及结构面表面摩擦角等测试的原始数据，输出的岩石点荷载强度、单轴抗压强度和结构面摩擦角统计最优值；岩体结构数据包括通过精测线、无人机倾斜摄影测量、3D 激光扫描、手机扫描、采样窗等手段获取的露头面三维点云数据。

  岩体参数计算主要包括岩体的结构、弹性模量、泊松比、抗压强度、抗剪强度、渗透系数、岩体质量分级、岩体应变能密度等。岩体参数计算结果的表述方式主要为赤平投影、曲线簇及图表等形式（图 12.4）。赤平投影主要展示岩体的 RQD、渗透系数、弹性模量、抗压强度等四种全空间方向变化的参数；曲线簇主要表现岩体随应力状态、地下水压力变化的弹性模量、泊松比、渗透系数、抗压强度、抗剪强度，以及变形过程的曲线簇，对于计算方向为水平的参数，如铅直荷载作用下的泊松比、水平剪切强度等，则采用玫瑰花曲线簇表示；图表主要是经岩体结构几何要素解算，输出的结构面组数、各组结构面的平均半径、法向密度等数据。

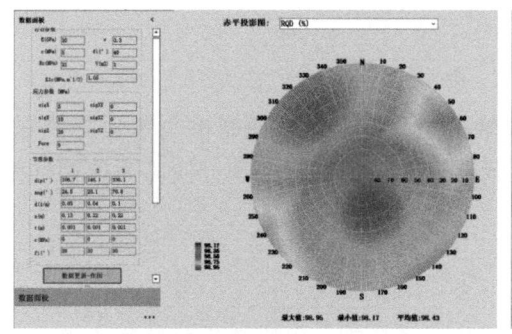

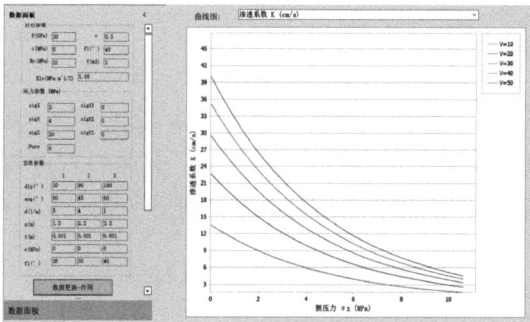

(a) 三组节理岩体RQD赤平投影图

(b) 变体积(V)条件下岩体渗透系数-围压曲线簇

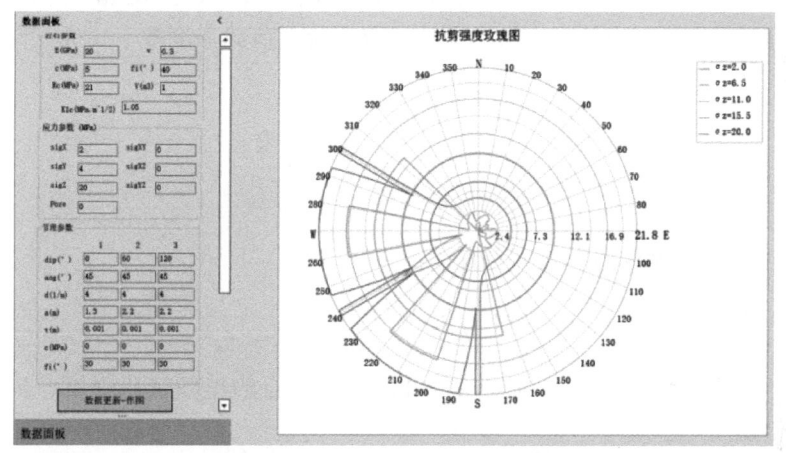

(c) 变法向压力条件下岩体SMRM抗剪强度

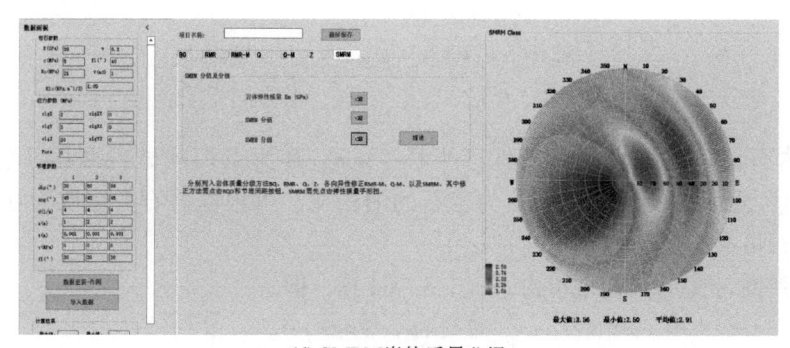

(d) SMRM岩体质量分级

图 12.4　岩体参数计算结果的表述方式

岩体参数计算软件基于 VS.net 平台，采用 C#语言编写。计算的基础数据列于基础数据面板，并保持与动态内存数据一致。基础数据包括岩石力学数据、应力状态数据和岩体结构数据三个部分；数据面板同时显示岩体参数计算结果。

下面对岩体参数计算编程的数学原理和基本思路做简要解析。

三、原始数据处理

原始数据主要包括岩石的点荷载强度、单轴抗压强度、结构面摩擦角等强度数据，以及岩体结构面网络几何数据，其中岩石点荷载强度数据需进行处理，换算为单轴抗压强度数据，再纳入强度数据的统计分析。

1. 点荷载强度数据的国标法预处理

点荷载强度数据在纳入统计分析之前应进行数据预处理，以换算为单轴抗压强度数据。我们仍依据 ISRM 推荐方法、《工程岩体分级标准》（GB/T 50218—2014）、《工程岩体试验方法标准》（GB/T 50266—2013）等规范，对点荷载强度按下式进行计算：

$$\begin{cases} I_s = \dfrac{P_c}{D_e^2}, I_{s(50)} = I_s \cdot \left(\dfrac{D_e}{50}\right)^{0.45} \\ R_c = 22.82 \cdot I_{s(50)}^{0.75} \approx 6 \cdot \dfrac{P_c^{0.75}}{D_e^{1.163}} \end{cases} \quad (12.1)$$

式中，D_e 为过两压头触点的等效岩心直径，mm。

2. 点荷载测试数据的 SMRM 方法预处理

根据统计岩体力学理论，点荷载试验可以测试岩石的单轴抗压强度、抗拉强度、弹性模量和泊松比。

岩石的单轴抗压强度和抗拉强度可根据式（3.5）计算，即

$$\begin{cases} \sigma_t = \dfrac{(7-2\nu)^2 P}{32\pi(5+2\nu)} \dfrac{k^2}{z_c^2}, k = \sqrt{1 + \dfrac{1}{\left(\dfrac{D}{z_c}-1\right)^2}} > 1 \\ \sigma_c = 8\sigma_t \end{cases}$$

式中，z_c 为岩石试件的触点轴向塑性区半径，mm；D 为点荷载试件两压头触点间的距离，mm；P 为试件破裂荷载，N；ν 为岩石的泊松比，可根据岩石类型取为 0.125~0.3，一般较硬岩石可取 0.2。

岩石的弹性（变形）模量可由式（3.8）计算，即

$$E = \dfrac{2(1+\nu)(3-2\nu)P}{\pi w^2}$$

式中，w 为点荷载试件两触点间的总相对位移，mm，可对试件压痕深度测量获得。

3. 岩石和结构面强度数据的统计分析

统计分析需要处理的数据主要包括岩石的点荷载强度及其换算，单轴抗压强度，结

构面摩擦角、黏聚力等。

岩石和结构面强度数据具有显著的随机性，通常可以按照第三章"岩石与结构面力学性质便捷测试"部分介绍的双参数 Weibull 分布模型为基础进行统计分析拟合。

双参数 Weibull 分布的密度函数形式为式（3.19），即

$$f(\sigma) = kVm\sigma^{m-1}e^{-kV\sigma^m}$$

式中，σ 为强度变量；m 为分散性参数；k 为比例参数；V 为研究试件体积，通常取为单位体积。

岩石和结构面强度数据的 Weibull 分布通常采用最小二乘法，按下列公式拟合，其中参数 m 采用迭代求解，并将结果代入计算 k 值。

$$m = \frac{\sum_{i=1}^{N}\sigma_i^m}{\sum_{i=1}^{N}\sigma_i^m\ln\sigma_i - \frac{1}{N}\sum_{i=1}^{N}\sigma_i^m\sum_{i=1}^{N}\ln\sigma_i} \tag{12.2}$$

$$\frac{1}{k} = \sigma_0^m = \frac{1}{N}\sum_{i=1}^{N}\sigma_i^m \tag{12.3}$$

以此为基础，采用式（12.2）计算出概率密度最大的岩石或结构面强度值

$$\sigma_{cm} = \frac{1}{(kV)^{1/m}}\left(1-\frac{1}{m}\right)^{\frac{1}{m}} \tag{12.4}$$

并将该值更新，用于岩体工程参数计算的动态数据库 cdp 和 D：…\SMRM 岩体工程参数计算 \data 中的 Input.xclx 基础数据表。

4. 结构面几何参数的统计分析

结构面几何参数主要包括：结构面组数（m）、各组结构面的倾向（α）与倾角（β）、平均迹长（$\bar{l}$）、平均半径（$\bar{a}$）、平均间距（$\bar{x}$）、平均法向密度（$\bar{\lambda}$）以及结构面的隙宽（t）等。

结构面几何参数主要采用采样窗数据计算、岩体露头面三维点云数据解译方法获得。由于三维点云数据解译方法程序采用 Matlab 工具开发，目前尚未纳入工程实用平台，这里主要介绍采样窗数据计算方法。

根据几何概率理论，一组结构面的平均迹长可按式（4.25）计算，即

$$\bar{l} = \frac{ab[1+(N_0-N_2)/N]}{[1-(N_0-N_2)/N](aB+bA)} \tag{12.5}$$

式中，a 和 b 分别为采样窗的长、短边的长度，m；而

$$\begin{cases} A = E(\cos\theta), B = E(\sin\theta) \\ N = N_0 + N_1 + N_2 \end{cases} \tag{12.6}$$

θ 为结构面迹线在采样窗平面上的视倾角；N_0、N_1、N_2 为表4.2的记录数据。

由下述步骤可以求取任一组结构面的法向密度（λ）、面积密度（λ_s）和体积密度（λ_v）。首先计算采样窗平面上一组结构面中心点的视面积密度

$$\lambda_s' = \frac{N}{ab+\mu(aB+bA)} \tag{12.7}$$

式中，μ 为平均迹长的倒数；

按下式计算采样窗平面与结构面法线倾向夹角（δ），并进一步计算该组结构面中心点的真面积密度（λ_s）：

$$\cos\delta = n_1 m_1 + n_2 m_2 + n_3 m_3, \quad \begin{cases} n_1 = \sin\alpha \\ n_2 = \cos\alpha \\ n_3 = 0 \end{cases} \tag{12.8}$$

$$\lambda_s = \lambda_s' \cos\delta \tag{12.9}$$

式中，n_i（$i=1$，2，3）为过结构面法线的铅直切面的法线方向余弦；m_i（$i=1$，2，3）为采样窗法线的方向余弦，按下式计算：

$$\begin{cases} m_1 = -\cos\alpha_s \sin\beta_s \\ m_2 = -\sin\alpha_s \sin\beta_s \\ m_3 = \cos\beta_s \end{cases} \tag{12.10}$$

由于 $\lambda_s = \mu\lambda$，由 $\lambda_s' \cos\delta = \mu\lambda = \frac{1}{\bar{l}}\lambda$ 可得一组结构面的法向密度为

$$\lambda = \bar{l} \cdot \lambda_s' \cos\delta \tag{12.11}$$

四、基础数据面板

岩体工程参数计算的基础数据包括岩石力学参数、应力参数、节理（结构面）参数（图 12.5），并通过"Input. xlsx"表格读入，由"数据面板"显示。目前本系统只能实际获取三类参数中的部分参数，其他参数可采用系统外的测试或经验方式获取，或通过界面进行修改。

本系统采用的三类数据包括，

（1）岩石力学参数：点荷载测试换算的岩石单轴抗压强度（R_c）；另可由单轴与三轴压缩试验提供岩石的弹性模量和单轴抗压强度指标。

（2）应力参数：需要引入专门的测量数据，或根据计算点的岩体埋深估算岩体的三维应力数据。

（3）节理参数：采用岩体露头面采样窗获取并通过本系统内置程序解算出的若干组结构面的倾向、倾角、法向密度、平均半径以及隙宽。

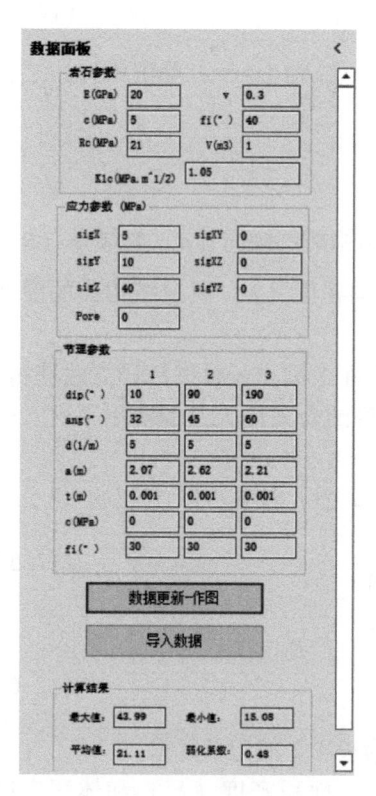

图 12.5 基础数据与数据面板

五、常用的数学变换

在岩体参数计算编程中，我们常常需要进行若干数学变换，现简要列举如下：

1. 两矢量夹角余弦

在岩体参数计算中，我们通常需要考察两个不同方向上几何和力学参量的关系。例如，结构面法向密度在任意测线上的投影问题；又如，我们常将荷载设定为特定方向，考察该荷载对任意计算方向参数的影响，这些都需要求取两矢量夹角的余弦。

若两矢量的夹角为 δ，则夹角余弦按下式求取

$$\cos\delta = n_1 m_1 + n_2 m_2 + n_3 m_3 \tag{12.12}$$

式中，n_i、m_i ($i=1, 2, 3$) 分别为两矢量的方向余弦。

2. 矢量旋转变换

为了展示某一参数值随空间方向的变化性，我们常常需要对计算（常称为测线）方向在倾向 [0°, 360°]、倾角 [0°, 90°] 区间内，按 $\Delta\alpha$、$\Delta\beta$ 进行正向旋转，实际操作中按下述旋转矩阵将参数矢量做反向旋转，变为

$$\begin{bmatrix} n_1 \\ n_2 \\ n_3 \end{bmatrix} = \begin{bmatrix} \cos\Delta\alpha & \sin\Delta\alpha & 0 \\ -\sin\Delta\alpha & \cos\Delta\alpha & 0 \\ 0 & 0 & 1 \end{bmatrix} \begin{bmatrix} \cos\Delta\beta & 0 & \sin\Delta\beta \\ 0 & 1 & 0 \\ -\sin\Delta\beta & 0 & \cos\Delta\beta \end{bmatrix} \begin{bmatrix} n_{01} \\ n_{02} \\ n_{03} \end{bmatrix} \tag{12.13}$$

式中，方向余弦下标 0 表示旋转前的值。

3. 赤平投影变换

某一参数的方向性变化特征需要采用赤平投影图来展现，需要将三维空间矢量投影变换到二维平面。我们通常采用施密特等面积投影变换，并已在第四章"岩体结构的几何概率理论"介绍，为了阅读方便再次列出如下

$$\begin{cases} x_1 = -\sqrt{2} R\cos\alpha\sin\dfrac{\beta}{2} \\ x_2 = \sqrt{2} R\sin\alpha\sin\dfrac{\beta}{2} \end{cases} \tag{12.14}$$

式中，x_1、x_2 分别为计算机作图坐标系横轴和纵轴；R 为赤平投影网半径；α、β 分别为矢量的倾向于倾角。

4. 结构面应力投影计算

设应力张量和结构面法线方向余弦分别为

$$\boldsymbol{\sigma} = \begin{bmatrix} \sigma_{11} & \sigma_{12} & \sigma_{13} \\ \sigma_{21} & \sigma_{22} & \sigma_{23} \\ \sigma_{31} & \sigma_{32} & \sigma_{33} \end{bmatrix}, \quad \boldsymbol{n} = \begin{bmatrix} n_1 \\ n_2 \\ n_3 \end{bmatrix} \tag{12.15}$$

则结构面总应力分量为

$$\boldsymbol{P} = \begin{bmatrix} P_1 \\ P_2 \\ P_3 \end{bmatrix} = \boldsymbol{\sigma} \boldsymbol{n} \tag{12.16}$$

结构面法向应力值及其坐标分量分别为

$$\sigma_n = \boldsymbol{P}^\mathrm{T} \boldsymbol{n}, \quad \boldsymbol{\sigma}_n = \begin{bmatrix} \sigma_{n1} \\ \sigma_{n2} \\ \sigma_{n3} \end{bmatrix} = \sigma_n \boldsymbol{n} \tag{12.17}$$

结构面剪应力坐标分量、剪应力值及其方向余弦分别为

$$\boldsymbol{\tau} = \begin{bmatrix} \tau_1 \\ \tau_2 \\ \tau_3 \end{bmatrix} = \boldsymbol{P} - \boldsymbol{\sigma}_n, \quad \tau = \sqrt{\boldsymbol{\tau}^\mathrm{T} \boldsymbol{\tau}}, \quad \boldsymbol{m} = \begin{bmatrix} m_1 \\ m_2 \\ m_3 \end{bmatrix} = \frac{1}{\tau} \cdot \boldsymbol{\tau} \tag{12.18}$$

六、岩体结构参数计算

岩体结构是岩体一切工程行为的基础，岩体结构参数往往也是工程岩体分级的基础性参数。综合描述岩体结构的参数主要包括结构面的体积密度、任意空间方向的 RQD、结构面尺度的极值，以及结构面的连通率等。本部分可参考第四章"岩体结构的几何概率理论"部分内容。

1. 岩体结构面的体积密度

结构面的体积密度（λ_v）[或即体积节理数（J_v）] 是岩体质量分级的基本指标，定义为单位体积内结构面形心点数，单位为条/m³。许多技术规范中采用体积节理数（J_v）换算岩体的完整性指标（K_v）。

根据一组结构面的尺度和密度的负指数分布，该组结构面的体积密度按下式计算

$$\lambda_v = \frac{2}{\pi^3} \mu^2 \lambda = \frac{\lambda}{2\pi \bar{a}^2} \tag{12.19}$$

式中，μ 为该组结构面平均迹长的倒数；λ 和 $\bar{a}$ 为其法线密度和平均半径，m。

对于 m 组结构面，总体积密度为

$$\lambda_v = \frac{2}{\pi^3} \sum_{i=1}^{m} \mu^2 \lambda = \frac{1}{2\pi} \sum_{i=1}^{m} \frac{\lambda}{\bar{a}^2} \tag{12.20}$$

2. 任意方向上的 RQD 值计算

RQD 是刻画岩体结构完整性的常用指标。根据统计岩体力学，取结构面与任意方向测线交点间距的截断值为 $t=0.1\text{m}$，测线方向的 RQD 值由下式计算

$$\text{RQD}=\frac{1}{(1-e^{-\lambda L})^2}[(e^{-0.1\lambda}-e^{-\lambda L})^2+\lambda(e^{-0.1\lambda}-e^{-\lambda L})(0.1e^{-0.1\lambda}-Le^{-\lambda L})] \quad (12.21a)$$

式中，L 为测线长度，当 L 远大于结构面与测线交点平均间距（x）时，有

$$\text{RQD}=(1+0.1\lambda)e^{-0.2\lambda}\times 100\% \quad (12.21b)$$

其中，测线与结构面交点的密度为

$$\lambda = \sum_{i=1}^{m}\lambda_i\cos\delta_i \quad (12.22)$$

式中，λ_i 为第 i 组结构面的法线密度；δ_i 为测线与第 i 组结构面法线的夹角。

将 RQD 值按照前述坐标旋转方法，在全空间范围内，按照倾向和倾角每 1°为步长计算 RQD 值，并做出赤平投影图（图 12.6），以此分析岩体结构的空间各向异性。定义岩体结构各向异性指数

$$\xi_{\text{RQD}}=\frac{\text{RQD}_{\min}}{\text{RQD}_{\max}} \quad (12.23)$$

式中，$\text{RQD}_{\min}$ 和 $\text{RQD}_{\max}$ 分别为 RQD 的最小值和最大值，可以由式（12.21a）和式（12.21b）计算数据获得，也可以由式（4.73）的方法获得。

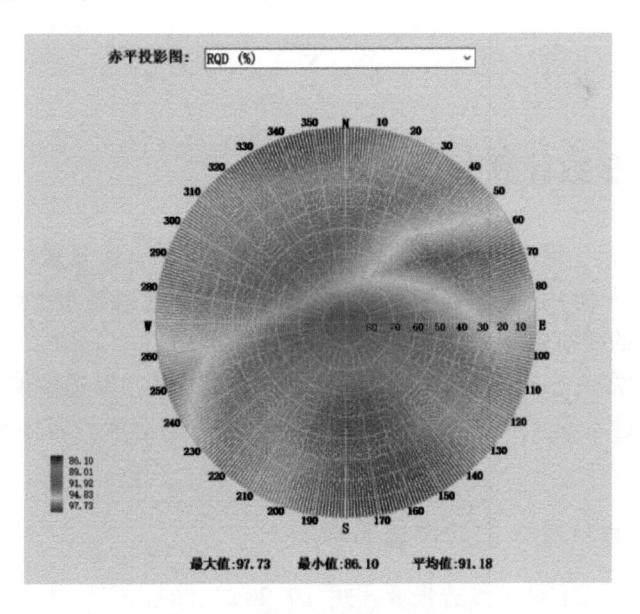

图 12.6 RQD 值的赤平投影图

3. 一组结构面最大尺度计算

结构面的最大尺度对于岩体的强度行为和水力学行为具有重要意义。一组结构面尺度最可能的最大半径和最大隙宽分别由式（4.78）和式（4.79）给出，即

$$a_{\mathrm{m}} = \bar{a}\ln(\lambda_{\mathrm{v}} V) = \bar{a}\ln\left(\frac{\lambda}{2\pi\bar{a}^2}V\right)$$

和

$$t_{\mathrm{m}} = \bar{t}\ln(\lambda_{\mathrm{v}} V)$$

式中，$\bar{t}$ 为结构面的平均隙宽；V 为研究单元的体积，m^3。

4. 结构面的水力学连通率计算

结构面的连通率是统计岩体力学渗透性计算的基本指标。单位体积内第 j 组结构面被第 i 组结构面连通的体积，即体积连通率为

$$\eta_{ji} = \pi\lambda_{vj}\bar{t}_j(\bar{a}_j+r_j)^2 e^{-\frac{3r_j}{\bar{a}_j}}, \quad r_j = \frac{1}{2\lambda_i\sin\theta} \tag{12.24a}$$

式中，r_j 为被连通结构面组 j 的最小被连通半径，m；λ_i 为起连通作用的第 i 组结构面的法向密度；其他指标的计算同前。

当一组结构面被多组结构面连通时，选取该组面的连通率之和作为可能的最大总连通率，即

$$\eta_j = \sum_{i=1}^{m}\eta_{ji} \tag{12.24b}$$

七、岩体渗透参数计算

渗透张量 K_{ij} 是一个描述岩体在不同方向上渗透性能的二阶张量，反映了岩体结构面尺度、张开状态、产状组合及连通情况的水力学效应。它是联系水力坡度矢量（J）与渗透流速矢量（u）的变换矩阵。

岩体工程中常常关心岩体在水力坡度方向的渗透系数，渗透性能的水–岩耦合效应（不同围压下的渗透系数）和体积效应。本部分可参考第七章"岩体水力学理论"部分内容。

1. 岩体在水力坡度方向的渗透系数

我们已经导出裂隙岩体的渗透张量[式（7.20）]，即

$$K_{ij} = \frac{\pi g}{12\nu}\sum_{p=1}^{N}\lambda_v \bar{t}^3(\bar{a}+r)^2 e^{-\frac{3r}{\bar{a}}}(\delta_{ij} - n_i n_j)$$

式中，N 为结构面组数；$\bar{t}$、$\bar{a}$、$\lambda_v = \frac{\lambda}{2\pi\bar{a}^2}$ 为第 p 组结构面的平均隙宽、平均半径和体积密

度；$r=\dfrac{1}{\lambda_i \sin\theta}$，其中 λ_i 为第 i 组结构面法线密度，θ 第 i 组与第 p 组结构面夹角。

如式 (7.23)，岩体在水力坡度方向的渗透系数为

$$K_g = K_{ij} m_i m_j$$

式中，m_i 为水力梯度的方向余弦。

变换水力梯度的空间方向，计算出相应方向上的渗透系数，可以做出岩体渗透椭球赤平投影图（图12.7）。在该图上我们可以搜索出渗透系数的最大值、最小值及其空间方向，再利用中间主渗透系数方向分别与最大、最小值相互垂直的关系，找出其空间方向和量值。

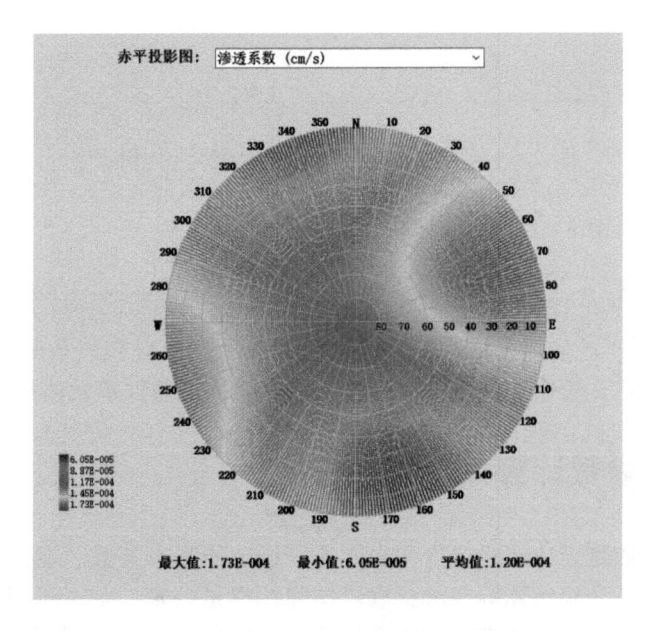

图 12.7 全空间渗透系数赤平投影图

2. 不同围压下的岩体渗透系数

在一定有效法向应力（σ）作用下，结构面隙宽将按 $t = t_0 e^{-\alpha\sigma}$ 发生闭合变形。当 $\sigma = \dfrac{1}{3}\sigma_c$ 时结构面基本闭合，此时达到 $t = 0.05 t_0$，有 $\alpha = 9$。将 t 代入式 (7.20) 得

$$K_{ij} = \dfrac{\pi g}{12\nu} \sum_{p=1}^{N} \lambda_v \bar{t}_0^3 (\bar{a}+r)^2 e^{-\frac{3r}{\bar{a}}} (\delta_{ij} - n_i n_j) e^{-27\frac{\sigma}{\sigma_c}} \qquad (12.25)$$

式中，$\bar{t}_0$ 为无围压下结构面组平均隙宽；σ_c 为岩块单轴抗压强度；σ 为结构面上的有效法向应力。按式 (7.23) 可计算出一定围压下水力坡度方向的渗透系数（图12.8）。

3. 岩体渗透系数的体积效应

由于有渗流的隙宽立方率和优势渗流，选取一组结构面的最大隙宽（t_m）计算，因

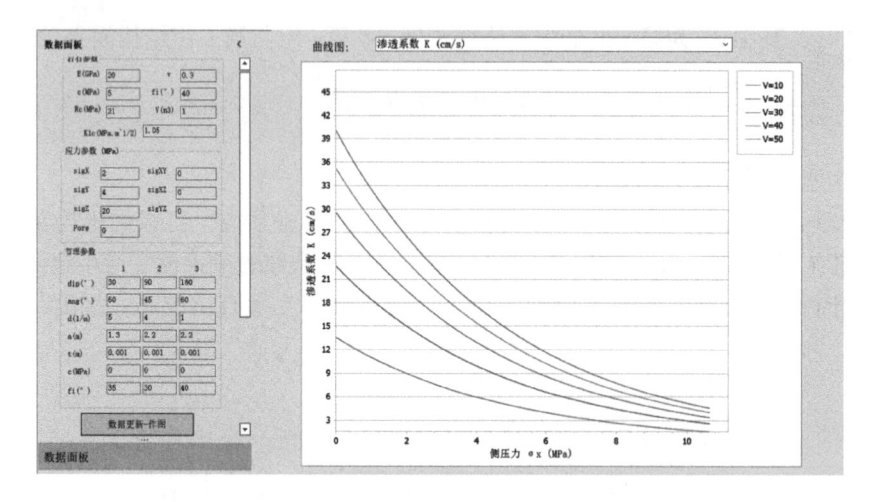

图 12.8　岩体渗透性的水-岩耦合作用与体积效应

$t_m = \bar{t} \ln(\lambda_v \cdot V)$，其中 λ_v 为结构面体积密度，则有

$$K_{ij} = \frac{\pi g}{12\nu} \sum_{p=1}^{N} \lambda_v \bar{i}^3 (\bar{a} + r)^2 e^{-\frac{3r}{\bar{a}}} (\delta_{ij} - n_i n_j) \ln^3(\lambda_v \cdot V) \quad (12.26)$$

图 12.8 同时显示了岩体渗透系数随体积增大的三次方对数关系曲线。根据曲线斜率变缓的特点，可选定一个体积数值作为岩体渗透性能的代表性单元体积（REV）。

八、岩体变形参数计算

岩体的变形参数是岩体质量评价和岩体工程设计的基本参数。在数据不足的情况下，通常采取试验测试、经验估算等办法获取岩体弹性模量（E_m，或变形模量）和岩体泊松比（v_m）。在工程上，人们往往把岩体看作均质、连续、各向同性的弹性介质进行分析处理。

但是岩体实际上是非均质、不连续的各向异性介质。我们依据统计岩体力学理论，计算岩体的各向异性弹性模量和泊松比。包含、伍劼等曾以中国新疆北部某水电站为基地，对坝址区岩体结构、弹性模量等参数进行系统研究，获得了较好的效果。本部分可参考第五章"岩体的应力-应变关系理论"的内容。

1. 岩体变形模量

岩体变形模量计算公式为

$$E_m = \frac{E}{1 + \alpha \sum_{p=1}^{m} \lambda \bar{a} [k^2 n_1^2 + \beta h^2 (1 - n_1^2)] n_1^2}, \quad h = \frac{\tau - (c + \sigma \tan\varphi)}{\tau} \quad (12.27)$$

式中，$n_1 = \cos\delta$，而 $1 - n_1^2 = \sin^2\delta$，δ 为结构面法线与荷载方向夹角；其他参数同前。

岩体的变形模量不仅与岩石、结构面参数有关，也与应力状态有关。变形模量可在三向不等压条件下计算。将应力投影，可获得结构面法向应力和剪切应力。计算条件分为结构面受压闭合（$k=0$）和受拉张开（$k=h=1$）两种情形，代入式（12.27）可求得两种受力条件下的岩体变形模量。

全空间方向变形模量可通过荷载方向的坐标变换获得，计算结果可以用赤平投影图表示。图12.9（a）是含一组产状为NE45°∠45°结构面的岩体"等围压变形模量"赤平投影图。

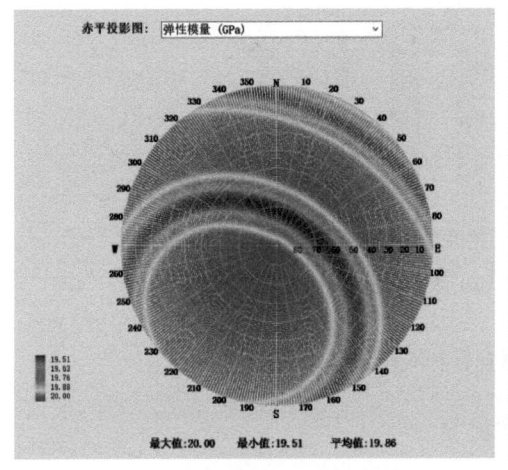

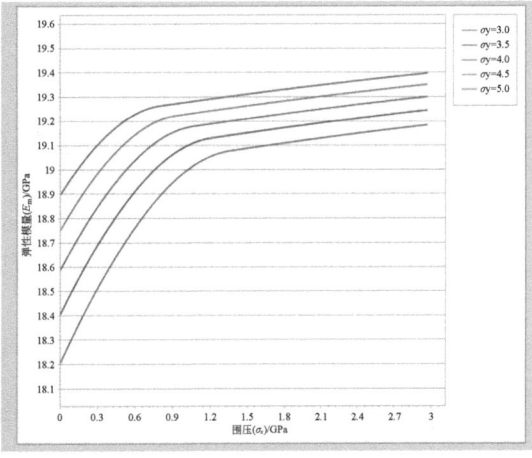

(a) 含一组节理岩体的变形模量　　　　　(b) 变形模量–围压关系

图 12.9　岩体的变形模量

在 y 方向设定不同的围压值，当 x 方向围压连续变化时，分别计算 z 方向变形模量数值，可做出如图12.9（b）所示的 E_m-σ_x 曲线簇。

由计算式（12.27）可知，岩体中存在的结构面会降低岩体的变形模量。如果采用模量比作为岩体变形模量的弱化指数，则有

$$\zeta_E = \frac{E_m}{E} \times 100 \quad (\%) \tag{12.28}$$

结构面的存在也会强化岩体变形性质的各向异性。我们用最小弹性模量与最大弹性模量的比值表示岩体模量的各向异性指数

$$\xi_E = \frac{E_{m\min}}{E_{m\max}} \tag{12.29}$$

考虑到岩体在受拉应力和压应力作用下弹性模量的差异，定义岩体受拉弹性模量与受压弹性模量之比为拉压弹模比

$$\zeta_E = \frac{E_{mt}}{E_{mc}} \tag{12.30}$$

这也是一个随方向变化的量。

2. 岩体弹性模量的复合材料力学计算

当岩体为软硬互层的层状介质时,可以采用复合材料力学方法计算岩体的弹性模量。

在图 12.10 中,白色和灰色分别代表两种不同弹模的材料,以代号 1 和 2 表示。当应力垂直于层面作用时 [图 12.10 (a)],两种材料承受的应力相同,但两者的变形会随各自的弹模而不同。

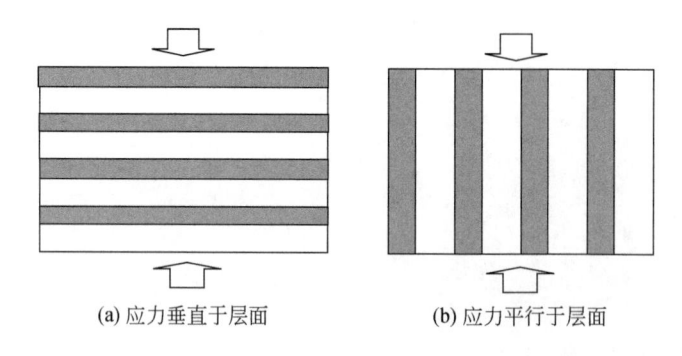

(a) 应力垂直于层面　　(b) 应力平行于层面

图 12.10　层状岩体复合材料力学模型

设各自的弹模分别为 E_1 和 E_2,各自的变形量为

$$\Delta h_1 = \varepsilon_1 h_1 = \frac{\sigma}{E_1} h_1, \Delta h_2 = \varepsilon_2 h_2 = \frac{\sigma}{E_2} h_2$$

式中,h_1 和 h_2 分别为各自的总层厚,h 为两者之和,且有

$$\varepsilon = \frac{\Delta h_1}{h} + \frac{\Delta h_2}{h} = \frac{\sigma}{E}$$

因此,有垂直层面方向的弹性模量为

$$E = \frac{E_1 E_2 h}{E_2 h_1 + E_1 h_2}, \quad h = h_1 + h_2 \tag{12.31}$$

当两层的总层厚相等时,等效弹性模量为

$$E = \frac{2E_1 E_2}{E_2 + E_1}$$

对于平行于层面的情形 [图 12.10 (b)],由于两种介质的应变相同,而应力与材料的弹模有关,即

$$\sigma_1 = \varepsilon E_1, \quad \sigma_2 = \varepsilon E_2$$

而

$$\sigma h = \sigma_1 h_1 + \sigma_1 h_1 = \varepsilon E$$

因此有

$$E = \frac{E_1 h_1 + E_2 h_2}{h}, \quad h = h_1 + h_2 \tag{12.32}$$

当两层的总层厚相等时,等效弹性模量为

$$E = \frac{E_1 + E_2}{2}$$

九、岩体的泊松比计算

由第五章"岩体的应力-应变关系理论",设在铅直方向荷载为 σ_z,计算在 x 方向的泊松比,其一般的计算公式为

$$\nu_{xz} = \frac{\nu - \alpha \sum_{p=1}^{m} \lambda \bar{a}(k^2 - \beta h^2) n_1^2 n_3^2}{1 + \alpha \sum_{p=1}^{m} \lambda \bar{a}[kn_1^2 + \beta h^2(1 - n_3^2)]n_3^2} \qquad (12.33)$$

式中,n_1 和 n_3 为结构面法线与 σ_x 和 σ_z 的夹角方向余弦。

对于受压状态,$k=0$,有泊松比

$$\nu_{zx} = \frac{4 + \dfrac{1}{\nu}\alpha\beta\lambda\bar{a}\sin^2 2\delta}{4 + \alpha\beta\lambda\bar{a}\sin^2 2\delta}\nu \geqslant \nu, \quad \nu_{zx} = \frac{4\nu + \alpha\beta\lambda\bar{a}\sin^2 2\delta}{4 + \alpha\beta\lambda\bar{a}\sin^2 2\delta} \leqslant 1$$

可见,对于结构面受压情形,有 $\nu \leqslant \nu_{zx} \leqslant 1$,即岩体的泊松比一般大于岩石的泊松比,其上限为 1.0。这就是我们所说的"大泊松比效应"。

对于受拉状态,$k=1$、$h=1$,有泊松比

$$\nu_{zx} = \frac{1 + \alpha\lambda\bar{a}\cos^2\delta\sin^2\delta}{1 + \alpha\lambda\bar{a}\cos^2\delta(\cos^2\delta + \beta\sin^2\delta)}\nu \leqslant \nu$$

可见,对于结构面受拉情形,岩体的泊松比一般小于岩石,这就是我们所说的"小泊松比效应"。

由于常常是在铅直荷载下测试或计算水平方向的泊松比,我们对 x 方向(α 角)以 1°为单位进行坐标变换,可做出泊松比的玫瑰花图,如图 12.11(a)所示。

在 y 方向设定不同的围压值,计算 x 方向的泊松比数值,得到如图 12.11(b)所示的 ν_{zx}-σ_x 曲线簇。可见由于岩体结构力学效应的影响,岩体泊松比不仅随方位而变化,围压的增加也会降低其数值。

十、岩体抗压强度计算

岩体的抗压强度遵从弱环原理,即在岩块和结构面的强度中,最低强度决定岩体强度。本部分计算可参考第六章"岩体的强度理论"。

1. 岩体抗压强度

在围压 σ_x、σ_y 作用下,岩体在 σ_z 方向的库仑抗压强度由下式计算

$$\sigma_{zc} = \min(\sigma_x \tan^2\theta + R_c, \sigma_{zj}), \quad \theta = \frac{\pi}{4} + \frac{\varphi_r}{2} \qquad (12.34)$$

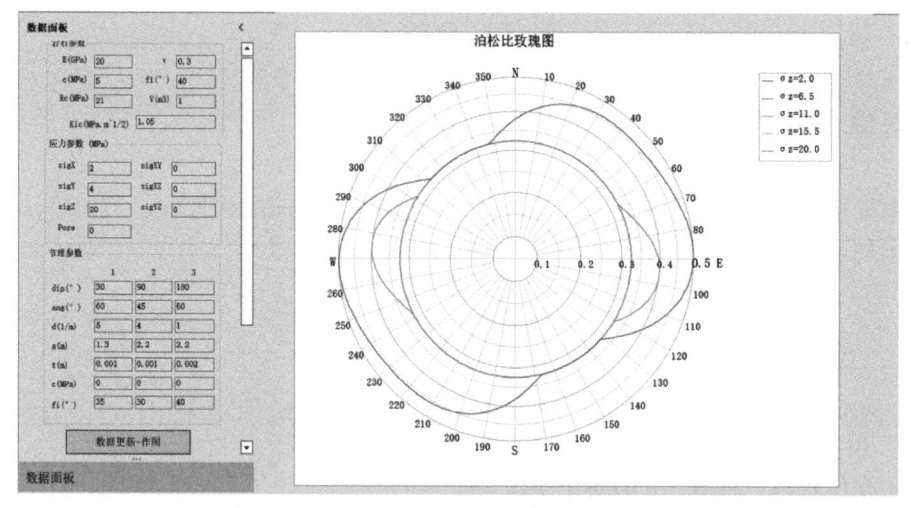

(a) 含三组结构面岩体泊松比玫瑰花图

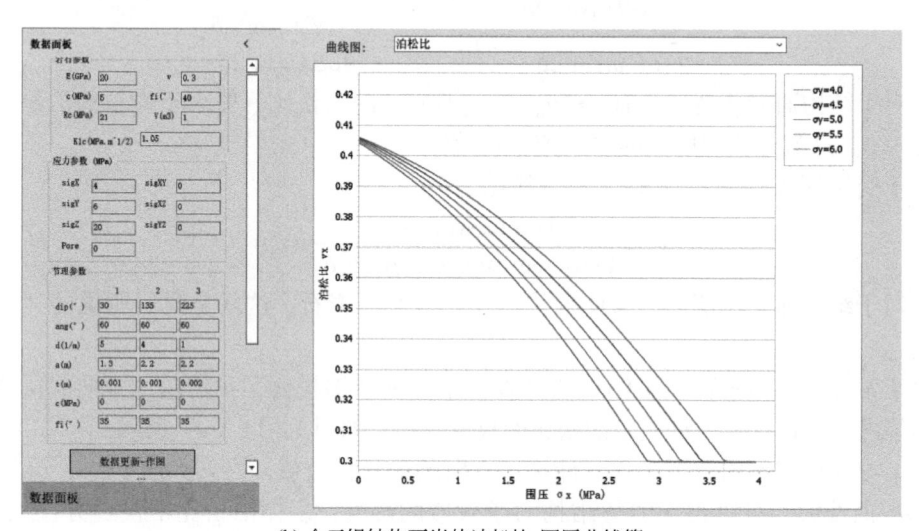

(b) 含三组结构面岩体泊松比-围压曲线簇

图 12.11 岩体泊松比及其变化特征

式中，括号内第一项为岩石的抗压强度，φ_r 和 R_c 分别为岩块摩擦角和单轴抗压强度，MPa；σ_{zj} 为结构面在 σ_z 方向的抗压强度。

式（12.34）中，岩体中一组结构面在 σ_z 方向的 SMRM 库仑抗压强度按下式计算

$$\sigma_{zj} = -\frac{1}{2A}(B+\sqrt{B^2-4AC})$$

$$\begin{cases} A = [(1+f^2)n_z^2-1]n_z^2 \\ B = 2[af+(1+f^2)\sigma_{\sigma xy}]n_z^2 \\ C = a^2+2af\sigma_{\sigma xy}+(1+f^2)\sigma_{\sigma xy}^2-p_{\sigma xy}^2 \end{cases} \quad (12.35a)$$

$$\begin{cases} \sigma_{\sigma xy} = n_x^2 \sigma_x + n_y^2 \sigma_y \\ p_{\sigma xy}^2 = n_x^2 \sigma_x^2 + n_y^2 \sigma_y^2 \\ a = \dfrac{K_{Ic}}{2}\left(\dfrac{\pi}{\beta a_m}\right)^{1/2} + c_j \end{cases} \tag{12.35b}$$

式中，c 和 f 为该组结构面的黏聚力（MPa）和摩擦系数。

采用与弹性模量相同的编程操作，可以作出岩体三轴抗压强度的赤平投影图［图 12.12（a）、(b)］，以及不同围压参数 σ_y 条件下的 σ_z-σ_x 关系曲线簇［图 12.12（c）］。图 12.12（c）中每条曲线上的台阶反映了结构面随法向应力增加造成的应力锁固效应，直至变为岩石强度曲线。

2. Hoek-Brown 抗压强度曲线比较

为了比较 Hoek-Brown（H-B）抗压强度与 SMRM 抗压强度，我们同样编制了 H-B 抗压强度曲线计算模块。H-B 抗压强度按下式计算

$$\sigma_1 = \sigma_3 + \sqrt{m\sigma_c \sigma_3 + s\sigma_c^2} \tag{12.36a}$$

$$\begin{cases} m = 1.23\left(\dfrac{\sigma_c}{\sigma_t} - 7\right) e^{\frac{RMR-105}{28-3D}} \\ s = e^{\frac{RMR-105}{9-14D}} \end{cases} \tag{12.36b}$$

式中，σ_c、σ_t 分别为岩块的单轴抗压强度和抗拉强度，其比值一般取 8~12；D 为扰动系数，取值区间为 0~1，扰动严重者取较大数值；m、s 按表 6.5 取值；RMR 为岩体质量分值（100 分制）。

可在制图界面中修改 H-B 参数：岩体质量分值 RMR 和扰动系数（D），点击"计算"按钮，即可在曲线图区叠加 H-B 强度曲线［图 12.12（d）］。

十一、岩体抗剪强度计算

工程中岩体抗剪强度通常是在铅直法向荷载（σ）作用下，沿水平面大剪试验获得的库仑剪切强度，用抗剪强度参数黏聚力（c）、摩擦系数（f）或内摩擦角（φ）表示。但由于试验中水平剪切方向与结构面倾向并不固定，导致试验数据差别较大，而且常常被误认为是强度的随机性所致。因此，从理论上寻求计算方法具有重要的理论意义和工程应用价值。

按照弱环假设，岩体抗剪强度为岩块和结构面中较小的抗剪强度决定，即

$$\tau_{fxzc} = \min(\sigma\tan\varphi_r + c_r, \tau_{fxzj}) \tag{12.37}$$

式中，括号内第一项为岩石的抗剪强度；φ_r 和 c_r 分别为岩块的摩擦角（弧度）黏聚力，MPa；τ_{fxzj} 为结构面在 z 平面上 x 方向的抗剪强度。

结构面部分的抗剪强度由下式计算

$$\tau_{fxzj} = -\dfrac{1}{2A}(B + \sqrt{B^2 - 4AC}) \tag{12.38a}$$

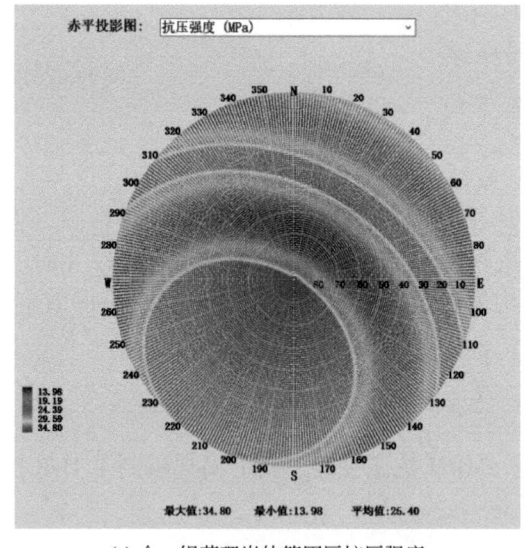

(a) 含一组节理岩体等围压抗压强度

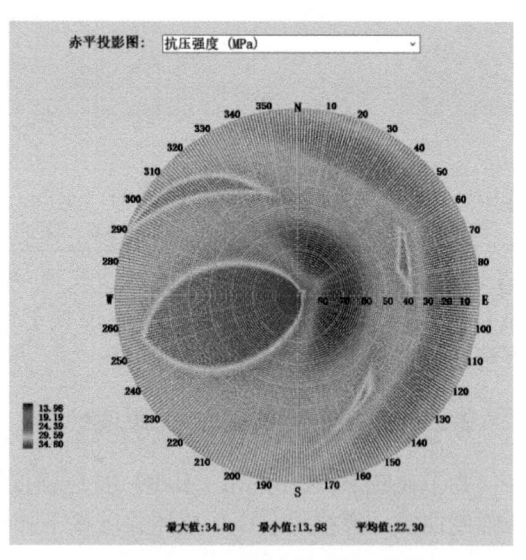

(b) 含三组结构面岩体真三轴抗压强度

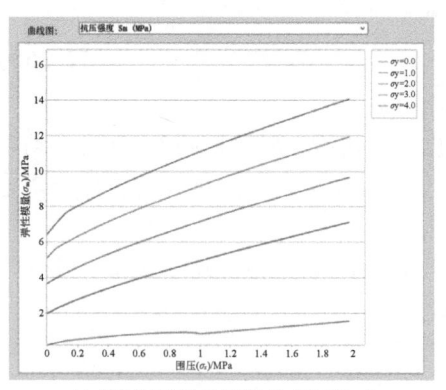

(c) 等围压岩体抗压强度-围压关系

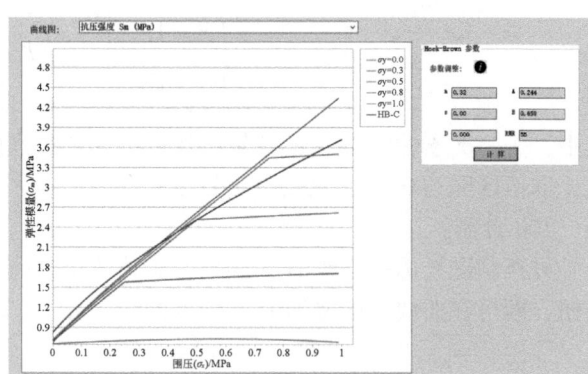

(d) 与Hoek-Brown曲线的对比

图 12.12　岩体的三轴抗压强度

式中，当结构面法向受压，且剩余剪应力比值系数 $h>0$ 时，结构面才可能发生滑动，有

$$\begin{cases} A = n_1^2 + n_3^2 - 4(1+f^2)n_1^2 n_3^2 \\ B = 2[\sigma_x + \sigma_z - 2(1+f^2)\sigma_\sigma - 2af]n_1 n_3 \\ C = p_\sigma^2 - \sigma_\sigma^2 - (a+f\sigma_\sigma)^2 \end{cases} \quad (12.38b)$$

$$\begin{cases} \sigma_\sigma = n_1^2 \sigma_x + n_2^2 \sigma_y + n_3^2 \sigma_z \\ p_\sigma^2 = n_1^2 \sigma_x^2 + n_2^2 \sigma_y^2 + n_3^2 \sigma_z^2 \end{cases} \quad (12.38c)$$

式中，a 取值同式（12.35b）。

当结构面法向受拉时，求根式（12.38a）中各项系数按下式计算

$$\begin{cases} A = 4(1-\beta)n_1^2 n_3^2 + \beta(n_1^2 + n_3^2) \\ B = 2[2\sigma_\sigma + \beta(\sigma_x + \sigma_z - 2\sigma_\sigma)]n_1 n_3 \\ C = (1-\beta)\sigma_\sigma^2 + \beta p_\sigma^2 - a^2 \end{cases} \quad (12.39\text{a})$$

$$a = \frac{K_{\text{Ic}}}{2}\left(\frac{\pi}{a_{\text{m}}}\right)^{1/2} \quad (12.39\text{b})$$

与应力相关的系数按式（12.38c）取值。

1）抗剪强度-剪切方位曲线簇

受结构面力学效应影响，岩体的抗剪强度将随方位而变化。因此可以顺时针连续变换剪切方向（$x=0°\sim360°$），做出不同铅直荷载作用下的沿 x 方向的抗剪强度随方位变化的玫瑰曲线。设定不同的法向荷载 σ_z，可以做出岩体抗剪强度随剪切方位 α 变化的 σ_z-α 玫瑰曲线簇（图12.13）。

2）抗剪强度-法向荷载曲线

点击抗剪强度玫瑰曲线图区域任一点，即可选定与点位对应的剪切方位，并在右侧显示该方向的抗剪强度曲线、抗剪强度参数 c 和 φ 随法向荷载变化的曲线（图12.13）。

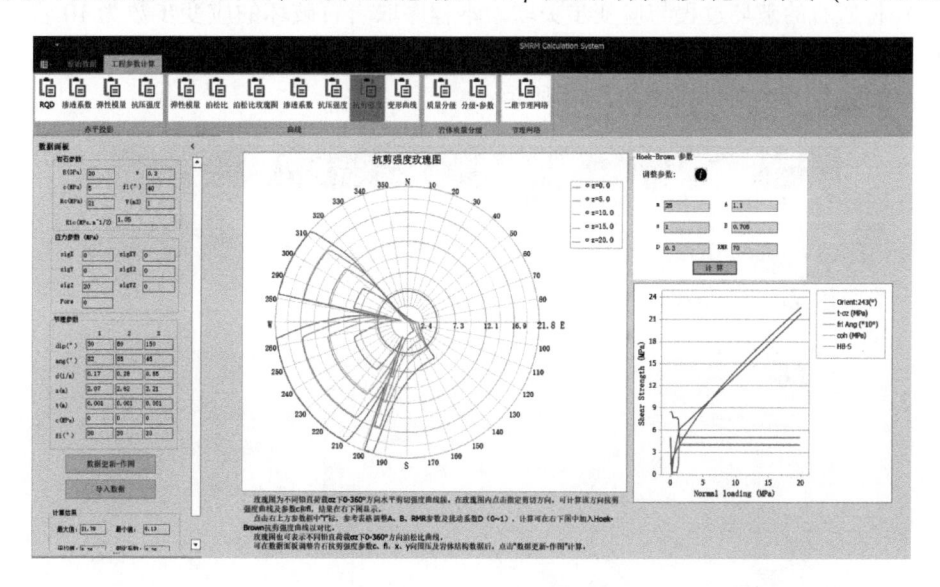

图 12.13　岩体的抗剪强度

3）Hoek-Brown 抗剪强度曲线比较

H-B 抗剪强度按下式计算

$$\tau_\text{f} = A\sigma_\text{c}\left(\frac{\sigma}{\sigma_\text{c}} - T\right)^B, \quad T = \frac{1}{2}(m - \sqrt{m^2 + 4s}) \quad (12.40)$$

式中，系数 A 和 B 由查表获得，可在 Hoek-Brown 参数区点击（i）按钮查询；其他参数可参照 H-B 抗压强度部分操作。

为了将 SMRM 抗剪强度与 H-B 强度做对比，可在做图界面中修改 H-B 参数，点击"计算"按钮，可在曲线图区叠加 H-B 抗剪强度曲线。

十二、岩体变形过程曲线计算

岩体应力-应变过程曲线计算可参考第八章"岩体变形过程分析"，其基本思想如下：

（1）以相同应变步长为增量，计算岩体轴向荷载（变形应力或强度应力），并做曲线。

岩体荷载方向的变形应力按下式进行迭代计算：

$$\sigma_{zi+1} = \sigma_{zi} + E_{mzi} \cdot (e_{zi+1} - e_{zi}) \tag{12.41}$$

式中，E_{mzi} 的计算考虑了侧限应力的弹性约束作用。

岩体在 σ_z 方向的抗压强度由式（12.35a）计算。

（2）弱环思想，即在每个应变步中，岩石和结构面的轴向强度中取小值；同时在轴向变形应力和轴向强度应力之间取小值。

（3）将岩石的破坏过程与应变步关联。本程序取岩石破坏的应变步数为 10 步，岩石的破坏表现为单轴抗压强度（R_c）按分步均匀降低。

岩体的应力-应变曲线如图 12.14 所示。

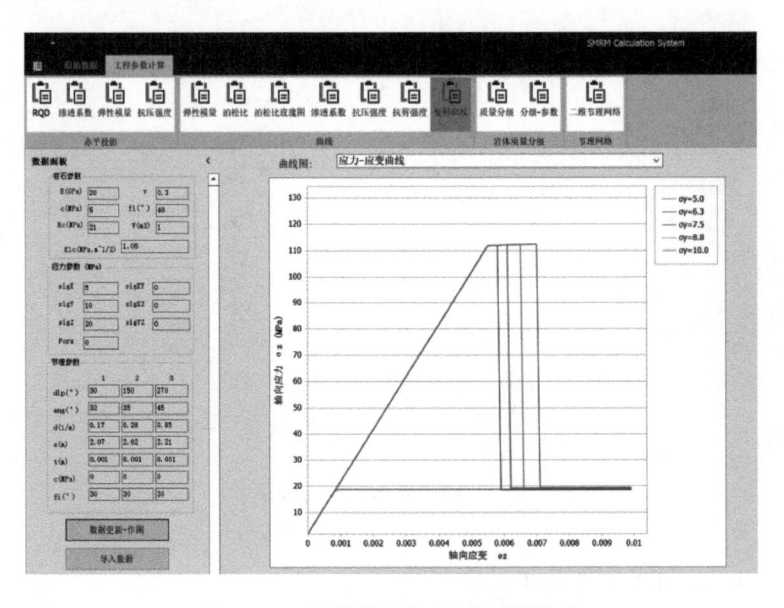

图 12.14 岩体的应力-应变过程曲线

十三、岩体质量分级与经验参数计算

本系统集成了当前广泛使用的几种岩体质量分级方法，包括中国的 BQ 系统、Z 系统，国际流行的 RMR 系统、Q 系统和 GSI 系统，以及统计岩体力学的 SMRM 分级系统。

软件采用界面互动方式，按提示输入必要的参数，即可输出分级结果，并附有质量"描述"（图 12.15）。在岩体质量分级操作过程中，可以根据需要点击"截屏保存"，可将截图保存至目录"D：\…\SMRM 岩体工程参数计算\picture"中。本部分计算可参考第九章"岩体质量分级"内容。

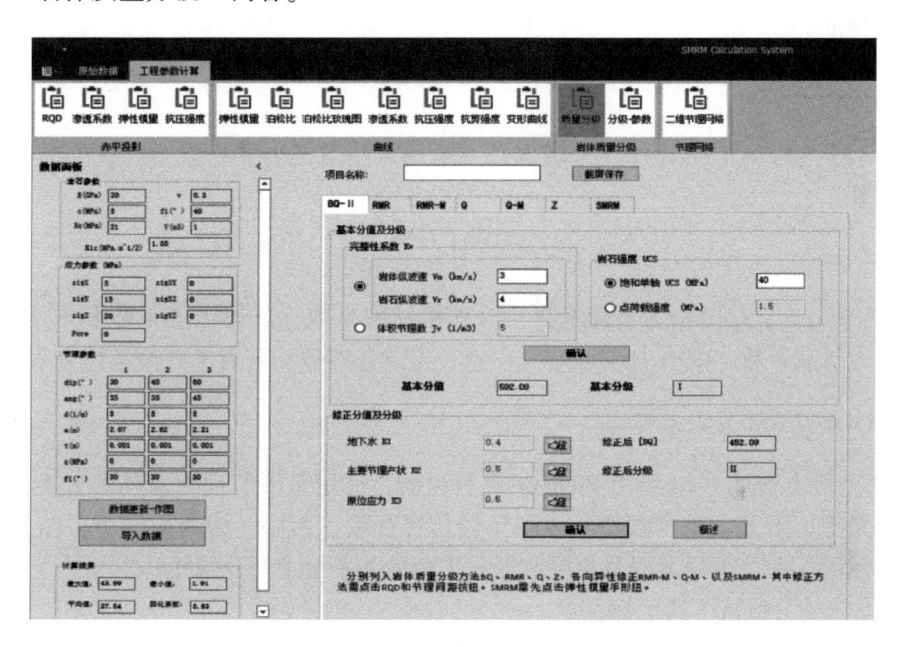

图 12.15 岩体的质量分级界面

1. 常用的岩体质量分级方法

1）BQ 分级系统

我国国家标准《工程岩体分级标准》（GB 50218—2014）中岩体质量分级基本分值按下式计算。

$$BQ = 100 + 3R_c + 250K_v \tag{12.42}$$

式中，R_c 为岩石单轴抗压强度，MPa；K_v 为岩体完整性指数，按国标方法计算获得，一般为 0~1。

对 BQ 指标做三方面修正，即地下水修正（K_1）、主要结构面产状修正（K_2）和应力修正（K_3），每种修正都可查表获得规定的修正分值。将 BQ 分值与三种修正分值相加，可获得修正后的分值。对照岩体质量分值与分级对比表,即可得工程实用的岩体质量分级。

2) Z 分级系统

根据谷德振的研究,岩体三个内在因素的状况决定了岩体质量的优劣程度。它们是岩体的完整性、结构面的摩擦性能和岩块的坚强性。用它们的乘积来表达各类结构岩体的质量优劣,并将这个函数值称为岩体质量系数(Z):

$$Z = I \cdot f \cdot S \tag{12.43}$$

式中,I 为岩体的完整性系数;f 为结构面摩擦系数;S 为岩块的坚强系数,为岩块的饱和单轴抗压强度。

3) Q 分级系统

Barton 等(1974)提出的 Q 分级方法,适用于隧道围岩支护设计。Q 方案的评分值按下式计算:

$$Q = \left(\frac{\text{RQD}}{J_n}\right)\left(\frac{J_r}{J_a}\right)\left(\frac{J_w}{\text{SRF}}\right) \tag{12.44}$$

式中,J_n、J_r、J_a、J_w 分别为节理组数、节理粗糙度系数、节理蚀变系数和水压力系数;SRF 为应力折减系数;RQD 与前面定义一致;上述各参数均可点击界面按钮查表获取。

4) RMR 与 GSI 分级系统

RMR 分级方法是 1974 年由 Bieniawski 提出的,适用坚硬节理化岩体的分类方案。分类中主要考虑以下五个基本参数:岩块单轴抗压强度、RQD、结构面间距、结构面性状及地下水状况,并按工程类型及主要节理与工程的关系给予评分修正。

GSI 系统的分值按下式计算:

$$\text{GSI} = \text{RMR}_{89} - 5.0 \tag{12.45}$$

2. 常用分级系统的各向异性修正

为了在流行的岩体质量分级方法中客观反映岩体质量的各向异性,本系统以各种分级方法中自带的 RQD 及结构面间距指标为基础,将其随空间方向的变化特征转化为赤平投影,带入原分级计算,可以得到各向异性修正的分级方法,并在原分级系统名称后加上"-M"。在 Q-M 方法中,考虑了 RQD 的空间方向变化;RMR-M 方法中,考虑了 RQD 和节理间距 x 的空间方向变化(图 12.16)。

3. SMRM 分级系统

与现有以强度为基础的岩体质量分级方法不同,统计岩体力学提出了基于变形性质的分级方法——SMRM 分级系统(图 12.17)。本方法以岩体的弹性模量为基础,通过 Serafim 和 Pereira(1983)经验公式与 SMRM 系统关联如下:

$$\begin{cases} E_\mathrm{m} = 2\mathrm{RMR} - 100 & (\mathrm{GPa})(\mathrm{RMR} > 55) \\ E_\mathrm{m} = 10^{\frac{\mathrm{RMR}-10}{40}} & (\mathrm{GPa}) \end{cases} \tag{12.46}$$

得出 100 分制的 SMRM 分级，按照 MRM 分级原则，以等分法分为五级。

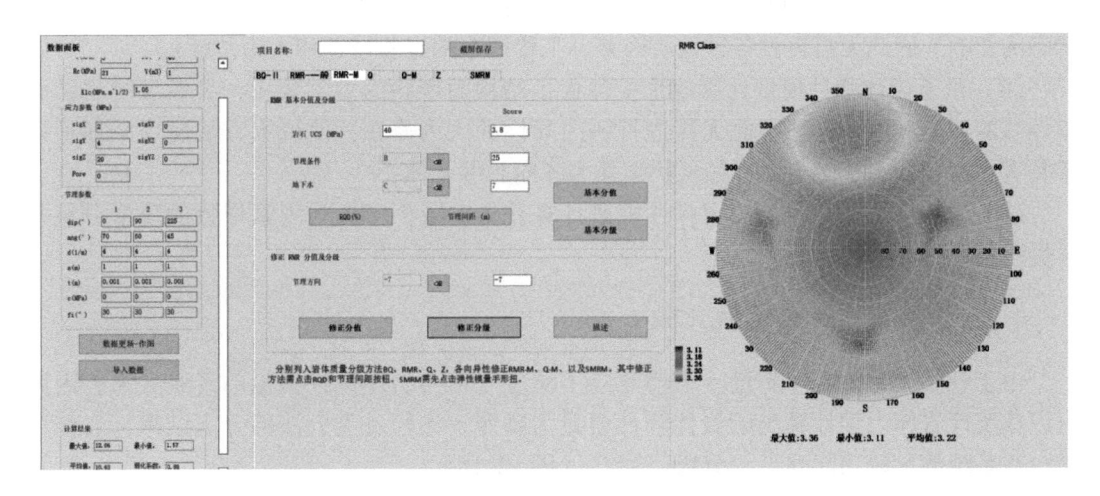

图 12.16　各向异性修正的 RMR 岩体质量分级

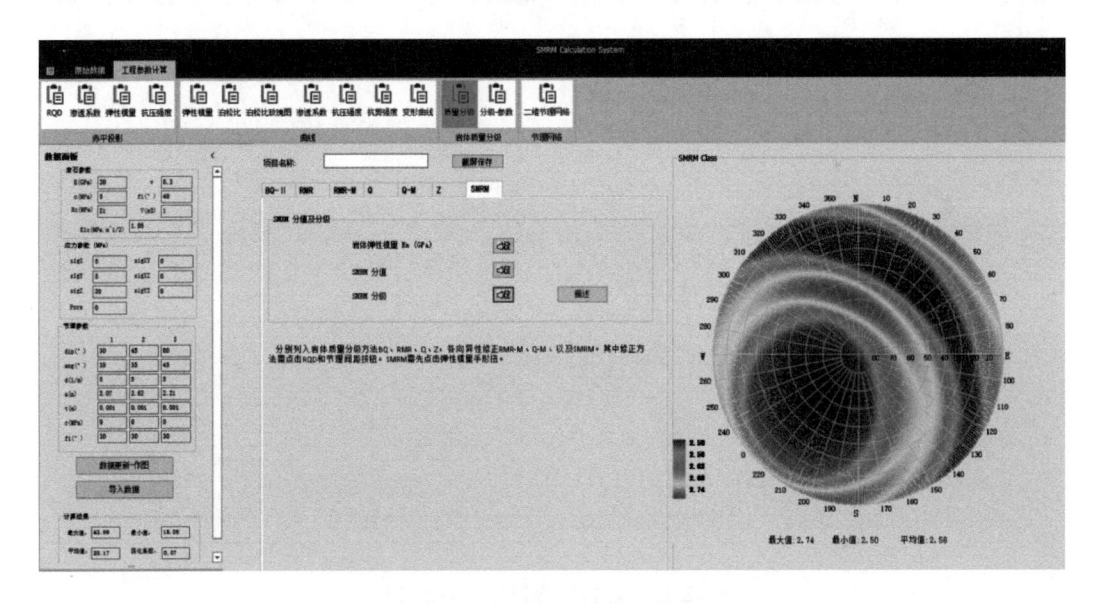

图 12.17　SMRM 分级系统

由于 SMRM 方法可以计算出岩体的各向异性弹性模量，且全面反映岩石类型与力学性质、结构面几何与强度性质、应力环境级地下水压力等多种地质因素的影响，因此可用于：①各类各向异性介质如层状岩等；②隧道围岩、边坡岩体中每一点位的分级，形成"岩体质量分级云图"；③不同应力调整阶段的质量分级变化与比较等。

SMRM 分级系统与传统方法的差别在于：

（1）以岩体的变形性质，而不是强度性质为基础，因此更适合于变形显著的岩体，特别是处于高地应力或深部环境的岩体；

（2）由于 SMRM 弹性模量基于严密的力学理论，并充分引入了各类地质因素和应力状态的影响，因此无需再做各种地质因素、工程因素的经验修正和人为估计；

（3）由于岩体弹性模量计算理论中包含了结构面产状的力学效应，自然反映岩体力学性质的各向异性特性，因此无需进行各向异性的人为修正，使得本方法更广泛地适用于具有各类结构特征的岩体，如层状类强烈各向异性岩体；

（4）SMRM 岩体质量分级由弹性模量计算获得，减少了人为因素导致的质量分级差异性以及质量分级粗略性。

4. 各岩体质量分级系统比较

由于各类流行的岩体质量分级均建立了质量分值与岩体弹性模量的经验关系，因此可以按统计岩体力学计算出的岩体弹性模量为参照，比较各类方法的分级结果。岩体质量分级系统的比较功能列于"分级-参数"（图12.18）。

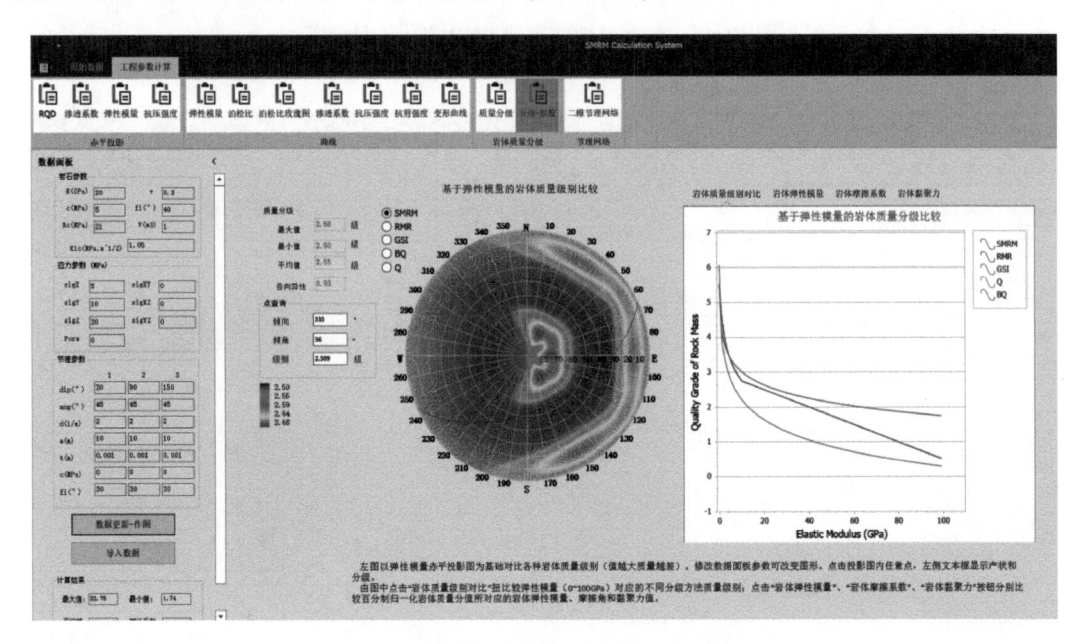

图 12.18　各岩体质量分级系统比较

各类岩体质量分值与弹性模量的统计关系，如下列各式所示：

$$\text{RMR} = \begin{cases} \dfrac{1}{2}(E_\text{m}+100) & (E_\text{m}>10\text{GPa}) \\ \\ 40\lg E_\text{m}+10 \end{cases} \quad (12.47)$$

$$Q = e^{\frac{RMR-44}{9}} \tag{12.48}$$

$$GSI = RMR'_{89} - 5 \tag{12.49}$$

$$BQ = 100\ln(5E_m) \tag{12.50}$$

$$SMRM = RMR \tag{12.51}$$

以岩体变形模量为基础的岩体质量分级采用以下两种方式比较：

1）全空间方向赤平投影比较

以数据面板所列各类基础参数为基础，计算出岩体的全空间方向变形模量赤平投影图，采用式（12.47）～式（12.51）变换为各类分级系统的岩体质量级别。点击按钮，可比较不同分级方法得到的岩体质量分级（图12.18）。

岩体的质量级别统一转换为五级制表示，数值越大，岩体质量越差，反之亦反。由此，应用部门可根据需要细化分级，如级别为3.4表示Ⅲ级弱（或Ⅲb级）、3.7表示Ⅳ级强（或Ⅳa级）。

可在各质量分级系统的赤平投影图区内进行任意方向的分级查询，点击图中任一点，则在"点查询"文本框内显示该方向的倾向、倾角和质量级别（图12.18）。

2）曲线比较

取岩体变形模量在 [0～100GPa) 区间内的值，按式（12.47）～式（12.51）计算各类分级系统的岩体质量级别，并做成曲线（图12.18）。本功能列于"分级-参数"的曲线比较区。

5. 基于岩体质量分级的经验参数计算

根据各类规范、论文提供的基于数据统计分析的经验公式，把不同分级系统的岩体质量分值转换为岩体的弹性模量、黏聚力和摩擦角等几种岩体力学参数。

Hoek 和 Brown（2019）还对比了 Bieniawski（1978），Stephens 和 Banks（1989），Read 等（1999），以及 Barton（2002）的一批现场测试和估算数据，做出如图12.19所示的对比曲线。

文献研究表明，以 RMR 为基础的岩体参数经验关系较多，而国内则以国标 BQ 为基础开展了一些岩体参数统计分析工作。统计分析得到的 RMR、BQ 与岩体参数的关系如式（12.52）、式（12.53）所示：

$$RMR: \begin{cases} E_m = \begin{cases} 2RMR - 100 & (GPa)(RMR > 55) \\ 10^{\frac{RMR-10}{40}} & (GPa)(RMR \leqslant 55) \end{cases} \\ c_m = 5RMR \quad (kPa) \\ \varphi_m = 0.5RMR + 5 \quad (°) \end{cases} \tag{12.52}$$

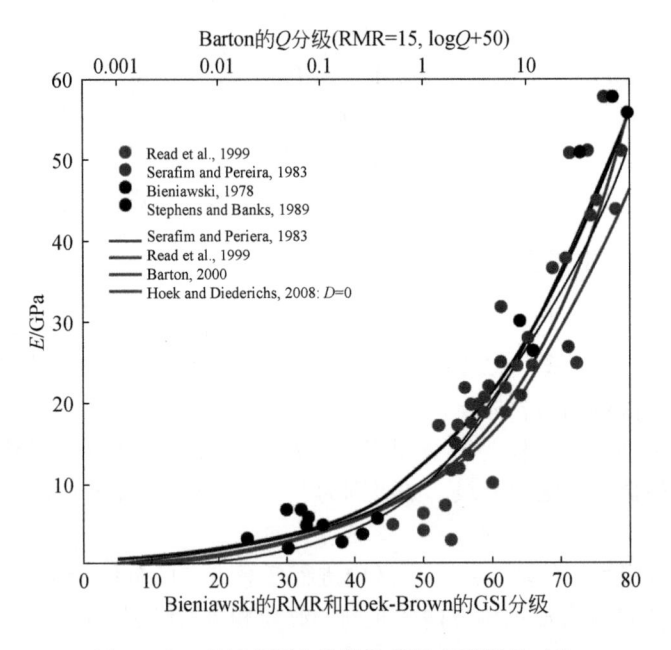

图 12.19 现场实测和估算的岩体变形模量对比

$$\mathrm{BQ}:\begin{cases} E_m = 0.2e^{0.01BQ} & (\text{GPa}) \\ \nu_m = -0.0005BQ + 0.475 \\ c_m = 5\,BQ^{2.0653} \times 10^{-6} & (\text{MPa}) \\ \varphi_m = 0.109BQ - 0.2 & (°) \end{cases} \quad (12.53)$$

将各分级系统的岩体质量分值归一化为百分制表述，作为横坐标，以岩体参数作为纵坐标，得到关系曲线（图 12.20）。

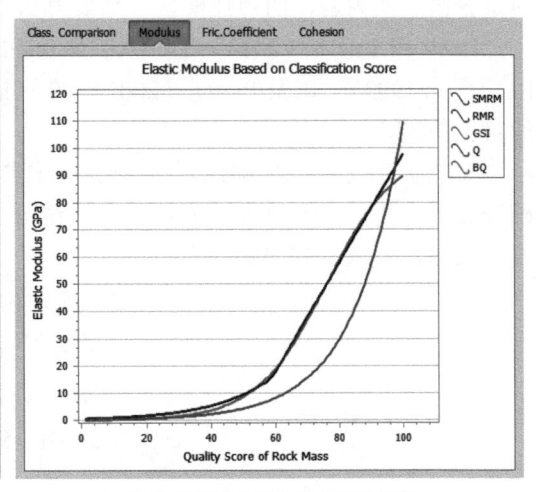

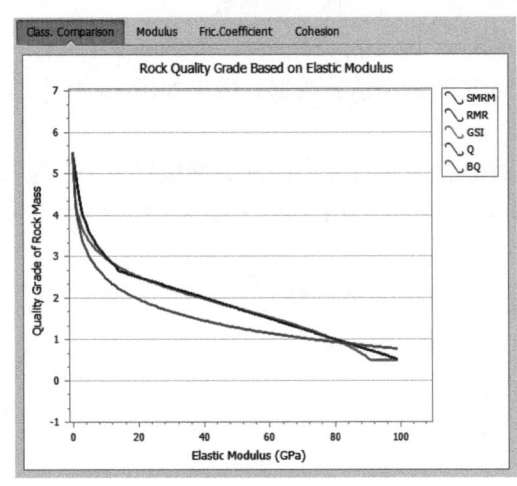

(a) 基于弹性模量的质量分级比较　　(b) 基于质量分值的岩体弹性模量

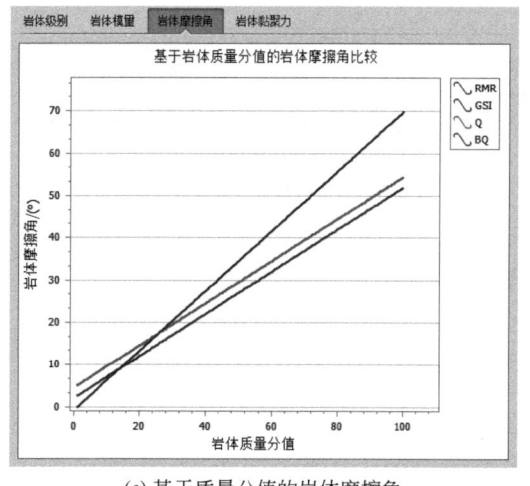

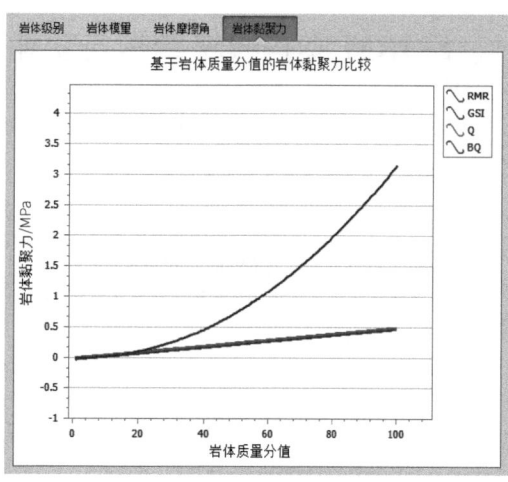

(c) 基于质量分值的岩体摩擦角　　　　　　(d) 基于质量分值的岩体黏聚力

图 12.20　几类岩体质量分级与岩体工程参数的关系曲线

第三节　SMRM 工程岩体数值模拟模块

经过几十年的探索与实践，数值计算与模拟仿真技术越来越成为岩土工程问题分析的必备工具。但是迄今为止，用于岩土工程计算模拟的核心，即本构模型仍以经典的各向同性连续介质为主。近年来部分软件引入了遍布节理模型（ubiquitous-joint model），在莫尔–库仑准则和塑性力学理论的框架下，延伸了节理岩体的力学行为分析功能。

在过去的几十年中，统计岩体力学一直试图发展自己的数字计算本构模块。2011 年，课题组邀请李星星编制了第一个统计岩体力学本构模块 JointModel。该模块以统计岩体力学弹性应力–应变关系为基础，以 FLAC3D 3.0 为依托，采用 C 语言编写而成。2018 年、2022 年，课题组先后邀请王天民、傅钟灵等对模块进行了校核，并增加了岩体参数分布计算功能。2022 年，王天民将增强功能的模块改名为 ModelSMRM，并植入由叶剑红开发的 FfsiCAS 平台和 Abaqus 系统。

十几年来，本构模块 JointModel 在诸多重大工程案例中得到应用，特别是在分析兰渝铁路隧道围压各向异性大变形、高地应力条件下大型水电站地下工程岩爆分析、高陡边坡主动加固计算中获得了良好效果。

但是，由于数值计算对塑性力学模型有严密的要求，JointModel 模块并未解决岩体塑性变形计算问题。但是，我们已经指出，统计岩体力学的应力–应变关系本身就包括了岩体的弹塑性变形，因此，这里我们介绍的模块应当具有弹塑性变形计算的功能。

一、SMRM 本构模块结构与功能

ModelSMRM 本构模块主要包括头文件和计算模块两部分。模块框架如图 12.21 所示。

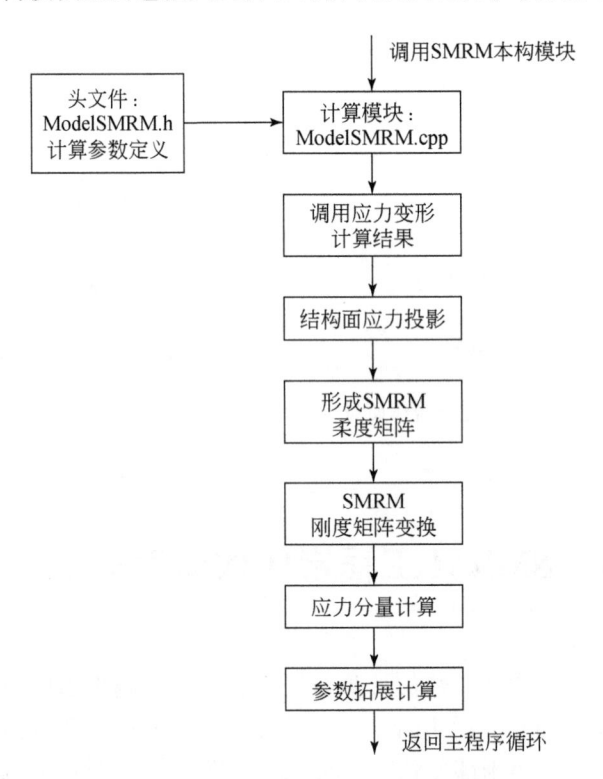

图 12.21 ModelSMRM 本构模块框架

1. 头文件

头文件为 ModelSMRM.h，主要定义公共变量和局部变量。

（1）岩石性质变量：岩石的弹性模量、泊松比、体积模量、剪切模量、黏聚力、摩擦角、单轴抗压强度、抗拉强度、断裂韧度；

（2）结构面性质变量：结构面组数（本程序暂限三组）、各组节理倾向、倾角、法向密度、平均半径、黏聚力、摩擦角、方向余弦；

（3）应力相关变量：三向主应力及方向余弦，孔隙水压力；

（4）计算过渡变量：岩石剪破裂角、节理极限半径、结构面抗剪强度、法向应力、剪切应力、法向与剪应力平方、结构面剩余剪应力比值、法向应力系数；6×6 柔度矩阵、弹性计算过渡系数；

（5）输出变量：岩体弹性模量与 SMRM 岩体质量、破坏概率、压破裂安全余量、加固需求度、稳定性系数、岩体最小抗压强度、应变能密度。

2. 计算模块

计算模块为 ModelSMRM.cpp，主要包括主程序各循环步中的应力与变形计算成果数据调用，完成本模块基本计算和拓展功能计算，并反馈计算结果，进入主程序循环。

1）基本计算

本构模块中基本计算包括如下步骤：

（1）调用主程序岩体单元主应力及其方向余弦、变形计算结果；计算应力张量坐标分量，其中考虑了剪应力互等定理，将九个应力分量简化为六个分量。

（2）读取给定的岩石和结构面数据，初始化变量并赋值，计算中间变量数值。

（3）分组计算结构面法向应力与剪应力，求取结构面法向应力系数 k 和剩余剪应力比值 h；累加计算各组结构面的柔度矩阵；叠加岩石柔度矩阵，得到岩体单元柔度矩阵。

（4）对岩体单元柔度矩阵求逆，得到弹性矩阵。

（5）按照弹性理论由应变矩阵和弹性矩阵求取应力的坐标分量；输出岩体的应力、应变和位移云图。

2）拓展功能计算

在传统的数值分析求取应力、位移等功能的基础上，本模块增加了岩土工程中常用指标的拓展计算，主要包括：

（1）岩体变形模量，由变形模量与岩体质量分值的经验关系，求取 SMRM 岩体质量分值；

（2）求取岩石、各组结构面强度的可靠度，计算岩体单元的破坏概率；

（3）求取单元中岩石、各组结构面中最小抗压强度，并由最小抗压强度与最大主应力之差求取单元压破裂安全余量；

（4）求取单元中岩石与各组结构面最大极限围压，由最大极限围压与最小主应力之差计算岩体单元加固需求度，并计算单元稳定性系数；

（5）按照弹性理论计算岩体单元弹性应变能密度。

根据上述拓展计算可以输出各指标数值云图。

二、弹性柔度矩阵的形成

弹性柔度矩阵是实现 SMRM 本构模块计算的核心组件。本模块的特点是按照统计岩体力学原理纳入岩体结构面的力学效应计算。

弹性柔度矩阵的形成主要包括下述环节：

（1）调用主程序中的三向主应力及其方向余弦，计算各组结构面法向应力与剪切应力；根据法向应力拉、压状态确定法向应力状态系数 k，根据结构面莫尔-库仑抗剪强度计算剩余剪应力比值 h；

（2）按照传统方法计算岩石的柔度矩阵；按照 SMRM 方法计算结构面柔度张量分量，并转换为 6×6 矩阵；将岩石和结构面柔度矩阵分量对应相加，得到岩体单元的柔度矩阵。

图 12.22 显示了岩体单元柔度矩阵的构建思路：图中左列为应变分量，首行为应力分量，表格中间为岩体单元 4 阶柔度张量分量 C_{ijst} 的下标，柔度张量分量计算方法已由第五章"岩体的应力-应变关系理论"给出。矩阵中每行右三列因剪应力互等而合并；每列下三行对剪应变进行了对称化处理，为对应两个剪应变的平均值。

	*s11	*s22	*s33	*s12	*s23	*s13	剪
e11=	1111	1122	1133	1112+1121	1123+1132	1113+1131	应
e22=	2211	2222	2233	2212+2221	2223+2232	2213+2231	力
e33=	3311	3322	3333	3312+3321	3323+3332	3313+3331	互
e12=	(1211+2111)/2	(1222+2122)/2	(1233+2133)/2	(1212+1221+2112+2121)/2	(1223+1232+2123+2132)/2	(1213+1231+2113+2131)/2	等
e23=	(2311+3211)/2	(2322+3222)/2	(2333+3233)/2	(2312+2321+3212+3221)/2	(2323+2332+3223+3232)/2	(2313+2331+3213+3231)/2	
e13=	(1311+3111)/2	(1322+3122)/2	(1333+3133)/2	(1312+1321+3112+3121)/2	(1323+1332+3123+3132)/2	(1313+1331+3113+3131)/2	
剪应变对称化处理	- -

图 12.22　岩体单元柔度矩阵形成图示

对上述柔度矩阵求逆得到弹性矩阵，由此可按弹性理论计算岩体单元的应力分量；由主程序计算岩体单元的应变和位移分量。

三、拓展应用指标计算

拓展应用指标是指工程中经常用来评价岩体性能的一些指标，如岩体弹性模量和 SMRM 岩体质量指标、岩体单元的破坏概率、最小抗压强度、压破裂安全余量、最大极限围压、岩体加固需求度、稳定性系数、岩体单元应变能密度等。本模块正是借用了数值计算在空间规律表现方面的优势，展示这些指标的空间变化特征，便于在工程分析中把握宏观规律。

1. 岩体弹性模量和 SMRM 岩体质量

由于可以从主程序中调用循环步单元的三向主应力及其方向余弦，因此由下式可以方便地求取最大主应力方向的岩体弹性模量

$$E_{m1111} = \frac{1}{C_{1111}} = \frac{E}{1 + \alpha \sum_{p=1}^{m} \lambda \bar{a} [k^2 n_1^2 + \beta h^2 (1 - n_1^2)] n_1^2} \tag{12.54}$$

但应当注意的是，式（12.54）中的方向余弦分量 n_1 是任一组结构面法线与 σ_1 的夹角 δ 的余弦，即

$$n_1 = \cos\delta = l_1 m_1 + l_2 m_2 + l_3 m_3 \tag{12.55}$$

式中，l_i、m_i（$i=1,2,3$）分别为最大主应力（σ_1）和结构面法线在坐标系中的方向

余弦。

由此，根据 Serafim 和 Pereira 经验关系式可求取 SMRM 岩体质量分值，即

$$\begin{cases} \text{SRMR} = \dfrac{1}{2}(E_m+100) & (E_m>10\text{GPa}) \\ \text{SRMR} = 40\lg E_m +10 & (E_m \leqslant 10\text{GPa}) \end{cases} \quad (12.56)$$

岩体参数的各向异性可以通过赤平投影、各向异性系数等来刻画；非均匀性则可以通过特定工程岩体空间位置的点云图来反映。

对于任一类边界条件确定的工程问题，通过数值计算，可以获得模型的应力场，并以此为基础计算上述如最大主应力［图 12.23（a）］、三轴抗压强度［图 12.23（b）］、弹性模量［图 12.23（c）］、SMRM 质量分级［图 12.23（d）］等各类参数的点云图。

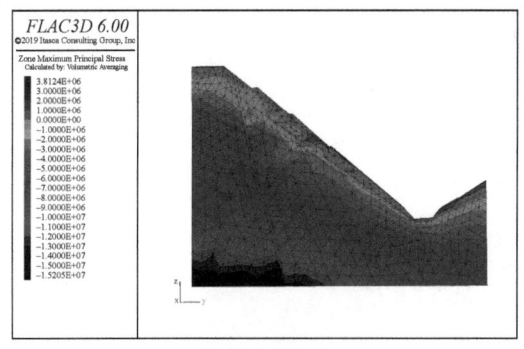

(a) 最大主应力

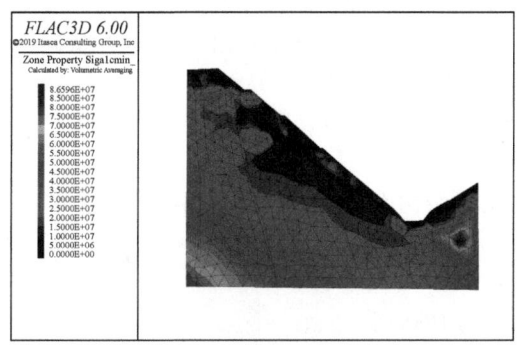

(b) 三轴抗压强度

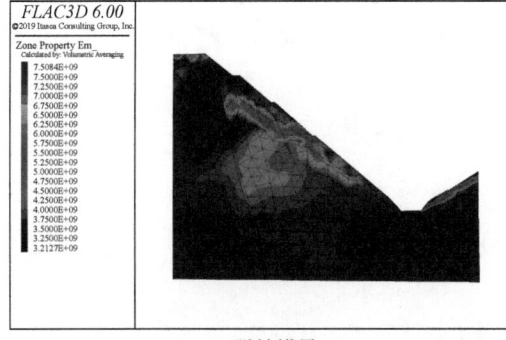

(c) 弹性模量

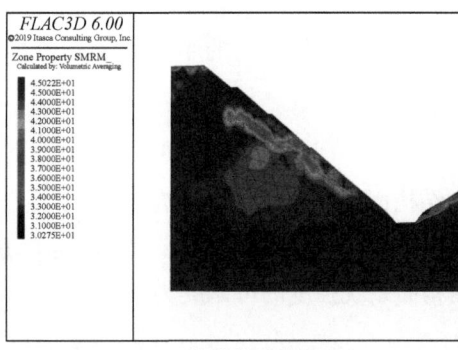

(d) 岩体质量分级

图 12.23　边坡岩体参数云图

2. 单元破坏概率

一个岩体单元由岩石和 N 组结构面组成，按照弱环假说，这个单元可以看作 $N+1$ 个环节的串联系统。按照可靠性理论，一个由 $N+1$ 个环节组成的串联系统的可靠度，即不破坏概率为

$$R(\sigma) = \prod_{i=0}^{N} R_i(\sigma) = \prod_{i=0}^{N} \bar{F}_i(\sigma)$$

式中，$i=0$ 代表岩石，$i=1, 2, \cdots, N$ 为各组结构面。

因此，系统的失效概率（破坏概率）为

$$P_f = 1 - R(\sigma)$$

对于岩石，其单轴抗压强度服从 Weibull 分布，有岩石强度的可靠度为

$$F(\sigma) = 1 - e^{-k\sigma^m}, \quad \bar{F}(\sigma) = R(\sigma) = e^{-k\sigma^m}$$

这里取

$$k = \frac{1}{(\sigma_c + \sigma_3 \tan^2\theta)^m}$$

式中，k 和 m 分别为岩石单轴抗压强度的尺度系数和分散性系数。

结构面的破坏概率是由一定应力状态下结构面极限半径与平均半径之比决定的。由于第 i 组结构面半径服从分布：

$$f(a)_j = \frac{1}{\bar{a}_i} e^{-\frac{a}{\bar{a}_i}}$$

考虑到结构面破坏的极限半径由下式决定：

$$k^2\sigma^2 + \beta\tau^2 = \frac{\pi K_{Ic}^2}{4a}, \quad a = \frac{\pi K_{Ic}^2}{4(k^2\sigma^2 + \beta\tau_r^2)}$$

对于受压情形，$k=0$，有

$$\tau_r^2 = (h\tau)^2 = \left(\frac{\tau - f\sigma - c}{\tau}\tau\right)^2 = (\tau - f\sigma - c)^2 = \frac{\pi K_{Ic}^2}{4\beta a}, \quad a = \frac{\pi K_{Ic}^2}{4\beta\tau_r^2}$$

考虑到只有当结构面的半径大于极限半径时才破坏，而结构面半径小于极限半径的可靠度为

$$R_j(a) = \bar{F}(a) = 1 - \int_0^a f(a) \, da = e^{-\frac{a}{\bar{a}}}$$

因此，结构面强度的可靠度应为

$$R_j(\sigma) = 1 - R(a) = 1 - e^{-\frac{a}{\bar{a}}}$$

N 组结构面系统强度的可靠度为

$$R_j(\sigma) = \prod_{i=1}^{N} R_i(\sigma) = \prod_{i=1}^{N} (1 - e^{-\frac{a}{\bar{a}}})$$

综合上述，岩石和 N 组结构面系统的破坏概率为

$$P_f = 1 - R_b(\sigma) R_j(\sigma) = 1 - e^{-k\sigma^m} \prod_{i=1}^{N} (1 - e^{-\frac{a_i}{\bar{a}_i}}) \tag{12.57}$$

按照这一理论，可以计算得到不同岩体工程中岩体单元的破坏概率，图 12.24 即为地下硐室岩体单元的破坏概率云图。

3. 单元抗压强度与压破裂安全余量

岩体单元抗压强度是指岩石与各组结构面在荷载方向的最小抗压强度（σ_{1c}），也就

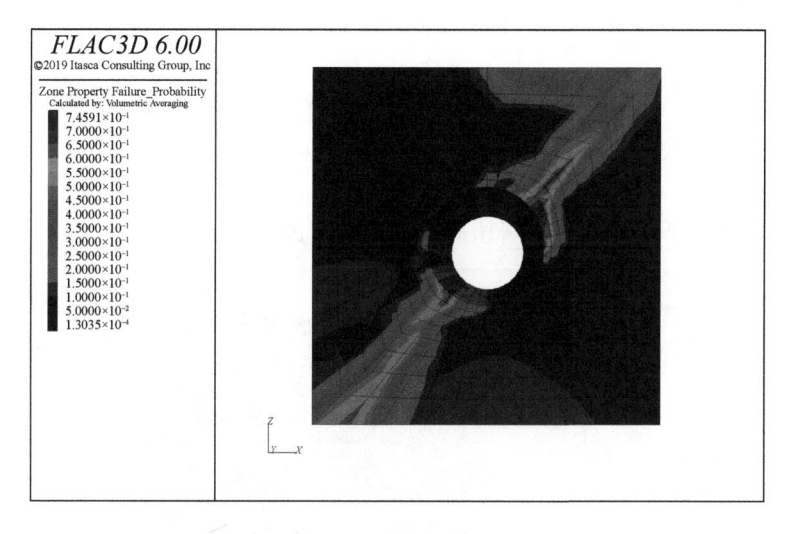

图 12.24 地下硐室岩体单元的破坏概率云图

是单元的弱环强度。压破裂安全余量是指该单元抗压强度（σ_{1c}）与最大主压应力（σ_1）的差值。

1）单元三轴抗压强度

岩体单元三轴抗压强度按下式计算：

$$\sigma_{1c} = \min(\sigma_r, \sigma_j) \tag{12.58}$$

其中，岩石的三轴抗压强度为

$$\sigma_r = \sigma_3 \tan^2\theta + \sigma_c, \quad \theta = 45° + \frac{\varphi}{2}$$

荷载方向的结构面抗压强度是在侧限压力 σ_3 作用下，通过解二次方程获得的各组结构面抗压强度（σ_{1j}）的最小值。一组结构面在 σ_1 方向上的三轴抗压强度可由下式计算，即

$$\sigma_{1j} = -\frac{1}{2A}(B + \sqrt{B^2 - 4AC})$$

其中，各系数定义见式（6.29d）。

当结构面受拉张开时，$k = h = 1$，由于

$$K_{Ic}^2 = \frac{4}{\pi} a_m (\sigma^2 + \beta \tau_r^2), \quad a^2 = \sigma^2 + \beta \tau_r^2, \quad a^2 = \frac{\pi K_{Ic}^2}{4 a_m}$$

代入应力 σ 和 τ_r，可得根式解中

$$\begin{cases} A = [(1-\beta) n_3^2 + \beta] n_3^2 \\ B = 2(1-\beta) n_3^2 \sigma_{\sigma 12} \\ C = (1-\beta) \sigma_{\sigma 12}^2 + \beta p_{\sigma 12}^2 - a^2 \end{cases}$$

代入根式解即可得到结构面受拉张开时的轴向抗压强度。

2）压破裂安全余量

按照岩体单元压破裂安全余量的定义，用 SR 表示，有

$$\mathrm{SR} = \sigma_{1c} - \sigma_1 \tag{12.59}$$

图 12.25 即展示了地下硐室围岩压破裂安全余量的分布状态。

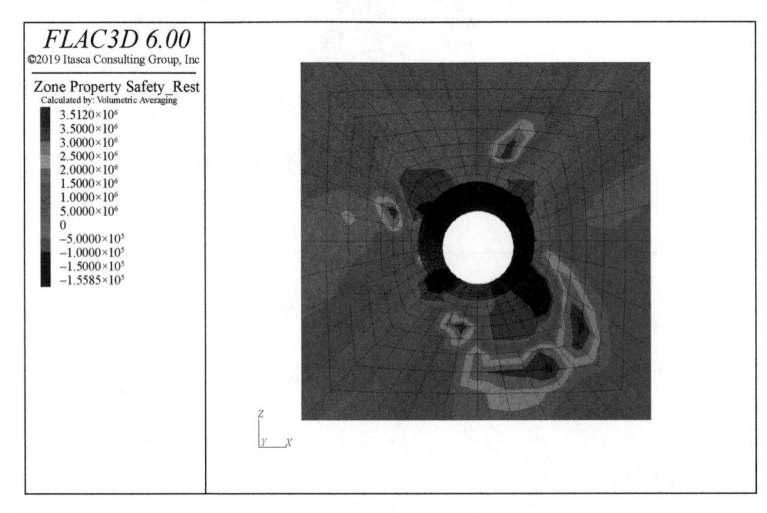

图 12.25　地下硐室围岩压破裂安全余量分布

4. 最大极限围压、岩体加固需求度与稳定性系数

1）最大极限围压

最大极限围压是指岩体单元中，岩石和各组结构面三轴抗压强度的最大值（σ_{1cmax}）对应的极限围压 $\sigma_x = \sigma_{3c}$。它是计算岩体加固需求度与稳定性系数的基础。这里要注意的是，取三轴抗压强度的最大值（σ_{1cmax}）是为了保证单元中岩石和各组结构面均达到安全状态。

与求解岩体抗压强度思路相同，结构面最大极限围压可通过解二次方程获得，并取各组结构面中的最大值。由于理论的对称性，将求取三轴抗压强度中的最大主应力与最小主应力交换位置，即可求得极限状态下的极限围压。当结构面受压时，可以解得最大极限围压

$$\sigma_{3c} = -\frac{1}{2A}(B + \sqrt{B^2 - 4AC})$$

$$\begin{cases} A = [(1+f^2)n_1^2 - 1]n_1^2 \\ B = 2[af + (1+f^2)\sigma_{\sigma 23}]n_1^2 \\ C = a^2 + 2af\sigma_{\sigma 23} + (1+f^2)\sigma_{\sigma 23}^2 - p_{\sigma 23}^2 \end{cases} \tag{12.60}$$

2）岩体加固需求度

按照统计岩体力学理论，岩体加固需求度为

$$\Delta \sigma_3 = \sigma_{3c} - \sigma_3 \tag{12.61}$$

以边坡为例，得到的岩体加固需求度与稳定性系数分布计算结果如图 12.26 所示。

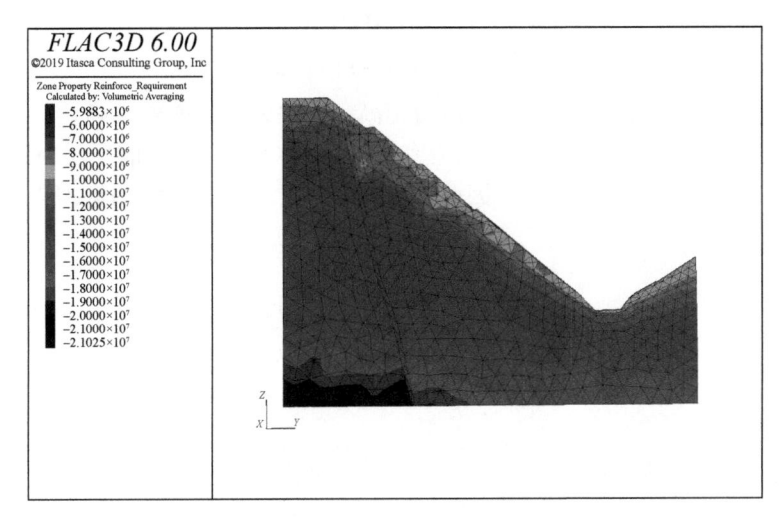

图 12.26　岩体加固需求度分布

3）稳定性系数

根据"工程岩体主动加固方法"的讨论，按照现有岩体稳定性系数（K）的计算方法，岩体单元的稳定性系数为

$$K = \frac{\tau_c}{\tau} = \frac{\sigma_1 - \sigma_{3c}}{\sigma_1 - \sigma_3} \tag{12.62}$$

5. 岩体应变能密度

按照岩体的应变能密度定理，对于含结构面网络的裂隙岩体，我们已经给出岩体单元的应变能形式

$$u = u_0 + u_c \tag{12.63}$$

其中一般的有

$$\begin{cases} u_0 = \dfrac{1}{4E} \sigma_{ij} [(1+v)(\delta_{is}\delta_{jt} + \delta_{it}\delta_{js}) - 2v\delta_{ij}\delta_{st}] \sigma_{st} \\ u_c = \dfrac{\alpha}{E} \sigma_{ij} \sum_{p=1}^{m} \lambda \bar{a} [k^2 n_i n_t + \beta h^2 (\delta_{it} - n_i n_t)] n_j n_s \sigma_{st} \end{cases} \tag{12.64}$$

对于主应力状态，式（12.64）可以分别写成

$$\begin{cases} u_0 = \dfrac{1}{2E}[\sigma_1^2 + \sigma_2^2 + \sigma_3^2 - 2\nu(\sigma_1\sigma_2 + \sigma_2\sigma_3 + \sigma_1\sigma_3)] \\ u_c = \dfrac{\alpha}{E}\sum_{p=1}^{m}\lambda\bar{a}(k^2\sigma^2 + \beta\tau_r^2) \end{cases} \tag{12.65a}$$

其中，

$$\begin{cases} \sigma^2 = (n_1^2\sigma_1 + n_2^2\sigma_2 + n_3^2\sigma_3)^2 \\ \tau_r^2 = n_1^2\sigma_1^2 + n_2^2\sigma_2^2 + n_3^2\sigma_3^2 - \sigma^2 \end{cases} \tag{12.65b}$$

由于上式各项的正定性，岩体中的应力越高，储存的应变能就越高。

一般来说，上式各项 u_0 反映岩石的压密变形；而 $k^2\sigma^2+\beta\tau_r^2$ 的前项反映结构面的压密变形，后项反映结构面的剪切变形。因此，可将式（5.38a）分解为体变能（u_v）与畸变能（u_d），即

$$\begin{cases} u_v = u_0 + \dfrac{\alpha}{E}\sum_{p=1}^{m}\lambda\bar{a}k^2\sigma^2 \\ u_d = \dfrac{\alpha\beta}{E}\sum_{p=1}^{m}\lambda\bar{a}\tau_r^2 \end{cases} \tag{12.66}$$

第十三章

岩体边坡工程应用

岩体边坡工程问题在水利水电、矿山、交通工程，乃至山区城市的各类建设工程中十分普遍，而且涉及的地质条件越来越复杂，边坡规模也越来越大。目前西部水电工程边坡及天然斜坡高度已达到千米量级，而且多数较为陡峻。

岩体边坡工程的一般工作内容大致为边坡基本工程地质条件勘察；边坡地质结构类型与变形破坏模式分析；边坡岩体工程参数分析及变形与稳定性评价；工程处理设计与施工，以及边坡运行期变形与稳定性长期监测等。

本章对岩体边坡工程相关的一些工程地质与岩体力学问题做出简要讨论。

第一节　边坡稳定性地质判断

边坡稳定性的地质判断往往是比稳定性计算更为基础的环节。一种经常遇到的情形是，通过边坡实地考察，人们可以做出边坡稳定性状态的基本地质判断，此后的稳定性计算则只是为了定量论证这个判断，如果计算结果与现场判断不符，我们将通过调整模型和参数使之达成一致。由此可见，准确做出边坡稳定性地质判断至关重要，也相对较为困难，但却是一个地质工程师必备的基本能力。

边坡稳定性的地质判断是以边坡地质结构、边坡变形破坏模式，以及实际发生的变形破坏现象做出的。

一、边坡地质结构

边坡地质结构是指边坡中的岩性分布、控制性结构面及其与边坡临空面的空间组合关系。边坡地质结构对边坡的变形破坏模式有着重要的控制作用，也决定了所需采用的稳定性分析方法和控制措施。

岩体边坡可以按其介质特征分为两个大类：层状介质边坡和非层状介质边坡。层状介质主要包括沉积岩和副变质岩等成层结构特征较显著的介质；非层状介质则包括此外各种类型的介质。

层状介质边坡结构可以按如下三个要素组合进行分类：边坡介质类型+边坡中控制性地质结构面倾角（β）+控制性地质结构面与边坡主临空面的倾向夹角（δ），如层状陡倾顺斜向边坡等。层状介质边坡结构分类可参考表13.1；非层状介质边坡结构分类可参考表13.2。

表13.1　层状介质边坡结构分类

β \ δ	30°>δ>0°	60°>δ≥30°	120°≥δ≥60°	180°>δ≥120°
≤30°	缓倾同向坡	缓倾斜向坡	缓倾侧向坡	缓倾反向坡
60°>β>30°	中倾同向坡	中倾斜向坡	中倾侧向坡	中倾反向坡

续表

β \ δ	30°>δ>0°	60°>δ≥30°	120°≥δ≥60°	180°>δ≥120°
β≥60°	陡倾同向坡	陡倾斜向坡	陡倾侧向坡	陡倾反向坡

表 13.2　非层状介质边坡结构分类

边坡结构类型	岩石类型	岩体特征
块状结构坡	岩浆岩、正变质岩、厚层沉积、火山岩等	岩体呈块状、厚层状，结构面不发育，多为刚性结构面
碎裂结构坡	各种岩石的构造影响带、破碎带、蚀变带或风化破碎岩体	岩体结构面发育，岩体工程力学性质基本不具备层状各向异性特征
散体结构坡	各种岩石的构造破碎极其强烈影响带、强风化破碎带	由碎屑泥质物夹不规则的岩块组成，软弱结构面发育成网状

二、边坡变形破坏模式

岩体边坡变形破坏主要受岩体结构，特别是较大规模结构面的控制。各类边坡的变形破坏基本模式列于表 13.3。

表 13.3　边坡变形破坏基本模式

介质类型	控制性结构面倾角 (β)/(°)	结构面与主临空面夹角 (δ)/(°)			
		0~30	30~60	60~120	120~180
层状介质	≤30	一般较稳定；下伏软弱层差异风化形成岩腔时易崩塌；边坡高陡时，后部拉裂变形，易形成大型切层弧形滑面滑动；结构面内摩擦角小于β时易顺层滑动；岩层软弱时亦可能形成切层多级滑动	一般较稳定；下伏软弱层差异风化形成岩腔时易崩塌；结构面内摩擦角小于β或结构面组合交线倾角时易产生楔形滑动	一般稳定；下伏软弱层差异风化形成岩腔时易崩塌；边坡高陡时，后部拉裂变形，可能形成切层弧形滑面滑动（下软上硬边坡结构更易）	一般较稳定；下伏软弱层差异风化形成岩腔时易崩塌；边坡高陡时，后部拉裂变形，易形成大型切层弧形滑面滑动（下软上硬边坡结构更易）
	30~60	顺层滑动；坡角与β接近时可能产生溃屈滑动	楔形滑动	楔形滑动	一般较稳定；崩塌；边坡高陡时，后部拉裂变形、易形成切层弧形滑面滑动

续表

介质类型	控制性结构面倾角（β）/(°)	结构面与主临空面夹角（δ）/(°)			
		0～30	30～60	60～120	120～180
层状介质	≥60	弯曲倾倒变形、强烈变形区滑动；坡度大于β时顺层滑动	楔形滑动或不对称溃屈滑动	沿近岩层走向方向侧向滑动	弯曲倾倒变形、强烈变形区易发生切层弧形滑动
块状介质		块体滑动、块体崩塌；当边坡规模巨大时可能产生弧形滑面滑动			
碎裂介质		弧形滑面滑动、散体崩塌			

三、边坡稳定性上下限的地质判别准则

在边坡稳定性评价中，常常出现计算获得的边坡稳定性系数与实际情况不一致。例如，稳定性系数值大于1.0的边坡破坏了，而稳定性系数小于1.0的边坡却长期处于稳定状态。出现这种现象的主要原因在于计算不能合理反映边坡地质结构和多种因素的复杂作用。地质判断常常可能比看似精确的计算分析更可靠。

但是，我们有一个共同的认识：如果边坡出现显著的变形且不收敛，稳定性将接近于极限状态，如遭遇更恶劣的工况条件，如暴雨、地震，边坡失稳可能一触即发；反之，若边坡并未出现显著的变形迹象，那么边坡的稳定性将不会低于极限状态。

由此，可以基于工程地质常识确定边坡稳定性系数的"上限"和"下限"。现有部分规范中已经提出，如果确认边坡或滑坡出现显著的整体不收敛变形，可以在设定稳定性系数为0.95～1.0的条件下进行滑动面抗剪强度参数的反算，就是依据对其稳定性上限的判断。

作为一种工程地质人员和设计人员简便易行的共同判断依据，可以提出了如下"边坡稳定性上下限的地质判别准则"：若边坡出现显著的整体不收敛变形，则边坡的稳定性系数将不大于1.0；若边坡历史至今未出现显著的变形迹象，则边坡的稳定性系数将不小于1.0。

四、边坡稳定性判断的五步工作方法

有人说，工程地质工作是一门艺术，重在思想方法和操作艺术；也有人说工程地质学像中医学，是一门系统科学与实践经验有机结合的科学。总而言之，系统思维和经验支撑是工程地质工作的两个有机关联的基本要素。

边坡稳定性判断是一项系统的地质工作，应该按照下列五个步骤进行：

（1）建立边坡地质模型。以区域地质构造背景和活动性状况、边坡演化历史与边坡应力场，以及水文地质条件研究为基础，建立包含边坡形态、地层组合、控制性结构面及与边坡几何关系等内容的边坡地质结构模型。边坡地质结构类型可参照表13.1和表

13.2 确定。

(2) 鉴定细观变形机制。边坡变形形迹的鉴定,是确认边坡整体变形破坏机制、进行边坡稳定性状态判定的重要基础。变形迹象鉴定应对重要裂缝的形态、裂隙面特征、充填胶结物质、两盘相对位移关系及张开和位错量、伴生破裂形迹等进行细致鉴别,判定力学成因。

(3) 确定变形破坏模式。对大量裂缝进行细观力学鉴定后,应分析裂缝变形现象的空间关联性,推断边坡变形破坏总体规律和力学机制,提出边坡变形破坏模式。边坡变形破坏模式可参考表 13.3 进行。

(4) 判定边坡稳定状态。根据边坡地质条件、变形破坏迹象及其分布特征,采用"边坡稳定性上下限的地质判别准则"对边坡稳定性状态与发展趋势做判断,为定量分析提供基础。

(5) 评价边坡稳定性。根据边坡地质结构、变形破坏模式、稳定性现状和发展趋势,提出岩体工程参数、确定计算边界条件和计算模型,计算评价边坡的稳定性。

五、边坡稳定性误判与偏好

边坡稳定性研究中常因为一些不恰当的判断,或者研究者的某些偏好,导致后续工作出现更大的偏差,应当引起注意。

1. 边坡变形的误判

受滑坡地质灾害热的影响,人们常不自觉地采用研究滑坡的思路研究工程边坡或自然斜坡。比如对一个边坡或自然斜坡的稳定性分析,人们往往要设定或搜索出一个或多个滑动面,采用刚体极限平衡法对其稳定性进行比较计算,确定最危险滑动面及其稳定性状态。

事实上,边坡或自然斜坡与滑坡存在截然的差异,因此研究方法也应该体现出差异性。例如,边坡往往是连续的、整体的变形,而不是沿着已有滑动面的非连续变形或强度行为,因此无论是稳定性分析计算,还是工程加固方法,侧重点都应该不一样。

我们知道,缓倾岩层反向坡一般较难发生滑动破坏,但当边坡下部存在开挖时,可能导致坡肩部位岩体发生较大范围的拉张变形,而边坡下部的变形却相对较弱(图 13.1)。对于这样的情形,可能做出坡体上部存在滑坡的判断,并进行滑坡加固处理,如设置格构锚固、抗滑桩等,但这些措施对控制边坡变形很难发挥作用。

图 13.1 边坡整体连续变形

当对边坡进行深入考察时会发现，这样的变形实际上是边坡的整体连续变形。坡肩部位由于存在张应力区而产生显著的拉张变形和裂缝，向下则由于"坡脚约束效应"而变形减弱。按照"边坡主动加固"思想，对于这样的情形，只要适当约束中下部变形，就能保证边坡的整体稳定性。

2. "有罪审判"思维定式与偏好

由于采用滑坡思路研究边坡，人们常会将研究对象设定为滑坡，然后努力寻找滑坡的证据，证明它是滑坡。这就是所说的"有罪审判"思维定式。

例如，人们会把一些形似"圈椅状"的地形当作确定滑坡后缘边界的证据，认定滑坡的存在；然后把本来分散的成因不相关的地面裂缝当作滑坡周界裂缝，圈定滑坡的侧边界，把坡体前部陡陡地形当作滑坡前缘"鼓丘"；接着采用钻孔岩心解译，寻找疑似滑带证据，敲定"深部滑动面"。事实上，在位移量不大的边坡中，常常尚未形成滑移面，而没有足够的位移不可能形成错动带的。值得注意的是，按照上述方式确定的滑坡往往体量相对较大，以至于难于进行工程处理。

事实上，由于滑坡运动导致的裂缝存在整体力学关联性，使得滑坡的地面裂缝分布表现出规律性。晏同珍是中国滑坡研究的先驱，他在解析滑坡构造力学中提出如图 13.2 所示的滑坡裂缝组合及其关联形式。

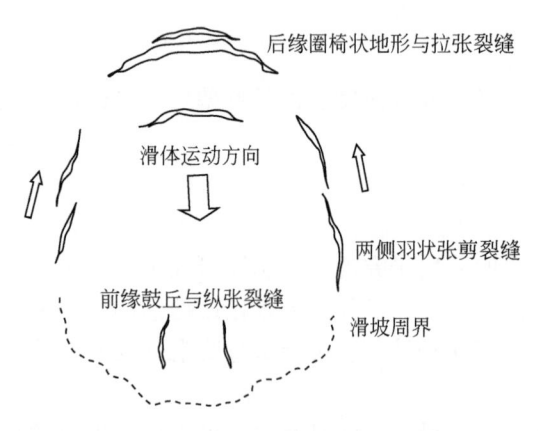

图 13.2　滑坡裂缝的力学关联性

我们还注意到，除有罪审判的思维定式外，在行业中还存在一种"偏好"，即"宁可信其有，不可信其无"。当然，这也是一种规避责任风险的自我保护意识，但它可能引发滑坡治理工程全过程的"链式反应"。例如，既然地质工程师判定了滑坡的存在性，滑坡加固工程设计者便会依据这一判断，谋划如何强化加固措施，以保万无一失，由此造成投资较大增加；当设计报给业主审批时，业主自然认可地质工程师和设计工程师的前期工作，批准实施。可见这种链式反应，常建立在一种潜意识的偏好和基本地质判断基础之上。

3. 科学家与工程师的视角差异

在边坡与滑坡问题研究中，科学家和工程师的基本理念常存在差异。一般来说，科学家可能更乐于发现滑坡，并且希望从滑坡研究中有所发现；而工程师一般不轻易认可滑坡的存在，因为滑坡对于工程不仅是个麻烦，还需要大量的治理费用，而且更可能是责任。因此，工程师们通常主张在没有足够证据的情况下，不要轻易认定滑坡的存在。但是一旦滑坡被圈出，若否定它的存在就必须提供更强力的证据，否则将难以通过工程审批。

第二节　边坡岩体卸荷变形

一、边坡卸荷变形的工程意义

边坡岩体卸荷变形是一种普遍的物理地质现象，它既是边坡演化的自然过程和结果，也是后续人类工程活动所必须面对的基本地质背景条件。因此，深入了解边坡岩体的卸荷机理与过程，认识边坡卸荷岩体的工程性质与行为特征，具有重要的意义。

在 20 世纪下半叶的岩体工程实践中就已发现了边坡岩体的卸荷松动现象，并通过技术规范明确了岩体卸荷带划分标准和工程处理方法。一般将岩体卸荷分为强卸荷带（一般在 0~20m）、弱卸荷带（一般在 50~70m）以及微新（微弱卸荷–新鲜完整）岩体。但随着边坡工程规模的增大，人们发现边坡岩体的水平卸荷深度可以达到数百米。因此，在近期的技术规范中引入了"异常卸荷松弛"或"深卸荷"概念。

目前，无论是科学家还是工程师，对岩体卸荷机理和规律性的认识还在经验积累中，在一些重大工程中陆续提出的深卸荷、松动岩体、拉裂岩体等概念，都反映出人们对此的探索。本节将分别讨论边坡自然卸荷和工程开挖卸荷的机理与特征，提出边坡卸荷带划分的定量方法。

二、斜坡应力场与卸荷变形

大型水电工程边坡需要对枢纽区重要斜坡岩体进行卸荷带划分，强卸荷带岩体往往要求挖除，而弱卸荷带则进行灌浆加固或工程结构支护。

天然斜坡卸荷变形是河谷演化的结果，岸坡应力场调整和岩体变形破裂都会相对缓慢，岸坡的卸荷形迹是长期变形与破裂的结果；而工程开挖引起的岩体应力场调整和卸荷变形则相对较剧烈。

1. 斜坡应力场特征与影响因素

1）斜坡应力场特征

研究表明，斜坡应力场具有如下一般特征：

（1）坡表面为主应力面，最大主应力（σ_1）迹线平行于坡面，而 σ_3 与之垂直；越往坡内逐渐恢复到初始应力状态。对于自重应力为主的斜坡初始应力场 σ_1 趋于铅直，而以构造应力为主的斜坡应力场 σ_1 可能为水平。

（2）斜坡坡肩部位形成低应力区，或者拉应力区。构造应力为主的斜坡张应力区域更大。

（3）由于向坡脚区域差应力增大，形成剪应力集中区。构造应力为主的斜坡坡脚部位剪应力数值更大。

2）斜坡应力场的影响因素

决定斜坡应力场的主要因素包括：介质的物理力学性质决定应力场强度；斜坡形态决定斜坡的应力轨迹图式；斜坡中拉应力和剪应力集中区域的大小和应力量值都与斜坡高度和坡度成正比。这些都已成为人们的常识。

除此之外，下列因素还影响着斜坡应力场量值和分布规律。

（1）斜坡应力场尺度效应。斜坡的尺度决定斜坡应力的量值，这就是斜坡应力场的尺度效应。这一效应可以用相似理论分析证明。设边坡中任一点的某个应力分量为 σ_0，而在按相似比 C_σ 放大的边坡中对应点的应力为 σ。对于自重应力斜坡，任一点的应力都是从自重应力（σ_v）变换而来，如 $\sigma = K\sigma_v = K\rho gh$。不同尺度的边坡应力场图式相同，则两种尺度斜坡相应点的应力量值应以相同的变换比例获得，则尺寸放大前后边坡中对应点的应力比值为

$$C_\sigma = \frac{\sigma}{\sigma_0} = \frac{K\rho gh}{K\rho gh_0} = \frac{h}{h_0} \tag{13.1}$$

这就是说，当斜坡中对应点的应力量值按斜坡尺度放大比例而放大。尺度这一规律对构造应力为主的斜坡也适用。

若在边坡中存在张应力区，则必存在张应力与压应力的界线，这个界线上各点对应的应力为 $\sigma = 0$，而零应力界线相对位置不变（图13.3），且有

$$h = C_\sigma h_0$$

这一规律对于剪应力分布同样适用。

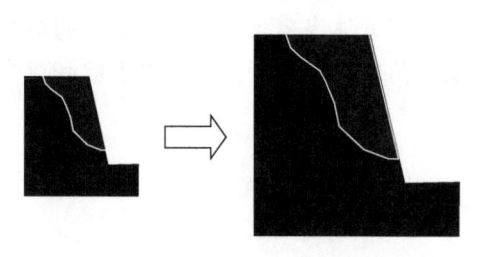

图 13.3 边坡张应力区的相似放大

（2）水平构造应力增强效应。大量数值计算显示，水平构造应力的参与不仅会改变斜坡的应力场分布模式，也使边坡的张应力区和剪应力集中区域增大（图13.4），这就是边坡应力场的构造应力增强效应。

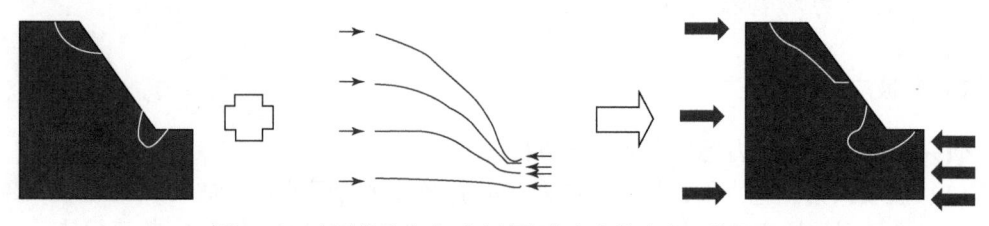

图 13.4 水平构造应力对边坡张应力和剪应力区的影响

（3）斜坡坡脚约束效应。斜坡坡脚或河谷谷底对斜坡变形的约束将使斜坡应力场产生压应力和剪应力集中，从而改变斜坡应力场分布形态和应力量值。斜坡坡度越大，坡脚处表面曲率越大，这种应力集中将越强烈（图13.5）。

2. 斜坡卸荷变形特征

斜坡应力场既是斜坡卸荷变形的驱动因素，也是卸荷变形应力调整的结果。斜坡应力场的上述特征和影响因素都会决定和影响斜坡的卸荷变形。

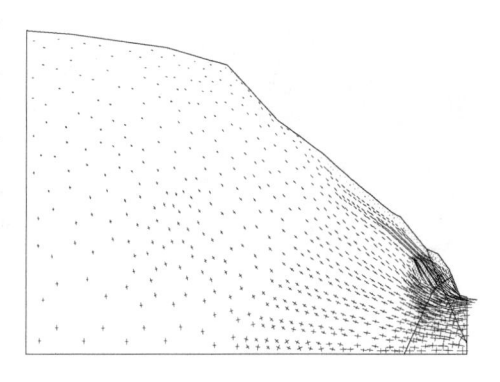

图 13.5　边坡变形的谷底约束效应

工程中大量勘探平硐揭示了斜坡岩体卸荷变形的如下特征：

（1）卸荷变形裂缝特征。斜坡岩体卸荷变形主要表现为已有结构面的张开或张剪错动。坡表或坡肩部位的卸荷裂隙密度、张开度及相对错动变形较大，而向坡内逐渐闭合。卸荷裂隙通常具有上宽下窄的"V"形特征。

图 13.6 列出了锦屏一级水电站左岸边坡岩体卸荷裂缝的几种典型位移模式。图 13.7 给出了多种裂缝变形的实景照片。

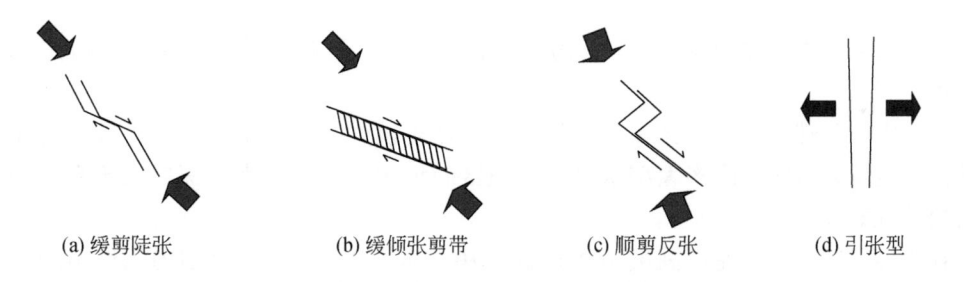

(a) 缓剪陡张　　(b) 缓倾张剪带　　(c) 顺剪反张　　(d) 引张型

图 13.6　几种典型卸荷裂缝位移模式

（2）卸荷变形的分带特征。卸荷变形一般从坡表，特别是坡肩部位开始，向坡内卸荷变形减弱，逐渐过渡到完整致密的岩体。因此可以根据卸荷松动程度划分出强卸荷带、弱卸荷带和微卸荷带。当然，这种变形分带特征是卸荷导致坡体内部应力调整的结果。

(a) 剪断下错　　　　　　　(b) 顺剪反张　　　　　　　(c) 张剪下错

(d) "V"形引张　　　　(e) 密集微张　　　　(f) 缓倾张剪带

图13.7　几种卸荷裂缝变形实景照片

（3）卸荷变形区边界的"靠椅状"曲面特征。斜坡岩体卸荷变形程度自坡肩向坡内和斜坡后部递减，且在接近坡底部位时趋于收敛，卸荷变形区边界呈现靠椅状的内凹曲面形态。这种卸荷变形边界的形态特征与卸荷应力场特征密切相关。

（4）卸荷变形的岩性差异性。一般来说，中薄层岩体表现出密集的微量拉张和错动变形；而坚硬厚层或块状岩体则表现出间隔显著的张开或剪切变形。

（5）斜坡地质结构差异性。一般来说，逆向坡更易产生卸荷变形，形成卸荷松动带；而顺向坡则可能沿控制性结构面发生顺层滑动破坏，而不表现为卸荷松动变形。

三、斜坡的"异常卸荷松弛"

按照水电工程以往的经验，一般边坡的强卸荷带、弱卸荷带水平深度分别在20m和50～70m。

但在中国西部高山峡谷区工程建设中，斜坡规模和坡高越来越大，边坡中岩体卸荷带的范围也越来越大。许多大型水电站枢纽区斜坡中，均发现水平深度大于百米的裂隙卸荷松动现象。

在锦屏一级水电站左岸高度1600m斜坡中，水平深度305m范围内仍然出现张开裂缝，对其成因、可利用性和建坝可行性争论长达十年之久。以至于在《水利水电工程地质勘察规范》（GB 50487—2008）中提出了"异常卸荷松弛"的概念。图13.8为该水电工程边坡中平硐揭示的大范围变形张开裂缝分布。

实际上，按照前述斜坡应力场的"尺度效应"和"构造应力增强效应"原理，"异常卸荷松弛"只是一种大型斜坡卸荷松弛的正常现象。分析表明，若300m高的边坡弱卸荷带最大水平深度50～70m左右，则对于上述高度1600m的斜坡，且水平构造应力背景值达到8MPa以上，弱卸荷带宽度可达266～373m。

四、开挖边坡岩体卸荷

边坡开挖是一个变形和应力场快速调整的过程，边坡岩体卸荷的地质和力学原理与天然斜坡是相似的。因此借用开挖卸荷过程及其分布特征研究，可以深化对斜坡卸荷变

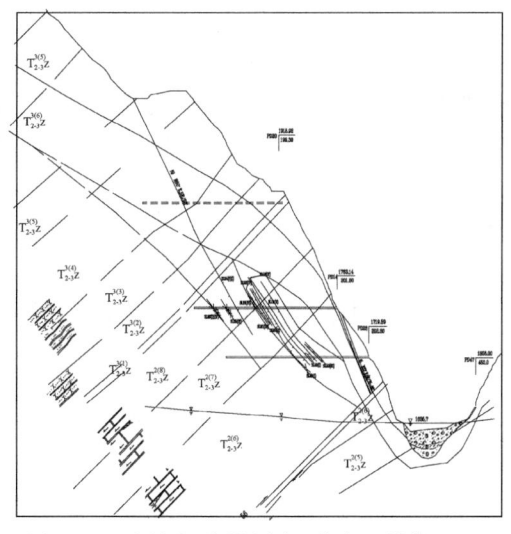

图 13.8 边坡变形裂缝剖面分布（单位：m）

形破坏过程的认识。

开挖卸荷破裂面相对集中在开挖面之下一定的深度范围内。图 13.9 为某坝基开挖面谷底部位钻孔揭示的卸荷裂隙分布 [图 13.9（a）] 与声波速度过程曲线 [图 13.9（b）]。可见，卸荷裂隙相对集中在开挖面以下 6m 以内，而且 87% 的裂隙分布在 3~6m 深度范围内。

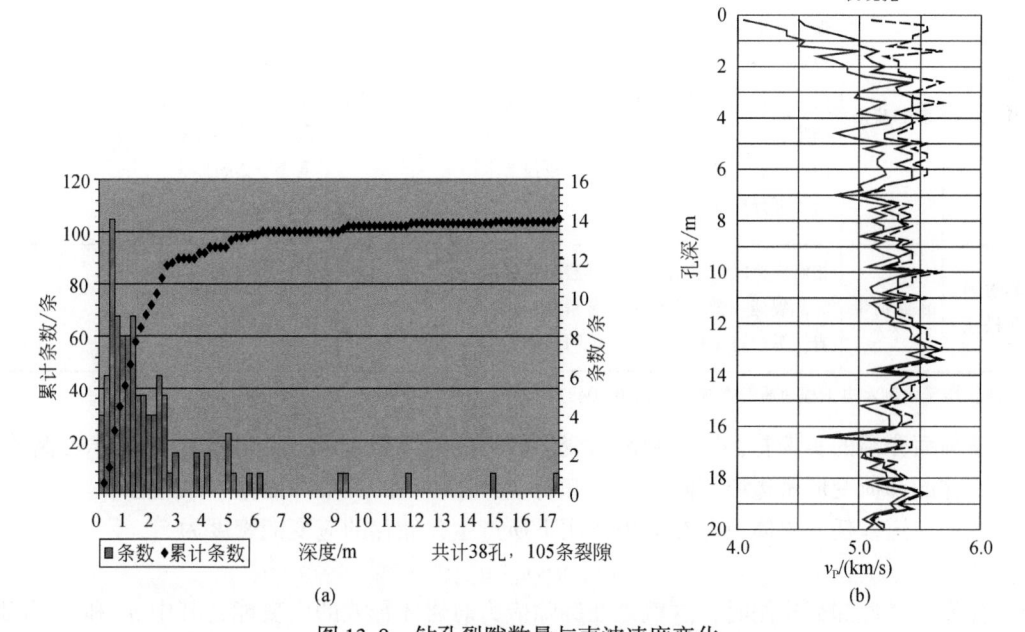

图 13.9 钻孔裂隙数量与声波速度变化
（a）钻孔裂隙条数；（b）钻孔声波波速曲线，虚线为开挖爆破前的速度值分布曲线，中间实线为开挖后 30 天的曲线，而左侧实线则为开挖后 90 天的曲线（据昆明院）

图 13.9（b）中不同时间的钻孔声波速度值 V_p 对比可以较好地反映开挖卸荷对岩体完整性影响的变化过程，图中虚线为开挖爆破前的速度值分布曲线，中间实线为开挖后 30 天的曲线，而左侧实线则为开挖后 90 天的曲线。可见在开挖后的 3 个月时间内，岩体的完整性发生了显著降低，而且变化主要在开挖面以下 3~6m 范围内。

五、卸荷带划分方法

我国《水利水电工程地质勘察规范》（GB 50487—2008）规定了边坡岩体卸荷带的划分依据（表 13.4）。

表 13.4　边坡岩体卸荷带划分

卸荷类型	卸荷带分布	主要地质特征	特征指标	
			裂隙张开度	波速比
正常卸荷松弛	强卸荷带	近坡体浅表部卸荷裂隙发育的区域； 裂隙密度较大，贯通性好，呈明显张开，宽度在几厘米至几十厘米之间，充填岩屑、碎块石、植物根须，并可见条带状、团块状次生夹泥，规模较大的卸荷裂隙内部多呈架空状，可见明显的松动或变位错落，裂隙面普遍锈染； 雨季沿裂隙多有线状流水或成串滴水； 岩体整体松弛	张开度大于 1cm 的裂隙发育（或每米硐段张开裂隙累计宽度大于 2cm）	<0.5
	弱卸荷带	强卸荷带以里可见卸荷裂隙较为发育的区域； 裂隙张开，其宽度几毫米，并具有较好的贯通性；裂隙内可见岩屑、细脉状或膜状次生夹泥充填，裂隙面轻微锈染； 雨季沿裂隙可见串珠状滴水或较强渗水； 岩体部分松弛	张开度小于 1cm 的裂隙发育（或每米硐段张开裂隙累计宽度小于 2cm）	0.5~0.75
异常卸荷松弛	深卸荷带	相对完整段以里出现的深部裂隙松弛段； 深部裂缝一般无充填，少有锈染； 岩体纵波速度相对周围岩体明显降低	—	—

注：据《水利水电工程地质勘察规范》（GB 50487—2008）。

从前面介绍的实例看，边坡卸荷与变形破坏的力学机制和分布规律是有规律可循的。边坡岩体的卸荷变形是边坡裂隙岩体在卸荷应力作用下的变形和能量释放过程。

我们知道，任一岩体单元在应力作用下所产生并储存的应变能密度为

$$u = u_0 + u_c$$

当岩体发生弹性卸荷作用时，这就是在卸除应力时岩体释放的应变能，其中 u_0 和 u_c 分别为岩石部分和结构面部分所释放的应变能。

按照前述裂隙岩体应变能分析的思路，考虑法线与卸荷应力方向一致的一组结构面，

取 $n_1=1$，$n_2=n_3=0$；由于结构面张开，取 $k=1$，$h=1$，可得一组结构面岩体的卸荷变形应变能密度为

$$u=\frac{1}{2}\sigma\left\{\frac{1}{E}+\frac{16(1-\nu^2)}{\pi E}\lambda\bar{a}\right\}\sigma$$

由断裂力学，半径为 a 的圆裂纹平均张开位移为

$$\bar{t}=\frac{16(1-\nu^2)}{3\pi E}\sigma a$$

解出 a 代入能量方程可得

$$u=\frac{1}{2}\sigma(\varepsilon_0+3\lambda\bar{t})$$

考虑到岩石部分的应变 ε_0 远小于结构面组的应变，可以取

$$u\approx\frac{3}{2}\lambda\bar{t}\sigma$$

按照弹性力学可知，岩体在该方向的卸荷应变为

$$\varepsilon=3\lambda\bar{t} \tag{13.2}$$

由于 $\lambda\bar{t}$ 实际上是单位法线长度上裂隙的张开量，因此 ε 是累计张开量曲线的斜率。

图 13.10 是图 13.9（a）中卸荷裂隙的累计隙宽分布曲线。我们不难找出两个转折点，即 B 与 C，并按照通常的理解划分出强卸荷–弱卸荷–未卸荷岩体三个区域。这三个区域对应的卸荷张开应变大致为 1×10^{-2}、1×10^{-3} 和 0 量级，这与经验量级大致吻合。

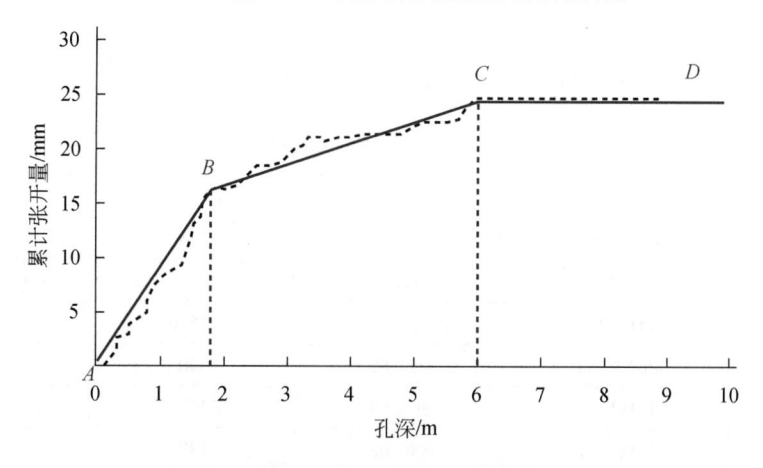

图 13.10 根据裂隙累计张开量曲线划分卸荷带

由此可见，采用应变能密度或应变方法来进行岩体卸荷带划分，不仅理论上是成立的，可操作性也较强，应当是一种可以普遍采用的方法。

显然，上述方法可以适用于天然斜坡和开挖边坡卸荷带的划分。

六、卸荷带划分方法的应用实践

卸荷现象在岩质边坡中普遍存在。以 QBT 水电站坝址区边坡为例,采用本节所建立的基于卸荷应变的卸荷带划分方法,对两岸边坡的卸荷程度进行定量分带。QBT 水电站坝址区背景资料可以参见第五章第九节内容,此处不再赘述。

岸坡浅部岩体普遍发生不同程度的松动卸荷现象。为了探明边坡工程地质条件及岩体卸荷松动现象,在左、右岸不同高程共选取八条平硐进行卸荷裂隙测量统计,各平硐高程及开挖深度见图 13.11 及表 13.5。

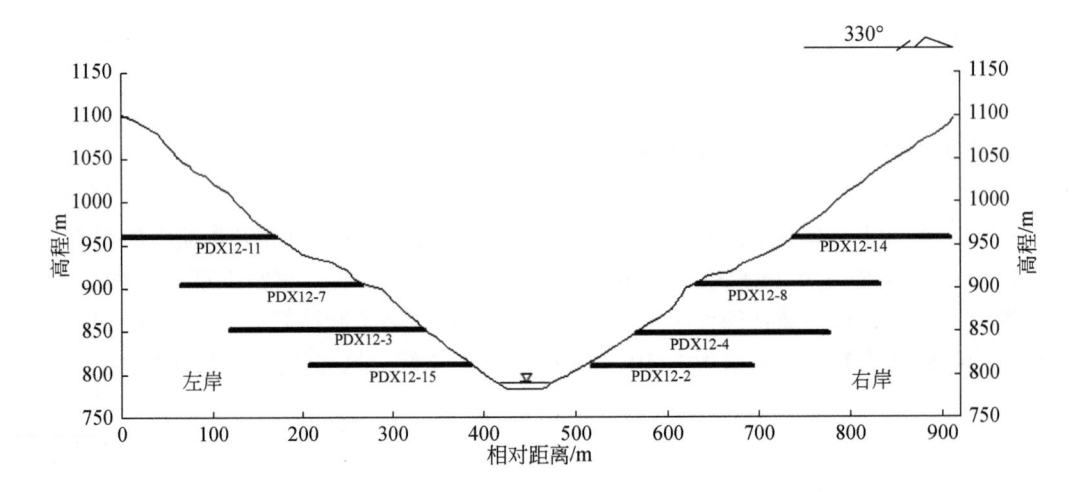

图 13.11　坝址区地形剖面及部分平硐分布示意图

表 13.5　各测量平硐信息

坡岸	硐号	高程/m	硐轴向/(°)	硐深/m
左岸	PDX12-15	805.82	325	102.3
	PDX12-3	845.11	335	198.4
	PDX12-7	906.45	326.6	98
	PDX12-11	959.85	340	100
右岸	PDX12-2	809.08	150	100.5
	PDX12-4	846.08	137	108
	PDX12-8	907.84	139	100
	PDX12-14	957.04	140	83

为获得边坡的卸荷应变率,我们对左、右岸八条平硐进行卸荷裂隙的统计,统计要素包括裂隙位置、张开度、倾向、倾角以及相关现象描述。由于钻爆法开挖平硐对围岩会产生扰动,为了在统计卸荷裂隙时排除该部分的影响,仅统计在截面上贯穿硐壁的较

大尺度的卸荷裂隙。数据统计结果如表 13.6 所示。

表 13.6　PDX12-2 号平硐卸荷裂隙产状、位置及张开度

左岸				右岸			
倾向/(°)	倾角/(°)	测深/m	张开度/cm	倾向/(°)	倾角/(°)	测深/m	张开度/cm
110	63	2.2	2.5	117	59	17.8	0.1
108	64	4	0.5	90	54	21.3	0.08
116	61	4.2	0.7	117	27	25	0.1
325	60	5	0.5	78	41	25.5	0.2
108	38	5.5	4	99	65	26	0.13
121	65	6.8	0.5	138	58	30	6
122	31	8.4	0.3	105	34	33.5	0.1
298	62	8.6	0.2	94	33	33.7	0.15
304	65	8.8	2	103	36	33.9	0.2
131	47	8.9	0.1	113	45	38.5	0.8
110	51	10	0.2	106	61	39.2	1
295	54	10.1	1	81	55	41.5	0.2
116	67	12	0.07	54	52	43.5	0.12
119	66	14	0.05	110	66	45	0.1
121	56	16.5	0.02	111	49	57.5	0.1
110	63	17.5	0.05				

依据所统计的卸荷裂隙信息，分别对左、右岸各条平硐做随硐深的卸荷裂隙累计张开度图，结果如图 13.12 和图 13.13 所示。值得说明的是，在现场统计过程中发现坡体内多处发育深部卸荷裂隙，这些裂隙使得累计张开度曲线出现局部突跃。由于目前对深部卸荷的工程处置手段与一般卸荷不同，在确定卸荷应变率（即曲线斜率）时，暂不将其考虑。在去除深部卸荷裂隙的情况下，重新做卸荷裂隙累计张开度曲线，可以很明显发现每条曲线都可以根据斜率变化由点 B 和点 C 分隔成三个部分。那么也就是说每条平硐中岩体的卸荷变形程度都可以根据曲线斜率分成三个区间。基于此，我们将边坡卸荷带划分为强卸荷带、弱卸荷带和微新带，而曲线转折点 B 和点 C 分别是所划分的强卸荷带和弱卸荷带的下边界。

图 13.12 和图 13.13 中，点 A 表示各平硐的统计起点，点 B 和点 C 分别表示强卸荷带和弱卸荷带的底边界。其中深部卸荷裂隙在多数平硐中出现，可以看到，在忽略深部卸荷的影响下，AB 段斜率（卸荷应变率）要明显大于 BC 段。由此从直观上可判断基于卸荷应变率来划分边坡卸荷区的方法是可靠的。

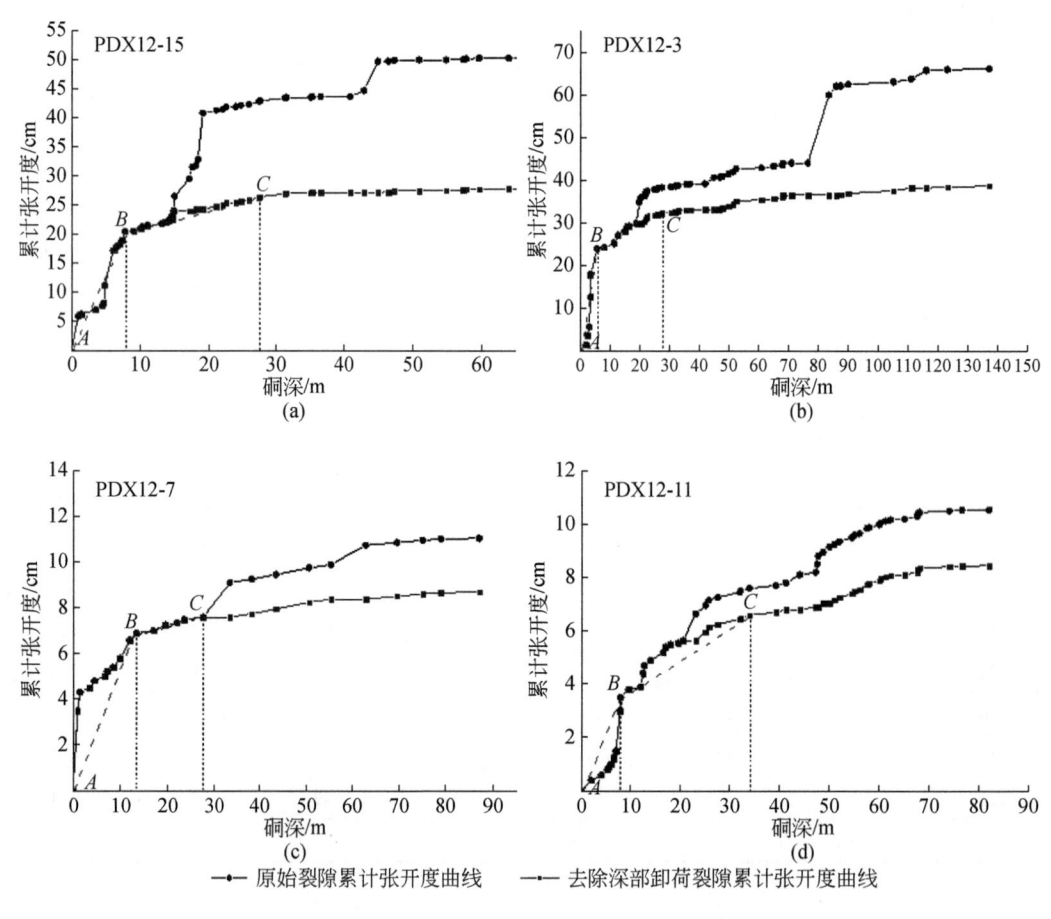

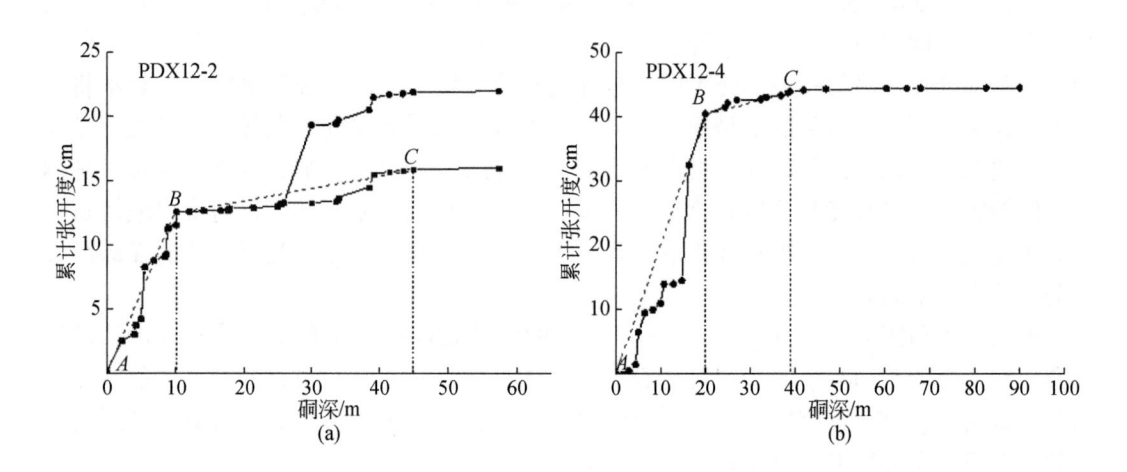

图 13.12　左岸典型平硐卸荷累计张开度及卸荷带划分

―●― 原始裂隙累计张开度曲线　　―■― 去除深部卸荷裂隙累计张开度曲线

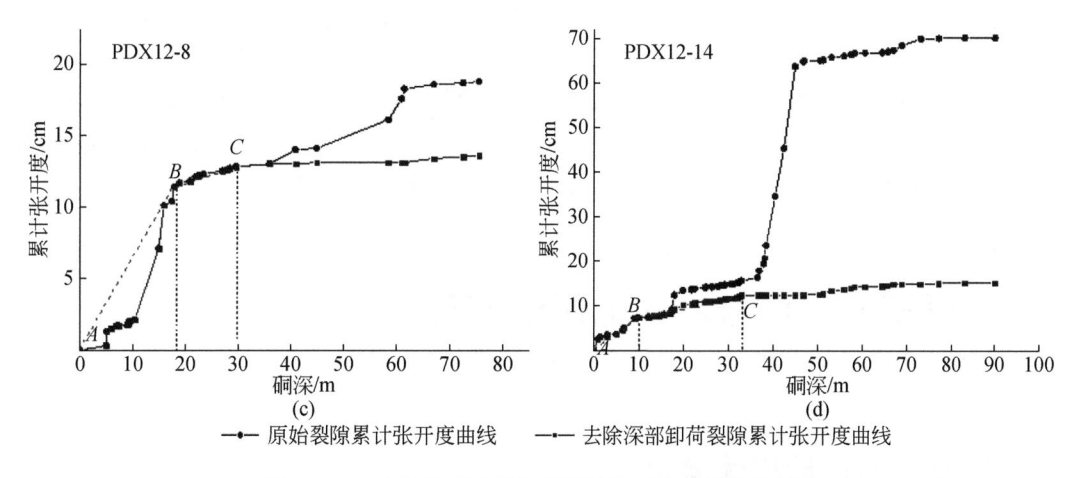

图 13.13　右岸典型平硐卸荷累计张开度及卸荷带划分

从结果来看，卸荷带水平深度一般为 25~38m，垂直深度为 20~38m，卸荷带宽度（或深度）略大于弱风化带。其中，强卸荷带水平深度一般为 5~20m，垂直深度则为 5~26m，岩体与岩石波速比小于 0.5，而弱卸荷带岩体与岩石波速比多在 0.57~0.63。微新岩体卸荷现象总体不明显，节理多闭合、少量稍张，裂隙张开度多在 0.5mm 以下。

由于现场平硐开挖方向不一定与坡向一致，并且坡表存在一定的起伏，因此通过地形等高线图对各卸荷分界点距离坡表的水平距离和铅直距离进行测量，并且将新的划分界限与按照水利水电勘察规范所划分的卸荷区界限进行对比，结果表 13.7 所示。

表 13.7　卸荷带分带结果对比

坡岸	平硐信息 硐号	高程/m	强卸荷带（卸荷应变率）硐内下边界/m	水平向/m	垂向/m	强卸荷带（规范）水平向/m	垂向/m	弱卸荷带（卸荷应变率）硐内下边界/m	水平向/m	垂向/m	弱卸荷带（规范）水平向/m	垂向/m
左岸	PDX12-15	805.82	7.7	7.57	6.18	8.5	8.5	27.7	26.53	20.18	26	21
	PDX12-3	845.11	5.6	5.55	6.39	7	5	27.5	25.96	22.89	30	23
	PDX12-7	906.45	13.5	14.5	9.25	11.9	11	27.5	25.5	19.05	22.5	23
	PDX12-11	959.85	7.9	6.5	5.65	7.8	8	34	28.6	22.35	28	20
	平均		8.68	8.53	6.87	8.8	8.13	29.18	26.65	21.12	26.63	21.75
右岸	PDX12-2	808.65	10.1	9.9	9.35	12	14	45	38.1	29.35	48	30
	PDX12-4	846.08	20	19.8	25.92	15.5	17	39	37	37.92	27	32
	PDX12-8	907.84	18	18	19.96	10	11	29.7	29.3	32.66	30	34
	PDX12-14	957.04	10	9.8	13.96	9	12	32.9	31	31.96	25	26
	平均		14.53	14.38	17.30	11.63	13.50	36.65	33.85	32.97	32.50	30.50
	平均		11.60	11.45	12.08	10.21	10.81	32.91	30.25	27.05	29.56	26.13

表 13.7 表明，基于卸荷应变率划分卸荷带的方法与规范所划分结果差异不大，由此佐证了该方法的可行性。其中左岸强卸荷带和弱卸荷带水平发育深度平均值分别为 8.53m、26.65m，右岸强卸荷带和弱卸荷带水平发育深度平均值分别为 14.38m、33.85m，右岸卸荷发育深度略大于左岸。这种差异可能与右岸边坡坡度略大于左岸，右岸倾向南东受风化作用影响强烈，以及两岸坡体内结构面发育存在差异等有关。

第三节　边坡岩体的倾倒变形

一、工程中的边坡岩体倾倒变形

边坡岩体的倾倒变形通常发生在层-片状岩体中。例如，云母石英片岩由石英片构成，片间则为定向排列的绢云母所黏结。当受到风化或浸水后，片理面上的黏结力几乎全部丧失。可以形象地说，完整新鲜的层-片状岩体可能是一块"砖"，而风化或扰动之后可能变为"一叠纸"。

陡倾岩层的倾倒变形在铁路及水电边坡工程中十分常见。在西部山区部分水电站和库区，这类变形会伴随工程全生命周期，而出现倾倒变形的边坡高度可达数百米乃至千米。近期，一些大型水电站边坡的持续变形开始威胁工程安全，倾倒变形再度引起人们的普遍重视。

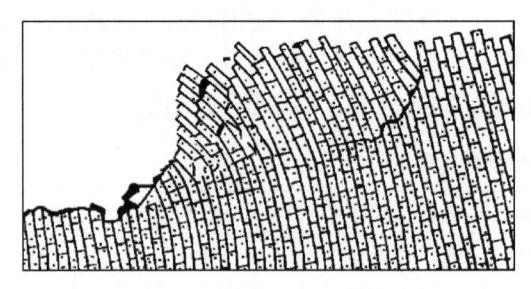

图 13.14　倾倒变形物理模拟现象

20 世纪 80 年代以来，人们对倾倒变形问题开展了大量的研究。地质分析、数学力学模型和物理模型实验被广泛用于倾倒变形机制分析。Hofmann（1973）曾用模型试验方法研究倾倒变形（图 13.14）。本书作者也曾针对秦岭地区观察到的现象，采用极限平衡方法对边坡岩体倾倒变形机制进行了系统的理论分析（伍法权，1997）。

本节以库仑强度理论为依据，对边坡中片岩倾倒变形做简要的力学分析。

二、倾倒变形的极限平衡分析

1. 倾倒变形发生的基本条件

层（片）状岩体发生倾倒变形的基本条件：
(1) 岩体结构特征：岩层的层（片）理密集，顺层（片）理面方向连续性好，且因风化或扰动而分离成薄片状，可视为无刚度薄板。当边坡规模较大时，岩层厚度相对于边坡整体尺度较小，也可视为具备上述结构条件。这正是岩体发生倾倒变形的"尺寸效应"，我国西部一些大型水电站边坡岩体的倾倒变形就是这种成因。

（2）坡面与结构面组合关系：发生倾倒变形的斜坡一般坡角较大，而且层（片）理陡立，边坡中最大主压应力与片理法向夹角（γ）常大于片理面摩擦角（φ）。

（3）应力条件：倾倒变形的驱动因素是薄片上的剪应力不平衡，薄片自重相对于应力场量值是微不足道的。

2. 瞬时倾倒变形的终止角度

层片状岩体发生倾倒变形伴随着应力的调整和变化，是一个复杂的力学过程。倾倒变形包括平移变形和转动变形两个部分。由于平移变形需用数值方法求解，这里只讨论转动变形部分，且仅讨论瞬时变形终止时的角度关系。

如图 13.15 所示，取坡体中一个薄片微元体，a 面为片理面，b 面为虚拟截面，取转动中心为微元体中心点 O。不失一般性，取片理面摩擦角为 φ，黏聚力为 c。

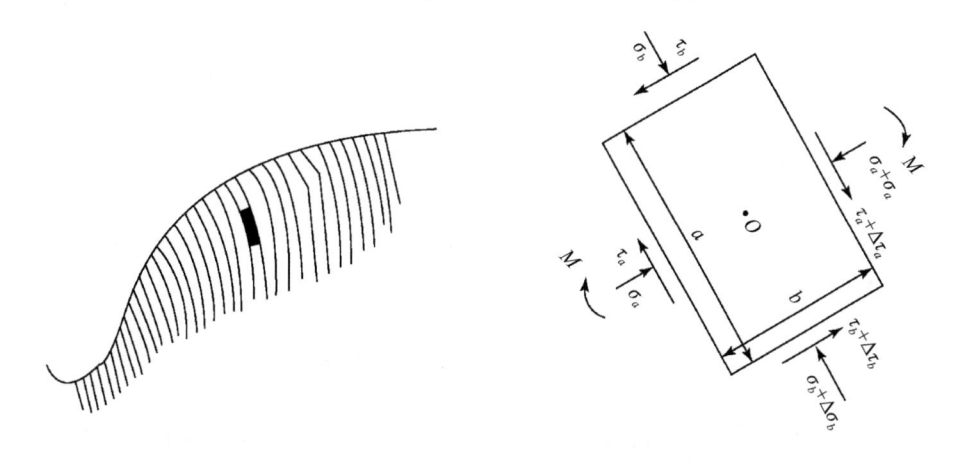

图 13.15　倾倒变形岩体微元体受力分析

按照静力学原理，单元体转动终止的力矩条件为 $M_{阻} \geqslant M_{动}$，即

$$[\tau_a+(\tau_a+\Delta\tau_a)] \cdot a \cdot \frac{b}{2} = [\tau_b+(\tau_b+\Delta\tau_b)] \cdot b \cdot \frac{a}{2}$$

而上式左边的剪应力值受片理面抗剪强度的制约，有

$$\tau_a+(\tau_a+\Delta\tau_a) \leqslant \sigma_a\tan\varphi+c+(\sigma_a+\Delta\sigma_a)\tan\varphi+c$$

合并上两式，整理并略去微量，有 $\tau_b \leqslant \sigma_a\tan\varphi+c$。当转动终止时应力达到平衡状态，有 $\tau_a=\tau_b$，上式变为

$$\tau_a \leqslant \sigma_a\tan\varphi+c \tag{13.3}$$

可见片岩的倾倒变形是通过片理面两侧部分的相对剪切变形来实现的，相对剪切位移方向与倾倒转动方向相反。密集片理的逐层剪切位移和薄片转动在整体上表现为斜坡

岩体的倾倒变形。变形终止与否由片理面上的剪应力与抗剪强度关系式（13.3）确定。

应用库仑-莫尔强度理论图解分析，不满足式（13.3）条件的为图 13.16（a）中阴影区所对应的应力圆弧段。令 γ 为片理面法线与最大主应力（σ_1）的夹角，根据莫尔-库仑图解分析［图 13.16（a）］，则上述弧段对应的不稳定 γ 区间上界 γ_1 和下界 γ_2 分别为

$$2\gamma_1 = \delta + \varphi, \quad 2\gamma_2 = \pi - \delta + \varphi$$

因为，

$$\sin\delta = \frac{\sigma_1 + \sigma_3 + 2c \cdot \cot\varphi}{\sigma_1 - \sigma_3}\sin\varphi$$

所以有

$$\begin{cases} \gamma_1 = \dfrac{1}{2}\left[\varphi + \arcsin\left(\dfrac{\sigma_1 + \sigma_3 + 2c\times\cot\varphi}{\sigma_1 - \sigma_3}\sin\varphi\right)\right] \\ \gamma_2 = \dfrac{1}{2}\left[\pi + \varphi - \arcsin\left(\dfrac{\sigma_1 + \sigma_3 + 2c\times\cot\varphi}{\sigma_1 - \sigma_3}\sin\varphi\right)\right] \end{cases} \quad (13.4)$$

当 $\gamma_1 < \gamma < \gamma_2$ 时即发生倾倒。

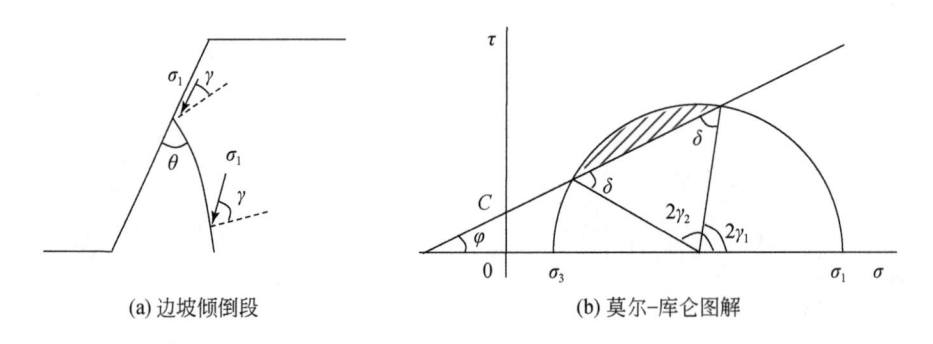

(a) 边坡倾倒段　　　　　　　(b) 莫尔-库仑图解

图 13.16　倾倒转动的莫尔-库仑图解分析

实际发生的倾倒总是使片理面法线与 σ_1 夹角 γ 变小，因此判断倾倒发生的准则也可以用 γ 给出，即当

$$\gamma > \gamma_1 = \frac{1}{2}\left[\varphi + \arcsin\left(\frac{\sigma_1 + \sigma_3 + 2c \cdot \cot\varphi}{\sigma_1 - \sigma_3}\sin\varphi\right)\right] \quad (13.5)$$

此时发生倾倒变形。

由于坡体中应力分布是连续的，对于均质岩体，倾倒变形也将是连续的。应用数值模拟方法计算出斜坡应力状态，并实验求得片理面 φ 值，则倾倒变形体的剖面形态即可通过计算获得。

在坡面处，σ_1 与坡面平行，$\sigma_3 \to 0$，则有

$$\gamma_0 = \frac{1}{2}\left\{\varphi + \arcsin\left[\left(1 + \frac{2c \cdot \cot\varphi}{\sigma_1}\right)\sin\varphi\right]\right\} \quad (13.6\text{a})$$

若因风化，坡表岩体片理面分离，此时 $c = 0$，则有

$$\gamma_0 = \varphi \quad (13.6\text{b})$$

上列各式指出，对风化的片岩边坡，片理面法线与坡面夹角 $\gamma_0 > \varphi$ 时，必定会发生倾倒变形；而对于新鲜岩体边坡，由于有片间黏聚力的作用，会存在 $\gamma_0 > \varphi$ 的情形。因此，式（13.6b）可以作为判断边坡风化层、片状岩体倾倒变形是否发生的一个直观判据。

这一结论也可以由图13.16看出，倾倒变形稳定时的 γ_0 满足式（13.6b）。

三、地下水压力对倾倒变形的影响

根据有效应力原理，当岩体中存在裂隙流体压力 p 时，式（13.5）中的 γ_1 将会变为 γ_1'，即

$$\gamma_1' = \frac{1}{2}\left[\varphi + \arcsin\left(\frac{\sigma_1 + \sigma_3 + 2c\cdot\cot\varphi - 2p}{\sigma_1 - \sigma_3}\sin\varphi\right)\right] \leq \gamma_1 \tag{13.7}$$

显然，当裂隙水压力增加时，倾倒将可能进一步发生。若 p 是突然施加的，如暴雨入渗，则变形也会是突发的。其倾倒变形增量为 $\Delta\gamma = \gamma_1 - \gamma_1'$。

四、倾倒变形的时间效应

在瞬时变形终止后，层、片理面上仍存在剪应力 $\tau_a = \frac{1}{2}(\sigma_1 - \sigma_3)\sin 2\gamma$。这个剪应力将引起沿片理方向缓慢的剪切蠕变，使片岩进一步发生倾倒变形（图13.17）。这一过程可用模型 $\tau_a = \eta\dot\gamma$ 来描述，其中 η 为片理面物质黏滞系数，$\dot\gamma$ 为剪切应变速率。合并上两式得

$$dt = \frac{2\eta}{(\sigma_1 - \sigma_3)\sin 2\gamma}d\gamma$$

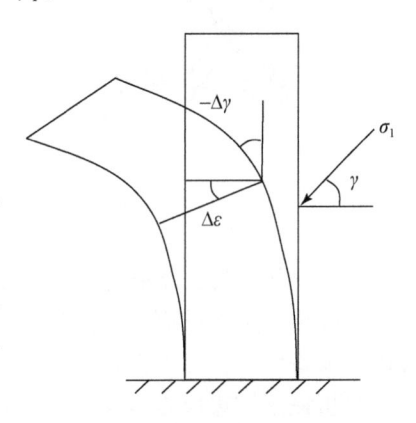

图13.17 片理剪切蠕变分析模型

两边积分并考虑到变形量不大时，$\sigma_1 - \sigma_3$ 可视为常数，有

$$t = \int_0^t dt = \frac{\eta}{(\sigma_1 - \sigma_3)}\int_{\gamma_1}^{\gamma}\frac{d2\gamma}{\sin 2\gamma} = \frac{\eta}{(\sigma_1 - \sigma_3)}\ln\left|\frac{\tan\gamma}{\tan\gamma_1}\right|$$

$$\gamma = \arctan(\tan\gamma_1 \cdot e^{-\frac{\sigma_1-\sigma_3}{\eta}t}) \tag{13.8}$$

其中，γ_1 由式（13.4）给出。可见有

$$\begin{cases} 0 \leq \gamma \leq \gamma_1, & t \in [0, \infty) \\ \gamma = \gamma_1, & t = 0 \\ \gamma \to 0, & t \to \infty \end{cases} \tag{13.9}$$

就是说，随着时间的推移，倾倒变形将使片理面与坡面趋于相互垂直。

五、倾倒变形破坏特征分析

1981 年，秦岭南部地区普降暴雨，年降水量达到 2023mm。该年 8 月中旬连续降雨 11 天，最大日降雨量达 146mm，月降雨量达到 672mm。这一持续降雨过程在陕南阳平关地区 42km² 范围内引发大小滑坡和边坡变形体 149 处，其中变形体多为降雨诱发的倾倒变形坡体。

该地区处于秦岭的区域变质岩带，强烈的构造挤压造成了区域性陡立的云母石英片岩，其片理与秦岭山脉走向一致。该区域斜坡中大量出现岩体弯曲倾倒变形现象。

本书作者跟随导师晏同珍教授对宝鸡—成都铁路阳平关—燕子砭段 12km 沿线路堑边坡进行调查，九处较为典型的变形边坡中，片理面与坡面夹角分布如图 13.18 所示。这些结果表明，边坡自铁路修建起经历了 30 年的变形历史，片理面与坡面夹角 $\theta_0 \geqslant 90°-\gamma_1$ 大多接近于 90°，即有 $\gamma_1 \to 0°$。

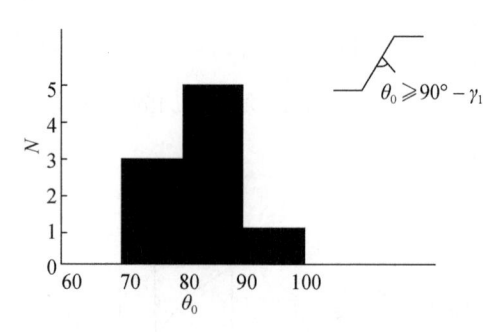

图 13.18 倾倒变形实例

宝成线西距阳平关站 1km 的 44 号工点斜坡即为典型的暴雨诱发倾倒变形体。在持续降雨第三天夜里，距铁路边坡 200m 的坡顶民房前积水突然消失；路肩至民房的山坡表面出现密集的平行裂缝，走向与片岩层理走向一致；在路堑边坡坡面上，出现了一系列顺片理走向延伸的反向台坎。这些现象正是在暴雨入渗条件下，片理面裂隙水压力增加诱发的倾倒变形所致。

分析该区域边坡岩体变形与滑坡现象，可以获得如下认识。

1. 边坡倾倒变形与破坏的差异

层片状岩体的倾倒变形总体上属于逐层剪切滑移变形。由于倾倒岩层倾向坡内，一般为片理面内侧部分向下错动，逐层形成反坡台坎 [图 13.19（a）]，并由此形成平行于片理面走向的密集裂缝群，从坡肩向边坡后部，分布范围可能是坡高的几倍到 10 倍以上。

对于这类现象，人们常会将地面裂缝分布范围圈定为滑坡。事实上，倾倒变形边坡一般只在坡肩部位较小范围内，沿倾倒折断面发生破坏，形成崩塌或小型滑坡 [图 13.19（b）]。

2. 倾倒变形边坡的侧滑效应

导致边坡倾倒变形与破坏范围差异性的原因是，层片状岩体结构和力学性质存在显著各向异性，即沿层（片）理方向岩体的抗剪强度显著低于切层方向。对于片岩，片理面往往由高度定向排列的绿泥石、绢云母等片状矿物黏结，任何扰动和风化都可能使其发生片理裂解，形成分离的片状岩体；但若要在切层方向发生剪切破坏，则需要切过大

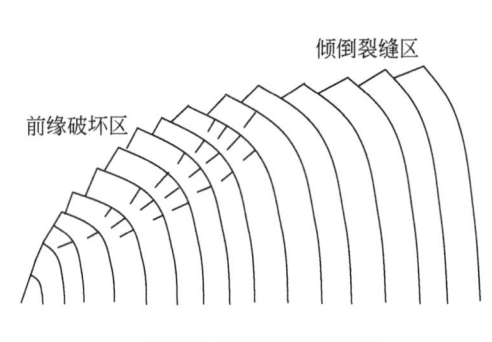

(a) 倾倒变形裂缝区域破坏区　　(b) 倾倒变形与破坏实例

图 13.19　倾倒变形与破坏特征

量的坚硬矿物"能干层"。

层片状岩体的这种各向异性还会导致倾倒变形边坡的侧滑效应。由于片理裂解，使得沿破裂面的剪切滑移更容易发生。当边坡发生卸荷作用时，片理法向应力可能松弛；或当降雨入渗，片理面水压力增高时，这种侧滑更易发生。因此在垂直片理走向的沟谷两侧，常可见侧向小滑坡。这类滑坡的滑动面一般不规则，不一定表现为弧状滑面。

第四节　边坡岩体渗透性特征

边坡岩体不仅具有自身的储水状态和渗流场，还通过与大气降水和地表水体之间的水流交换改变地下水渗流场和应力场。岩体的渗流特性是影响边坡地下水动态、岩体力学性能和稳定性的重要因素，在大型水电站等涉水工程的岩体渗漏问题评价中也具有重要应用。

我们已经知道，岩体水力学实际上是岩体中裂隙网络的水力学。因此边坡岩体的渗流特性主要取决于岩体结构特性，特别是结构面的张开度和水力学连通性。

我们已经建立了裂隙岩体的渗流模型和渗透张量的计算方法，本节将以此为基础分析边坡岩体的渗透性，讨论其与降雨和地表水发生交换时的水力学特征。

一、边坡岩体的渗透性

我们以式（7.20）为基础讨论边坡岩体的渗透特性，特别是渗透性强弱和各向异性的空间变化特征。考虑到第五章"岩体的应力-应变关系理论"提及的结构面的压密规律，将式（7.20）写为

$$K_{ij} = \frac{\pi g}{12\nu} \sum_{p=1}^{N} \lambda_v \bar{t}_0^3 (\bar{a} + r)^2 e^{-\frac{3r}{\bar{a}}} (\delta_{ij} - n_i n_j) e^{-10\frac{\sigma}{\sigma_c}} \tag{13.10}$$

式中，σ 为结构面法向应力；t_0 为 $\sigma=0$ 时的结构面隙宽；n_i 为结构面法线方向余弦；其他符号意义同前。

1. 边坡应力场对岩体渗透性的影响

毋庸置疑，边坡岩体的渗透性能受边坡应力场的影响。我们知道，卸荷作用通常在边坡坡肩出现张应力区，陡倾结构面法向应力可考虑为0；而自坡表往坡内压应力会逐渐增强，这将导致结构面的闭合。因此，我们可以根据边坡的应力场推断边坡渗流特性的空间变化特征（图13.20）。

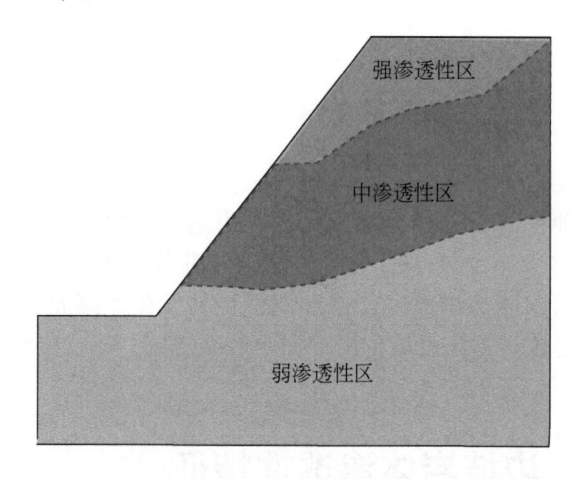

图 13.20　受边坡应力场影响的渗透性分区示意图

从岩体变形角度看，边坡岩体中存在强、弱及微三个卸荷变形带，根据卸荷发育特征与裂隙张开度的关系规律可知 [式 (13.2)]，各卸荷带内裂隙的平均隙宽也呈递减趋势。

作为示例，考虑一组卸荷结构面的情形，设 K_{0ij} 为强卸荷带的渗透系数，若取强、弱、微卸荷带的结构面法向应力分别为 0MPa、2MPa、5MPa，则由式 (13.10) 可以计算出各带的渗透系数分别为 K_{0ij} 的 1.0 倍、1.35×10^{-1} 倍、6.74×10^{-3} 倍。

2. 岩体各向异性的影响

尽管岩体的渗透性能呈现显著的各向异性，但由于边坡卸荷的定向性，一般会导致边坡上部张应力区中与坡面轴向一致的陡倾结构面张开。这将显著加剧岩体渗透性能的各向异性。这种各向异性渗流采用目前各向同性渗流模型是难以模拟的。

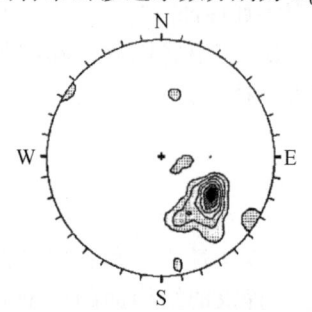

图 13.21　卸荷裂缝极点赤平投影图

如图13.21所示的锦屏一级水电站左岸高陡边坡，由勘探平硐揭示出52条规模大于3m、隙宽0~3cm不等的卸荷裂缝，裂缝基本与坡面走向一致。在平硐 PD14 的141m 水平深度出现长146m、隙宽1.0~20cm的卸荷张裂缝，而同时在PD16的156m部位发现长179m、隙宽0.5~20cm的张裂缝。

根据前述优势渗流理论，边坡最大渗透系数将出现在裂隙面方向，即沿坡面走向将是最优渗透方向。

3. 重要隔水层带的影响

若在渗流场水力坡度方向出现区域性隔水断层带、挤压带等，可能局部阻断地下水渗流，形成渗流场和地下水位的不连续。

图13.22为我国西部某水电工程千米级高陡边坡地下水位分布模式。由于一条陡倾区域性走滑型断层的阻隔，断层内侧水位显著高于外侧，斜坡上部地下水位线出露下降泉，而下部斜坡地下水位显著低于上部。虽然这是一种十分特殊的情形，但对于边坡工程具有重要的水文地质学意义。

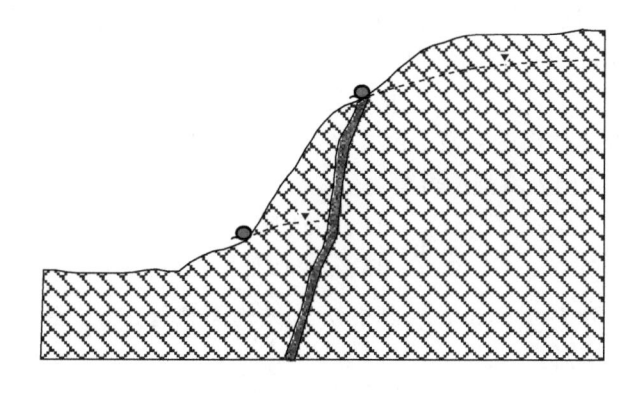

图13.22 重要隔水层带对地下水位的影响

二、降雨入渗与地下水位

随着降雨强度的不同，边坡区域会发生不同程度的降雨入渗。入渗的水量将转化为地下水流，改变渗流场和地下水位，从而影响岩体的变形与稳定。

在边坡岩体中，降雨入渗和转化为地下水渗流是两个不同的阶段，分别具有不同的特征规律。下面分别讨论降雨入渗和地下水渗流。

1. 降雨入渗强度

降雨强度等级可按照表13.8的标准划分。降雨强度可用 f（mm/h）或 $F=f/36000$（cm/s）表示，并由表中数据换算得到。

边坡岩体的表水入渗强度制约着降雨的最大入渗量。若令 W（cm/s）为边坡岩体的表水入渗强度，对于裸露的基岩，当 $W>F$ 时，降雨完全入渗；而当 $W<F$ 时，降雨将部分入渗。与土体不同，降雨沿岩体裂隙网络入渗，毛细作用和基质吸力等因素的影响可以

不考虑。

表 13.8　降雨强度等级划分表

降雨强度等级	12 小时降雨量/mm	24 小时降雨量/mm
小雨	5	10
中雨	5～14.9	10～24.9
大雨	15～29.9	25～49.9
暴雨	30～69.9	50～99.9
大暴雨	70～139.9	100～199.9
特大暴雨	>140	>200

图 13.23 为边坡降雨入渗示意图，图中 W 为边坡岩体入渗强度。边坡岩体中的入渗主要沿铅直方向（h 方向）进行，铅直方向水力梯度 $J_3=1$，而其他方向可设为 0。根据达西定律和式（13.10），饱和入渗强度为

$$W = K_{i3}J_3 = K_{33} \tag{13.11}$$

式中，K_{33} 为铅直方向岩体渗透系数，由式（7.20）给出，实际计算时应注意单位换算。

因此，边坡中的降雨入渗强度可写为

$$W = \begin{cases} F, & F<W \\ K_{33}, & F>W \end{cases} \tag{13.12}$$

由式（13.10），注意到 $1-n_3^2 = \sin^2\delta_3$，其中 δ_3 为结构面倾角；考虑到陡倾裂隙一般具有较好的连通性，忽略 r，可得

$$K_{33} = \frac{\pi g}{12\nu} \sum_{p=1}^{N} \lambda_v \bar{t}_0^3 \bar{a}^2 \sin^2\delta_3 e^{-\alpha\sigma}$$

式中，N 为结构面组数；σ 为结构面法向压应力；α 为系数；其他符号意义同前。

(a) 渗流场示意图　　(b) 地下水位计算曲线

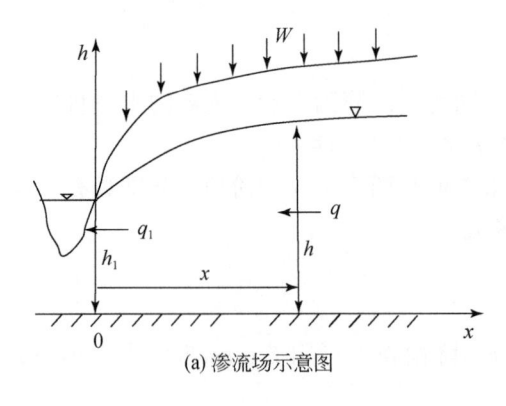

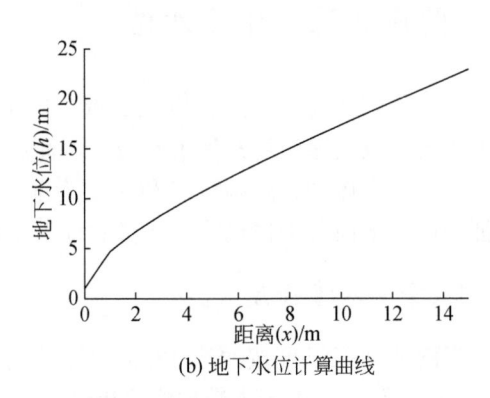

图 13.23　降雨入渗条件下边坡渗流图示

2. 降雨入渗条件下的地下水浸润曲线与渗流量

上述入渗水量将转化为地下水，改变渗流场和地下水位线（浸润线）。由于岩体渗透张量的各向异性，降雨入渗方向和地下水流动方向的渗透性能是不同的，因此地下水流动受水力梯度方向的渗透系数制约。

取坐标系如图 13.23（a）所示的单位厚度分析剖面，剖面长为 l。地表单宽入渗强度为 W，断面 x 处地下水单宽渗流量 q 沿水力坡度方向向河流运移，断面 $x=0$ 处的渗出流量为 q_1，则有如下流量平衡关系：

$$q_1 - q = Wx$$

取水流方向的渗透系数为 K，按照达西定律，断面 x 处的单宽流量 q 为渗透流速 $v = KJ$ 与单宽渗流面积 $s = h \times 1$ 的乘积，这里粗略地将 h 作为渗流断面，有 $q = v \cdot s = K \dfrac{\partial h}{\partial x} \times h \times 1$，代入上式有

$$h \frac{\partial h}{\partial x} = \frac{1}{K}(q_1 - Wx)$$

对上式在区间 $[0, x]$ 积分，有

$$h^2 - h_1^2 = \frac{1}{K}(2q_1 x - Wx^2)$$

由于 $q_1 = Wx + q$，有

$$h^2 = h_1^2 + \frac{1}{K}(Wx + 2q)x \tag{13.13a}$$

考虑到降雨入渗强度 W 为式（13.11），可将上式分别写为

$$h^2 = \begin{cases} h_1^2 + \dfrac{1}{K}(Fx + 2q)x, & F < W \\ h_1^2 + \dfrac{1}{K}(Wx + 2q)x, & F > W \end{cases} \tag{13.13b}$$

式（13.13）的地下水位计算曲线如图 13.23（b）所示。

上列各式中，考虑到边坡卸荷的定向性导致岩体渗透性能的各向异性，铅直入渗的渗透系数可能远大于水平渗流的渗透系数，因此上述浸润线函数曲线将会高于按各向同性介质中的浸润线。

对式（13.13a）求导可得

$$h \frac{\mathrm{d}h}{\mathrm{d}x} = \frac{1}{K}(Wx + q)$$

根据达西定律，高为 h、单位厚度为 x 的断面单宽渗流量为

$$q_x = K \cdot \frac{\mathrm{d}h}{\mathrm{d}x} \cdot h = Wx + q \tag{13.14}$$

三、河水位升降与边坡浸润曲线变化

当河水位快速升降时，边坡地下水浸润曲线将会发生非稳定动态变化。通常情况下，河水位快速下降时临河区段水力坡度加大，不利于边坡稳定性。这一过程表述相对复杂，这里不做讨论。但如果变化相对缓慢，可以在式（13.13a）中改变河水位 h_1 的值计算水位线。

第五节 边坡地震动力响应

大量现象研究表明，在构造活动区，边坡岩体较地下工程围岩更易受地震作用的影响而发生振松、破裂，并形成大量的地震滑坡。对于完建运行中的工程，边坡岩体的动力损伤和结构松动，将直接威胁其安全运营；对于拟建工程，人们将要评价这类岩体对工程的可能威胁和岩体可利用性，并由此决定工程选址。由此可见，深入研究地震对边坡岩体的动力作用、损伤机理以及岩体性质，具有重要的工程实践意义。

在 2008 年"5.12"汶川大地震之后，作者曾赴现场系统考察地震诱发的斜坡地质灾害，并在中国科学院和中国地质调查局专项支持下，对斜坡的地震破坏现象和动力响应特征进行了理论分析和大型振动台试验研究。

一、边坡的地震动力破坏特征

研究发现，地震导致的斜坡破坏现象有两个重要特征：趋表效应和趋高效应。

1. 破坏的趋表效应和趋高效应

汶川地震现场考察表明，斜坡破坏在坡表表现更为强烈，表现为大量的斜坡表面物质的垮落，乃至弹射，我们称之为"山扒皮"现象（图 13.24）；同时发现山体顶部破坏通常较中下部严重，我们称之为砍头现象，也称"竹竿效应"。

课题组杨国香、伍劼等采用大型振动台对斜坡地震动力学响应进行了模拟。通过斜坡后部和底部边界输入不同频率、不同波形的水平向振动，测量坡面和坡内不同点的水平加速度放大系数，发现坡面 [图 13.25（a）] 和坡顶 [图 13.25（b）] 的水平加速度放大系数显著高于斜坡内部，也因此坡面和坡顶首先发生破坏 [图 13.25（c）]。

地震斜坡破坏的趋表效应和趋高效应，对于认识构造活动区斜坡岩体结构完整性、松动规律及其坡内分布，指导岩体质量分布和岩体可利用性评价具有一定的科学意义和工程应用价值。

图 13.24　地震诱发的斜坡"山扒皮"与"砍头"破坏

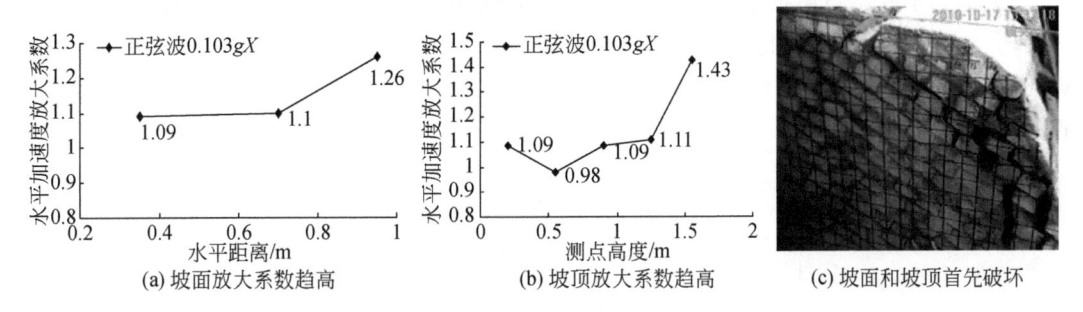

(a) 坡面放大系数趋高　　(b) 坡顶放大系数趋高　　(c) 坡面和坡顶首先破坏

图 13.25　坡面和坡顶加速度放大系数显著高于斜坡内部

2. 斜坡岩体的分带破坏

振动台模型实验也表明，边坡的破坏显现出分带破坏特征[图 13.26（a）]；且自地震波输入边界向坡面方向，水平加速度放大系数也呈现波状起伏特征[图 13.26（b）]。当然，由于模型实验体尺寸对测点密度的限制，观察到的波动现象尚不够精细。因此，对这一规律的研究尚需进一步深化。

(a) 边坡岩体的分带破坏现象　　(b) 水平加速度放大系数

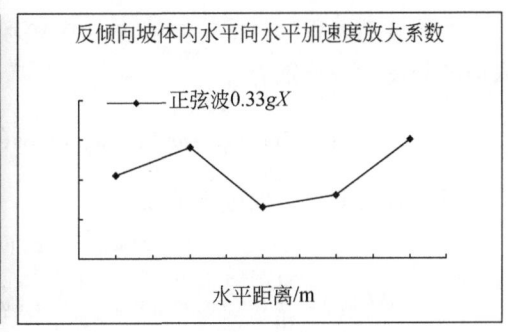

图 13.26　斜坡岩体的分带破坏

如果这种破坏分带现象和加速度放大系数波动特征存在，它将对认识地震影响下边坡岩体结构扰动规律，定性区分边坡卸荷与"震裂山体"，同样有着重要的科学意义与工程实践价值。

二、边坡地震响应的物理解释

受唐春安教授的启示，我们还对地震波在边坡中的传播、反射叠加作用进行了理论分析。上述地震边坡变形破坏的趋表效应、趋高效应和分带特性，可以用一维波动力学理论做出粗略解释。

1. 反射叠加波加速度

设边坡内部 x_0 点有振幅为 A，波速为 c、周期为 T 的地震入射波 u_i 向坡面方向传播（图13.27）。当波前到达坡面时将会产生反射波 u_r。由弹性理论可知，反射波与入射波振幅、波速、波长相同，传播方向相反，两者相互叠加，引起了边坡中岩体质点的叠加振动。

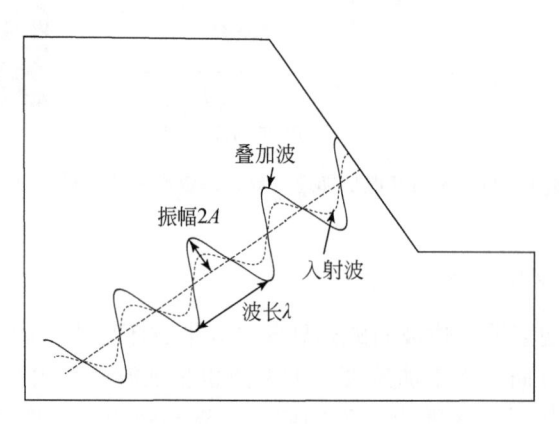

图13.27 边坡的地震波传播

按照波动方程的一维行波解法，考虑无限长弦一端（如 $x = x_0$，$t = 0$ 点）固定，可令入射波与反射波分别为

$$u_i = A\cos(\varphi_0 + \omega t), \quad u_r = A\cos(\varphi_0 - \omega t), \quad \varphi_0 = 2\pi\frac{x_0}{cT}, \quad \omega = \frac{2\pi}{T} \quad (13.15)$$

按照解题要求，设过渡函数

$$\varphi(\varphi_0) = (u_i + u_r)_{t=0} = 2A\cos\varphi_0$$

$$\psi(\varphi_0) = \frac{d}{dt}(u_i + u_r)_{t=0} = \omega\frac{d}{d\varphi_0}[u_r(\varphi_0) - u_i(\varphi_0)] = \omega A(-\sin\varphi_0 + \sin\varphi_0) = 0$$

$$\int_{\varphi_0 - \omega t}^{\varphi_0 + \omega t} \psi(\varphi_0)\,d\varphi_0 = 0$$

由达朗贝尔公式，由于

$$u(\varphi_0,t) = \frac{1}{2}[\varphi(\varphi_0+\omega t)+\varphi(\varphi_0-\omega t)] + \frac{1}{2\omega}\int_{\varphi_0-\omega t}^{\varphi_0+\omega t}\psi(\varphi_0)\mathrm{d}\varphi_0$$

$$= \frac{1}{2}[2A\cos(\varphi_0+\omega t)+2A\cos(\varphi_0-\omega t)]+0$$

有入射波与反射波的叠加波函数

$$u(\varphi_0,t) = 2A\cos\varphi_0\cos\omega t \tag{13.16a}$$

可见叠加波的幅值为入射波和反射波的二倍。

显然，叠加波函数式（13.16a）满足如下定解条件

$$\begin{cases} u|_{t=0} = 2A\cos\varphi_0 = \begin{cases}\varphi(\varphi_0), & \text{当}\varphi_0 \geq 0 \\ \varphi(-\varphi_0), & \text{当}\varphi_0 < 0\end{cases} \\ \dfrac{\partial u}{\partial t}|_{t=0} = 0 = \begin{cases}\psi(\varphi_0), & \text{当}\varphi_0 \geq 0 \\ \psi(-\varphi_0), & \text{当}\varphi_0 < 0\end{cases}\end{cases} \tag{13.16b}$$

任意点、任意时刻叠加波的质点速度和加速度分别为

$$\begin{cases} v(\varphi_0,t) = \dfrac{\partial}{\partial t}u(\varphi_0,t) = -2\omega A\cos\varphi_0\sin\omega t \\ a(\varphi_0,t) = \dfrac{\partial^2}{\partial t^2}u(\varphi_0,t) = -2\omega^2 A\cos\varphi_0\cos\omega t \end{cases} \tag{13.17}$$

由式（13.17）可以得到叠加波峰值加速度 a_p 与重力加速度 g 之比为

$$K_\mathrm{a} = \frac{a_\mathrm{p}}{-g} = \frac{2\omega^2 A}{g} \tag{13.18}$$

若地震波周期为 $T=1\mathrm{s}$，则 $\omega=6\mathrm{s}^{-1}$，$A=1\mathrm{m}$，有 $K_\mathrm{a}=7.35$，由此可见，地震波叠加的波峰值加速度可以大于重力加速度。

显然，入射波的加速度为

$$a_\mathrm{i}(\varphi_0,t) = \frac{\partial^2 u_\mathrm{i}}{\partial t^2} = \frac{\partial^2}{\partial t^2}[A\cos(\varphi_0+\omega t)] = -A\omega^2\cos(\varphi_0+\omega t) \tag{13.19}$$

定义叠加波与入射波的加速度比值为加速度放大系数为 M_a，则有

$$M_\mathrm{a} = \frac{a}{a_\mathrm{i}} = \frac{2\omega^2 A\cos\varphi_0\cos\omega t}{\omega^2 A\cos(\varphi_0+\omega t)} \tag{13.20a}$$

若选取反射波起点 $\varphi_0 = 2\pi\dfrac{x_0}{cT}=0$，即坡面点 $x_0=0$，即叠加波自该点反向传播，则式（13.20a）为

$$M_\mathrm{a} = \frac{2\omega^2 A\cos 0 \cdot \cos\omega t}{\omega^2 A\cos(0-\omega t)} = 2 \tag{13.20b}$$

即不仅在坡面，而且叠加波全程加速度放大系数为二倍。

当考虑重力加速度的影响时，若地震波入射角为 β，则重力加速度在入射角方向的分量为 $-g\sin\beta$，此时加速度放大系数为

$$M = \frac{2\omega^2 A\cos\varphi_0 \cos\omega t + g\sin\beta}{\omega^2 A\cos(\varphi_0 + \omega t) - g\sin\beta} \tag{13.20c}$$

由式（13.20b）、式（13.20c）可做出两种加速度放大系数曲线，如图13.28所示。可见，在考虑重力加速度影响时，在坡面附近及坡内一定间距部位的加速度放大系数可能达到3.5倍。这可能是坡表发生块石体抛射的原因。

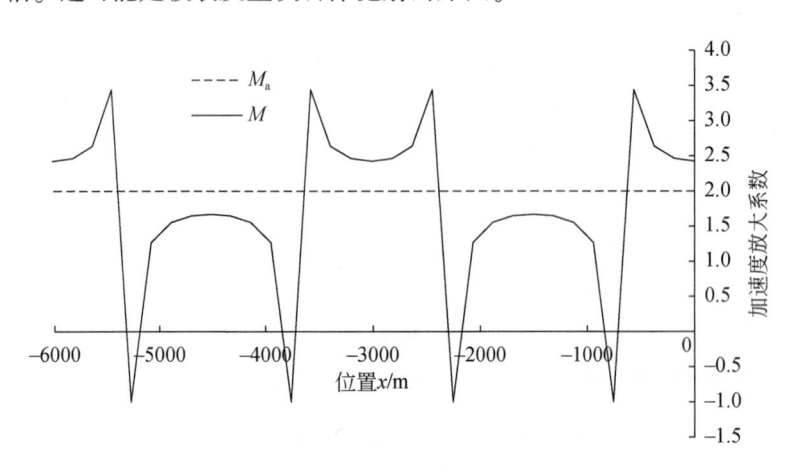

图 13.28　加速度放大系数 M_a 和 M 曲线

2. 反射叠加应力波

考虑到式（13.15）后两式，即 $\varphi_0 = 2\pi \dfrac{x_0}{cT}$，$\omega = \dfrac{2\pi}{T}$，且有 $\lambda = cT$，$x = ct$，式（13.16a）可表述为

$$u(\varphi_0, t) = 2A\cos\frac{2\pi x_0}{cT}\cos\frac{2\pi t}{T} = 2A\cos 2\pi \frac{x_0}{\lambda}\cos 2\pi \frac{x}{\lambda}, \quad x \leq 0 \tag{13.21}$$

其中，$x \leq 0$ 表示叠加波为逆向传播。

根据弹性理论，由上式有叠加波行波方向的应变为

$$\varepsilon(x) = \frac{\mathrm{d}u}{\mathrm{d}x} = -\frac{4\pi A}{\lambda}\cos 2\pi \frac{x_0}{\lambda}\sin 2\pi \frac{x}{\lambda}$$

而相应的弹性应力波方程则可以表述为

$$\sigma_e = E'\varepsilon = -\frac{4\pi AE'}{\lambda}\cos 2\pi \frac{x_0}{\lambda}\sin 2\pi \frac{x}{\lambda} \tag{13.22}$$

其中，$E' = \dfrac{(1-\nu)E}{(1+\nu)(1-2\nu)}$，$E$ 和 ν 分别为岩体的弹性模量与泊松比。

若考虑到边坡岩体在叠加波的传播区间存在自重应力作用，即

$$\sigma_0 = \sigma_z \sin\beta = -\rho gx\sin\beta$$

则在叠加波传播方向上的应力为

$$\sigma = \sigma_e + \sigma_0 = -\frac{4\pi AE'}{\lambda}\cos2\pi\frac{x_0}{\lambda}\sin2\pi\frac{x}{\lambda} - \rho gx\sin\beta, \quad x \leq 0 \tag{13.23}$$

将式（13.23）做成曲线，由图 13.29 可见：

（1）叠加波应力沿传播路径出现等间距波动，这可能是岩体带状破坏的原因；

（2）叠加波应力在边坡面附近一定范围内出现张应力，这也可能是地震斜坡坡面出现岩体松动"扒皮"和块体"抛射"的力学原因。

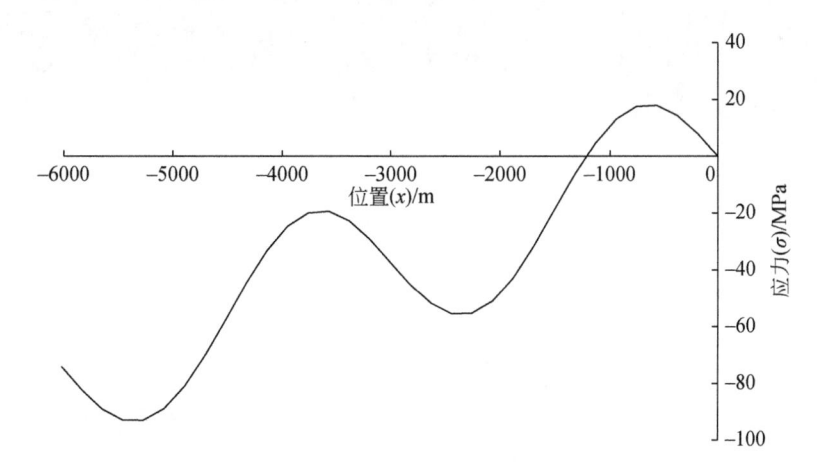

图 13.29 叠加波传播方向上的应力

第六节 边坡岩体的主动加固

一、边坡主动加固的工程意义

边坡由于临空面多为外凸，其平面、剖面几何形态不利于岩体变形的自我约束，因此，边坡工程的处理难度往往大于地下工程。

工程中边坡加固多采用刚体极限平衡法进行抗滑稳定性计算，计算出指定滑动面上的下滑力，并据此设计工程结构进行对抗性支挡或锚固，也就是我们所说的被动加固。由于滑动面和计算参数的准确确定存在困难，人们常常会选取试验较小值的平均值，在设计环节对参数进行二次折减，然后按照技术规范规定的安全系数（一般 $K_f = 1.1 \sim 1.3$）进行设计。可以想象，被动加固工程常常可能是过渡保守的超强加固（图 13.30）。

另一种常见的现象是，由于边坡的变形在坡顶部位常出现拉张裂缝，由此诱导人们把加固重点引向边坡上部（图 13.30），而弱化了边坡中下部的加固。

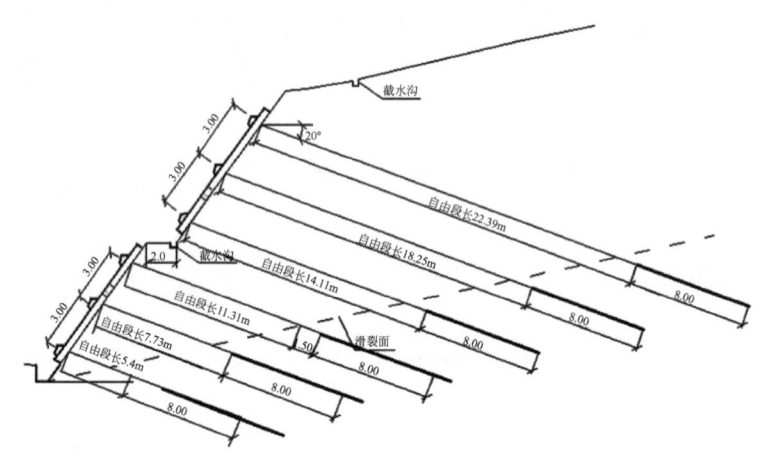

图 13.30　边坡工程的超强加固与失当锚固布局（单位：m）
https://image.baidu.com/search/index? tn=baiduimage&ct[2024-10-22]

应当承认，除了确有存在缓倾坡外滑面的情形外，多数边坡的变形不一定存在滑动面，属于岩体的连续变形，采用主动加固措施可能更为有效。按照"工程岩体主动加固"的思想，边坡主动加固可以实现如下特殊功能：调整和优化边坡应力场，维护和提升边坡岩体质量和力学性能，改善边坡稳定性状态，科学合理使用工程投资。

二、边坡加固部位与加固方法

1. 边坡加固需求度分布

我们在"工程岩体主动加固"部分分析了边坡应力场的分布特点，并提出了岩体自稳潜力和加固需求度的概念。由于斜坡中下部最大主应力平行于坡面，而最小主应力为0，较大的差应力形成剪应力相对集中区，因此该部位是岩体自稳潜力较弱，加固需求度较高的部位。

图 13.31（a）展示了一个规则边坡的加固需求度分布，图 13.31（b）反映了刚果

（金）宗果Ⅱ水电站左岸坝肩边坡加固需求度的分布。由图 13.31 可见，边坡加固需求度最大的部位：

（1）边坡表面，这就使得加固措施的选择十分方便；

（2）边坡面下 1/3 至 2/3 高度处，稳住了这个部位，就能保证边坡的整体稳定性；同时该部位也便于施工。

（3）加固方法，显然锚固成为可操作性最好的措施。

在边坡下 1/3 至 2/3 的表部进行锚固，实际上是通过调整和优化边坡应力场，实现对边坡自稳潜力的提升和稳定性状态的改善。

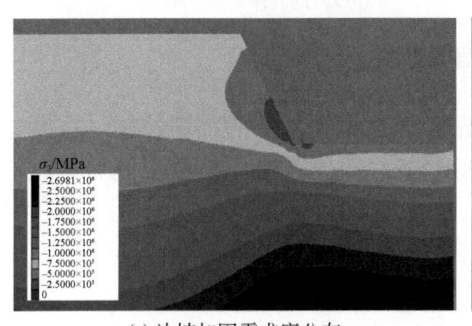

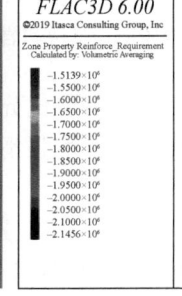

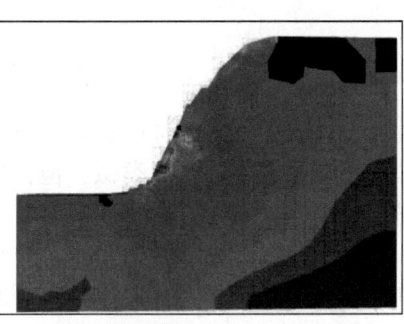

(a) 边坡加固需求度分布　　　　　　　　(b) 计算实例

图 13.31　边坡岩体加固需求度分布

2. 边坡岩体参数与岩体质量分布

开挖卸荷不仅导致了边坡重分布应力场，改变了岩体的强度和变形性质的空间分布，增强了岩体性质的各向异性，也造成了边坡不同部位岩体质量的变化。因此，边坡岩体工程参数和岩体质量分级计算应当考虑边坡应力场的改变。

由于边坡空间形态和力学边界条件的复杂性，边坡应力场通常需要采用数值模拟方法计算获得。岩体工程参数及岩体质量分级计算方法已在前面讨论。

图 13.32（a）给出了刚果（金）宗果Ⅱ水电站右岸边坡岩体 x 方向弹性模量分布云图，图 13.32（b）为该边坡岩体 x 方向的 SMRM 岩体质量分布云图。

通过边坡下部的锚固，不仅可以调整和优化边坡应力场，提升该部位岩体参数和岩体质量，也可以随着应力场的改善而提升边坡整体的力学性能和岩体质量。

三、边坡主动加固设计

1. 边坡地质结构与变形模式分析

边坡加固应根据边坡的地质结构与变形破坏模式进行针对性设计。

对于存在可导致滑动破坏的控制性结构面，如适合滑动的断层、岩层层面、板理面、

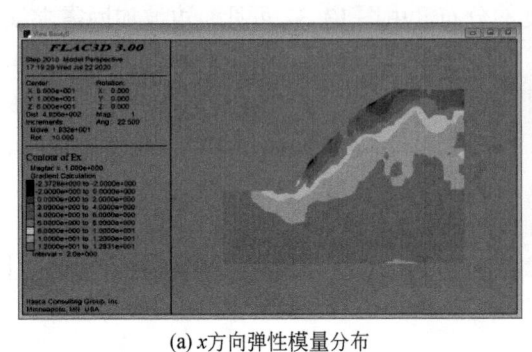

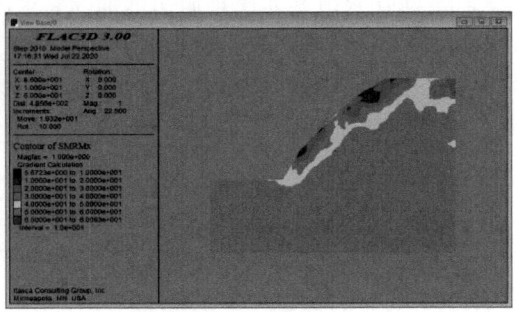

(a) x 方向弹性模量分布　　　　　　　(b) x 方向岩体质量分布

图 13.32　边坡岩体工程参数和岩体质量分级分布图

片理面,或者可能滑移的楔形体的情形,需要优先考虑该类结构面的加固控制。这类岩体加固与滑坡加固虽有类似,但仍然是通过增强滑动面法向压力而提升抗滑能力,而不是简单地采用加固力抵消或抵抗下滑力。

对于不存在上述情况的边坡,变形往往是连续的整体性变形,可按照前述主动加固原理进行设计。显然,这类边坡的加固仍然以提升岩体自稳潜力为主要目的。

2. 锚固分布

前述分析表明,除特殊情况外,边坡最需要加固的部位一般在边坡面的下 1/3 至 2/3 高度处,且更适合采用锚固技术。这就是说,边坡加固的重点应当是"固脚-护腰"。事实上,这也是诸多工程实践的经验总结。

"固脚"是指重点加固坡脚,这种加固布局包含两方面的意义:

一是,采用相对较强的措施,改善坡脚部位的应力状态,基本控制边坡产生过大变形和破坏起动的可能性。

二是,保护坡脚部分的岩体完整性,不因工程扰动而使其自稳潜力损失。保护坡脚岩体不受扰动是一个需要特别重视的问题。坡脚部位开挖、爆破,甚至在坡体内开凿大量运输巷道,无一不对该部位岩体的完整性造成损害。

"护腰"是指对边坡中部进行加固,以控制该部位过量变形和破坏的可能性。

总体来说,边坡中下部的锚索或锚杆长度、密度、锚固力大小应当相对于边坡上部稍大一些;但加固重点部位应放在坡面下 1/3 与 2/3 高度的过渡部位。

四、边坡加固的层次性

对于规模较大的边坡,岩体的破坏失稳可能有三个层次,即山体层次、工程岩体层次和随机块体层次。大型边坡工程的稳定性不仅是工程岩体和随机块体的稳定性问题,更是山体稳定性问题。对于小型边坡,可以考虑后两个层次为主。

一般来说,山体加固需要更大的深度,更复杂的结构,更大的加固力;工程岩体次之；而随机块体加固则是在保证山体和工程岩体稳定的前提下，采用系统或随机锚固的加固措施。

对于各层次加固措施，可以根据坡体尺度的大小，参照下述序列选择，即山体-锚硐，或中国科学院地质与地球物理研究所杨志法提出的锚梁技术；岩体-锚索、抗滑键（硐）；随机块体-系统锚杆或随机锚杆。这些措施都已有成熟的技术。

第十四章

岩体地下工程应用

岩体地下工程日益增多，其所带来的地质与岩体力学问题越来越突出。多层地下空间和相互交叉连通的硐室群成为常见形式；高度和跨度数十米、长度数百米的地下厂房洞库广泛出现；地下工程的地质条件也越来越复杂，大埋深与高地应力、构造活动带、软弱破碎与溶蚀性围岩、地下水活跃区，乃至极端气候区成为常见的工程环境。

但是，无论其结构如何特殊，地质条件如何复杂，地下工程所遇到的仍然是如下的基本问题：围岩应力场特征、围岩的地质与力学特性、围岩的变形破坏方式、围岩压力，以及围岩变形与稳定性控制等。

本章将主要针对上述问题开展相关讨论，其他已在教科书中系统阐述过的内容，将不在本章赘述。

第一节　地下空间围岩应力场特征

围岩应力场是地下工程开挖过程中围岩的卸荷变形和初始应力场自适应调整的结果，同时也全程控制着围岩的变形破坏行为。因此，认识地下空间围岩应力场的形成过程、分布特征和影响因素，就抓住了岩体地下工程设计和安全运行的灵魂。

一、围岩应力场及其影响因素

围岩弹性应力场是岩体弹性变形、塑性破坏及弹塑性应力场形成的驱动因素。地下工程围岩弹性应力场的分布和量值受众多因素的影响，主要包括埋深、介质变形特性、硐室断面形状、相邻地下空间的干扰，以及围岩破坏状态的影响。

1. 圆形围岩弹性应力场的一般特征

我们已经熟知，圆形硐室围岩重分布应力场的弹性解为

$$\begin{cases} \sigma_r = \dfrac{\sigma_v + \sigma_h}{2}\left(1 - \dfrac{R^2}{r^2}\right) - \dfrac{\sigma_v - \sigma_h}{2}\left(1 - \dfrac{4R^2}{r^2} + \dfrac{3R^4}{r^4}\right)\cos 2\theta \\ \sigma_\theta = \dfrac{\sigma_v + \sigma_h}{2}\left(1 + \dfrac{R^2}{r^2}\right) + \dfrac{\sigma_v - \sigma_h}{2}\left(1 + \dfrac{3R^4}{r^4}\right)\cos 2\theta \\ \tau_{r\theta} = \dfrac{\sigma_v - \sigma_h}{2}\left(1 + \dfrac{2R^2}{r^2} - \dfrac{3R^4}{r^4}\right)\sin 2\theta \end{cases} \quad (14.1)$$

式中，σ_h 和 σ_v 为铅直方向与水平方向的初始应力；r 和 θ 为围岩中一点的矢径及与水平轴的夹角；R 为硐室半径。而在硐壁（$r = R$）有

$$\begin{cases} \sigma_r = 0 \\ \sigma_\theta = \sigma_v + \sigma_h + 2(\sigma_v - \sigma_h)\cos 2\theta \\ \tau_{r\theta} = 0 \end{cases} \quad (14.2)$$

对于一般地下工程，围岩弹性应力场具有下列熟知的特征：

（1）开挖面为主应力平面，法向应力 $\sigma_3 = 0$，切向应力 σ_1 因应力集中而增高，由此导致差应力或剪应力增高，远离开挖面逐渐恢复初始应力状态；

（2）应力集中程度与所在部位的开挖面曲率有关，曲率越大的部位应力集中程度越高，反之亦反；

（3）天然应力状态，包括各应力量值大小和空间方向关系，决定围岩应力集中区分布和应力量值大小；

（4）地下空间的尺度大小影响围岩重分布应力量值大小，但一般不改变应力分布图式。

2. 地下空间埋深的影响

近年来地下工程的埋深越来越大，许多前所未有的问题都是由过大的埋深引起的。深入了解围岩应力场随埋深的变化规律，对于科学认识其所带来的工程问题，合理设计支护系统，有重要的实用价值。这里取自重应力场为背景，分析地下空间围岩应力场随埋深的变化。

取岩体的弹性模量为 $E = 10\text{GPa}$，泊松比为 $\nu = 0.3$，对埋深 100m 和 1000m 的两个隧道围岩的弹性应力场进行模拟，图 14.1 为围岩最大主应力云图。可见当埋深增大 10 倍时，隧道对应部位的围岩最大主应力也呈 10 倍增长，但分布形式基本相同。

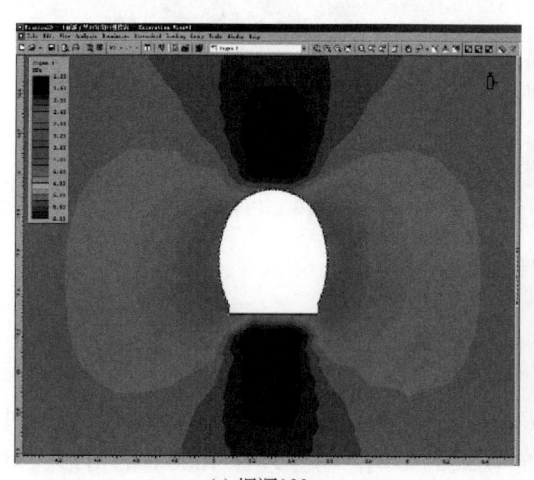

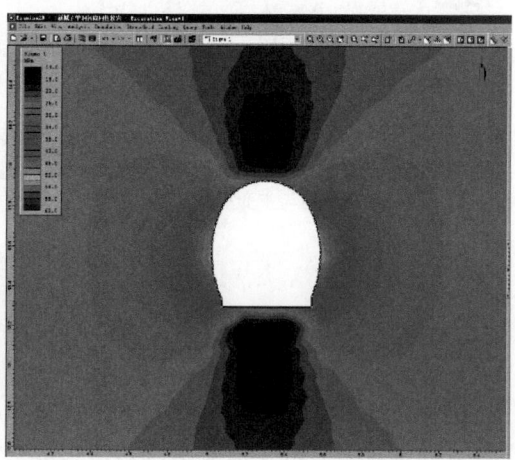

(a) 埋深100m　　　　　　　　　　(b) 埋深1000m

图 14.1　埋深对硐室围岩弹性应力场的影响

因此，地下空间围岩应力量值与埋深成正比，而应力分布形式不变。这就决定了围岩变形破坏随埋深而加剧，但变形破坏的部位基本不变。

当存在水平构造应力时，不仅地下空间围岩应力量值将发生变化，应力分布图式也会相应变化。

3. 应力作用方向的影响

在一些地形起伏剧烈，或者应力场歪斜的地区，地下空间围岩应力场将受到初始应力方向的影响而发生相应的歪斜。本章第一节已经提及，初始应力场方向控制着围岩破裂方向，显然它是通过围岩应力场的分布实现的。

这里以锦屏一级地下厂房硐室群为例，分析初始应力作用方向对围岩应力场的影响。地下厂房布置在雅砻江右岸坡度40°～90°的高陡斜坡山体中，埋深为200～300m。斜坡中实测的最大主应力以30°～50°倾角指向河谷，这就决定了与河谷平行的主厂房与主变室 [图14.2（a）]，以及连接主厂房与主变室的母线硐群 [图14.2（b）] 围岩应力场存在显著的不对称特性。

由此引发的硐室群围岩变形破坏也呈现显著的不对称性。在主厂房和主变室下游侧拱腰部位普遍出现片帮与片状岩弯折现象 [图14.3（a）]，同时在与之垂直的母线硐群的河流侧拱腰部位大量出现类似的片帮破坏 [图14.3（b）]。

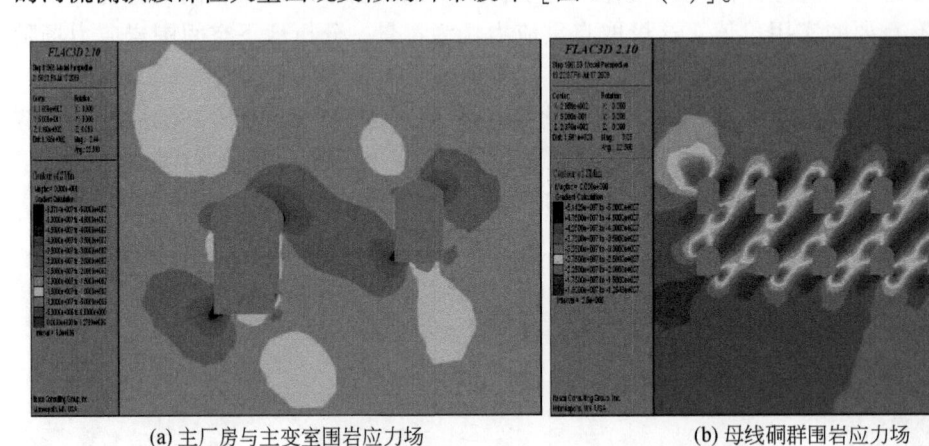

(a) 主厂房与主变室围岩应力场　　　　(b) 母线硐群围岩应力场

图14.2　主厂房与母线硐群围岩应力场

4. 岩体变形性质的影响

弹性介质的变形性质通常用弹性模量（E）和泊松比（ν）两个参数反映。我们通过数值计算来观察 E 和 ν 对隧道围岩应力场分布模式的影响。考察埋深1000m的情形，对比 E 的变化和 ν 的变化带来的影响。图14.4（a）是在相同泊松比条件下对比弹性模量的影响；图14.4（b）则是在相同弹性模量条件下比较泊松比带来的变化。

比较表明，在同样的埋深条件下，岩体弹性模量的变化对围岩应力场图式的影响不大；而泊松比则影响显著，泊松比越大时，围岩周向应力的差别将减小。泊松比影响的一个重要原因在于它的变化改变了围岩中初始应力的比值，由此改变了围岩应力场。

(a) 主厂房下游侧拱腰弯折　　　　　　　(b) 母线洞河流侧拱腰片帮

图 14.3　地下厂房洞室群围岩的非对称破坏现象

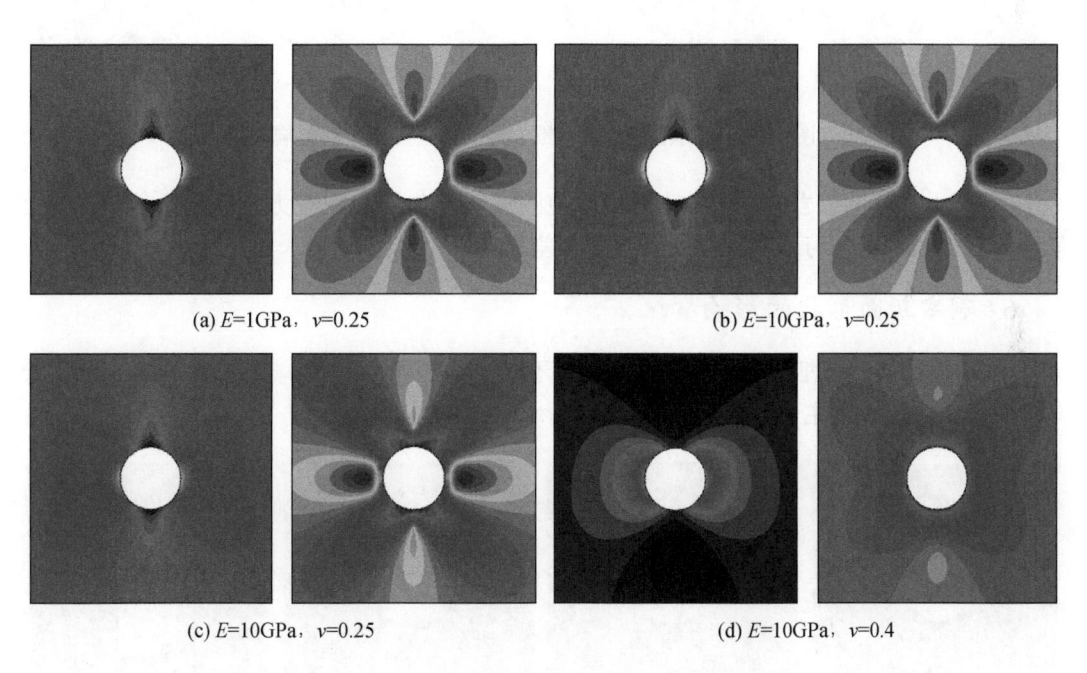

(a) $E=1\mathrm{GPa}$，$v=0.25$　　　　　　　(b) $E=10\mathrm{GPa}$，$v=0.25$

(c) $E=10\mathrm{GPa}$，$v=0.25$　　　　　　　(d) $E=10\mathrm{GPa}$，$v=0.4$

图 14.4　岩体弹性参数对洞室围岩应力场的影响

图中各组左列为最大主应力，右列为最小主应力

5. 岩体各向异性的影响

围岩变形性质的另一重要特性是它的各向异性。岩体的各向异性也表明它在不同方向上承受、积累和传递应力的差异性。

仍然考察埋深 1000m 的圆形硐室层状围岩应力分布随岩层倾角的变化特征。若取垂直层面方向（即层面法线方向）弹性模量为 E_1，沿层面方向为 E_2，且有 $E_1 = 10E_2$，泊松比取为 $\nu = 0.3$，使层面取倾角 β 为 90°、45°（倾向右）和 0°，考察围岩最大主应力分布的变化。

图 14.5 为计算结果云图，图例中向下部为最大主压应力增高方向；"十"字示主应力方向，长轴为最大主应力。

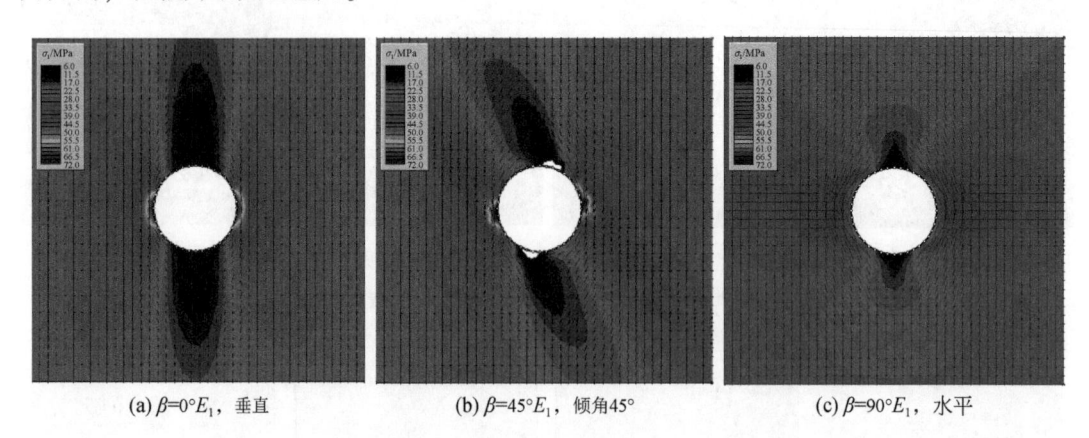

(a) $\beta=0°E_1$，垂直　　(b) $\beta=45°E_1$，倾角45°　　(c) $\beta=90°E_1$，水平

图 14.5　岩体各向异性对围岩最大主应力分布的影响

由图 14.5 可见，岩层倾角的变化可以使围岩一定范围内的应力轨迹发生偏转，应力集中区部位和量值也与各向同性围岩有较大差别。

6. 硐室断面形状的影响

考察同为 1000m 埋深、各向同性围岩、不同断面的地下硐室，当 $E = 10\text{GPa}$，$\nu = 0.25$ 时，其围压中的最大主应力分布如图 14.6 所示。

图 14.6　不同断面形状硐室围岩最大主应力分布

由图 14.6 可知，硐室断面形状对围岩应力场的影响主要表现在硐壁曲率增大部位的周向应力集中程度增高。事实上，这些部位常常是较为容易发生岩爆和片帮破坏的部位。

7. 群洞效应影响

洞室间的围岩重分布应力场叠加干扰也是影响围岩应力分布的重要因素。我们常看到两洞交汇部位的岩墙即便使用钢筋混凝土置换后仍然破裂严重。例如，西北某施工中的两条单线铁路隧道逐渐靠近，合并为一双线隧道，要求在1km距离内将两洞壁净距离从21m缩小到1.77m，并由双连拱变为大跨断面隧道。此处埋深为450m，估算铅直应力达到11.25MPa。由于埋深较大，在净距21m时两洞相邻洞壁已经出现支护系统破坏，随着洞壁距离的减小，衬砌破坏越来越突出，严重制约了施工进度。

图14.7显示了随着两洞间距的缩小，中隔墙围岩最大主应力量值的增加。这种应力增加是两洞附加应力场的叠加效应所致。

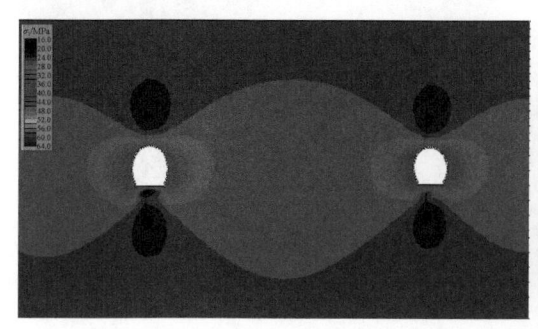

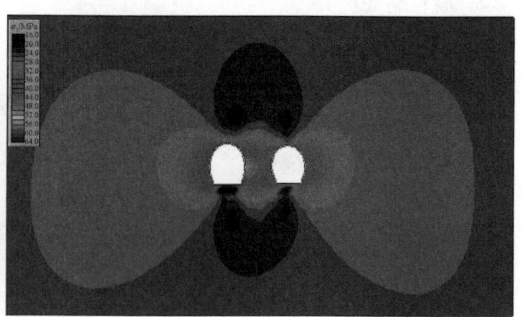

图14.7 洞室间距对围岩应力场的影响

最大主应力分布，埋深1000m，$E=5$GPa，$\nu=0.4$

图14.8为某高速铁路地下车站围岩最大主应力分布云图，下部为三条平行隧道，上部为车站大厅，大厅穹顶最大埋深约为90m。图14.8中可以看出四个洞室间围岩应力的相互叠加和干扰，以及由此引起的应力集中。由于围岩为较坚硬的花岗岩，因此较高的压应力所带来的风险不大，但低应力区却可能引起块体塌落，成为隧道建设中需要注意的问题。

二、利用圆形勘探平洞围岩破坏推断初始应力状态

勘探平洞多为近圆形断面，依据勘探平洞围岩的片帮破裂及其出现的部位可以粗略解析岩体的初始应力状态。基本思路是：根据破裂点的断面位置判断应力方向；根据岩石强度估计应力量值。

1. 围岩初始应力方向判断

考察图14.9圆形勘探平洞切面局部出现片帮破坏的情形。根据弹性理论，洞壁环向压应力在σ_1方向线与洞壁的切点处取最大值，是洞壁围岩最容易发生压剪破坏的部位。

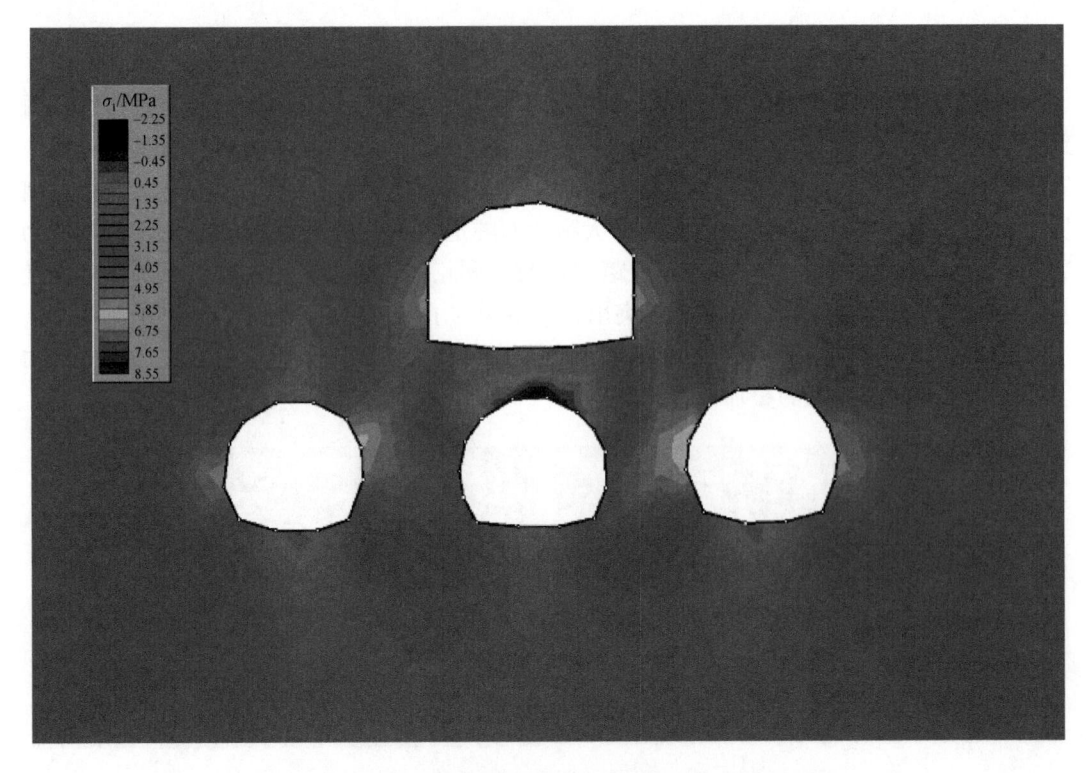

图 14.8　某高速铁路地下车站围岩最大主应力分布云图

由于圆形硐壁为主应力平面，且径向应力为 0，其量值一般小于硐轴方向的应力，由此可以推定该切面上的径向应力为最小主应力（σ_3），而中间主应力（σ_2）平行于硐轴向，可暂不考虑。

当相同岩性中有不同轴向勘探平硐时，可进行类似的判断。综合不同轴向平硐的判断结果，可以大致估计工程部位三向主应力和地应力状态。

2. 应力量值估计

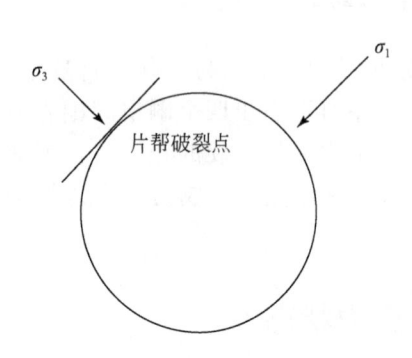

图 14.9　片帮部位与 σ_1 方向关系

我们知道，圆形硐室硐壁周向应力量值为

$$\sigma_\theta = \sigma_1 [(1+\xi) + 2(1-\xi)\cos 2\theta] \tag{14.3}$$

式中，σ_1 为作用于硐室截面上的远程主应力；ξ（<1）为该截面上与 σ_1 垂直方向的远程应力比值系数，即有 $\sigma_3 = \xi \sigma_1$；θ 为硐壁考察点半径与 σ_3 的夹角。显然 σ_θ 的最大值在硐壁上 $\theta = 0°$ 的点，即 σ_1 方向线与硐壁的切点。

若不考虑 σ_2 的作用，上述破裂点处于单轴受力状态。由式（14.3）岩石的单轴抗压强度 σ_c 必满足关系 $\sigma_c = \sigma_\theta = (3-\xi)\sigma_1$。

由此可以做出如下判断：在圆形勘探平硐横截面上，初始最大主应力为

$$\sigma_1 = \frac{1}{3-\xi}\sigma_c$$

当相近岩性中有不同轴向勘探平硐时，可进行类似的判断。综合不同轴向平硐的判断结果，可以大致估计工程部位三向主应力和地应力状态。

第二节　圆形硐室围岩非对称变形分析

一、圆形硐室围岩变形的平面应变问题

1. 各向同性介质围岩的对称弹性变形

平面应变条件下圆形硐室围岩弹性应力已由弹性理论给出如式（14.1），这组应力是硐室开挖后围岩应力与回弹变形协同调整的结果。

这一过程中，围岩的径向弹性应变与位移满足下述方程：

$$\varepsilon_r = \frac{\partial u}{\partial r} \tag{14.4a}$$

而应力-应变关系为

$$\varepsilon_r = \frac{1}{E}\left[(1-\nu^2)\sigma_r - \nu(1+\nu)\sigma_\theta\right] = \frac{1}{E'}(\sigma_r - \nu'\sigma_\theta), \quad \frac{1}{E'} = \frac{1-\nu^2}{E}, \quad \nu' = \frac{\nu}{1-\nu} \tag{14.4b}$$

式中，E、ν 为围岩的弹性模量与泊松比。

对于平面应变问题，硐轴向应力为 $\sigma_x = \nu(\sigma_\theta + \sigma_r)$，考虑到开挖前后硐轴方向的应力变化不大，可取为 $\sigma_x = \nu(\sigma_v + \sigma_h)$，令两者相等，有

$$\sigma_r = \sigma_v + \sigma_h - \sigma_\theta = 2\bar{\sigma} - \sigma_\theta, \quad \bar{\sigma} = \frac{\sigma_v + \sigma_h}{2}, \quad \tau = \frac{\sigma_v - \sigma_h}{2} \tag{14.4c}$$

所以有

$$\varepsilon_r = \frac{1}{E'}\left[2\bar{\sigma} - (1+\nu')\sigma_\theta\right] \tag{14.4d}$$

将式（14.4d）代入式（14.4a），并代入式（14.1）中的应力分量，对 r 积分，考虑到无穷远处位移为0，可得平面应变条件下的围岩弹性径向位移为

$$u_e = \frac{1+\nu'}{E'}\left(\bar{\sigma}\frac{R^2}{r} + \tau\frac{R^4}{r^3}\cos2\theta\right) \tag{14.5a}$$

在硐壁，因 $R=r$，有

$$u_e = \frac{1+\nu'}{E'}(\bar{\sigma} + \tau\cos2\theta)R \tag{14.5b}$$

特别地，当等围压时，$\tau = 0$，有

$$u_e = \frac{1+\nu'}{E'}\bar{\sigma}R$$

式（14.5b）对 θ 求极值

$$\frac{\partial u_e}{\partial r} = -2\frac{1+\nu'}{E'}R\tau\sin 2\theta = 0, \quad \frac{\partial^2 u_e}{\partial r^2} = -4\frac{1+\nu'}{E'}R\tau\cos 2\theta$$

当 $\sigma_v > \sigma_h$，$\tau > 0$ 时，$\theta = 0°$ 和 $90°$ 时分别取极大值和极小值，圆形硐室变为直立椭圆，水平收敛围岩大于拱顶下沉量；反之当 $\sigma_v < \sigma_h$，$\tau < 0$ 时，$\theta = 0°$ 和 $90°$ 时分别取极小值和极大值，圆形硐室变为平卧椭圆。

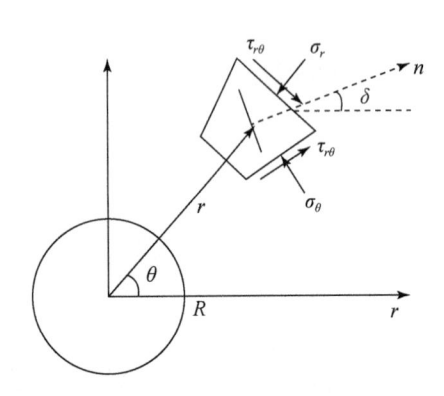

图 14.10 各向异性围岩单元体受力图

2. 各向异性介质围岩的弹性变形

当围岩为各向异性弹性介质时，围岩应力式（14.1）和几何关系式（14.4a）都将满足，因为它们与物质性质无关。物理方程式（14.4b）应按统计岩体力学应力-应变关系式考虑。

我们考察圆形硐室围岩单元中含有 m 组结构面的情形，单元体受力如图 14.10 所示。设第 p 组结构面法线 n 位于坐标平面内，并与水平轴正向夹角为 δ，则有

$$\begin{cases} n_1 = \sin(\theta - \delta) \\ n_2 = \cos(\theta - \delta) \\ n_1^2 + n_2^2 = 1 \end{cases}$$

由式（5.40a）

$$\varepsilon_{ij} = \varepsilon_{0ij} + \frac{\alpha}{E}\sum_{p=1}^{m}\lambda\bar{a}\{[k^2 n_i n_t + \beta h^2(\delta_{it} - n_i n_t)]n_j n_s\}\sigma_{st}$$

令 $\sigma_\theta = \sigma_{11}$，$\sigma_r = \sigma_{22}$，$\tau_{\theta r} = \tau_{r\theta} = \sigma_{12}$，隧道径向应变为

$$\varepsilon_r = \varepsilon_{22} = C_{2222}\sigma_r + C_{2211}\sigma_\theta + C_{2212}\tau_{12} + C_{2221}\tau_{21}$$

$$= \frac{1}{E}(\{1 + \frac{\alpha}{2}\sum_{p=1}^{m}\lambda\bar{a}[k^2 n_2^2 + \beta h^2(1 - n_2^2)]n_2^2\}\sigma_r$$

$$+ [-\nu + \frac{\alpha}{2}\sum_{p=1}^{m}\lambda\bar{a}(k^2 - \beta h^2)n_1^2 n_2^2]\sigma_\theta$$

$$+ \frac{\alpha}{2}\sum_{p=1}^{m}\lambda\bar{a}[2k^2 n_2^2 + \beta h^2(1 - 2n_2^2)]n_1 n_2 \tau_{\theta r})$$

可将上述方程简写为

$$\varepsilon_r = B\sigma_r + C\sigma_\theta + D\tau_{\theta r} \tag{14.6a}$$

$$\begin{cases} B = \dfrac{1}{E}\left\{1 + \dfrac{\alpha}{2}\sum_{p=1}^{m}\lambda\bar{a}[k^2 n_2^2 + \beta h^2(1-n_2^2)]n_2^2\right\} \\ C = \dfrac{1}{E}\left[-v + \dfrac{\alpha}{2}\sum_{p=1}^{m}\lambda\bar{a}(k^2 - \beta h^2)n_1^2 n_2^2\right] \\ D = \dfrac{\alpha}{2E}\sum_{p=1}^{m}\lambda\bar{a}[2k^2 n_2^2 + \beta h^2(1-2n_2^2)]n_1 n_2 \end{cases}, \quad \begin{cases} \bar{\sigma} = \dfrac{\sigma_v + \sigma_h}{2} \\ \tau = \dfrac{\sigma_v - \sigma_h}{2} \end{cases} \quad (14.6b)$$

代入应力式（14.1），对 r 积分，由于

$$u_r = \int \varepsilon_r \mathrm{d}r = \int (B\sigma_r + C\sigma_\theta + D\tau_{\theta r})\mathrm{d}r$$
$$= \bar{\sigma}\left[(B+C)r + (B-C)\dfrac{R^2}{r}\right] - \tau\left[(B-C)r + B\dfrac{4R^2}{r} - (B+C)\dfrac{R^4}{r^3}\right]\cos 2\theta$$
$$+ D\tau\left(r - \dfrac{2R^2}{r} + \dfrac{R^4}{r^3}\right)\sin 2\theta + A$$

考虑到无穷远处围岩位移为 0，有

$$A = [-\bar{\sigma}(B+C) + \tau(B-C)\cos 2\theta - D\tau\sin 2\theta]r$$

因此有隧道径向位移为

$$u_r = \bar{\sigma}(B-C)\dfrac{R^2}{r} - \tau\left[B\dfrac{4R^2}{r} - (B-C)\dfrac{R^4}{r^3}\right]\cos 2\theta - D\tau\left(\dfrac{2R^2}{r} - \dfrac{R^4}{r^3}\right)\sin 2\theta \quad (14.7a)$$

在硐壁 $r = R$ 有

$$u_R = \{\bar{\sigma}(B-C) - \tau[(3B+C)\cos 2\theta + D\sin 2\theta]\}R \quad (14.7b)$$

当不存在节理时，$B = \dfrac{1}{E}$，$C = \dfrac{-v}{E}$，$D = 0$，回归到经典弹性介质情形：

$$u_R = \dfrac{1}{E}[(1+v)\bar{\sigma} - (3-v)\tau\cos 2\theta]R \quad (14.7c)$$

特别地，当等围压时，$\tau = 0$，有

$$u_R = \dfrac{1+v}{E}\bar{\sigma}R \quad (14.7d)$$

这与经典的均匀、连续、各向同性介质中圆形硐室围岩变形解一致。

二、圆形硐室围岩弹性模量与岩体质量的断面分布

根据统计岩体力学理论，硐室围岩各点的应力状态变化将影响各点的岩体的力学性质。这里仅讨论圆形硐室围岩弹性模量的变化特征。

$$E_m = \dfrac{E}{1 + \alpha\sum_{p=1}^{m}\lambda\bar{a}[(k^2 - \beta h^2)n_1^4 + \beta h^2 n_1^2]} \quad (14.8)$$

如图 14.11 所示，式中，$n_1 = \sin(\theta - \delta)$，$n_2 = \cos(\theta - \delta)$，$\alpha = \dfrac{8(1-v^2)}{\pi}$，$\beta = \dfrac{2}{2-v}$；而

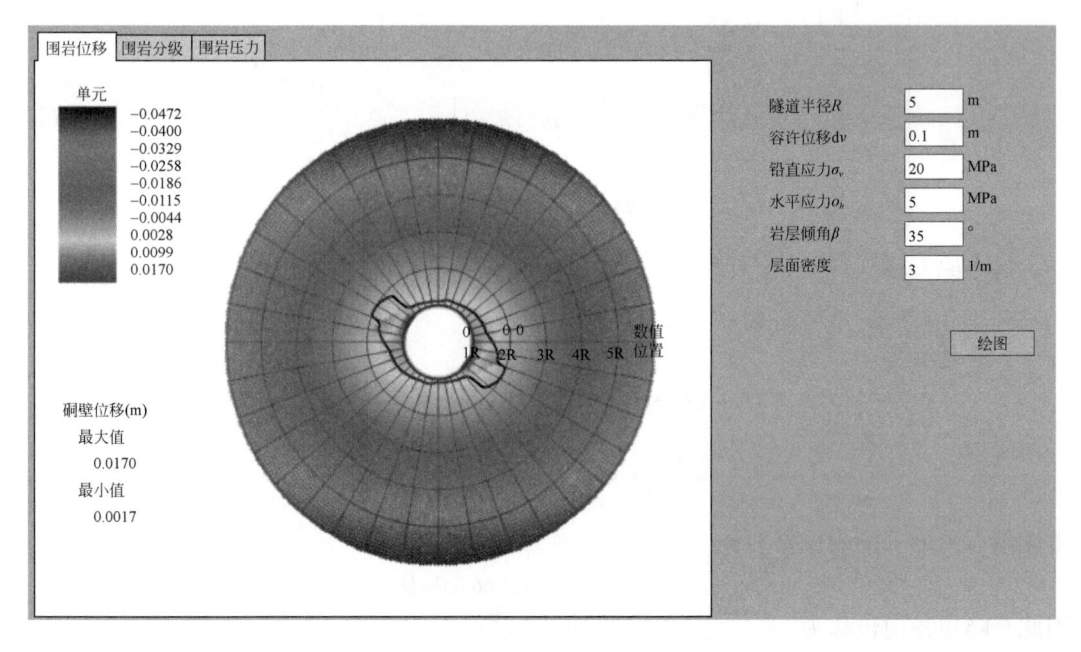

图 14.11　圆形硐室围岩和硐壁径向位移分布图

$$k=k(\sigma_\mathrm{n})=\begin{cases}1, & \sigma_\mathrm{n} \text{ 为拉应力}\\ 0, & \sigma_\mathrm{n} \text{ 为压应力}\end{cases}$$

$$h=\frac{\tau_\mathrm{r}}{\tau}=\begin{cases}0, & \text{结构面受压锁固}\\ 1-f\dfrac{\sigma_\mathrm{n}}{\tau}-\dfrac{c}{\tau}, & \text{结构面剪切滑移}\\ 1, & \text{结构面受拉张开}\end{cases}$$

并有

$$\begin{cases}\sigma_\mathrm{n}=\sigma_\theta n_1^2+\sigma_r n_2^2\\ \tau=(\sigma_\theta-\sigma_r)n_1 n_2\end{cases}$$

式中，σ_θ 和 σ_r 由围岩应力式（14.1）给出。

当 $\sigma_\mathrm{v}=\sigma_\mathrm{h}=\sigma$ 时，硐壁有 $\sigma_r=0$，$\sigma_\theta=2\sigma$，$\tau=2\sigma n_1 n_2$，$\sigma_\mathrm{n}=2\sigma n_1^2$，

$$h=1-f\tan(\theta-\delta)-\frac{c}{\sigma\sin 2(\theta-\delta)}$$

当围岩处于 $\sigma_\mathrm{v}=\sigma_\mathrm{h}=\sigma$ 应力环境时，$k=0$，有

$$E_\mathrm{m}=\frac{E}{1+\alpha\beta\sum_{p=1}^{m}\lambda\bar{a}h^2 n_1^2(1-n_1^2)}$$

注意上述计算中，对于受开挖扰动的围岩区域，由于结构面可能发生裂解而导致黏聚力丧失，计算中可取 $c=0$。

按照第九章第二节介绍的方法，我们可以获得硐室断面各点的岩体质量，由此获得

围岩岩体质量的断面分布。图 14.12 为 35°倾角层状围岩在铅直应力场下的围岩分级分布云图。

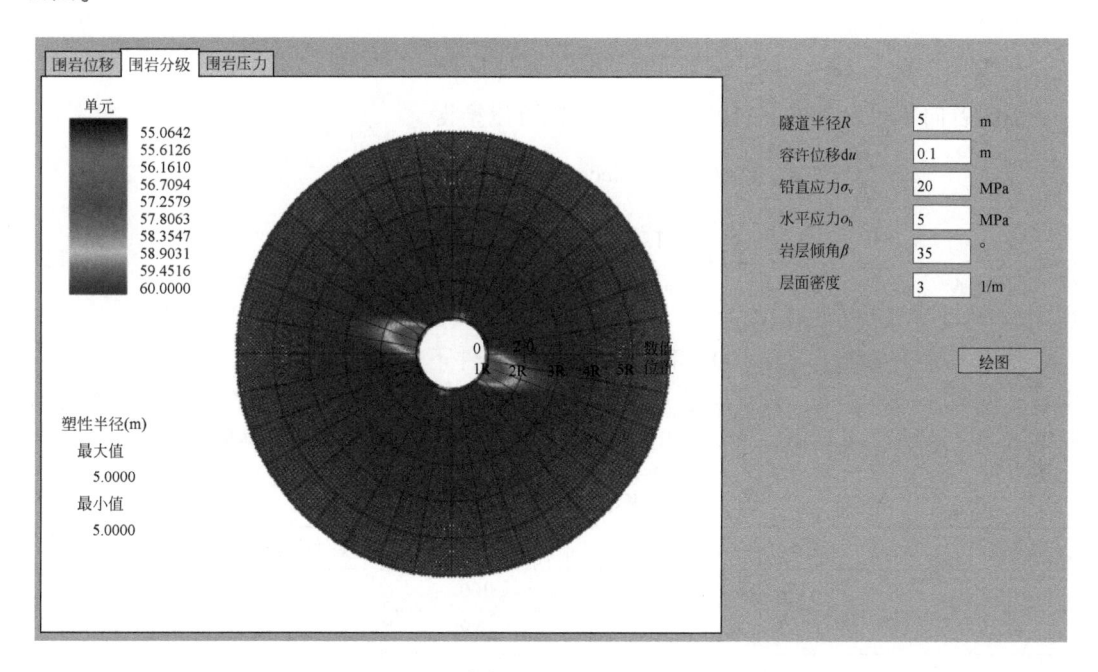

图 14.12 倾斜岩层圆形硐室围岩质量分级

第三节 地下硐室的非对称围岩压力

围岩压力是地下空间支护体系设计的重要依据。随着隧道等地下空间埋深不断增大，围岩大变形和衬砌系统的破坏成为一个较为普遍的问题，给围岩压力评估和支护系统设计带来了新的挑战。

下面分别讨论围岩压力分析的经典理论方法、统计岩体力学方法及实测结果。

一、围岩压力的理论计算方法

1. 经典弹塑性理论计算方法

按照经典的卡斯特纳方程，或称修正芬纳（Fenner）方程，承受各向等压 p_0 作用，硐径为 a 的圆形硐室，围岩黏聚力为 c、摩擦角为 φ 时，其塑性区半径为

$$R_{p_0} = a \left[\frac{(p_0 + c\cot\varphi)(1-\sin\varphi)}{c\cot\varphi} \right]^{\frac{1-\sin\varphi}{2\sin\varphi}} \tag{14.9}$$

如果施加衬砌反力将使塑性区半径减小，则围岩作用在衬砌上的反力，即围岩压力为

$$p = (p_0 + c\cot\varphi)(1-\sin\varphi)\left(\frac{a}{R_p}\right)^{\frac{2\sin\varphi}{1-\sin\varphi}} - c\cot\varphi \tag{14.10}$$

而由各向不等压条件下的鲁宾涅特公式则可以推得

$$p = \frac{1}{2}\left[p_0(1+\lambda) + 2c\cot\varphi\right](1-\sin\varphi)$$

$$\cdot\left(\left\{1 + \frac{p_0(1-\lambda)(1-\sin\varphi)\cos2\theta}{[p_0(1+\lambda)+2c\cot\varphi]\sin\varphi}\right\}\frac{a}{R_p}\right)^{\frac{2\sin\varphi}{1-\sin\varphi}} - c\cot\varphi \tag{14.11}$$

当 $\lambda = 1$ 时即为式（14.9）。

我们考察一个例子。在100m和1000m埋深条件下，RMR分类为Ⅰ、Ⅲ、Ⅴ级围岩，围岩密度取 $\rho = 2.5\text{t/m}^3$，硐室半径 $r = 5\text{m}$。按式（14.9）计算围岩的塑性区半径，塑性区厚度 $R_{p_0} - r$。由式（14.10）推算不出现塑性区时的围岩压力。计算结果见表14.1。

表14.1 围岩塑性圈厚度与支护压力示例

围岩级别	黏聚力/MPa	摩擦角/(°)	硐室埋深/m	塑性圈厚度/m	围岩压力/MPa
Ⅰ	>0.4	>45	100	<0.84	<0.45
			1000	<4.15	<7.07
Ⅲ	0.25	30	100	4.2	1.03
			1000	22.1	12.18
Ⅴ	<0.1	<15	100	>2.17	>1.75
			1000	>1315	>18.40

可见围岩质量和埋深对围岩塑性区范围和围岩压力的影响是显著的。当然，在较大埋深条件下，上述理论公式的实用性也可能存在需要探讨的地方。

2. 各向异性岩体的弹塑性围岩压力

围岩压力是因为限制硐壁围岩径向位移而产生的对支护系统的压力。按照有内水压力圆形硐室围岩附加应力理论，设控制围岩变形的支护应力为

$$\sigma_{rp} = -p(\theta)\frac{R^2}{r^2}$$

这部分应力将用于抵抗围岩径向应力，用 $\sigma_r - \sigma_{rp}$ 代替式（14.6a）中的径向应力 σ_r，得到有支护应力作用下的径向应变为

$$\varepsilon_r = B\left[\sigma_r + p(\theta)\frac{R^2}{r^2}\right] + C\sigma_\theta + D\tau_{\theta r} \tag{14.12}$$

式（14.12）对 r 积分得有支护应力作用下的径向位移

$$u_r = \left[\bar{\sigma}(B-C) - Bp(\theta)\right]\frac{R^2}{r} - \tau\left[B\frac{4R^2}{r} - (B-C)\frac{R^4}{r^3}\right]\cos2\theta$$

$$-D\tau(\frac{2R^2}{r}-\frac{R^4}{r^3})\sin2\theta \qquad (14.13a)$$

洞壁 $r=R$ 处的径向位移为

$$u_R = [\bar{\sigma}(B-C)-Bp(\theta)-\tau(3B+C)\cos2\theta-D\tau\sin2\theta]R$$

若考虑在洞壁开挖面预留径向变形空间 u_0，忽略其对隧道半径参量的影响，则有

$$u_R - u_0 = [\bar{\sigma}(B-C)-Bp(\theta)-\tau(3B+C)\cos2\theta-D\tau\sin2\theta]R - u_0 \qquad (14.13b)$$

当围岩变形至与支护系统接触后，径向位移为 $u_R - u_0 = 0$，可得支护应力，亦即通常所说的围岩压力为

$$p(\theta) = \frac{1}{B}\left[\bar{\sigma}(B-C)-\tau(3B+C)\cos2\theta-D\tau\sin2\theta-\frac{u_0}{R}\right] \qquad (14.14a)$$

当不存在节理时，即在式（14.6b）中令 $\lambda=0$，得 $B=\frac{1}{E}$，$C=\frac{-\nu}{E}$，$D=0$，有

$$p(\theta) = \bar{\sigma}(1+\nu)-\tau(3-\nu)\cos2\theta-\frac{E}{R}u_0 \qquad (14.14b)$$

特别地，当远程等围压时，$\bar{\sigma}=\sigma_0$，$\tau=0$，有

$$p(\theta) = \sigma_0(1+\nu)-\frac{E}{R}u_0 \qquad (14.14c)$$

对于平面应变问题，上列各式中弹性模量与泊松比应该采用 $E'=\frac{E}{1-\nu^2}$、$\nu'=\frac{\nu}{1-\nu}$ 代替。

图 14.13 为 35°倾角层状围岩在铅直应力场下的洞壁围岩压力分布，左下角注明了其极值。

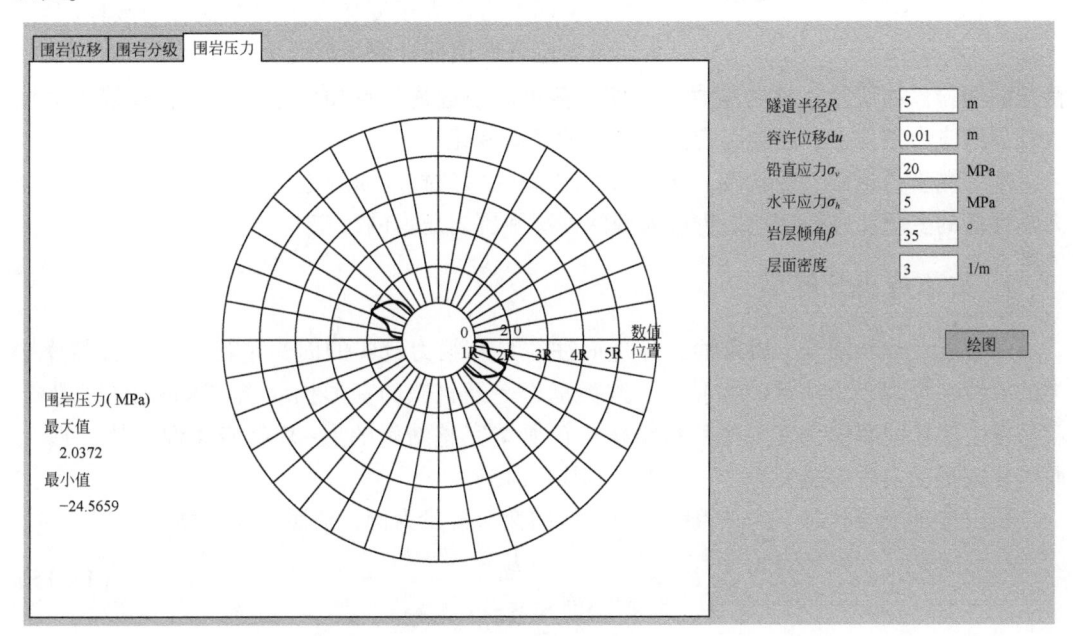

图 14.13　倾斜层状围岩在铅直应力场下的洞壁围岩压力分布

二、实测围岩压力分布

采用压力盒方法可以测得围岩对初期支护系统，以及初支与二衬系统之间的接触压力。关宝树（2011）给出了若干隧道初支与围岩接触压力实测值，断面 21 个测点的平均接触压力为 0.297MPa，其中出现埋深 50m 和 60m 的两个测点最大接触压力达到 1.8MPa 的情形。他还给出了接触压力（σ_r）与硐跨（L）之间的经验关系

$$\sigma_r = 0.158 L^{1.372}$$

对于深埋隧道的情形，课题组沙鹏、梁宁、包含等采用压力盒方法对兰渝铁路若干软岩隧道也进行了围岩压力监测。压力盒布置在初支和二衬之间，虽然由于开挖、衬砌支护期间已经发生弹性卸荷变形和应力释放，但监测结果仍显示接触压力达到 2MPa 以上，且其分布受岩层产状影响而呈现出不对称性（图 14.14）。事实上，随着隧道埋深的增大，接触压力增大应是合理的。

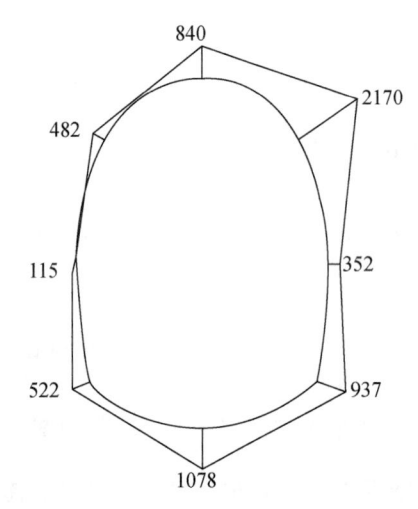

图 14.14　围岩压力监测结果

三、开挖卸荷与岩体各向异性弱化

对于通常的岩性和埋深情况，我们主要考虑硐室开挖引起围岩应力场变化及围岩的变形与破坏问题，而忽略围岩性质即计算参数的变化。但是，对于一些特殊的围岩，如层片状软弱围岩，开挖卸荷可能引起岩体性质的较大变化；在较大埋深或较高地应力条件下，还会引起围岩压力的显著变化。

本节侧重讨论层、片状围岩由于开挖卸荷变形的扰动所引起的结构裂解，以及岩体力学性质的变化；在较高地应力或大埋深情况下围岩压力的改变。

1. 岩体结构裂解

对于层、片状围岩，层理面、片理面往往是黏结力较弱的面，尤其是云母石英片岩类的岩性，片理多为片状矿物黏结。这类围岩一经轻微的变形扰动或有水的参与，十分容易发生层片间裂解，变为薄片状结构。正所谓完整新鲜的层-片状岩体像一块"砖"，而风化或扰动之后可能变为"一叠纸"（图 14.15）。

仍以单轴受压状态下含一组结构面岩体的变形模量为例，按照下式计算：

$$E_\mathrm{m} = \frac{E}{1 + \dfrac{\alpha\beta}{2}\sum_{p=1}^{m} \lambda \bar{a} h^2 \sin^2 2\theta} \tag{14.15}$$

参数如表 14.2 所示，考察结构裂解前后黏聚力分别为 5MPa 和 0MPa 的情形。计算结果如

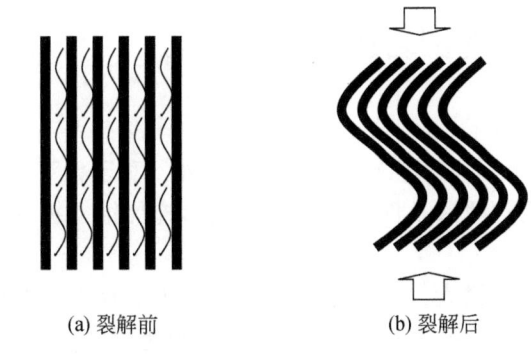

(a) 裂解前　　　　　　　(b) 裂解后

图 14.15　层-片状岩体扰动结构裂解示意图

图 14.16 所示。

表 14.2　岩体弹性模量对比计算参数表

应力参数	岩石变形参数		结构面参数					
荷载(σ_1)/MPa	弹性模量(E)/GPa	泊松比(ν)	倾向(α)/(°)	倾角(β)/(°)	法向密度(λ)/(1/m)	平均半径(a)/m	黏聚力(c)/MPa	摩擦角(φ)/(°)
10	10	0.3	0	45	10	1	5/0	30

由图 14.16 可见：①结构裂解后的岩体弹性模量最小值降低至裂解前的 41.6%，并为岩石模量的 26.8%；②结构裂解后的高模量角度区间宽度大约为之前的 1/3。

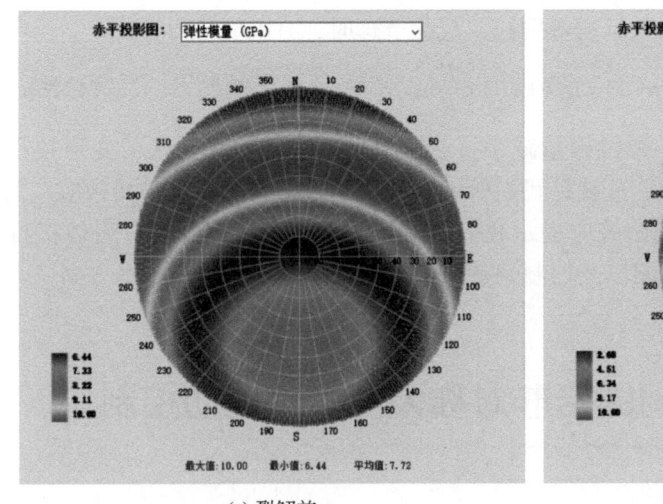

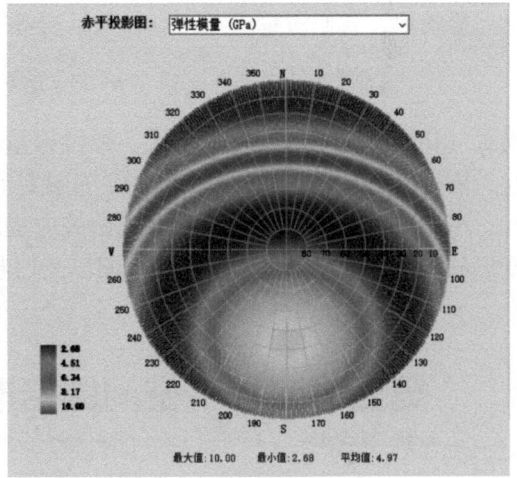

(a) 裂解前　　　　　　　(b) 裂解后

图 14.16　结构裂解前后岩体弹性模量对比

四、高地应力下软岩的围岩压力趋始效应

目前,技术规范中多数采用经典的塌落拱理论计算围岩压力,由此计算出的围岩压力一般小于1MPa,这对于不大的埋深是合适的。另外,对于相对坚强的围岩,由于岩体自稳潜力较好,因此在通常埋深条件下由于岩体变形施加给支护系统的围岩压力也是有限的。

但是,随着隧道埋深的增大,特别是对于易于发生层片裂解的软弱围岩,抵抗变形的能力较弱,因此传递给支护系统的围岩压力通常会显著增强。

以各向不等压条件下的鲁宾涅特公式(14.11)为例,当岩体初始应力增大、变形引起结构强度即黏聚力(c)丧失时,围岩压力显然会有显著增高。

另外,按统计岩体力学围岩压力式(14.14),也可以看出当初始应力增大、围岩参数弱化时,围岩压力呈现出增大趋势。将式(14.14a)写为

$$p(\theta) = \bar{\sigma}\left(1 - \frac{C}{B}\right) - \tau\left(3 + \frac{C}{B}\right)\cos 2\theta - \frac{D}{B}\tau\sin 2\theta - \frac{u_0}{BR} \quad (14.16a)$$

由于系数 B、C、D 有相同的量纲,受岩体结构的影响也相近,其比值可能为常量,可不做过多讨论。

式(14.16a)的最后一项不仅与 B 有关,还与硐室半径(R)和硐壁预留变形量(u_0)有关,其中 u_0 与远程初始应力量值正相关。该项在一定程度上反映了围岩的自承能力,岩体弹性模量越小、硐室半径越大、硐壁预留位移量越小,则围岩的自承能力越弱,即围岩施加给支护系统的压力越大。

极端地,我们考察式(14.14c)远程等围压,且无节理时,有围岩压力

$$p(\theta) = \sigma_0(1+\nu) - \frac{E}{R}u_0 \quad (14.16b)$$

当式(14.16b)右端泊松比增大、弹性模量减小,若同时硐室半径较大、预留变形较小时,围岩压力将趋于初始应力状态。这就是我们所说的"软岩隧道围岩压力趋始效应"。

高地应力下软岩的围岩压力趋始效应提示我们,对于深埋地下工程,提升岩体抵抗变形的能力、适当增大预留变形空间以及控制硐室尺寸,是减小围岩压力的基本方向。

第四节 地下空间围岩非对称大变形的主动控制

本节仍以圆形硐室为例开展讨论,其结果可以定性指导其他硐形问题。

我们主要讨论三个问题:一是现有隧道围岩对称支护系统的适应能力;二是 $\sigma_v = \sigma_h = \sigma$ 条件下圆形硐室围岩塑性变形控制,以及采用初支保护对称支护的非对称破坏的问题;三是岩爆防护问题。

一、现有隧道对称支护系统

在中国铁路和公路领域，人们积累了几十年的隧道工程建设经验，隧道围岩支护系统已经逐步定型。对于大量埋深小于100m的隧道，通常采用标准化的模版设计。这种标准模版一般为关于硐轴铅直平面几何对称；支护系统为喷锚初次支护与钢筋混凝土二次衬砌的双层结构，并要求初支基本控制围岩压力和收敛变形，而二衬则为永久衬砌和隧道内饰（图14.17）。这种设计通常能够较好适应铅直应力场条件下的常规埋深隧道，可有效控制围岩的对称变形和应力变化，因此被广泛使用。

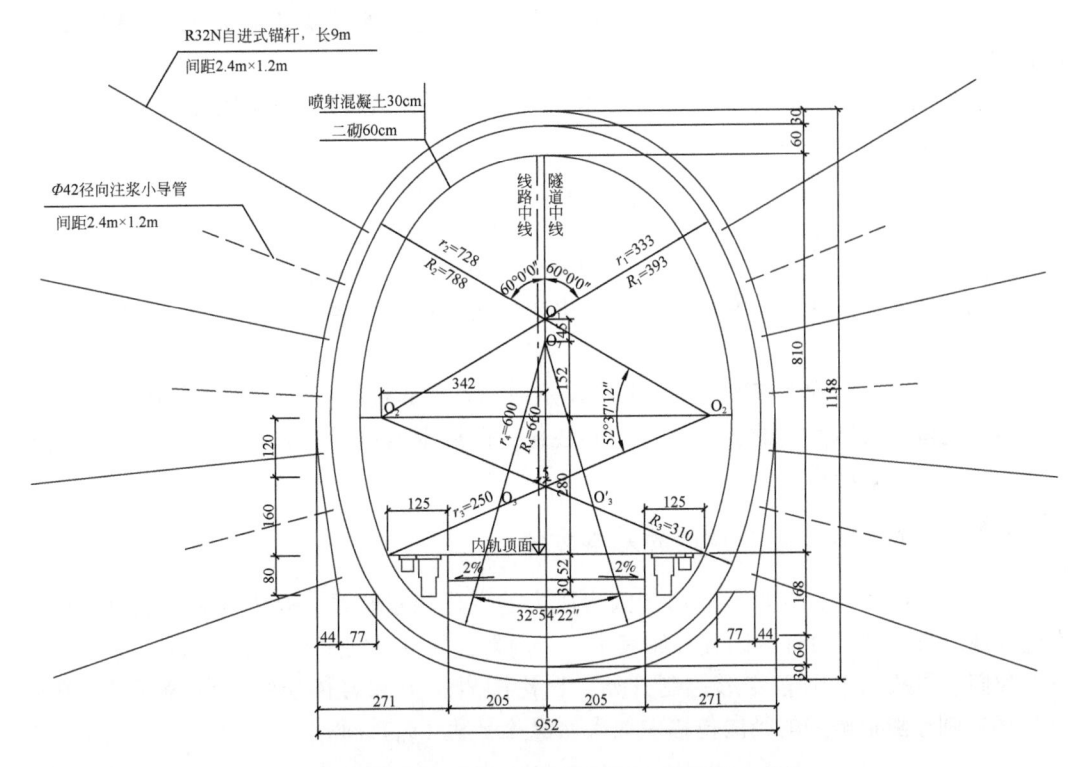

图14.17 硐轴铅直平面对称的隧道围压支护系统（单位：cm）

但是，对于非对称的初始应力条件，或者倾斜的软弱地层，围岩的变形和应力场将出现非对称分布，因此施加给隧道的围岩压力也将是非对称的。这种情况下，传统的铅直对称隧道支护系统将难以有效控制围岩变形，保持自身的结构稳定性和完整性，而表现出其"结构脆弱性"。因此，需要采取适用于围压非对称变形，对断面加固部位和方向针对性较强的加固技术，这就是我们所说的"隧道围岩主动加固"设计。

二、围岩非对称大变形控制

大量工程案例显示，目前深埋软岩隧道安全的一个突出矛盾是，以对称支护结构抵抗非对称围岩压力，控制非对称大变形。

围岩非对称变形控制问题可以采用围岩径向应力控制或围岩径向变形控制实现，两者本质上是一致的。

1. 基本思想

我们已经知道，在层片状各向异性岩体中，深埋隧道的开挖卸荷扰动将导致以下两方面改变：

（1）围岩性质的开挖卸荷松动与岩体各向异性弱化。它包括硐壁附近各部位不同程度的岩体结构裂解、岩体参数和围岩质量降低。

（2）由于岩体性质的弱化和各向异性化，在较大环境应力作用下，将导致围压的非对称大变形，以及作用于衬砌系统的围岩压力的非均匀增大。

由图 14.11~图 14.13 可以看出，上述两种变化是相互联系、互为因果的，即在一定的埋深和环境应力条件下，围岩性质的弱化和各向异性化直接导致了大变形与围岩压力的增强和非对称性。

因此，围岩非对称大变形控制的基本思想应当是，通过重点部位与重点方向的加固，有针对性地减少岩体性质的弱化和各向异性化，保持围岩质量与自稳潜力，以控制围岩大变形和围岩压力增长。

2. 围岩非对称大变形控制的基本方法

既然岩体性质的改变与大变形和围岩压力的变化相互联系、互为因果，而且在硐壁附近表现出显著的一致性，因此控制其中一个因素，即可以约束其他现象的发生。

我们不妨从硐壁围岩变形控制开始，讨论围岩压力和岩体质量控制等问题。在式（14.7b）圆形隧道硐壁的径向位移中加入预留变形量（u_0），得

$$u_R = \{\bar{\sigma}(B-C) - \tau[(3B+C)\cos2\theta + D\sin2\theta]\}R + u_0 \tag{14.17a}$$

式中，$\bar{\sigma}$、τ 和 θ 反映了背景应力状态的大小和方向性对隧道硐壁围岩变形分布的贡献；系数 B、C、D 则反映了岩体结构特征对隧道围岩变形的影响。这两类因素不仅影响了硐壁围岩径向位移的大小，也影响了硐壁围岩变形的非对称性与重点部位。我们已经指出，当不存在节理时，硐壁围岩径向位移变为经典弹性介质情形：

$$u_R = \frac{1}{E}[(1+\nu)\bar{\sigma} - (3-\nu)\tau\cos2\theta]R + u_0 \tag{14.17b}$$

式（14.17）中 R 和 u_0 反映了隧道断面尺寸和预留变形空间的影响。

从式（14.17）和图 14.11 可以看出，硐壁围岩变形量值较大的部位将可能集中在与硐轴基本对称的两个部位；而这两个部位也正是围岩压力相对较大（图 14.13）、岩体质

量弱化相对强烈（图 14.12）的部位。因此约束这两个部位的径向位移，即可有效控制硐壁处的围岩压力增加和岩体质量降低。这就是硐室围岩主动加固的基本方向。

事实上，由式（14.14a）

$$p(\theta) = \frac{1}{B}\left[\bar{\sigma}(B-C) - \tau(3B+C)\cos2\theta - D\tau\sin2\theta - \frac{u_0}{R}\right] \tag{14.18}$$

可见，硐壁围岩压力与式（14.17a）在形式上基本一致，因此控制其一，可以达到约束其二的作用。

显然，实现上述主动控制的基本手段仍然是定位、定向的预应力锚固措施。

第五节 地下工程岩爆防护

岩爆是岩体地下工程中常见的工程地质灾害，特别是在一些高地应力下的大型岩体地下工程施工中，岩爆的成因、预报理论方法和控制技术，已经成为世界性难题。

关于岩爆的研究已经有大约 250 年历史，已经积累了较为丰富的经验。但是，由于受岩爆机理研究进展的限制，业界对岩爆防护和控制仍主要侧重于工程防护方法与技术。

一、岩爆防护的常用方法

目前，岩爆防护大致采取三类工程措施：一是降低岩体强度的方法；二是应力状态改善方法；三是支护措施。

这些措施多数是建立在对岩爆机理理解的基础上，从调整岩爆驱动力与岩体承载能力相互关系的角度提出的，因此多数办法有一定的合理性。上述措施在最大埋深达到 2525m 的锦屏二级水电站辅助洞等工程中也获得一定的效果。但是，这些措施的调整能力仍然是有限的，在超出调整能力范围时，岩爆仍然会发生。

1. 降低岩石强度的方法

降低岩石强度的方法主要包括湿水降强法、微孔预破裂法等。

湿水降强法是通过喷水、注水方法降低开挖面表层岩体强度和周向应力 σ_1，减缓岩爆程度的方法。它是基于岩石强度的吸水软化性提出的。

岩石的软化系数定义为岩石的饱和单轴抗压强度与干单轴抗压强度之比，即 $K_R = \frac{\sigma_{cw}}{\sigma_c}$。各类岩石的软化性质差异较大，总体上沉积岩的软化性要强于火成岩和变质岩。对于沉积岩类，含泥质，特别是泥质胶结较多的岩石软化性强于钙质和硅质类岩石；对于火成岩类，基性岩强于酸性岩；对于变质岩，负变质岩强于正变质岩。

按照约定，$K_R>0.75$ 的岩石为软化性较弱的岩石，这类岩石通常有较强的抗风化和抗冻能力。反之则软化性较强，且易遭风化和冻融破坏。钙质、硅质含量高的沉积岩，富含钙质、硅质的变质岩，多数火成岩和正变质岩都属于软化性较弱的岩石。

这种办法对于软化系数较小的沉积岩可能是有效的，如煤矿常遇到的砂岩、页岩等。但是对于坚硬的或 K_R 较大的岩石，这种方法效果是有限的，如花岗岩（$\sigma_c>100\text{MPa}$）湿水软化后仍能够承受 $\sigma_{cw}>75\text{MPa}$ 的压应力，满足发生脆性破裂的应力条件。因此在采用湿水降强方法时，应充分考虑岩石的强度和水理性质。

岩块渗透性能一般是较弱的，即使是砂岩（$K=5.5\times10^{-6}\text{cm/s}$），每天仅能入渗 0.475cm。因此喷水或注水主要通过结构面网络渗入岩体，降低结构面的力学性能而起到降强作用。

微孔预破裂法是在掌子面打超前钻孔，使孔壁压裂，或在孔中进行松动爆破或小炮震裂。这种方法也是通过降低岩体的承载能力而减小应力集中影响。

按照 Kastner 方程，在应力 p_0 作用下，钻孔壁压裂造成的塑性区半径为

$$R_p = R_0 \left[\frac{(p_0+c\cot\varphi)(1-\sin\varphi)}{c\cot\varphi} \right]^{\frac{1-\sin\varphi}{2\sin\varphi}}$$

计算表明，对于数米或更大半径的硐室这中作用是十分有限的。

对于松动爆破孔而言，孔周裂隙圈的最大半径也仅为炮孔直径的 10 倍左右。

可见微孔预破裂法对降强的作用范围是有限的，而大量密集的微孔爆破还可能会诱发开挖面岩石的坍塌。

2. 改善应力状态的方法

改善应力状态的方法主要包括光面爆破和微孔应力释放法等，通过选用合适的开挖断面形状、光面爆破技术，或者"短进尺、多循环"等方法减少对围岩的扰动，或者采用超前孔应力释放，改善围岩应力状态。

这些方法中隐含着两个重要的力学原理：

一是，围岩应力集中与开挖断面形态有关。围岩中差应力集中程度与断面曲率正相关，曲率大的部位容易因差应力增大而产生压剪破裂；而曲率小的部位则容易产生径向张应力，引起张剪性破裂。优化断面形态、光面爆破正是为了减小这种差应力的局部异常集中。

二是，围岩应力调整过程。我们知道，地下空间开挖将引起围压表层差应力增高，表层岩体则通过破坏和松动变形释放差应力，使应力集中圈内移。围岩应力调整就是一个不断形成新应力-强度平衡的过程。"短进尺、多循环"方法的力学原理就在于延缓和平滑这个围岩应力调整过程，减少表层岩体破坏造成的灾害性事故。

而超前孔应力释放方法的原理与前述微孔预破裂法大体一致，是一种改善掌子面前方岩体应力状态的方法。施工时常常在掌子面打设 5~6 个超前钻孔，孔深为 15~20m，既可以起到超前探测的作用，又可以一定程度释放掌子面岩体应力。但前已述及，这种应力释放的作用是十分有限的。

3. 支护措施

支护措施主要包括喷混凝土、纳米仿钢纤维混凝土、钢筋网、系统锚杆和中空预应力注浆锚杆等。这类办法更多地用于硐壁的破裂控制。

锚固技术被广泛用于控制岩体变形和岩爆破坏。锚杆通常用来增强岩体黏结力，防止表层岩体破坏。锚索常常用于大范围和大吨位岩体加固，并起到调整优化岩体应力状态的作用。

对于掌子面，由于支护后的岩体立刻又会被挖除，采用适当的预锚措施，如碳纤维锚固是可以考虑的。例如，在小湾电站坝基开挖中，曾经通过预锚有效控制了开挖过程中的岩爆破坏。

锚固系统根据受力特性，大致可分为被动受力和主动受力两类。前者由岩体变形使锚固系统产生拉应力，而达到锚固作用；后者则是给锚固系统施加预应力以控制岩体变形。

二、岩爆主动防控的力学原理

岩爆主动防控的基本理念是根据围岩结构特征、应力状态和岩爆形成机理，通过合理布置人工辅助结构改变围岩应力状态，有效提升围岩自稳潜力，达到防控岩爆的目的。

我们曾经比较岩石破裂的格里菲斯（Griffith）、莫尔-库仑（M-C）和霍克-布朗（H-B）强度判据根据岩石各种力学性质指标的关联性，做出了如图10.15所示的三条强度曲线。

考察三种强度判据曲线我们看到，在围压 σ_3 为张应力的区域，Griffith 曲线高于其他判据，表明只要岩体强度高于 Griffith 强度要求，则围岩强度能够保证安全；而在 σ_3 为压应力的区域，则 M-C 曲线高于其他曲线，即只要岩体强度高于 M-C 强度线，则围岩强度能够保证安全。由此，我们可以做出图14.18的联合强度曲线。若岩体强度高于该曲线，则围岩不会发生岩爆。

十分有趣的是，上述曲线与图10.16岩石强度的 Diederichs 曲线十分相似。

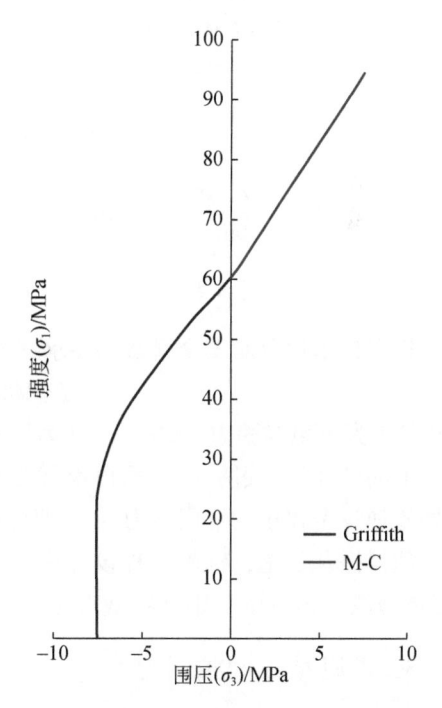

图 14.18 岩爆强度曲线

三、岩爆防护的锚固计算

1. 锚固部位的确定

我们在前面已经讨论了硐壁围岩锚固部位的确定方法。简言之，锚固部位可以通过如下两种途径确定：

（1）现场观察法。一般来说，需要进行锚固控制的部位通常是，开挖面硐壁变形相对突出的部位，这些部位不仅围岩压力相对较大，岩体结构也裂解较强，因此岩体质量和自稳潜力降低显著。

（2）理论和数值计算法。根据前述围岩大变形控制部分介绍的理论，对于圆形硐室可以通过理论公式计算硐壁围岩径向位移较大的部位；对于断面非规则硐室，可以采用几种常用数值计算软件搭载的 SMRM 数值方法计算确定。

2. 锚固力计算

按照图 14.18，对于硐壁存在张性法向应力的部位，如地下空间硐壁直墙部位，可以采用 Griffith 判据设计支护力；而对于硐壁法向应力为压应力的部位，如硐室断面曲率半径较小的部位，可按 M-C 判据或 H-B 判据设计锚固力。

根据三种判据可以得到极限围压应力值为

$$\begin{cases} \sigma_{3c} = \sigma_1 + \dfrac{1}{2}\left[\sigma_c - \sqrt{\sigma_c(\sigma_c + 8\sigma_1)}\right], & \sigma_3 < 0 \quad (\text{Griffith}) \\ \sigma_{3c} = \dfrac{\sigma_1 - \sigma_c}{\tan^2\theta}, & \sigma_3 > 0 \quad (\text{M-C}) \\ \sigma_{3c} = \dfrac{1}{2}\left\{2\sigma_1 + m\sigma_c - \sqrt{[4m\sigma_1 + (m^2 + 4s)\sigma_c]\sigma_c}\right\}, & \sigma_3 > 0 \quad (\text{H-B}) \end{cases} \quad (14.19)$$

根据技术规范对安全系数的要求，相应的锚固力应按下式计算

$$T = 1000K \cdot b \cdot d \cdot \sigma_{3c} \quad (14.20)$$

式中，T 为单束锚固力，kN；b、d 为锚索行距与列距，m；K 为设计安全系数。

前面已经讨论过，开挖面可能优先发生张性或张剪性岩爆。对于这类岩爆，实际上只要施加一个较小的锚固应力 σ_3，即可控制硐壁张应力的出现，达到控制岩爆的目的。

值得提及的是，锚固工程设计中应当注意目前锚固措施的控制能力。这在第十三章"岩体边坡工程应用"中已经做出讨论。

3. 锚固措施的控制能力

在锚固工程设计中应当注意的是，锚固措施控制能力是存在上下限的。

锚固能力的下限是避免开挖面出现张应力的最小锚固力。对于一定的地应力环境和特定的地下工程，开挖面附近出现张应力的可能量值是可以通过数值模拟获得的。由于

锚固技术通常只能对围岩提供压性预应力，对于硐壁法向应力为次生张应力的情形，常常可以将锚固力设计为一个较小的数值，即可达到控制次生张应力出现和张性岩爆发生的目的。

锚固能力的上限则主要受制于锚固技术和锚索性能。目前常用的锚索设计荷载有 1000kN 和 2000kN 级，少数情况下可达到 3000kN 级。在锦屏一级水电站预应力锚索试验中，曾经采用 5000kN 级。以锚索间距为 3m×3m 为例，单锚为 2000kN 级，则其所提供的约束应力为 0.22MPa；对于 3000kN 级乃至 5000kN 的锚索，也只能达到 0.33MPa 和 0.55MPa。

由此可见，锚索对岩爆的控制能力也是有限的。

第六节　TBM 掘进速率与隧道围岩变形竞争与控制

全断面隧道掘进机（tunnel boring machine，TBM）施工技术已经广泛应用于许多大型隧道工程中，但在高地应力、围岩软弱等复杂施工条件下，TBM 卡机事故频频发生，导致工期延误和巨大经济损失。尚彦军等（2007）对已发生的 98 次 TBM 重大工程事故的统计发现，约有 72% 的事故是由软弱围岩大变形引起的。例如，云南省上公山引水隧洞、甘肃省引洮工程 9#引水隧洞、青海省引大入秦大坂山隧洞等，都曾经由于 TBM 卡机事故，导致工期延误短则数月，长至一两年不等，甚至导致施工机械报废，造成巨大经济财产损失。

上述各类工程事故反映了一个共同的问题：在高地应力环境下软岩的 TBM 掘进施工，存在软弱围岩收敛变形速度与 TBM 掘进速率间的"竞争"问题。为了保证施工的顺利和安全，有必要对隧道软弱围岩收敛变形速度与 TBM 掘进时间管理开展系统研究，寻求最优化的掘进施工方案。

伍劼等曾对甘肃省引洮工程 9#引水隧洞 TBM 卡机问题进行了研究，探讨了 TBM 掘进速率与围岩变形竞争与控制问题。下面对此做粗略介绍。

一、围岩变形与围岩压力过程

图 14.19 为甘肃省引洮工程 9#引水隧洞 TBM 卡机现象。隧洞全长 18km。2010 年 11 月 19 日晚 10 时，9#洞 TBM 停机维护 9 小时，次日清晨洞顶围岩下沉变形量值高达 12.5cm，TBM 尾护盾部位已受到岩体收敛变形挤压。因围岩对护盾的摩擦力使得 TBM 换位压力过大，机身不能顺利向前移动，挖掘工作受阻而被迫停工数月。

根据施工日志记载，TBM 单日掘进 50 个循环，工作 17 小时，停机 7 小时。掘进机尾护盾尾部围岩暴露时间一般为 12.3 小时，而事故当日围岩暴露时间超出设计 2 小时，加之该洞段围岩含水量较高，这就是造成卡机事故的基本原因。

图 14.19　9#引水隧洞 TBM 卡机现象

图 14.20 为 TBM 尾护盾尾部隧洞顶、底围岩压力与变形的数值模拟监测曲线，它们共同反映了卡机的力学过程。收敛位移过程［图 14.21（a）］分为两个阶段，第一阶段为裸露围岩洞顶、底监测点的相向收敛位移；第二阶段为围岩接触 TBM 尾护盾后的变形，变形速率受到限制而显著降低。图 14.21（b）为洞顶、底监测点的径向围岩压力曲线，也可分为两阶段。第一阶段为围岩自由变形阶段，围岩压力接近于 0；第二阶段由于围岩变形受到了护盾制约，护盾上承受的围岩压力迅速上升，导致卡机事故的发生。

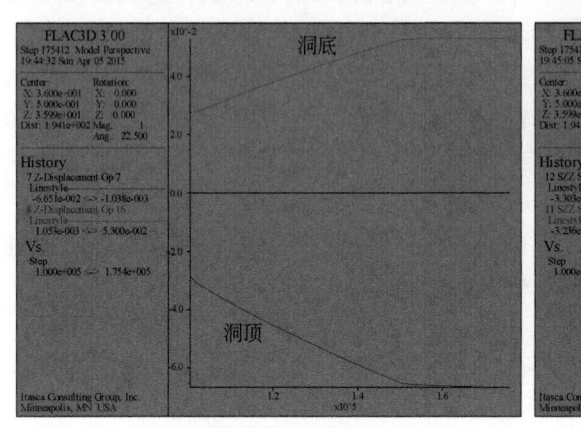

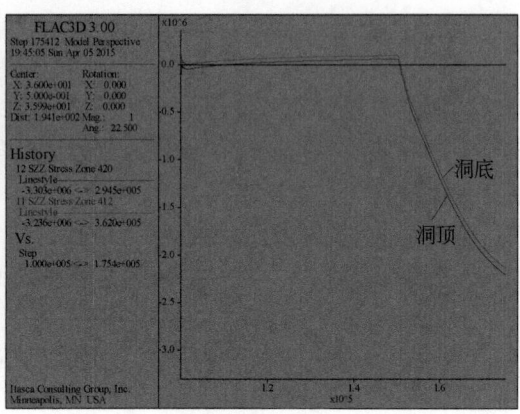

(a) 收敛位移过程曲线　　　　(b) 围岩压力过程曲线

图 14.20　隧洞顶底围岩压力与变形曲线

二、不同开挖预留量下的最长停机时间

对比隧洞预留变形量与围岩收敛变形过程线，可推算出对应的卡机时间。

图 14.21 是围岩暴露时长与隧洞围岩变形量的关系曲线。根据这条曲线可以找到不同开挖预留变形量下围岩允许暴露时间，由此可以确定 TBM 掘进时间（速率）和停机检修时间的关系。

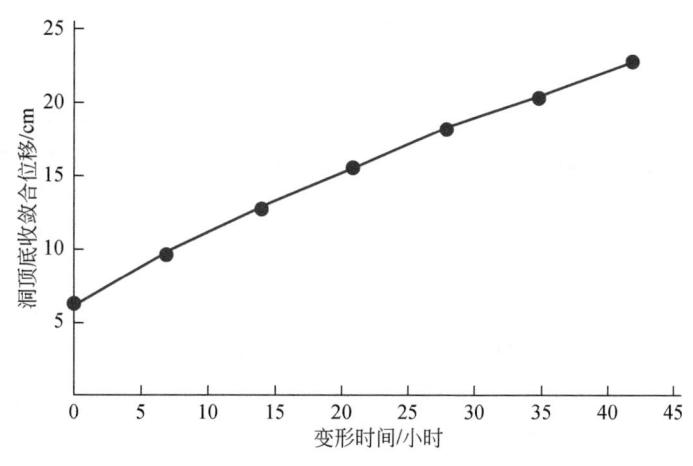

图 14.21　隧洞顶底围岩收敛变形过程线

由曲线查得围岩变形量达到预留变形量的时间，即卡机时间 T_d（小时）；TBM 掘进速率（含管片安装时间）为 v（m/h）；设 n 为单日掘进循环次数，单次掘进长度等于一个管片的宽度，即 0.8m；TBM 刀头至机身尾部长 12.5m，约为 16 个掘进步长；若机身尾部围岩暴露时间为 t，包含机身长对应的掘进时间和停机时间，则有时间分配关系为

$$t = 24 - 0.8(n-16)/v < T_d \tag{14.21}$$

或

$$\begin{cases} t < T_d \\ n > v(24 - T_d)/0.8 + 16 \end{cases} \tag{14.22}$$

对于 9# 隧洞的情形，机身尾部围岩暴露到卡机时间为 5.33+9 = 14.3 小时，于是每天的停机时间为

$$t < T_d = 14.3 \text{（小时）}$$

由于 TBM 掘进速率为每 20 分钟 0.8m，即有 $v = 2.4$ m/h，因此每天的掘进步数应为

$$n > 2.4(24 - 14.3)/0.8 + 16 = 45.1 \rightarrow 46 \quad \text{（次）}$$

这就是说，每天掘进时间应大于 $n/3 = 46/3 = 15.3$ 小时，而停机时间应小于 24 - 15.3 = 8.7 小时。

综合上述分析，我们可以根据设计预留变形量与对应的卡机时间，在 TBM 掘进速率（v）为确定量时，可以方便地确定每天的掘进循环总数和施工与停机时间的配比。

参 考 文 献

包含, 伍法权, 郝鹏程. 2017. 岩石 I 型断裂韧度估算及其影响因素分析. 煤炭学报, 42(3): 604-612.

包含, 郭文明, 张国彪, 等. 2018. 基于强度参数脆性指数的岩石 I 型断裂韧度评价. 建筑科学与工程学报, 35(4): 97-104.

包含, 胥勋辉, 兰恒星, 等. 2021. 考虑各向异性形貌特征的岩体结构面刚度计算模型. 交通运输工程学报, 22(2): 160-175.

曹文贵, 赵明华, 刘成学. 2004. 岩石损伤统计强度理论研究. 岩土工程学报, 26(6): 820-823.

陈剑平, 等. 1995. 随机不连续面三维网络计算机模拟原理. 长春: 东北师范大学出版社.

陈明祥, 侯发亮. 1993. 岩石损伤模型与岩爆机理解释. 武汉水利电力大学学报, (2): 154-159.

陈顒. 1983. 岩石力学实验设备和新技术简介. 力学与实践, (5): 9-14, 44.

大野博之, 等. 1990. 岩石破裂系的分数维. 地震地质译丛, 2.

董秀军, 黄润秋. 2006. 三维激光扫描技术在高陡边坡地质调查中的应用. 岩石力学与工程学报, 25(S2): 3629-3635.

杜时贵. 1994. 岩体结构面粗糙度系数 JRC 的定向统计研究. 工程地质学报, 2(3): 62-71.

杜时贵, 潘别桐. 1993. 岩石节理粗糙度系数的分形特征. 水文地质工程地质, (3): 36-39.

杜时贵, 唐辉明. 1993. 岩体断裂粗糙度系数的各向异性研究. 工程地质学报, 1(2): 32-42.

杜时贵, 陈禹, 樊良本. 1996. JRC 修正直边法的数学表达. 工程地质学报, 4(2): 36-43.

杜时贵, 万颖君, 颜育仁, 等. 2005. 岩体结构面抗剪强度经验估算方法在杭千高速公路路堑边坡稳定性研究中的应用. 公路交通科技, 22(9): 39-42.

范天佑. 1978. 断裂力学基础. 南京: 江苏科学技术出版社.

谷德振. 1979. 岩体工程地质力学基础. 北京: 科学出版社.

谷德振, 黄鼎成. 1979. 岩体结构的分类及其质量系数的确定. 水文地质工程地质, (2): 8-13.

谷明成, 何发亮, 陈成宗. 2002. 秦岭隧道岩爆的研究. 岩石力学与工程学报, (9): 1324-1329.

关宝树. 2011. 隧道工程设计要点集. 北京: 人民交通出版社.

何秉顺, 丁留谦, 孙平. 2007. 三维激光扫描系统在岩体结构面识别中的应用. 中国水利水电科学研究院学报, 5(1): 43-48.

何鹏, 刘长武, 王琛, 等. 2011. 沉积岩单轴抗压强度与弹性模量关系研究. 四川大学学报(工程科学版), 43(4): 7-12.

胡秀宏, 伍法权, 孙强. 2010. 基于双参负指数分布的改进的岩体本构关系. 岩石力学与工程学报, 29(S2): 3455-3462.

黄建安, 王思敬. 1986. 岩体倾覆的多块体分析. 地质科学, (1): 64-73.

贾洪彪. 2008. 岩体结构面三维网络模拟理论与工程应用. 北京: 科学出版社.

姜平, 孟伟. 2004. 基于岩体质量分级的岩石力学参数研究. 三峡大学学报(自然科学版), (5): 424-427.

口梅太郎, 等. 1982. 岩石力学基础. 北京: 冶金工业出版社.

兰恒星,包含,孙巍峰,等. 2022. 岩体多尺度异质性及其力学行为. 工程地质学报, 30(1):37-52.
李忠,朱彦鹏,余俊. 2008. 基于滑面上应力控制的边坡主动加固计算方法. 岩石力学与工程学报, 27(5):979-989.
凌建明. 1994. 节理裂隙岩体损伤力学研究中的若干问题. 力学进展, 25(2):257-264.
刘昌军,高立东,丁留谦,等. 2011. 应用激光扫描技术进行岩体结构面的半自动统计研究. 水文地质工程地质, 38(2):52-57.
刘昌军,丁留谦,张顺福,等. 2014. 基于激光测量和FKM聚类算法的隧洞岩体结构面的模糊群聚分析. 吉林大学学报(地球科学版), 44(1):285-294.
刘广,荣冠,彭俊,等. 2013. 矿物颗粒形状的岩石力学特性效应分析. 岩土工程学报, 35(3):540-550.
刘建友,赵勇,李鹏飞. 2013. 隧道围岩变形的尺寸效应研究. 岩土力学, 34(8):2165-2173.
陆家佑. 1989. 岩爆岩石力学新进展. 中国岩石力学与工程学会, 11.
马艾阳,伍法权,沙鹏,等. 2014. 锦屏大理岩真三轴岩爆试验的渐进破坏过程研究. 岩土力学, 35(10):2868-2874.
潘别桐,徐光黎. 1989. 岩体节理几何特征的研究现状及趋向. 工程勘察, (5):23-26, 31.
秦跃平,王林,孙文标,等. 2002. 岩石损伤流变理论模型研究. 岩石力学与工程学报, 21(S2):2291-2295.
秦跃平,孙文标,王磊. 2003. 岩石损伤力学模型分析. 岩石力学与工程学报, 22(5):702-705.
沙鹏,孔德珩,王绍亮,等. 2022. 高陡边坡岩体结构信息无人机识别与离散元数值模拟. 工程地质学报, 30(5):1658-1668.
尚彦军,杨志法,曾庆利,等. 2007. TBM施工遇险工程地质问题分析和失误的反思. 岩石力学与工程学报, (12):2404-2411.
沈继方,史毅虹. 1985. 北京西山变玄武岩裂隙发育规律及含水特征. 地球科学, 10(1):133-147.
石根华. 1985. 不连续变形分析及其在隧道工程中的应用. 工程力学, 2(2):161-170.
孙广忠. 1988. 岩体结构力学. 北京:科学出版社.
孙广忠. 1993. 论"岩体结构控制论". 工程地质学报, (1):14-18.
孙广忠,黄运飞. 1988. 高边墙地下洞室洞壁围岩板裂化实例及其力学分析. 岩石力学与工程学报, (1):15-24.
孙广忠,林文祝. 1983. 结构面闭合变形法则及岩体弹性变形本构方程. 地质科学, (2):177-180.
孙卫军,周维垣. 1990. 裂隙岩体弹塑性-损伤本构模型. 岩石力学与工程学报, 9(2):108-119.
孙玉科,古迅. 1980. 实体比例投影原理与块体空间应力分解. 水文地质工程地质, (2):23-28.
唐辉明. 1991. 节理的断裂力学机制研究进展. 地质科技情报, (2):17-25.
陶振宇. 1987. 高地应力区的岩爆及其判别. 人民长江, (5):25-32.
陶振宇,王宏. 1989. 裂纹的尺寸分布对岩石强度的影响. 武汉水利电力学院学报, (2):1~5
田开铭. 1986. 裂隙水交叉流的水力特性. 地质学报, (2):202-214.
王宏,陶振宇. 1988. 围压下脆性岩石的破坏统计研究. 岩石力学, (19):1-7.
王龙甫. 1979. 弹性理论. 北京:科学出版社.
王岐. 1982. 用伸长率R确定岩石节理粗糙度系数的研究. 见:中国岩石力学与工程学会. 地下工程经验交流会论文选集. 白银矿冶研究所, 6.
邬爱清,柳赋铮. 2012. 国标《工程岩体分级标准》的应用与进展. 岩石力学与工程学报, 31(8):

1513-1523.

吴旭君. 1988. 三峡水利枢纽三斗坪坝址结晶岩体水力学特征及其应用. 武汉：中国地质大学（武汉）硕士学位论文.

伍法权. 1991. 节理岩体的本构模型与强度理论. 科学通报,（14）：1088-1091.

伍法权. 1997. 岩体工程性质的统计岩体力学研究. 水文地质工程地质,（2）：17-19.

伍法权, 姜柯. 1992. 层状岩体中节理分布的剖面特征研究与应用. 见：中国地质学会工程地质专业委员会. 第四届全国工程地质大会论文选集（二）. 中国地质大学, 黑龙江省地矿局, 5.

伍法权, 王思敬, 宋胜武, 等. 1993. 岩体力学中的统计方法与理论. 科学通报, 38(15)：1345-1354.

伍法权, 伍劼, 祁生文. 2010. 关于脆性岩体岩爆成因的理论分析. 工程地质学报, 18(5)：589-595.

伍法权, 王思敬, 潘别桐. 2022. 统计岩体力学（SMRM）——岩体工程地质力学的传承与发展. 工程地质学报, 30(1)：1-20.

夏熙伦, 柳赋铮, 韩军. 1988. 岩石力学的现场研究与隧洞开挖和支护方案的确定. 人民长江,（6）：8-12.

谢和平, Pariseau W G, 王建锋, 等. 1992. 节理粗糙度系数的分形估算. 地质科学译丛,（1）：85-90.

徐继先, 许兵, 王思敬. 1988. 岩体结构随机模型模拟方法. 地质科学,（3）：272-282.

徐林生, 王兰生. 1999. 二郎山公路隧道岩爆发生规律与岩爆预测研究. 岩土工程学报,（5）：569-572.

徐林生, 王兰生. 2001. 岩爆形成机理研究. 重庆大学学报（自然科学版）,（2）：115-117, 121.

叶功勤, 曹函, 高强, 等. 2019. 颗粒配比对岩石力学特征影响的数值模拟研究. 地质力学学报, 25(6)：1129-1137.

于青春, 陈崇希. 1989. 渗水试验的饱和-非饱和水运动数值模拟与分析. 水文地质工程地质,（5）：14-19.

詹志发, 祁生文, 何乃武, 等. 2019. 强震作用下均质岩质边坡动力响应的振动台模型试验研究. 工程地质学报, 27(5)：946-954.

张恋, 王宇飞, 罗建林, 等. 2021. 地层岩性对植物群落分布特征的影响. 中国地质调查, 8(6)：78-86.

张强勇, 朱维申, 金亚兵. 1999. 弹塑性损伤模型在某地下厂房工程中的应用. 岩石力学与工程学报, 18(6)：654-657.

张有天, 王镭, 陈平. 1990. 裂隙岩体渗流的理论和实践. 见：中国岩石力学与工程学会数值计算与模型试验专业委员会. 岩土力学数值方法的工程应用——第二届全国岩石力学数值计算与模型实验学术研讨会论文集. 水利水电科学研究院, 13.

张倬元, 等. 1993. 工程地质分析原理. 北京：地质出版社.

赵德安, 陈志敏, 蔡小林, 等. 2007. 中国地应力场分布规律统计分析. 岩石力学与工程学报, 26(6)：1265-1271.

郑建国. 2005. 锦屏二级水电站交通辅助洞岩爆机制及其地质力学模式研究. 成都：成都理工大学硕士学位论文.

周维垣, 杨若琼, 周力田. 1986. 坝基节理岩体稳定的三维弹塑性断裂有限元分析. 见：中国岩石力学与工程学会. 第一届全国岩石力学数值计算及模型试验讨论会论文集, 清华大学, 8.

Baecher G B, Lanney N A. 1978. Trace length biases in joint surveys. In：Proceedings of the 19th US Symposium on Rock Mechanics, Nevada, 1：56-65.

Baecher G B, Lanney N A, Einstein H H. 1977. Statistical description of rock properties and sampling. In：Proceedings of the 18th US Symposium on Rock Mechanics, Brandon V T: Johnson Publishing Co, 1-8.

Bandis B C, Lumsdent A C, Barton N R. 1983. Fundamentals of rock joint deformation. International Journal of Rock Mechanics and Mining Sciences, 20(6): 249-268.

Bao H, Qi Q, Lan H, et al. 2020. Sliding mechanical properties of fault gouge studied from ring shear test-based microscopic morphology characterization. Engineering Geology, 279: 105879.

Bao H, Liu C, Liang N, et al. 2022. Analysis of large deformation of deep-buried brittle rock tunnel in strong tectonic active area based on macro and microcrack evolution. Engineering Failure Analysis, 138: 106351.

Barton N. 1978. Suggested methods for the quantitative description of discontinuities in rock masses: International Society for Rock Mechanics. International Journal of Rock Mechanics and Mining Science & Geomechanics Abstracts, 15(6): 319-368.

Barton N. 2000. Rock mass classification for choosing between TBM and drill-and-blast or a hybrid solution. International Conference on Tunnels and Underground Structures, Barton & Associates, Oslo, Norway & Sao Paulo, Brazil.

Barton N. 2002. Some new Q-value correlations to assist in site characterization and tunnel design. International Journal of Rock Mechanics and Mining Sciences, 39(2): 185-216.

Barton N, Choubey V. 1977. The shear strength of rock joints in theory and practice. Rock Mechanics and Rock Engineering, 10(1): 1-54.

Barton N, Lien R, Lunde J. 1974. Engineering classification of rock masses for the design of tunnel support. Rock Mechanics and Rock Engineering, 6(4): 189-236.

Barton N, Bandis S, Bakhtar K. 1985. Strength, deformation and conductivity coupling of rock joints. International Journal of Rock Mechanics and Mining Sciences & Geomechanics Abstracts, 22(3): 121-140.

Bhasin R, Barton N, Grimstad E, et al. 1995. Engineering geological characterization of low strength anisotropic rocks in the Himalayan region for assessment of tunnel support. Engineering Geology, 40(3-4): 169-193.

Bianchi L, Snow D T. 1969. Permeability of crystalline rock interpreted from measured orientations and apertures of fractures. Annals of Arid Zone, 8(2): 231-245.

Bieniawski Z T. 1974. Geomechanics classification of rock masses and its application in tunneling. Proc Int Cong Rock Mech, 2(13): 363-368.

Bieniawski Z T. 1976. Rock mass classification in rock engineering. In: Proceedings of the Symposium on Exploration for Rock Engineering, 97-106.

Bieniawski Z T. 1978. Determining rock mass deformability: experience from case histories. International Journal of Rock Mechanics and Mining Science & Geomechanics Abstracts, 15(5): 237-247.

Bieniawski Z T. 1988. The rock mass rating (RMR) system (geomechanics classification) in engineering practice. Symposium on Rock Classification Systems for Engineering Purposes, 17-34.

Bobich J K. 2005. Experimental analysis of the extension to shear fracture transition in Berea sandstone. MS Thesis, Texas: Texas A & M University

Broch E, Franklin J A. 1986. 测定点荷载强度的建议方法(1985年修订, 取代1972年版本). 岩石力学与工程学报, 5(1): 79-90.

Budiansky B, O'Connell Richard J. 1976. Elastic moduli of a cracked solid. International Journal of Solids and Structures, 12(2): 81-97.

Chau T K, Choi K S. 1998. Bifurcations of thick-walled hollow cylinders of geomaterials under axisymmetric compression. International Journal for Numerical and Analytical Methods in Geomechanics, 22(11): 903-919.

Cowin S C. 1985. The relationship between the elasticity tensor and the fabric tensor. Mechanics of Materials, 4(2): 137-147

Cruden D M. 1977. Describing the size of discontinuities. International Journal of Rock Mechanics and Mining Sciences & Geomechanics Abstracts, 14(3): 133-137.

Deere D U. 1964. Technical description of rock cores for engineering purpose. Rock Mechanics and Engineering Geology, 1(1): 16-22.

Deere D U, Hendron A J, Patton F D, et al. 1967. Design of surface and near surface construction in rock. In: Proceedings of the 8th US Symposium on Rock Mechanics Failure and Breakage of Rock, New York: American Institute of Mining, Metallurgical and Petroleum Engineers, Inc, 237e302.

Diederichs M S. 2003. Manuel Rocha medal recipient rock fracture and collapse under low confinement conditions. Rock Mechanics and Rock Engineering, 36(5): 339-381.

Evans I. 1958. The strength of cubes of coal in uniaxial compression. In: Walton W H (ed). Mechanical Properties of Non-metallic Brittle Materials. London: Butterworths Scientific Publications.

Evans I. 1961. The tensile strength of coal. Colliery Engineering, (38): 428-434.

Ferrero F, Lohrer C, Schmidt B M, et al. 2009. A mathematical model to predict the heating-up of large-scale wood piles. Journal of Loss Prevention in the Process Industries, 22(4): 439-448.

Fossum A F. 1985. Effective elastic properties for a randomly jointed rock mass. International Journal of Rock Mechanics and Mining Sciences & Geomechanics Abstracts, 22(6): 467-470.

Ge Y, Kulatilake P, Tang H, et al. 2014. Investigation of natural rock joint roughness. Computers and Geotechnics, 55: 290-305.

Gerrard C M. 1982. Elastic models of rock masses having one, two and three sets of joints. International Journal of Rock Mechanics and Mining Sciences & Geomechanics Abstracts, 19(1): 15-23.

Gong G, Samaniego F J. 1981. Pseudo maximum likelihood estimation: theory and applications. The Annals of Statistics, 1: 861-869.

Goodman R E. 1974. The mechanical properties of joints. In: Proceedings 3rd Congress ISRM, 14: 127-140.

Greenwald H P, Howarth H C, Hartmann I. 1941. Experiments on strength of small pillars of coal in the Pittsburgh bed. Report of Investigations 3575, USBM.

Guo S F, Qi S W, Saroglou C. 2020. A-BQ, a classification system for anisotropic rock mass based on China national standard. Journal of Central South University, 27(10): 3090-3102.

Habib P, Bernaix J. 1966. The fissuration of rocks. In: 1st ISRM Congress, Lisbon, Portugal, ISRM-1CONGRESS-1966-035.

Hajiabdolmajid V. 2002. Modeling brittle failure of rock. International Journal of Rock Mechanics and Mining Sciences, 39(6): 731-741.

Han Z H, Zhang L Q, Zhou J. 2019. Numerical investigation of mineral grain shape effects on strength and fracture behaviors of rock material. Applied Sciences, 9(14): 2855.

Heard H C. 1966. The influence of environment on the brittle failure of rocks. The 8th US Symposium on Rock Mechanics, 82-93.

Hoek E. 1990. Estimating Mohr-Coulomb friction and cohesion values from the Hock-Brown failure criterion. International Journal of Rock Mechanics and Mining Sciences & Geomechanics Abstracts, 27(3): 227-229.

Hoek E. 1994. Strength of rock and rock masses. ISRM News Journal, 2(2): 4-16.

Hoek E, Brown E T. 1980a. Empirical strength criterion for rock masses. Journal of the Geotechnical Engineering Division, 106(15715): 1013-1035.

Hoek E, Brown E T. 1980b. Underground Excavations in Rock. London: Institution of Mining and Metallurgy.

Hoek E, Brown E T. 1997. Practical estimates of rock mass strength. International Journal of Rock Mechanics and Mining Sciences, 34(8): 1165-1186.

Hoek E, Brown E T. 2019. The Hoek-Brown failure criterion and GSI-2018 edition. Journal of Rock Mechanics and Geotechnical Engineering, 11(3): 445-463.

Hoek E, Marinos P. 2007. A brief history of the development of the Hoek-Brown failure criterion. Soils and Rocks, 30(2): 85-92.

Hoek E, Kaiser P K, Bawden W F. 1995. Support of Underground Excavations in Hard Rock. Rotterdam: A Balkema.

Hoek E, Marinos P, Benissi M. 1998. Applicability of the geological strength index (GSI) classification for very weak and sheared rock masses. The case of the Athens Schist Formation, Bulletin of Engineering Geology and the Environment, 57(2): 151-160.

Hoek E, Carlo C T, Brent C. 2002. Hoek-Brown failure criterion-2002 edition. In: Proceedings NARMS-TAC Conference, Toronto, 1: 267-273.

Hoek E, Marinos P G, Marinos V P. 2005. Characterisation and engineering properties of tectonically undisturbed but lithologically varied sedimentary rock masses. International Journal of Rock Mechanics and Mining Sciences, 42(2): 277-285.

Hoek E, Carter T G, Diederichs M S. 2013. Quantification of the geological strength index chart. In: ARMA US Rock Mechanics/Geomechanics Symposium, ARMA: ARMA-2013-672.

Hofmann H. 1974. RockMech, Suppl(3): 31-43.

Hrii H, Nemat-Nasser S. 1983. Overall moduli of solids with microcracks: load-induced anisotropy. Journal of the Mechanics & Physics of Solids, 31(2): 155-171.

Hu X H, Wu F Q, Sun Q. 2011. Elastic modulus of a rock mass based on the two parameter negative-exponential (TPNE) distribution of discontinuity spacing and trace length. Bulletin of Engineering Geology and the Environment, 70(2): 255-263.

Hucka V, Das B. 1974. Brittleness determination of rocks by different methods. International Journal of Rock Mechanics and Mining Sciences and Geomechanics Abstracts, 11(10): 389-392.

Hubbert M. 1956. Darcy's law and the field equations of the flow of underground fluids. Transactions of the American Institute of Mining and Metallurgical Engineers, 207: 222-239.

Hudson J A, Priest S D. 1979. Discontinuities and rock mass geometry. International Journal of Rock Mechanics and Mining Sciences & Geomechanics Abstracts, 16(6): 339-362.

Hudson J A, Priest S D. 1983. Discontinuity frequency in rock masses. International Journal of Rock Mechanics and Mining Sciences & Geomechanics Abstracts, 20(2): 73-89.

Jaboyedoff M, Couture R, Locat P. 2009. Structural analysis of Turtle Mountain (Alberta) using digital elevation model: toward a progressive failure. Geomorphology, 103(1): 5-16.

James R C. 1987. Rock mass classification using fractal dimension. In: Proceedings of the 28th US Symposium on Rock Mechanics, Tuscon, 73-80.

Jayatilaka A S, Trustrum K. 1977. Statistical approach to brittle fracture. Journal of Materials Science, 12: 1426-1430.

Jones J, Frank O. 1975. Laboratory study of the effects of confining pressure on fracture flow and storage capacity in carbonate rocks. Journal of Petroleum Technology, 27: 21-27.

Kachanov L M. 1958. On time to rupture in creep conditions. Izviestia Akademii Nauk SSSR, Otdelenie Tekhnicheskikh Nauk 8, 26-31. (in Russian)

Kaiser P K, KimB, Bewick R P, et al. 2011. Rock mass strength at depth and implications for pillar design. Mining Technology, 120(3): 170-179.

Kawamoto T, et al. 1985. Rock mechanics: JSCE New Series in Civil Engineering. 20 GIHODO.

Kawamoto T, Ichikawa Y, Kyoya T. 1988. Deformation and fracturing behaviour of discontinuous rock mass and damage mechanics theory. International Journal for Numerical and Analytical Methods in Geomechanics, 12: 1-30.

Kendorski F S, Cummings R A, Bieniawski Z T, et al. 1983. Rock mass classification for block caving mine drift support. Proc 5th Congress of the International Society for Rock Mechanics, B51-B63.

Kulatilake P H S W, Wu T H. 1984. The density of discontinuity traces in sampling windows. International Journal of Rock Mechanics and Mining Science & Geomechanics Abstracts, 21(6): 345-347.

Kulhaway F H. 1975. Stress deformation properties of rock and rock discontinuities. Engineering Ceology, 9(4): 327-340.

La Pointe P R. 1988. A method to characterize fracture density and connectivity through fractal geometry. International Journal of Rock Mechanics and Mining Sciences & Geomechanics Abstracts, 25(6): 421-429.

Lan H X, Martin C D, Hu B. 2010. Effect of heterogeneity of brittle rock on micromechanical extensile behavior during compression loading. Journal of Geophysical Research: Solid Earth, 115 (B1), DOI: 10.1029/2009JB006496.

Lan H X, Martin C D, Qi S W. 2013. A 3D grain based model for characterizing the geometric heterogeneity of brittle rock. American Rock Mechanics Association, http://192.168.22.105/handle/311030/31017 [2024-11-15].

Laubscher D H. 1977. Geomechanics classification of jointed rock masses-mining applications. International Journal of Rock Mechanics, 14(4): 60.

Laubscher D H. 1984. Design aspects and effectiveness of support system in different mining conditions. Transactions of the Institution of Mining and Metallurgy, Section A: Mining Technology, 93: 70-81.

Laubscher D H. 1990. A geomechanics classification system for the rating of rock mass in mine design. Journal of the South African Institute of Mining and Metallurgy, 90(10): 257-273.

Li C. 2001. A method for graphically presenting the deformation modulus of jointed rock masses. Rock Mechanics and Rock Engineering, 34(1): 67-75.

Long J C S, Gilmour P, Witherspoon P A. 1985. A model for steady fluid flow in random three-dimensional networks of disc-shaped fractures. Water Resources Research, 21(8): 1105-1115.

Louis C. 1974. Rock Hydraulics in Rock Mechanics. New York: Verlay Wien.

Lundborg N. 1967. The strength-size relation of granite. International Journal of Rock Mechanics and Mining Sciences & Geomechanics Abstracts, 4(3): 269-272.

Mah J, et al. 2011. 3-D laser imaging for joint orientation analysis. International Journal of Rock Mechanics & Mining Sciences, 48(6): 932-941.

Marinos P, Hoek E. 2000. GSI: a geologically friendly tool for rock mass strength estimation. In: Proceedings of the GeoEng2000 at the International Conference on Geotechnical and Geological Engineering, Melbourne: Technomic Publishers, 1422-1446.

Marinos P, Hoek E. 2001. Estimating the geotechnical properties of heterogeneous rock masses such as flysch. Bulletin of Engineering Geology and the Environment, 60(2): 85-92.

Marinos P, Hoek E. 2018. GSI: a geologically friendly tool for rock mass strength estimation. ISRM International Symposium 2000, IS 2000.

Marinos P, Hoek E, Marinos V. 2006. Variability of the engineering properties of rock masses quantified by the geological strength index: the case of ophiolites with special emphasis on tunnelling. Bulletin of Engineering Geology and the Environment, 65(2): 129-142.

Marinos P, Marinos V, Hoek E. 2007. Geological strength index (GSI): a characterization tool for assessing engineering properties for rock masses. Underground Works under Special Conditions-Proceedings of the Workshop (W1) on Underground Works under Special Conditions, 13-21.

Marinos V, Marinos P, Hoek E. 2005. The geological strength index: applications and limitations. Bulletin of Engineering Geology and the Environment, 64(1): 55-65.

Mastin L G. 1988. Effect of borehole deviation on breakout orientations. Journal of Geophysical Research Solid Earth, 93(B8): 9187-9195.

Mastin L G, Pollard D D. 1988. Surface deformation and shallow dike intrusion processes at Inyo Craters, Long Valley, California. Journal of Geophysical Research Solid Earth, 93(B11), DOI:10.1029/JB093iB11p13221.

Mauldon M. 1998. Estimating mean fracture trace length and density from observations in convex windows. Rock Mechanics and Rock Engineering 31(4): 201-216.

Mauldon M, Dunne W M, Rohrbaugh M B. 2001. Circular scanlines and circular windows: new tools for characterizing the geometry of fracture traces. Journal of Structural Geology, 23(2-3): 247-258.

Mogi K. 1966. Pressure dependence of rock strength and transition from britle fracture to ductile flow. Bulletin of the Earthquake Research Institute, 44(1): 215-232.

Murrell S A F. 1963. A criterion for brittle fracture of rocks and concrete under triaxial stress, and the effect of pore pressure on the criterion. In: Fairhurst C (ed). Proceedings of the Fifth Symposium on Rock Mechanics. Oxford: Pergamon Press, 563-577.

Oda M. 1983. A method for evaluating the effect of crack geometry on the mechanical behavior of cracked rock masses. Mechanics of Materials, 2(2): 163-171.

Oda M. 1984. Similarity rule of crack geometry in statistically homogeneous rock masses. Mechanics of Materials, 3(2): 119-129.

Oda M. 1985. Permeability tensor for discontinuous rock masses. Géotechnique, 35(4): 483-495.

Oda M. 1986. An equivalent continued model for coupled stress and fluid flow analysis in jointed rock masses.

Water Resources Research, 22(13): 1845-1856.

Oda M. 1988. An experimental studly of the elasticity of mylonite rock with random cracks. International Journal of Rock Mechanics and Mining Sciences & Geomechanics Abstracts, 25(2): 59-69.

Oda M, Hatsuyama Y, Ohnishi Y. 1987. Numerical experiments on permeability tensor and its application to jointed granite at Stripa mine, Sweden. Journal of Geophysical Research: Solid Earth, 92(B8): 8037-8048.

Pahl P J. 1981. Estimating the mean length of discontinuity traces. International Journal of Rock Mechanics and Mining Science & Geomechanics Abstracts, 18(3): 221-228.

Palmstrom A, Singh R. 2001. The deformation modulus of rock masses-comparisons between in-situ tests and indirect estimates. Tunnelling and Underground Space Technology, 16(3): 115-131.

Pan D D, et al. 2024. Intelligent image-based identification and 3-D reconstruction of rock fractures: implementation and application. Tunnelling and Underground Space Technology, 145: 105582.

Pan J B, Lee C C, Lee C H, et al. 2010. Application of fracture network model with crack permeability tensor on flow and transport in fractured rock. Engineering Geology, 116(1-2): 166-177.

Patton F D. 1966. Multiple modes of shear failure in rock. In: Proceedings of the 1st International Congress of Rock Mechanics, International Society for Rock Mechanics, 509-518.

Pollard D D. 1988. Elementary fracture mechanics applied to the structural interpretation of dykes. In: Halls H C, Fahrig W F (eds). Mafic Dyke Swarms. Geol Assoc Can Spec Pap, 34: 5-24.

Priest S D, Hudson J A. 1976. Discontinuity spacings in rock. International Journal of Rock Mechanics and Mining Sciences & Geomechanics Abstracts, 13(5): 135-148.

Priest S D, Hudson J A. 1981. Estimation of discontinuity spacing and trace length usingscanline surveys. International Journal of Rock Mechanics and Mining Sciences & Geomechanics Abstracts, 18(3): 183-197.

Priest S D, Samaniego A. 1983. Model for the analysis of discontinuity characteristics in two dimensions. In: Proceedings of the 5th International Society for Rock Mechanics (ISRM) Congress, 199-207.

Ramsey J M, Chester F M. 2004. Hybrid fracture and the transition from extension fracture to shear fracture. Nature, 428(6978): 63-66.

Raven K G, Gale J E. 1985. Water flow in a natural rock fracture as a function of stress and sample size. International Journal of Rock Mechanics and Mining Sciences & Geomechanics Abstracts, 22(4): 251-261.

Read SA L, Perrin N D, Richards L R. 1999. Applicability of the Hoek-Brown failure criterion to New Zealand greywacke rocks. In: Proceedings of the 9th International Congress on Rock Mechanics, Paris, France, 655-660.

Rissler P. 1978. Determination of the Water Permeability of Jointed Rock. Determination of the Water Permeability of Jointed Rock.

Robinson B A, Tester J W. 1984. Dispersed fluid flow in fractured reservoirs: an analysis of tracer-determined residence time distributions. Journal of Geophysical Research, 89(B12): 10374-10384.

Romm E S. 1966. Flow Characteristics of Fractured Rocks. Moscow: Nedra.

Rouleanu A, Gale J E. 1985. Statistical characterization of the fracture system in the Stripa granite, Sweden. International Journal of Rock Mechanics and Mining Science & Geomechanics Abstracts, 22(6): 353-367.

SchwartzA E. 1964. Failure of rock in the triaxial shear test. The 6th US Symposium on Rock Mechanics, 109-151.

Sen Z, Kazi A. 1984. Discontinuity spacing and RQD estimates from finite length scanlines. International Journal of Rock Mechanics and Mining Science & Geomechanics Abstracts, 21(4): 203-212.

Serafim J L, Pereira J P. 1983. Considerations on the geomechanical classification of Beniawski. In: Proceedings of the International Symposium on Engineering Geology and Underground Construction, 1133-1144.

Singh D P. 1970. Brittle fracture of rocks. Journal of the Institution of Engineers (India), Mining, Metallurgical and Geological Division, 51(3): 41-45.

Slob S. 2010. Automated rock mass characterisation using 3-D terrestrial laser scanning. Civil Engineering & Geosciences, DOI: 10.13140/RG.2.1.4204.6164.

Slob S, Knapen B V, Hack R, et al. 2005. Method for automated discontinuity analysis of rock slopes with three-dimensional laser scanning. Transportation Research Record Journal of the Transportation Research Board, 1913(1): 187-194.

Snow D T. 1969. Anisotropies permeability of fractured media. Water Resources Research, 5(6): 1273-1289.

Snow D T. 1970. The frequency and apertures of fractures in rock. International Journal of Rock Mechanics and Mining Sciences & Geomechanics Abstracts, 7(1): 23-30.

Sonmez H, Ulusay R. 1999. Modifications to the geological strength index (GSI) and their applicability to stability of slopes. International Journal of Rock Mechanics and Mining Sciences, 36(6): 743-760.

Stephens R E, Banks D C. 1989. Moduli for deformation studies of the foundation and abutments of the Portugues Dam-Puerto Rico. Rock Mechanics as a Guide for Efficient Utilization of Natural Resources. In: Proceedings of the 30th US Symposium on Rock Mechanics, Rotterdam: A Balkema, 31-38.

Svensson U. 2001a. A continuum representation of fracture networks, Part I method and basic test cases. Journal of Hydrology, 250(1): 170-186.

Svensson U. 2001b. A continuum representation of fracture networks, Part II application to the Aspo hard rock laboratory. Journal of Hydrology, 250(1): 187-205.

Terzaghi K. 1946. Rock defects and loads on tunnel supports. In: Proctor R V, Whiterock T L (eds). Tunnelling with Steel Supports, 1. Youngstown: Ohio, 17-99.

Turk N, Dearman W R. 1985. Investigation of some rock joint properties: roughness angle determination and joint closure. In: Proceedings of the International Symposium on Fundamentals of Rock Joints, 197-204.

Turk N, Greig M, Dearman W, et al. 1987. Characterization of rock joint surfaces by fractal dimension. In: Proceedings of the 28th US Symposium on Rock Mechanics, 1223-1236.

Vöge M, Lato M J, Diederichs M S, et al. 2013. Automated rock mass discontinuity map from 3-dimensional surface data. Engineering Geology, 164: 155-162.

Wallis P F, King M S. 1980. Discontinuity spacings in a crystalline rock. International Journal of Rock Mechanics and Mining Sciences & Ceomechanics Abstracts, 17(1): 63-66.

Wang TT, Huang T H. 2006. Complete stress-strain curve for jointed rock masses. In: Proceedings of the 4th Asian Rock Mechanical Symposium, 283.

Wei Z Q, Hudson J A. 1986. Moduli of jointed rock masses. In: Proceedings International Symposium on Large Rock Caverns, Helsinki, 1073-1086.

Weibull W. 1939. A statistical theory of the strength of materials. In: Proceedings of the American Mathematical Society, 151(5): 1034.

Witherspoon P A. 1981. Effect of size on fluid movement in rock fractures. Geophysical Research Letters, 8(7): 659-661.

Witherspoon P A, Tsang T W, Long J C S, et al. 1981. New approaches to problems of fluid flow in fractured rock masses. In: Proceedings 22nd US Symposium on Rock Mechanics, 1-20.

Wu F Q, Yi D, Wu J, et al. 2020. Stress-strain relationship in elastic stage of fractured rock mass. Engineering Geology, 268: 105498.

Xu C, Dowd P. 2010. A new computer code for discrete fracture network modelling. Computers and Geosciences, 36(3): 292-301.

Yoshinaka R, Yamabe T. 1986. Joint stiffness and deformation behaviour of discontinuous rock. International Journal of Rock Mechanics and Mining Science & Geomechanics Abstracts, 23(1): 19-28.

Yoshinaka R, Yamabe T, Sekine I. 1983. A method to evaluate the deformation behaviour of discontinuous rock mass and its applicability. In: Proceedings 5th Congress of the International Society for Rock Mechanics, 125-128.

Zhang L Y, Einstein H H. 1998. Estimating the mean trace length of rock discontinuities. Rock Mechanics and Rock Engineering, 31(4): 217-234.

Zhang L Y, Einstein H H. 2010. The planar shape of rock joints. Rock Mechanics and Rock Engineering, 43: 55-68.

Zhang Q, Wang Q, Chen J P, et al. 2016. Estimation of mean trace length by setting scanlines in rectangular sampling window. International Journal of Rock Mechanics and Mining Sciences, 84: 74-79.

Zhou X X, Qiao L, Wu F Q, et al. 2022. Research on rock strength test based on electro-hydraulic servo point load instrument. Applied Sciences, 12(19): 9763.